Mercedes Benz-190 Diesel und Turbodiesel 2,0 Liter (Vierzylinder) und 2,5 Liter (Fünfzylinder)

AF830224

1 Allgemeines

1.1 Einleitung

Die in dieser Reparaturanleitung behandelten Mercedes-Benz-Modelle sind auch unter der Bezeichnung Serie 201 bekannt. Ursprünglich wurde der Mercedes 190D im September 1983 mit einem 2-Liter-Motor mit einer Leistung von 53 kW (72 PS) vorgestellt. Die folgenden Hauptänderungen wurden während der folgenden Jahre vorgenommen:

Im Oktober 1984
Kontrolleuchten für den Motorölstand in der Ölwanne, das Kühlmittel und den Wasserstand im Behälter der Scheibenwaschanlage wurden serienmässig in die Fahrzeuge eingebaut. Serienmässig wird auch ein Gurtstraffer für die beiden vorderen Sitzgurte eingebaut. Beheizte Aussenspiegel sind auf Sonderwunsch erhältlich. Veränderungen an der Zentralverriegelung ermöglichen ein Betätigen von der Fahrertür, der Beifahrertür und der Kofferraumklappe aus.
Kleine Detailveränderungen, die jedoch für die Leistung des Motors wichtig sind, wurden an Kurbelwelle und Kurbelwellenlager, Pleuel, Kolben, Nockenwelle, Ölwanne und Zylinderkopf vorgenommen. Um Schwingungen der Motoraufhängung zu verringern, wurden wartungsfreie, hydraulische Motorgummilager eingebaut. Durch den Einbau dieser Aufhängungen entfielen der Motorstossdämpfer und der vordere Motoranschlag. Änderungen an der Dieseleinspritzanlage verbessern die Leerlaufanhebung.

Mai 1985
Die Modellreihe des Mercedes 190D wird durch den 190D 2,5 erweitert. Bei diesem Motor handelt es sich um einen Fünfzylindermotor, welcher ausser dem zusätzlichen Zylinder baugleich mit dem Vierzylinder ist. Der Motor hat eine Leistung von 66 kW (90 PS). Serienmässig werden eine Servolenkung und ein Fünfganggetriebe eingebaut.

Baujahre 1986 und 1987
Keine bedeutenden Änderungen wurden vorgenommen.

Baujahr 1988
Abgesehen von kleinen Änderungen (Scheibenwischer, Lenkschloss, Gurtstraffer) wurden keine Änderungen vorgenommen.

Baujahr 1989
Der 190D 2,5 Turbo wurde vorgestellt. Dabei wurden verschiedene Änderungen am Zylinderkurbelgehäuse, Ölwanne, Messstab, Zylinderkopf, Vorkammer, an den Kolben, der Motorschmierung, den Motoraufhängungen, der Dieseleinspritzanlage und am Auspuff vorgenommen. Weiterhin wurden an den Fahrzeugen verschiedene kosmetische Verbesserungen vorgenommen, die sich jedoch kaum auf irgendwelche mechanische Einzelheiten beziehen, wobei jedoch erwähnt werden sollte, dass Fahrzeuge ab diesem Baujahr ca. 15 mm tiefer liegen.
Bei allen 190D-Modellen wird die untere Fahrzeugpartie ähnlich wie beim Coupé des Typs 124 rundum verkleidet.

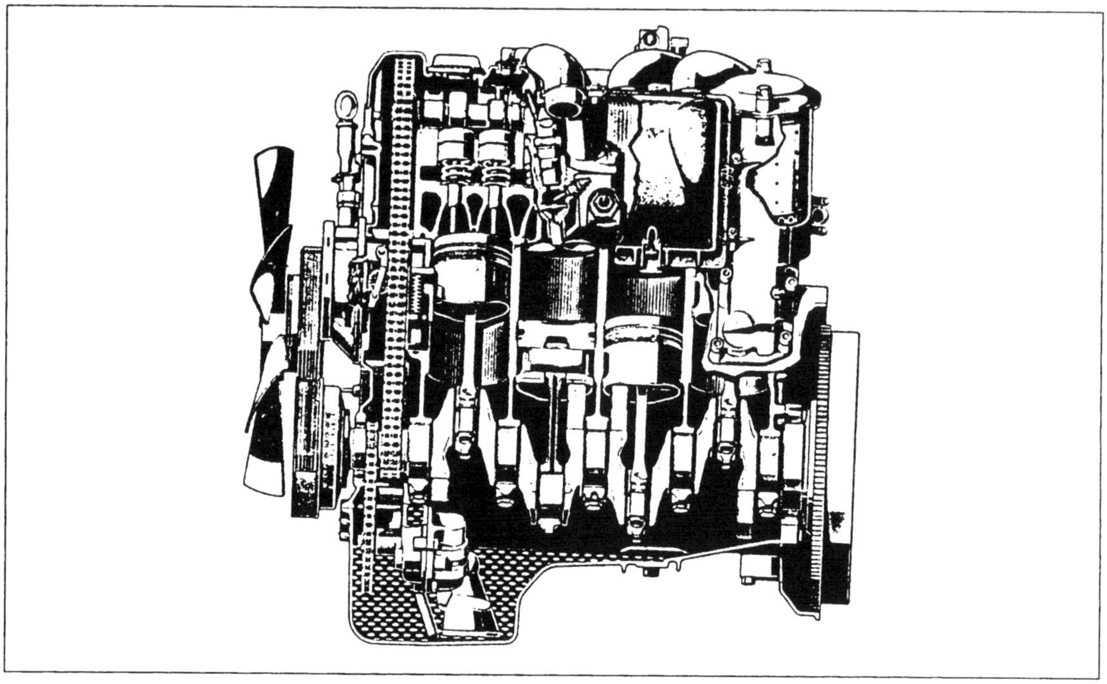

Bild 1
Längsschnitt durch den Vierzylinder-Motor (2-Liter).

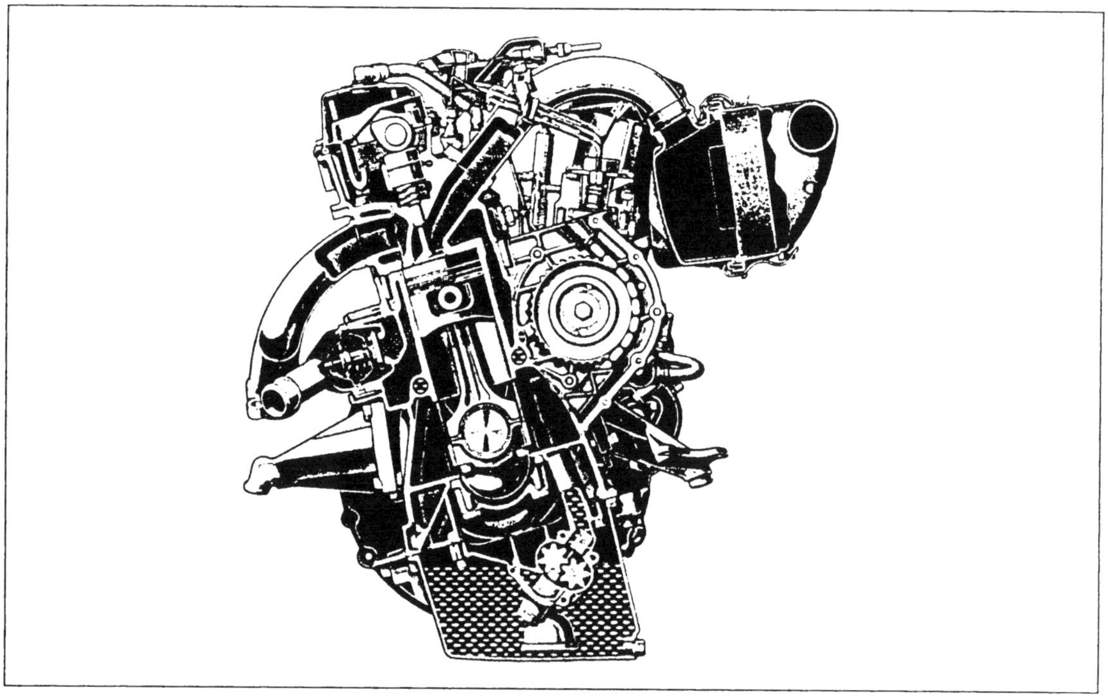

Bild 2
Querschnitt durch den Vierzylindermotor (2-Liter).

Baujahre 1990/1991

Verschiedene Änderungen wurden an Kurbelgehäuse, Zylinderkopf, Kurbelgehäusebelüftung, Kolben, der Dieseleinspritzanlage, der Motorschmierung, um nur einige Teile zu nennen, durchgeführt. Diese betreffen in der Hauptsache Fahrzeuge mit Abgasrückführungssystem, jedoch manchmal nur bestimmte Länder.

Bilder 1 und 2 zeigen Schnittansichten des Vierzylindermotors, Bild 3 zeigt einen Querschnitt durch den Fünfzylindermotor mit Turbolader. Besonders aus den Querschnitten kann man die Unterschiede zwischen natürlich ansaugenden und mit Turbolader ansaugenden Motoren feststellen. Die folgende Aufstellung gibt die allgemeinen Modellbezeichnungen zusammen mit den von MB zugegliederten Modellnummern und Motorentypen an:

Modellbezeichnung	Modellnummer	Eingebauter Motor
Mercedes 190D	201.122	601.911
Mercedes 190D 2.5	201.126	602.911
Mercedes 190D 2.5 Turbo	201.128	602.961

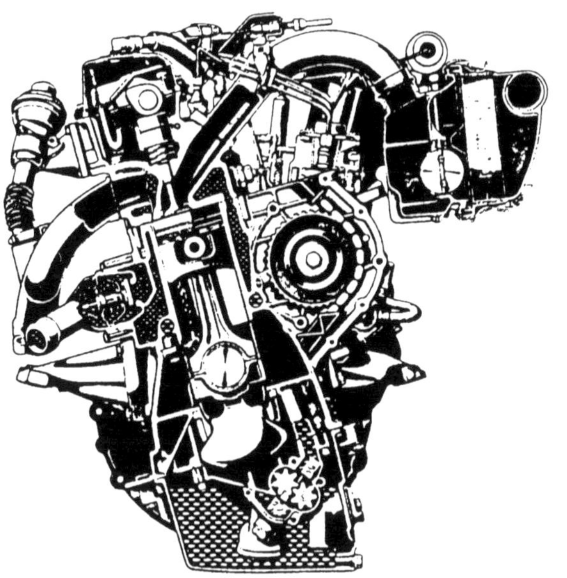

Bild 3
Querschnitt durch den Fünfzylindermotor (2,5-Liter) mit Turbolader.

Auf die Motorbezeichnungen wird manchmal im Laufe des Textes eingegangen, besonders in der Mass- und Einstelltabelle am Ende des Buches, so dass man sich die betreffende Nummer gut merken sollte.
Die Fahrzeuge dieser Typen wurden ursprünglich mit einem Viergang-Schaltgetriebe oder einer Viergang-Getriebeautomatik geliefert, jedoch ist jetzt ebenfalls wahlweise ein Fünfganggetriebe erhältlich, welches serienmässig in Fahrzeuge mit Fünfzylindermotor eingebaut ist. Ebenfalls können diese Fahrzeuge ein automatisches Getriebe haben (Viergangtriebe).
Die Vorderachse besteht aus Dämpferbeinen, bei welchen, verglichen mit üblichen Federbeinen, die Stossdämpfer und die Schraubenfedern getrennt angeordnet sind. Die Räder werden mit unteren Dreiecks-Querlenkern geführt. Der Achsschenkel wird mit Hilfe eines Kugelgelenks mit dem Querlenker verbunden und ist am Dämpferrohr verschraubt. Ein Kurvenstabilisator, mit Federblattgestängen an den Querlenkern befestigt, vervollständigt die Radaufhängung.
Bei der Hinterachse handelt es sich um eine sogenannte Raumlenkerachse mit übereinanderliegenden Quer- und Schräglenkern, sowie Spurstange, Schraubenfedern, Teleskop-Stossdämpfer und Kurvenstabilisator. Die bei anderen Mercedes-Modellen eingebaute, gut bewährte Niveauregulierung kann auch in den 190D eingebaut sein.
Vierradscheibenbremsen mit Zweikreisanlage und einem serienmässigen Bremskraftverstärker sind eingebaut, welcher seinen Unterdruck von einer speziellen Pumpe erhält. Die Handbremse wirkt auf die Hinterräder. Eine ABS-Anlage, die ein Blockieren der Bremsen vermeidet, kann in das Fahrzeug eingebaut sein.

Eine Kugelumlauflenkung, auf Wunsch oder serienmässig, je nach Modellausführung, mit Servounterstützung, ist in die Fahrzeuge eingebaut.

1.2 Fahrzeugerkennung

Das Typenschild ist auf der rechten Seite oben auf dem Kühlerrahmen angebracht und enthält den Fahrzeugtyp, Fahrgestellnummer, zulässiges Gesamtgewicht, zulässige Achslast vorne und hinten. Die Lackierungsnummer befindet sich am gegenüber angebrachten Schild.
Die Fahrgestellnummer ist noch im Vorbau in der Spritzwand eingeschlagen. Über die ersten sechs Stellen gibt sie über die Typenbezeichnung, an siebter Stelle über die Lenkung und an achter Stelle über die in das Fahrzeug eingebaute Getriebe Aufschluss. Die nachfolgenden sechs Stellen lassen die eigentliche Fertigungszahl erkennen.
Die Motornummer ist auf der Seite des Anlassers unterhalb des vorderen Saugrohres und den An-

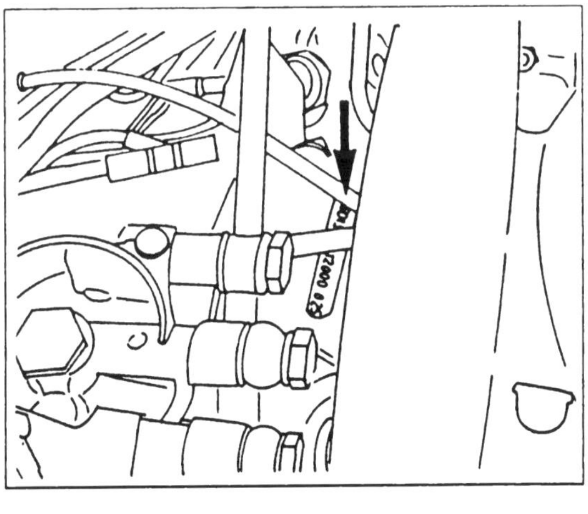

Bild 4
Die Lage der Motornummer. Die Nummer ist über dem Flansch der Einspritzpumpe in den Motor eingeschlagen. Rechts ist das Saugrohr zu sehen.

schlüssen am Kraftstoffiltergehäuse in den Zylinderblock eingeschlagen (Bild 4). Bei Bestellung von Ersatzteilen ist es äusserst wichtig, die vollständigen Fahrgestell- und Motornummern anzugeben.
Getriebe, Hinterachse und Lenkung haben auch eine Seriennummer in das Gehäuse eingeschlagen.

1.3 Allgemeine Anweisungen bei Reparaturen

Die Beschreibungen in dieser Reparaturanleitung sind in einfacher Weise und allgemein verständlich gehalten. Wenn dem Text und den Abbildungen bei der Arbeit Schritt für Schritt gefolgt wird, dürften keine Schwierigkeiten auftreten.
Die Mass- und Einstelltabelle am Ende des Buches ist hierbei ein wichtiger Teil und muss bei allen Reparaturarbeiten am Fahrzeug hinzugezogen werden. Innerhalb der einzelnen Anleitungen werden die notwendigen Massangaben oder Einstellwerte nicht immer angeführt, weshalb in der genannten Tabelle nachzuschlagen ist. Es sei besonders darauf hingewiesen, dass man unter dem in Frage kommenden Modell nachlesen muss, um jegliche Fehler zu vermeiden.
Einfache Handgriffe, wie z.B. "Motorhaube öffnen" vor Arbeiten im Motorraum, oder "Radmuttern lösen" vor Arbeiten an den Radbremsen werden nicht immer erwähnt, da diese als selbstverständlich vorausgesetzt werden.
Dagegen befasst sich der Text ausführlich mit schwierigen Arbeiten, die in allen Einzelheiten beschrieben sind. Eine Reihe wichtiger Hinweise, die bei jeder Reparaturarbeit beachtet werden sollten:

- Schrauben und Muttern sind in sauberem Zustand und leicht eingeölt zu verwenden. Mutternflächen und Gewindegänge immer auf Beschädigung untersuchen und vorhandene Grate entfernen. Im Zweifelsfall neue Schrauben oder Muttern verwenden. Einmal gelöste, selbstsichernde Muttern sollten immer erneuert werden.
Auf keinen Fall dürfen Muttern und Schrauben entfettet werden.
- Stets die in der Anzugsdrehmoment-Tabelle (Kapitel 15) angeführten Anzugsdrehmomente beachten. Diese Werte sind nahezu in den gleichen Gruppen zusammengefasst, die auch die Kapitel dieser Reparaturanleitung bilden und lassen sich somit leicht auffinden.
- Alle Dichtscheiben, Dichtungen, Sicherungsbleche, Sicherungsscheiben, Splinte und 'O'-Dichtringe (Rundschnurringe) sind beim Zusammenbau zu erneuern. Öldichtringe (Radialdichtringe, Simmerringe) sollten ebenfalls erneuert werden, sofern die Welle aus dem Dichtring genommen wurde. Die Lippe eines Dichtringes ist vor dem Zusammenbau mit Fett einzuschmieren. Man muss darauf achten, dass sie beim Einbau in die Richtung weist, aus welcher Öl oder Fett austreten kann.
- Bei Hinweisen auf die linke oder rechte Seite des Fahrzeuges wird angenommen, dass man aus der Fahrtrichtung bei Vorwärtsfahrt die Seitenbezeichnung ableiten kann, analog der Begriffe "vorn" und "hinten". Im Zweifelsfall wird im Text nochmals eine Erläuterung gegeben.
- Ganz besonders ist darauf zu achten, dass zu Arbeiten an den Bremsen, an der Radaufhängung oder allgemein an der Unterseite des Fahrzeuges für eine sichere Abstützung des hochgebockten Wagens gesorgt ist. Der Bordwagenheber ist nur zum Radwechsel für unterwegs vorgesehen. Falls er dennoch bei Reparaturen zur Hilfe genommen wird, ist lediglich der Wagen damit anzuheben und dann auf geeignete Montageböcke abzulassen. Derartige, dreibeinige Unterstellböcke sollen zur Sicherheit auch unter dem Fahrzeug plaziert werden, wenn ein Garagenwagenheber zur Verfügung steht. Ziegelsteine sollten zum Unterbauen nicht verwendet werden, allenfalls Hohlblocksteine wegen ihren grösseren Auflageflächen, doch sind dann zwischen Fahrzeug und Steine noch genügend starke Holzbretter zu legen.
- Fette, Öle, Dieselkraftstoff, Unterbodenschutz und alle mineralischen Substanzen wirken auf die Gummiteile des Fahrwerks und der Bremsanlage aggressiv. Besonders von Teilen der hydraulischen Anlage sind solche Mittel, zu denen auch Kraftstoff gehört, fernzuhalten. Für Reinigungsarbeiten an der Bremsanlage soll nur Bremsflüssigkeit oder Spiritus verwendet werden. Hierbei sei aber darauf verwiesen, dass Bremsflüssigkeit giftig ist und z.B. auf lackierte Flächen ätzend wirkt.
- Mit Diesel arbeitende Motoren sind besonders empfindlich gegen Eindringen von Schmutz und die Vorsichtsmassnahmen in Kapitel 5 sind durchzulesen, ehe man irgendwelche Arbeiten durchführt.
- Zur Erzielung der besten Reparaturergebnisse ist die Verwendung von Original-Ersatzteilen Voraussetzung. Um späteren Schwierigkeiten aus dem Wege zu gehen, muss der Einbau irgendwelcher Fremdprodukte unterbleiben. Ausnahmen sind nur bei Teilen der elektrischen Anlage gegeben oder falls das Herstellerwerk dementsprechende Freigaben macht.
- Bei Bestellungen von Ersatz- und Austauschteilen müssen die genaue Modellbezeichnung mit Fahrgestellnummer, gegebenenfalls die Motornummer und das Baujahr angegeben werden. Damit beschleunigt man die Bestellung und das Beziehen von falschen Teilen wird verhindert.
- Alle Arbeiten am Auto, besonders solche an der Bremsanlage und an der Lenkung, sind mit

Sorgfalt und Umsicht durchzuführen. Die Verkehrssicherheit des Fahrzeuges muss nach jeder Reparatur gewährleistet sein.

1.4 Arbeitsbedingungen und Werkzeuge

Um Reparaturarbeiten durchzuführen, benötigt man einen sauberen, gut beleuchteten Arbeitsplatz, der mit einer Werkbank und Schraubstock versehen ist. Es soll auch genügend Raum vorhanden sein, um die verschiedenen Teile auszulegen und zu ordnen, ohne dass man sie immer wieder wegräumen muss. In einer gut ausgerüsteten Werkstatt lässt sich gemütlich und ohne Hast arbeiten, die Maschine kann in einer sauberen Umgebung zerlegt und wieder zusammengebaut werden. Leider verfügt aber nicht jeder über einen solchen idealen Arbeitsplatz und dementsprechend muss auch da und dort improvisiert werden. Um diesen Nachteil auszugleichen, muss besonders viel Zeit und Sorgfalt aufgewendet werden.

Als weiteres benötigt man unbedingt einen möglichst vollständigen Satz Qualitätswerkzeuge. Qualität ist hier oberstes Gebot, da billiges Werkzeug auf lange Sicht eher teuer werden kann, falls man damit abrutscht oder es zerbricht und dabei teuren Schrott baut. Ein gutes Qualitätswerkzeug wird sich lange verwenden lassen und rechtfertigt in jedem Falle die Anschaffungskosten. Die Grundlage des Werkzeugsatzes ist ein Satz Gabelschlüssel, die sich an jedem gut zugänglichen Teil des Fahrzeuges ansetzen lassen. Ein Satz Ringgabelschlüssel stellt einen wünschenswerten Zusatz dar, die sich besonders bei festsitzenden Schrauben und Muttern verwenden lassen, oder wo die Platzverhältnisse ungünstig sind.

Um die Kosten tief zu halten, kann man sich auch mit einem Satz kombinierter Ringgabelschlüssel behelfen, diese tragen an einem Ende eine Gabelöffnung und am anderen einen Ring von der gleichen Weite. Bild 5 zeigt die beiden am meisten benutzten Schlüsselausführungen. Stecknüsse (-einsätze) stellen ebenfalls eine lobenswerte Investition dar. Vorausgesetzt, dass der Aussendurchmesser der Nüsse nicht allzugross ist, können auch sehr versteckt oder in Vertiefungen sitzende Muttern/Schrauben gelöst werden. Weitere benötigte Werkzeuge sind ein Satz Kreuzschlitzschraubenzieher, Zangen und ein Hammer.

Zusätzlich zur Grundausrüstung kann man sich noch ein paar speziellere Werkzeuge beschaffen, die sich meistens als unschätzbare Hilfe erweisen, besonders, wenn man gewisse Reparaturen immer wieder durchführen muss. Damit lässt sich also recht viel Zeit ersparen. Als Beispiel sei hier einmal der Schlagschraubenzieher erwähnt, ohne den sich die maschinell angezogenen Kreuzschlitzschrauben kaum lösen lassen, ohne dass man sie dabei beschädigt. Selbstverständlich kann er auch zum Anziehen verwendet werden, um einen öl- und gasdichten Sitz zu gewährleisten. Ebenfalls oft benötigt werden Seegeringzangen, da Getrieberäder, Wellen und ähnliche Teile meist durch Sicherungsringe gehalten werden, die sich mit einem Schraubenzieher nur schwer entfernen lassen. Es sind zwei Typen von Seegeringzangen erhältlich, einer für die Aussensicherungsringe und einer für Innensicherungsringe. Sie sind mit geraden oder abgewinkelten Klauen erhältlich. Eines der nützlichsten Werkzeuge ist der Drehmomentschlüssel, eigentlich eine Art Schraubenschlüssel, der so eingestellt werden kann, dass er durchrutscht, wenn ein gewisses Anzugsdrehmoment einer Schraube oder Mutter erreicht ist. Derartige Schlüssel sind ebenfalls mit einem Zeiger erhältlich, welcher das erreichte Drehmoment anzeigt. Anzugsdrehmomente werden in jedem modernen Werkstatthandbuch oder jeder Reparaturanleitung aufgeführt, so dass auch besonders komplexe Baugruppen oder Komponenten, wie z.B. ein Zylinderkopf angezogen werden können, ohne dass man Beschädigungen oder Lecks infolge Verzugs befürchten muss.

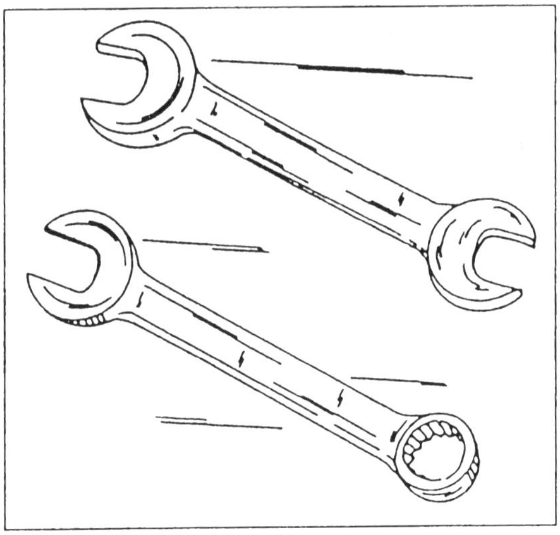

Bild 5
Ansicht eines Gabel- oder Maulschlüssels im oberen Bild und eines Ringgabelschlüssels im unteren Bild.

Je höher entwickelt ein Automodell ist, desto mehr Werkzeuge benötigt man, um es im Do-it-yourself-Verfahren immer im bestmöglichen Zustand zu halten. Leider lassen sich aber einige ganz spezielle Arbeiten nicht ohne die richtige Ausrüstung durchführen, für die man meist tief in die Tasche greifen muss, wenn man diese Arbeiten nicht einem Spezialisten gegen ein gewisses Entgelt übergeben will. Hier ist auch eine gewisse Vorsicht am Platze, es gibt nun einfach verschiedene Arbeiten, die man am besten einem

Fachmann überlässt. Obwohl ein Vielfachmessgerät zum Aufspüren von elektrischen Schäden eine grosse Hilfe darstellt, kann es in ungeübten Händen grossen Schaden anrichten.

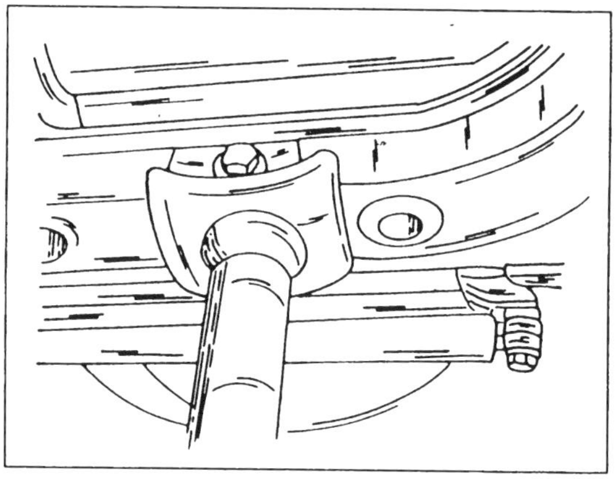

Bild 6
Zum Aufbocken der Vorderseite den Wagenheber unter dem Querträger der Vorderachse untersetzen.

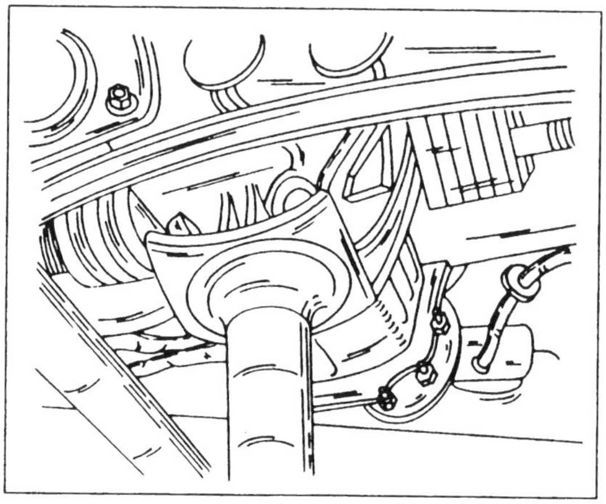

Bild 7
Aufbocken des Fahrzeuges an der Rückseite.

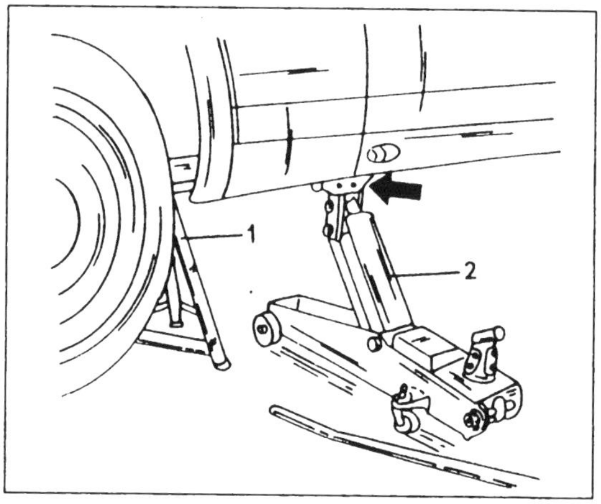

Bild 8
Aufbocken des Fahrzeuges an der Seite. Ebenfalls zu sehen ist, wo ein Unterstellbock (1) untergestellt werden kann. Der Wagenheber (2) muss gut aufsitzen.

Obschon in dieser Reparaturanleitung gezeigt wird, wie sich verschiedene Komponenten auch ohne Spezialwerkzeuge aus- und wieder einbauen lassen (falls nicht unbedingt nötig) empfiehlt es sich die Anschaffung der gebräuchlichsten Spezialwerkzeuge in Betracht zu ziehen. Dies wird sich besonders dann lohnen, wenn man das Auto über längere Zeit behalten will.
Auch mit den vorgeschlagenen, improvisierten Methoden und Werkzeugen lassen sich verschiedene Teile ohne Gefahr von Beschädigung aus- und einbauen. In jedem Fall lässt sich mit den Spezialwerkzeugen, die vom Hersteller produziert und verkauft werden, eine Menge Zeit (und Ärger) sparen.

1.5 Fahrzeug richtig aufbocken

Um keine Schäden an der Unterseite des Fahrzeuges anzurichten, darf ein Wagenheber nur an bestimmten Stellen angesetzt werden. An der Vorderseite des Wagens darf ein Wagenheber nur unter dem quer verlaufenden Querträger unterhalb der Vorderradaufhängung angesetzt werden, wie es aus Bild 6 ersichtlich ist. Dabei darauf achten, dass das Unterschutzblech für den Motorraum nicht verbeult wird. Zum Anheben der Rückseite des Fahrzeuges den Wagenheber unter die Mitte des Mittelstücks der Hinterachse untersetzen, wie es aus Bild 7 ersichtlich ist.
Falls nur eine Seite des Fahrzeuges aufgebockt werden soll, setzt man einen Wagenheber unter den am Wagenboden befindlichen Ansatzstellen an, wie es in Bild 8 auf einer Seite des Fahrzeuges gezeigt ist. Die Ansatzstellen befinden sich hinter, bzw. vor jedem Rad. Unter keinen Umständen einen Wagenheber unter die Ölwanne, das Getriebe, usw. untersetzen, wenn das Fahrzeug aufgebockt werden soll. Schwere Schäden können dadurch angerichtet werden.
Vor Aufbocken der Vorderseite des Fahrzeuges bei eingebautem Schaltgetriebe den Rückwärtsgang oder bei eingebauter Getriebeautomatik den Wählhebel in die Parkstellung schalten, damit der Wagen nicht von der Böcken rollen kann. Ausserdem die Handbremse anziehen. Beim Anheben der Rückseite des Fahrzeuges die Vorderräder durch Unterlegen von Keilen oder Ziegelsteinen verkeilen.
Unbedingt darauf achten, dass die Bodenfläche, auf welcher das Fahrzeug aufgebockt werden soll, nicht zu weich ist, damit der Wagenheber oder die Böcke nicht in den Boden einsinken können.
Unterstellböcke können unter die Seite der Karosserie untergestellt werden, ohne dabei die Lackierung zu beschädigen.

1.6 Wartung und Pflege

Die meisten der Wartungsarbeiten können selbst durchgeführt werden. Manchmal ist es jedoch zweckmässiger die Wartung in einer Werkstatt durchführen zu lassen, d.h. es fehlen die notwendigen Einrichtungen oder Erfahrungen, Messgeräte sind erforderlich oder die Werkstatt kann die Arbeit einfach schneller durchführen. Vor allem wichtig sind die regelmässigen Inspektionen und Kontrollen, welche untenstehend angeführt sind. Nach einer bestimmten Motorleistung oder nach Ablauf einer gewissen Zeit durchzuführende Wartungsarbeiten werden in den bestimmten Kapiteln beschrieben.

1.6.1 Motorölstand kontrollieren

Der Stand des Motoröls sollte etwa alle 600 km kontrolliert werden. Dazu den Ölmessstab herausziehen und mit einem sauberen Lappen abwischen. Messstab nochmals hineinschieben und ihn wieder herausziehen. Das Öl muss bei waagerecht stehendem Fahrzeug zwischen der oberen und unteren Markierung liegen. Liegt der Ölstand an der unteren Markierung, muss Öl nachgefüllt werden. Die Ölmenge zwischen den beiden Markierungen beträgt ca. 2,0 Liter, so dass Sie daraus schliessen können, wie viel Öl fehlt. Auf keinen Fall den Motor überfüllen, d.h. das Öl darf nicht über die obere Marke steigen.

1.6.2 Bremsflüssigkeitsstand kontrollieren

Der Behälter für die Bremsflüssigkeit sitzt im Motorraum auf der linken Seite auf dem Hauptbremszylinder. Der Behälter ist durchsichtig und der Flüssigkeitsspiegel kann leicht festgestellt werden. Der Spiegel muss zwischen der "Min."- und "Max."-Markierung (Pfeile, Bild 9) liegen. Falls erforderlich frische Bremsflüssigkeit nachfüllen. Bei dieser Gelegenheit kann man auch die Arbeitsweise der Brems-Kontrolleuchten kontrollieren. Dazu auf die Gummikappen an der Oberseite (Pfeile) drücken. Die Zündung muss dabei eingeschaltet und die Handbremse gelöst sein. Die Lampe im Armaturenbrett muss jedesmal aufleuchten.

1.6.3 Bremsleuchten überprüfen

Die Arbeitsweise der Bremsleuchten kann mit Hilfe einer zweiten Person oder auch allein kontrolliert werden. Bei der ersten Methode auf die Bremse treten, während die zweite Person das Aufleuchten der Lampen kontrolliert. Sind Sie allein, rückwärts vor die Garagentür fahren und auf die Bremse treten. Die Lampen scheinen rot gegen die Garagentür. Fall eine Lampe nicht aufleuchtet, die Glühbirne ersetzen; leuchten beide Lampen nicht auf, könnte der Bremslichtschalter defekt sein (sehr selten). In diesem Fall den Bremslichtschalter austauschen oder die Drahtanschlüsse kontrollieren.

1.6.4 Beleuchtung kontrollieren

Alle Beleuchtungskörper (einschliesslich der Hupe und Warnblinkanlage) der Reihe nach durchschalten und deren Funktion kontrollieren. Rücklichter und Rückfahrscheinwerfer können am besten im Dunkeln vor der Garagentür kontrolliert werden, ohne dass man aus dem Fahrzeug aussteigt.

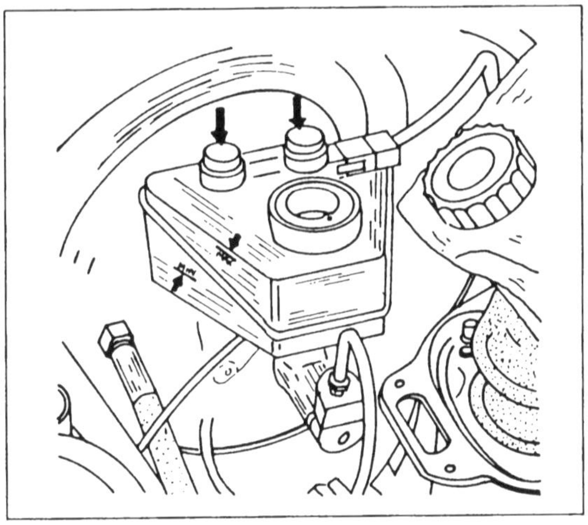

Bild 9
Ansicht des eingebauten Hauptbremszylinders mit Vorratsbehälter. Die beiden Gummikappen (Pfeile) mit dem Daumen nach innen drücken, um die Brems-Kontrolleuchten zu überprüfen.

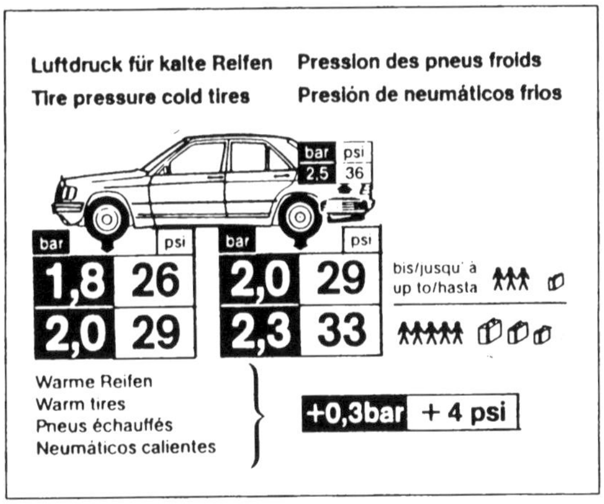

Bild 10
Reifendruckaufkleber.

1.6.5 Reifendruck kontrollieren

Den Reifendruck an einer Tankstelle kontrollieren. Falls Sie den Druck nicht kennen, können Sie anhand der Tabellen an Tankstellen leicht feststellen, welcher Druck für Ihr Fahrzeug erforderlich ist, oder Sie nehmen Bezug auf den silberfarbigen Aufkleber, welcher in Bild 10 gezeigt ist. Bei normaler Belastung beträgt der Druck vorn 1,8 atü (bar) und hinten 2,0 atü. Nur wenn die Tragfähigkeit voll ausgenutzt wurde, gelten die Werte auf der rechten Seite. Immer darauf achten, dass man die Reifen auf dem vorgeschriebenen Druck hat. Abgesehen von der Fahrsicherheit, sparen vorschriftsmässig gefüllte Reifen Benzin und ausserdem halten die Reifen länger.

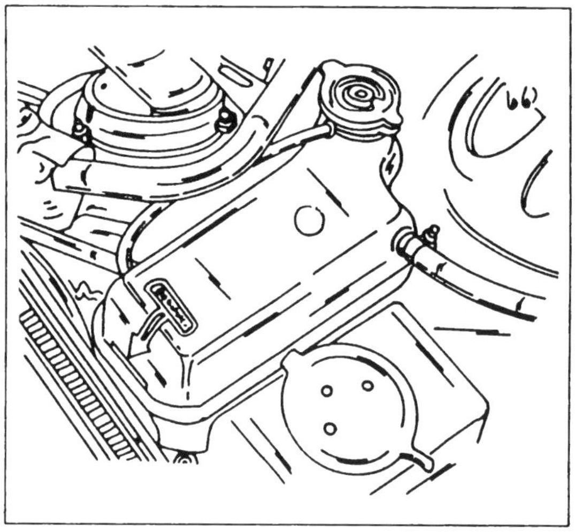

Bild 11
Das eingebaute Dehngefäss der Kühlanlage.

1.6.6 Kühlmittelstand kontrollieren

Das kalte Kühlmittel muss bis zur Markierung am Ausgleichsbehälter stehen. Ab Baujahr 1985 wird der Kühlmittelstand durch eine Kontrolleuchte im Armaturenbrett überwacht, d.h. eine Kontrolle kann man sich ersparen. Falls erforderlich abwarten bis das Kühlmittel abgekühlt ist und zusätzliches Frostschutzmittel einfüllen. Das Dehngefäss befindet sich auf dem rechten Radkasten, wie es in Bild 11 gezeigt ist. Ist der Motor heiss, den Verschlussdeckel des Ausgleichsbehälters bis zur ersten Raste lösen und abwarten bis der Druck abgefallen ist. Danach den Deckel vollkommen abschrauben.

1.6.7 Ölstand im automatischen Getriebe kontrollieren

Da ein automatisches Getriebe bei fehlender Flüssigkeit nicht einwandfrei durchschalten kann, sollte der Stand der Flüssigkeit häufig kontrolliert werden. Bei der Kontrolle folgendermassen vorgehen:

- Handbremse anziehen und den Wählhebel in Stellung "P" schalten.
- Motor anlassen und 1 bis 2 Minuten im Leerlauf drehen lassen.
- Verschluss am Messstab lösen und den Messstab herausziehen.
- Bei betriebswarmen Getriebe muss sich der Flüssigkeitsstand zwischen der "Min."- und "Max."-Markierung befinden. Ist das Getriebe kalt, darf das Öl nur ca. 10 mm unter der "Min."-Marke stehen.
- Falls erforderlich, Flüssigkeit durch die Messstaböffnung nachfüllen. Dazu ist ein Trichter erforderlich. Auf keinen Fall das Getriebe überfüllen. Dexron B-Flüssigkeit wird für das Getriebe vorgeschrieben. Nur diese Flüssigkeitssorte verwenden, da das Mercedes-Getriebe damit getestet wurde. Obwohl sich andere Flüssigkeiten eignen, sollte man auf keinen Fall die Flüssigkeitssorten vermischen, besonders, da ein Grossteil der Flüssigkeit im Getriebe verbleibt.

1.6.8 Kraftstoffanlage prüfen

Alle 20 000 km sollte man die Kraftstoffanlage überprüfen, vor allem wenn der Motor nicht einwandfrei laufen sollte. Als Vorbeugung sollte man die Arbeiten jedoch auch durchführen, wenn alles in Ordnung ist. Dabei auf folgende Hinweise achten:

- Falls Dieselkraftstoffspuren unter dem Fahrzeug zu sehen sind oder der Geruch von Diesel ist ständig vorhanden, könnte es sein, dass eine Leitung undicht ist.
- Leitungen der Einspritzanlage im Motorraum auf Dichtheit kontrollieren. Feuchte Stellen darf es nicht geben. Leckstellen kann es an den Leckölleitungen an den Einspritzdüsen und an den Verschlussstopfen an der hintersten Düse geben.
- Kraftstoffilter im Motorraum mindestens alle 60 000 km erneuern, wie es im betreffenden Kapitel beschrieben ist. Dabei gleichzeitig den Leitungsfilter vor der Kraftstoffpumpe immer auswechseln.
- Die eingebaute Kraftstoffvorwärmung kontrollieren, falls der Motor bei kalten Temperaturen schlecht anspringt oder nicht sofort auf Touren kommt. Siehe Kapitel 5.
- Bei schlechtem Lauf des Motors kann man die Förderleistung der Kraftstoffpumpe kontrollieren. Auch der Kraftstoffvorfilter kann zum schlechten Lauf des Motors beitragen. Auch diese Arbeiten werden in Kapitel 5 beschrieben.

1.6.9 Ölstand in Getriebe und Hinterachse kontrollieren

Das Öl in Getriebe und Hinterachse wird nur nach den ersten 10 000 km gewechselt und bleibt dann auf Lebenszeit in den Aggregaten. Falls man Leckstellen an Getriebe oder Hinterachse feststellen kann, lässt sich der Stand des Getriebeöls kontrollieren. In die Seite des Getriebes und in die Seite des Mittelstücks der Hinterachse ist ein Stopfen eingedreht (der Öleinfüllstopfen), den man zur Kontrolle des Ölstandes herausdrehen muss. Zur Kontrolle des Ölstandes den abgewinkelten Zeigefinger in die Bohrung einstecken. Das Öl muss mit dem Finger erreicht werden. Falls dies nicht der Fall ist, Hypoid-Getriebeöl SAE 90 nachfüllen. Dazu wird man eine mit diesem Öl gefüllte Ölkanne benötigen, da es andernfalls sehr schwer sein wird das Öl in das betreffende Aggregat hineinzubekommen. Den Einfüllstopfen vor dem Einschrauben gut reinigen.

2 Der Motor

2.1 Ausbau und Einbau des Motors

2.1.1 Ausbau

Zum Ausbau des Motors ist ein Flaschenzug oder ein Handkran erforderlich. Die Arbeit ist ziemlich umfangreich. Es ist zu empfehlen, den Motor und das Getriebe als ein Aggregat auszubauen und den Motor nach dem Ausbau vom Getriebe abzuflanschen. Es ist daran zu denken, dass das Gewicht der beiden Aggregate ca. 200 kg beträgt und dass der empfohlene Kettenflaschenzug dieses Gewicht aushält. Die nachstehend angeführten Anweisungen gelten im allgemeinen für alle Motoren. Die Motorhaube kann auch zur Sicherheit ausgebaut werden, um sie nicht zu beschädigen oder den Lack zu zerkratzen.
Die nachfolgende Beschreibung gibt alle wesentlichen Schritte zum Ausbau des Motors, jedoch können bei entsprechend ausgestatteten Fahrzeugen Verbindungen zu lösen sein, die nicht unbedingt im anschliessenden Text erwähnt werden.

- Geeignete Schutzdecken über die Kotflügel legen, um eine Beschädigung des Lacks zu vermeiden.
- Motorhaube öffnen, bis die Motorhaubenstütze auf der linken Seite der Motorhaube einrastet, wenn die Haube in senkrechter Stellung steht.
- Stromkabel der Batterie abklemmen und den Halter des Kabels lösen. Das Kabel verbleibt am Anlasser und kann einstweilen über den Motor gelegt werden. Um zu verhindern, dass Metallteile, wie z.B. Werkzeuge auf die Batterie fallen und dabei Funkenbildung hervorrufen, sollte man die Batterie ausbauen.
- Die sogenannte Geräuschkapselung ausbauen. Durch die Kapselung wird der Fahrzeugboden in der Gegend von Kühler, Motor und Getriebe mit der Ausnahme weniger Öffnungen

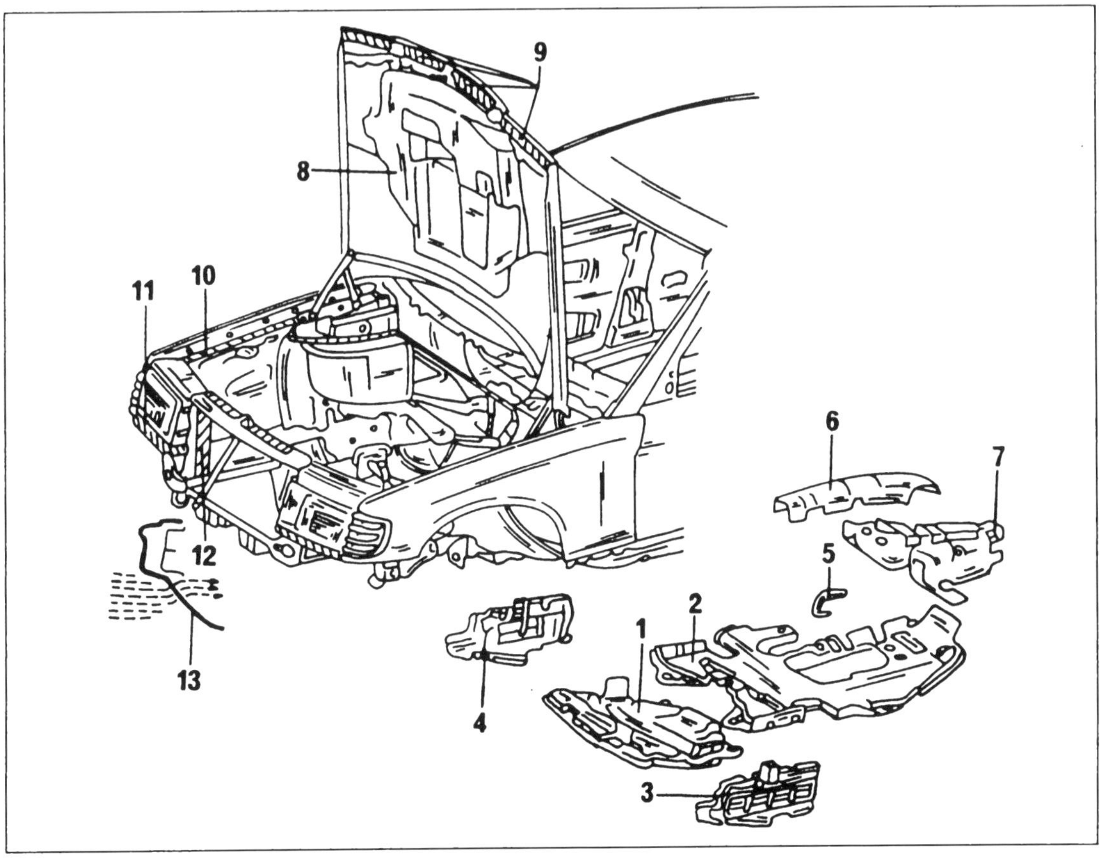

Bild 12
Die Teile der Geräuschkapselung.
1 Geräuschkapsel, vorn unten
2 Geräuschkapsel hinten
3 Seitliche Geräuschkapsel mit Luftklappe
4 Seitliche Geräuschkapsel
5 Befestigungswinkel
6 Auspuffwärmeschutzblech
7 Getriebetunnelmatte
8 Motorhaubengeräuschmatte
9 Abdichtprofilgummi
10 Kotflügelabdichtgummi
11 Scheinwerferabdichtung
12 Kühlerabdichtungen
13 Vordere Stossstange mit Lufteinlass

vollständig verschlossen. Die Motorhaube und der Getriebetunnel sind mit Dämpfungsmatten ausgelegt. Motorhaube und Scheinwerferausschnitte werden zusätzlich mit Gummidichtungen abgedichtet. Die unteren Teile an der Vorderseite und der Rückseite, sowie die beiden Seitenteile bestehen aus elastischem Kunststoff. Die Teile in der Innenseite sind mit porösem, schalldämpfenden Schaumstoff ausgekleidet. Ein Schutzfilm auf der Oberseite des Schaumstoffs schützt gegen Wasser und Eindringen von Schmutz in das Material.

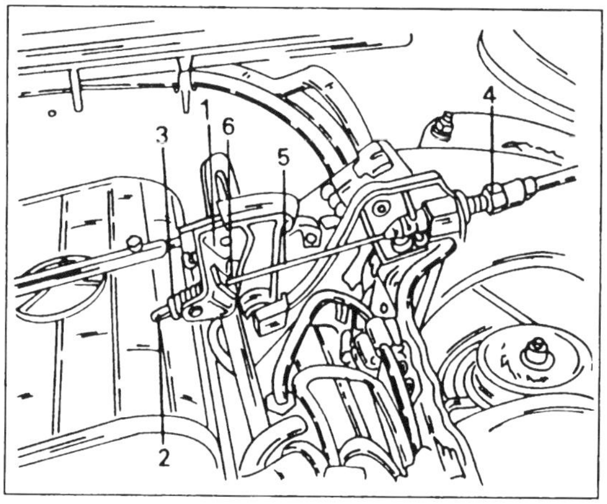

Bild 13
Die Anschlussweise des Gaspedalzuges.
1 Winkelhebel
2 Anschlussnippel
3 Druckfeder
4 Einstellschraube
5 Bowdenzug
6 Führungsstück

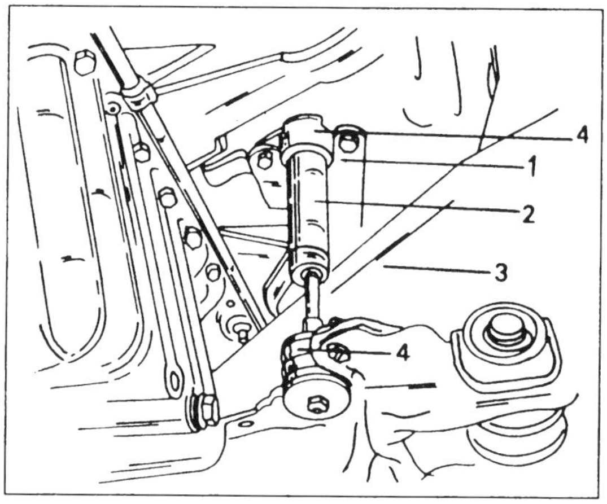

Bild 14
Motoraufhängungsstossdämpfer im eingebauten Zustand. Der Dämpfer wurde ab Oktober 1984 bei Fahrzeugen mit 2-Liter-Motor weggelassen.
1 Motorbefestigungsträger
2 Stossdämpfer
3 Fahrgestellseitenträger
4 Gummilager

Um ein Ansteigen der Motortemperatur im verschlossenen Motorraum zu vermeiden, hat das linke Seitenteil eine thermostatgesteuerte Luftklappe. Die Klappe öffnet sich bei einer Temperatur von 50° C und wird fortschreitend weiter geöffnet, bis sie bei einer Temperatur von 120° C ganz geöffnet ist, d.h. der Klappenspalt beträgt ca. 16 mm. Der Thermostat ist in Langlöchern befestigt und kann verstellt werden, falls sich die Klappe nicht vollkommen öffnen sollte. Die Klappe befindet sich in der Nähe der Befestigung des vorderen Querträgers an der Innenseite. Bei einem Fahrzeug mit Klimaanlage ist eine zweite, auf dem gleichen Prinzip arbeitende Klappe auf der gegenüberliegenden Seite eingebaut. Bild 12 zeigt die Einzelteile der Geräuschkapselung und kann beim Ausbau hinzugezogen wird. Ausgebaut werden nur die untere Geräuschkapselung:

— Die vier Schrauben des vorderen Teils (1) lösen und das Teil abnehmen.
— Sieben Schrauben lösen und das hintere Teil (2) ausbauen.
— Zwei Schrauben am Längslenker lösen und eine Schraube am Querlenkerlager entfernen und die beiden Seitenteile (3) und (4) abnehmen.

- Verschlussdeckel des Dehngefässes öffnen. Es wird vorausgesetzt, dass die Kühlmitteltemperatur nicht mehr als 90° C beträgt.
- Einen Schlauch von 12 mm Innendurchmesser und 1,5 m Länge auf den Anschluss neben dem Ablasshahn an der Unterseite des Kühlers aufstecken und den Ablasshahn öffnen.
- Ablassstopfen aus der Seite des Zylinderblocks herausdrehen, um das Ablaufen des Kühlmittels zu erleichtern. Der Ablassstopfen ist durch zwei der Rohre des Auspuffkrümmers erreichbar.
- Den grossen Luftschlauch im Motorraum ausbauen.
- Den Deckel des Luftfilters ausbauen. Dazu fünf Federspangen zurückdrücken und den Deckel herunterheben.
- Bei Fahrzeugen mit Klimaanlage die Schläuche der Anlage abschliessen. Die freien Enden der Schläuche in geeigneter Weise zustopfen, um Eindringen von Schmutz zu vermeiden.
- Bei Fahrzeugen mit Niveauregulierung der Radaufhängung die vier Schrauben der Druckölpumpe entfernen und die Pumpe mit den angeschlossenen Leitungen auf eine Seite legen. Den Antriebsmitnehmer herausnehmen.
- Die Flüssigkeit mit einem Sauger aus dem Vorratsbehälter der Servolenkung absaugen und die Schläuche abschliessen.
- Gaszug abschliessen. Dazu die Kunststoffführung aus dem Sitz im Winkelhebel herausdrücken und das Seil aus dem Hebel herausziehen. Bild 13 zeigt die Befestigung des Gaszuges.
- Alle zum Motor führenden Kühlmittelleitungen und -schläuche, Unterdruckschläuche, Öl- und Kraftstoffleitungen und elektrische Kabel abklemmen.
- Bei Fahrzeugen vor Oktober 1984 den Stossdämpfer für die Motoraufhängung (zwischen Motorträger und Seitenträger eingesetzt) vom Seitenträger abschrauben. Ebenfalls bei diesen Modellen am Motoranschlag die beiden Innensechskantschrauben und die Schraube quer durch den vorderen Querträger lösen. Bild 14 zeigt Einzelheiten der Befestigung.
- Die untere der beiden Anlasserschrauben entfernen und die Halteschelle für die Tachometerspirale freimachen. Das Masseband abschrauben.
- Auspuffrohr vom Auspuffkrümmer abschrauben. Dazu zwei Schrauben der Befestigung des

Bügels entfernen und zwei Muttern der Klemmschelle am Ende des Stützbügels lockern, damit der Bügel nach unten geschwungen werden kann.

- Antriebswelle für den Tachometer aus dem Eingriff mit dem hinteren Getriebedeckel bringen.
- Flansch der Gelenkwelle abschrauben, die Mutter des Schiebestücks und die Befestigungsschrauben des mittleren Stützlagers lockern. Die Gelenkwelle soweit wie möglich nach hinten schieben. Ebenfalls das Wärmeschutzblech vom Wagenboden abschrauben.
- Den Schlauch für die Kupplungsbetätigung verfolgen und die Verbindung zwischen dem Schlauch und der Leitung trennen. Die offenen Enden in geeigneter Weise zustopfen.
- Schaltgestänge nach Lösen der Federspangen von den Getriebehebeln abschliessen.
- Kühler ausbauen, wie es in Kapitel 4.2.2 beschrieben ist.
- Eine geeignete Seilschlinge durch die Aufhängungsöse am Motor anbringen, diese an einen Kran oder ein sonstiges Hebezeug hängen und das Seil leicht spannen. Eine Hebeöse befindet sich an der Vorderseite und eine an der Rückseite.
- Stellung des hinteren Motorträgers zum Rahmenboden zeichnen.
- Die zwei Bolzen links und rechts des Trägers sowie die Mutter vom Gummilager abschrauben und den Träger mit dem Gummilager entfernen. Bild 15 zeigt die Aufhängung des Getriebes an der Rückseite mit Lage einiger Teile.
- Vordere Motorlagerschrauben von unten herausschrauben. Je eine Schraube links und rechts mit einer Stecknuss für Innensechskantschrauben (Inbusschlüssel) und einer Verlängerung herausdrehen.
- Motor jetzt vorsichtig anheben, wobei eine Schräglage von ungefähr 45° anzustreben ist. Den Motor dann aus dem Motorraum herausheben. Diese Arbeit sehr langsam durchführen und ständig kontrollieren, dass der Motor nicht an den Kabeln usw. hängen bleibt.

2.1.2 Einbau des Motors

Der Einbau des Motors geschieht in umgekehrter Reihenfolge wie der Ausbau, unter Beachtung der folgenden Punkte:

- Motoraufhängungen und die Öl- und Kraftstoffleitungen auf Beschädigungen kontrollieren und die Teile wie erforderlich erneuern.
- Bei eingebautem Schaltgetriebe den Zustand des Ausrücklagers für die Kupplung kontrollieren und ggf. erneuern.
- Keine der Motorenteile anschliessen, ehe die Motoraufhängungslager und Lagerträger eingebaut sind und das Gewicht des Motors frei von der verwendeten Seilschlinge ist. Die Schrauben der Motorgummilager oder der hydraulischen Motorlager an der Vorderseite mit 40 Nm anziehen.

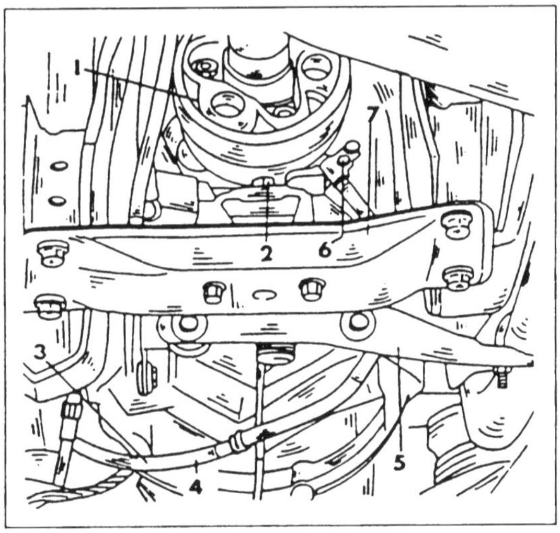

Bild 15
Ansicht der Getriebeaufhängung von der Unterseite.
1 Gelenkwellenflansch
2 Schraube zwischen Motor und Getriebe
3 Kupplungsschlauch
4 Tachometerspirale
5 Auspuffbügel
6 Tachometerspiralenanschluss
7 Aufhängungsquerträger

- Gelenkwelle wieder anschliessen und einstellen, wie es im entsprechenden Kapitel beschrieben ist.
- Motoranschlagbegrenzung nach Montage einstellen, wenn das Fahrzeug vor Oktober 1984 hergestellt wurde (siehe Kapitel 2.13.3).
- Motoraufhängungsstossdämpfer bei Fahrzeugen vor Oktober 1984 entsprechend Bild 14 wieder montieren.
- Ölstand im Motor und Getriebe überprüfen und ggf. berichtigen.
- Bei eingebauter Klimaanlage die Anlage wieder unter Druck setzen lassen.
- Vor Befestigung des Luftfilterdeckels den Filtereinsatz auf Verschmutzung kontrollieren und ggf. erneuern.
- Vor Einfüllen des Kühlmittels kontrollieren, dass alle Ablassstellen geschlossen wurden.
- Alle Schrauben und Muttern mit den bestimmten Anzugsdrehmomenten anziehen.

Der Ausbau von Motor und Getriebe ist nicht notwendig, wenn nur die Aufhängungsgummilager oder hydraulischen Motoraufhängungen erneuert werden müssen (siehe Kapitel 2.13.).

2.2 Zerlegung und Zusammenbau des Motors

2.2.1 Zerlegung

Alle mit Dieselkraftstoff arbeitenden Motoren sind sehr empfindlich gegen Schmutz. Bei irgendwelchen Arbeiten am Motor muss unbedingt darauf geachtet werden, dass kein Schmutz oder sonstige

Fremdkörper in Leitungen, Anschlüsse und dergleichen gelangen können. Am besten ist es, wenn man alle Kraftstoffanschlüsse und anderen Öffnungen sofort mit Klebband abdeckt.
Vor Beginn der Arbeiten sind alle Aussenflächen des Motors gründlich zu reinigen. Alle Öffnungen des Motors vorher mit einem sauberen Putzlappen abdecken, damit keine Fremdkörper in die Innenseite des Motors gelangen können.
Das Zerlegen des Motors wird in Einzelheiten in nachfolgenden Kapiteln beschrieben. Auf diese Weise können wir Arbeiten beschreiben, die entweder bei eingebautem Motor oder ausgebauten Motor durchgeführt werden können, ohne dass bestimmte Zerlegungsarbeiten zweimal beschrieben werden. Falls eine komplette Zerlegung durchgeführt werden soll, braucht man nur die einzelnen Arbeitsgänge miteinander zu kombinieren, und zwar in der angeführten Reihenfolge.
Im allgemeinen sollte man beim Zerlegen daran denken, dass alle sich bewegenden oder gleitenden Teile vor dem Ausbau zu zeichnen sind, um sie wieder in der ursprünglichen Lage einzubauen, falls sie wieder verwendet werden. Dies ist besonders bei Kolben, Ventilen, Lagerdeckeln und Lagerschalen wichtig. Die Teile so ablegen, dass man sie nicht durcheinander bringen kann.
Lager- und Dichtflächen auf keinen Fall mit einer Reissnadel oder gar Schlagzahlen zeichnen. Viele Teile sind aus Aluminium hergestellt und sind dementsprechend zu behandeln. Falls Hammerschläge zum Trennen bestimmter Teile erforderlich sind, nur einen Gummi-, Plastik- oder Hauthammer verwenden.
Da eine Ganzzerlegung des Motors nur in seltenen Fällen erforderlich ist, und viele der Arbeiten bei eingebautem Motor durchgeführt werden können, werden die einzelnen Arbeiten in den nächsten Kapiteln getrennt beschrieben. Falls der Motor komplett überholt werden soll, braucht man nur die einzelnen Arbeitsgänge miteinander verbinden.
Bei der folgenden Beschreibung beziehen wir uns auf alle Motoren im allgemeinen, da der Unterschied in den meisten Fällen nur in der Anzahl der Kolben liegt. Alle, für einen bestimmten Motor zutreffenden Unterschiede, werden besonders erwähnt.

2.3 Zylinderkopf

Der Zylinderkopf ist aus einer Leichtmetall-Legierung gegossen. Motorkühlmittel, Motoröl, die Luft zur Verbrennung des Kraftstoffs und die Abgase strömen durch verschiedene Bohrungen, bzw. Kanäle im Kopf. Die Glühkerzen, die Einspritzdüsen, die Vorkammern, die Ventilfedern und die Ventilstössel sind im Zylinderkopf montiert. Ebenfalls im Kopf gelagert ist die Nockenwelle. Der Auspuffkrümmer und die Saugrohre, sozusagen der Ansaugkrümmer, sind an der Aussenseite des Zylinderkopfes verschraubt. Der Kraftstoff strömt in der einen Seite des Zylinderkopfes ein und verlässt ihn auf der anderen Seite. Man spricht deshalb von einem "Querstrom-Zylinderkopf".
Der Zylinderkopf ist mit verschiedenen Gebern, Fühlern und Schaltventilen versehen, welche alle bestimmte Funktionen der Temperaturregulierung, usw. übernehmen.
Da der Zylinderkopf aus Leichtmetall hergestellt ist, kann er sich leicht verziehen, wenn man zum Beispiel die Reihenfolge zum Lösen und Anziehen der Zylinderkopfschrauben nicht beachtet. Ebenfalls darf man einen Zylinderkopf nicht ausbauen, wenn der Motor heiss ist.
Im eingebauten Zustand kann man einen Zylinderkopf nicht überprüfen. Passieren kann es, dass die Zylinderkopfdichtung durchbrennt. Eine kurze Kontrolle kann man nach Öffnen des Verschlussdeckels des Vorratsbehälters vornehmen. Falls bei heissem Motor Luftblasen im Vorratsbehälter zu sehen sind, kann man annehmen, dass die Dichtung durchgebrannt ist. Weitere Anzeichen einer durchgebrannten Dichtung sind weisser Auspuffrauch, Öl im Kühlmittel oder Kühlmittel im Öl. Der letztere Schaden kann am herausgezogenen Ölmessstab gesehen werden. Falls die Ölmarke am Messstab ein weisses, graues Aussehen hat, kann man annehmen, dass die Dichtung Schaden genommen hat.
Falls man sicher ist, dass bereits Wasser in die Zylinder eingedrungen ist und man benötigt das Fahrzeug zur Heimfahrt oder dergleichen, muss man die Einspritzdüsen ausschrauben und den Motor mit dem Anlasser durchdrehen. Dadurch wird das Wasser ausgestossen. Danach die Düsen wieder einschrauben, den Motor anlassen und zum Fahrziel fahren, ohne den Motor wieder abzustellen. Nur so können schwere Schäden am Kurbeltrieb vermieden werden (verbogene Pleuel zum Beispiel).

2.3.1 Aus- und Einbau

Der Zylinderkopf darf nur bei kaltem Motor ausgebaut werden. Der Ausbau geschieht zusammen mit dem Auspuffkrümmer, jedoch muss der Ansaugkrümmer vom Kopf getrennt werden, ehe man den Kopf herausheben kann.
Neue Zylinderkopfdichtungen sind in Plastik eingeschweisst und dürfen nur unmittelbar vor dem Auflegen aufgebrochen werden. Der Ausbau und Einbau des Zylinderkopfes kann bei eingebautem Motor durchgeführt werden und diese Arbeiten sind anschliessend beschrieben. Wir möchten darauf hinweisen, dass sich je nach Ausstattung

unterschiedliche Arbeiten ergeben. Die folgende Beschreibung ist allgemein gehalten:

- Motorhaube in senkrechte Stellung bringen.
- Batteriemassekabel abklemmen.
- Kühlanlage ablassen (Kapitel 4.1).
- Kühler ausbauen (Kapitel 4.2.2.
- Luftfilter vollständig ausbauen (Kapitel 5.6).
- Den sogenannten Flachriemen an der Stirnseite des Motors ausbauen. Dazu unter Bezug auf Bild 16 die Flanschmutter (4) lockern und einen Dorn in den Federspannhebel (1) einsetzen (am besten eignet sich der Radmutternschlüssel im Bordwerkzeug). Die Spannung von der Sechskantschraube (6) entlasten, bis die Zugfeder (5) in Richtung Ansaugkrümmer zurückgeschoben werden kann. Die Schraube (2) des Aufhängungsstossdämpfers lösen.
- Bei Fahrzeugen mit Niveauregulierung der Radaufhängung die vier Inbusschrauben der Druckölpumpe entfernen und die Pumpe an den Schläuchen hängend, zur Seite legen. Den Antriebsmitnehmer abnehmen.
- Den Befestigungswinkel für das Führungsrohr des Ölmessstabes abschrauben (eine Schraube).
- Kühlmittelschläuche von den Auslässen der Kühlanlage abschliessen und das elektrische Kabel vom Wärmefühler für das Fernthermometer abziehen.
- Gaszugseil abschliessen, wie es beim Ausbau des Motors beschrieben wurde (siehe ebenfalls Bild 13).
- Die Kraftstoffleitungen mit geeigneten Zwingen abklemmen und die Anschlüsse am Kraftstoffilter abschliessen.
- Zwei Schrauben lösen und den Kraftstoffilter ausbauen.
- Bei Motoren mit Abgasrückführungsventil die Leitung zwischen dem Ventil und dem Auspuffkrümmer abschliessen.
- Den Auspuffrohrflansch vom Auspuffkrümmer abschrauben, bzw. den Turbolader am Anschluss trennen.
- Bei Fahrzeugen mit automatischem Getriebe die Befestigungsschraube des Ölmessstabs für das Getriebeöl entfernen.
- Einspritzleitungen abschliessen und gegen Eindringung von Schmutz schützen.
- Ansaugkrümmer (Saugrohr) ausbauen.
- Zylinderkopfhaube abschrauben. Diese ist mit 6 Schrauben auf der Oberseite des Motors gehalten. Zwei Schrauben liegen auf den beiden Langseiten und zwei Schrauben an der Steuerseite des Motors. Den Schlauch der Motorentlüftung vorher abziehen. Bei Fahrzeugen mit Getriebeautomatik ausserdem die quer über die Zylinderkopfhaube verlegte Gasregelstange auf einer Seite vom Kugelgelenk abhebeln.
- Die Sicherung für die Heizungsvorlaufleitung

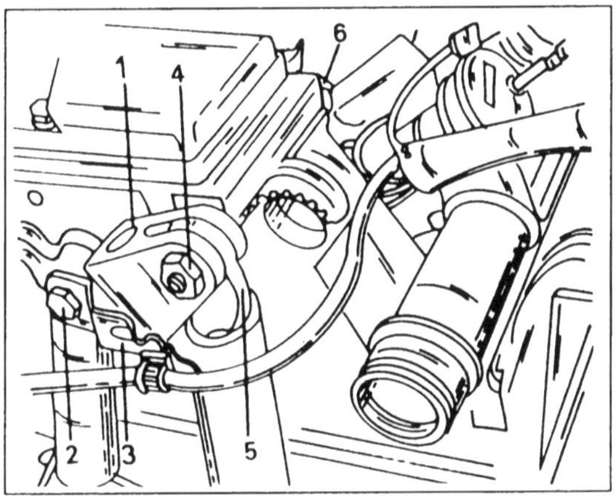

Bild 16
Zum Ausbau der Spannvorrichtung für den Antriebsriemen.
1 Federspannhebel
2 Befestigungsschraube
3 Haltebügel
4 Befestigungsmutter
5 Verlängerungsfeder
6 Befestigungsschraube

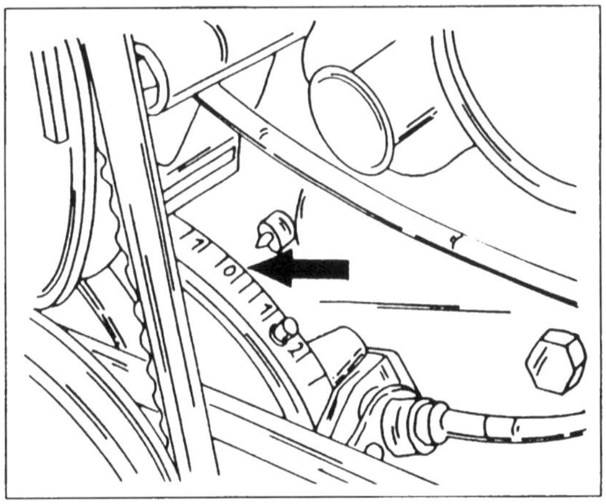

Bild 17
Die Totpunktstellung des Motors.

mit einem Drahthaken herausziehen.

- Den Anschlussrohrstutzen am Ölfilter lösen und vom Anschluss abziehen.
- Die elektrischen Kabel von den Glühkerzen abschrauben.
- Motor durchdrehen, bis der Kolben des ersten Zylinders auf dem oberen Totpunkt steht, d.h. die "Null"-Marke in Bild 17 muss gegenüber dem Einstellzapfen stehen. Dazu eine Stecknuss von 27 mm Schlüsselweite mit einer Ratsche an der Schraube der Riemenscheibe ansetzen. Auf keinen Fall die Kurbelwelle durchdrehen, indem man eine Stecknuss an der Schraube des Nockenwellenrades ansetzt. Die Kurbelwelle immer in Drehrichtung durchdrehen, niemals entgegengesetzt.
- Den Kettenspanner vollkommen ausbauen (Kapitel 2.11.1). Den Stopfen des Kettenspanners nur am grossen Sechskant herausdrehen. Der Stopfen befindet sich oberhalb der Wasserpumpe und des Thermostatdeckels, neben dem grossen Rohr.
- Das Kettenrad der Nockenwelle und die Steuerkette im Verhältnis zueinander kennzeichnen. Dazu mit Farbe an gegenüberliegenden Stellen zwei Striche einzeichnen, wie es aus Bild 18 auf der nächsten Seite ersichtlich ist.
- Befestigungsschraube des Nockenwellenkettenrades entfernen. Um ein Durchdrehen der

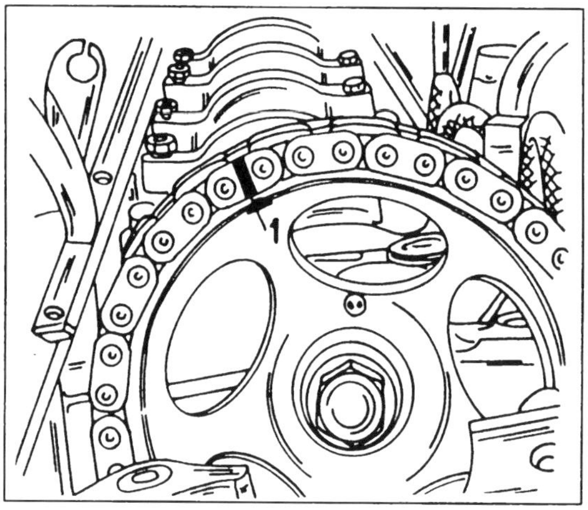

Bild 18
Kennzeichnung des Nockenwellenrades und der Kette mit einem Farbklecks (1).

Welle zu vermeiden, setzt man eine kräftige Schraubenzieherklinke oder eine Stahlschraube durch einen der Durchbrüche des Kettenrades ein.

- Das Nockenwellenrad von der Welle herunterziehen ohne dabei die Steuerkette aus dem Eingriff mit dem Kurbelwellenrad zu bringen, d.h. die Kette gut stramm ziehen und in geeigneter Weise festbinden.

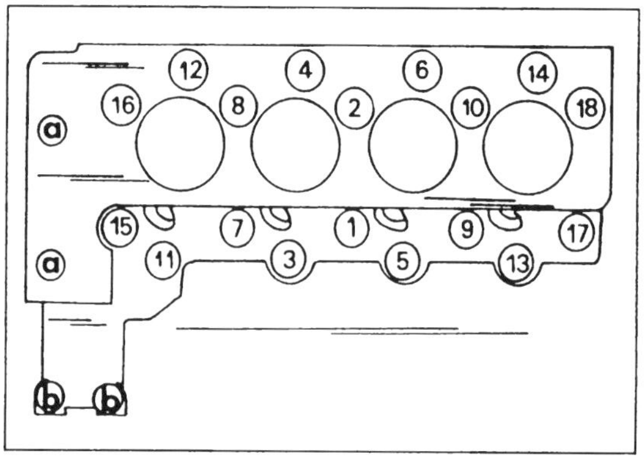

Bild 19
Die Anzugsreihenfolge der Zylinderkopfschrauben beim 601-Motor (2-Liter). Die Schrauben in umgekehrter Reihenfolge lösen.

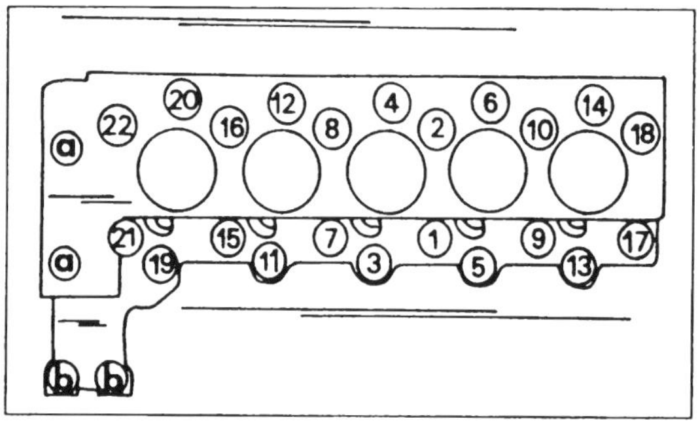

Bild 20
Die Anzugsreihenfolge der Zylinderkopfschrauben beim 602-Motor (2,5-Liter). Die Schrauben in umgekehrter Reihenfolge lösen.

- Nockenwelle ausbauen, wie es in Kapitel 2.11.6 beschrieben ist. Die Lagerdeckel gleichmässig lockern.
- Die Gleitschiene aus dem Zylinderkopf ausbauen (Kapitel 2.11.4).
- In der Oberseite des Kettenkastens zwei M8-Innensechskantschrauben lösen. Die Schrauben werden mit einem Inbusschlüssel von 8 mm gelöst. Eine entsprechende Verlängerung muss auf den Schlüssel aufgesetzt werden, um an die Schrauben heranzukommen.
- Zylinderkopfschrauben in umgekehrter Reihenfolge zu den in Bildern 19 und 20 gezeigten Diagrammen lösen. Zum Lösen ist ein sogenannter Polygon-Steckschlüsseleinsatz erforderlich. Verwendung eines normalen Inbusschlüssels kann zu Beschädigung der Schraubenköpfe führen. Sofort nach dem Ausbau der Schrauben deren Länge von der Unterseite des Schraubenkopfes bis zum Ende des Gewindes ausmessen, um festzustellen, ob sie sich gestreckt haben. Falls dieses Mass grösser als 83,6 mm, 105,6 mm oder 118,5 mm ist, je nachdem, wo die Schrauben sitzen, müssen die Schrauben erneuert werden. Neue Schrauben haben eine Länge von 80 mm, 102 mm oder 115 mm. Die Masse gelten für alle Motoren.

Bestimmte Schrauben werden durch die Nockenwellenlagerungen geführt. Da die Zylinderkopfschrauben von unterschiedlicher Länge sind, sollte man sie in geeigneter Weise mit der Nummer des betreffenden Diagramms kennzeichnen, damit sie beim Einbau wieder in die gleiche Lage kommen.

- Zylinderkopf abheben. Falls ein Hebezeug vorhanden ist, kann man sich diese Arbeit erleichtern. Ein Seil kann in die beiden Hebebügel eingehängt werden.
- Sofort nach dem Ausbau des Kopfes die Flächen von Zylinderblock und Zylinderkopf einwandfrei reinigen.
- Zylinderkopf, falls erforderlich, überholen, wie es in Kapitel 2.3.3 beschrieben ist. Falls nur die Dichtung erneuert wird, den Zylinderkopf wieder entsprechend den untenstehenden Anweisungen einbauen.

Beim Einbau des Zylinderkopfes folgendermassen vorgehen:

- Eine neue Zylinderkopfdichtung auflegen.
- Zylinderkopf aufsetzen. Darauf achten, dass die Passhülsen einwandfrei eingreifen.
- Gewinde der Zylinderkopfschrauben und ebenfalls die Auflageflächen der Schrauben mit Öl einschmieren. Es wird vorausgesetzt, dass man die Schrauben bereits ausgemessen hat.
- Schrauben der Reihe nach einsetzen und mit dem vorgeschriebenen Schlüsseleinsatz in der in Bildern 19 bis 20 gezeigten Reihenfolge auf ein Anzugsdrehmoment von 25 Nm anziehen. In der gleichen Reihenfolge die Schrauben mit 40 Nm nachziehen und den Zylinderkopf 10 Minuten lang stehen lassen. Die Schrauben sind von unterschiedlicher Länge und müssen je nach Kennzeichnung wieder in die ursprünglichen Positionen eingesetzt werden:
- Den Schlüsseleinsatz auf die mit "1" gezeigte Schraube aufstecken und einen normalen Knebel des Stecknussatzes so auf den Einsatz aufstek-

ken, dass er in Längsrichtung des Motors steht. Die Schraube jetzt anziehen, bis der Knebel genau quer zum Motor steht, d.h. die Schraube wurde 90° angezogen. Der Drehmomentschlüssel darf dieses Mal nicht verwendet werden.

- Alle anderen Schrauben in der Anzugsreihenfolge von Bildern 19 und 20 in der gleichen Weise anziehen.
- Schlüsseleinsatz wie beschrieben erneut auf Schraube Nr. 1 aufstecken und alle Schrauben noch einmal um 90° nachziehen.
- Die beiden M8-Innensechskantschrauben mit einem Inbusschlüssel und einer Verlängerung mit 25 Nm anziehen. Die Zylinderkopfschrauben brauchen nach einer bestimmten Fahrstrecke nicht nachgezogen werden, wie dies früher bei anderen Mercedes-Motoren der Fall war.

Der Zylinderkopf wurde bei Motoren nach Oktober 1984 abgeändert und wir möchten darauf hinweisen, dass verschiedene Öl- und Kühlmittelkanäle abgeändert wurden und auch die Zylinderkopfdichtung unterschiedlich ist. Aus diesem Grund keinen gebrauchten Zylinderkopf einbauen, ehe man sich überzeugt hat, dass er gleich ist.

- Gleitschiene in den Zylinderkopf einbauen.
- Nockenwellenkettenrad mit der Steuerkette auf das Ende der Nockenwelle aufschieben, aber darauf achten, dass die eingezeichneten Farbmarkierungen wieder in einer Linie liegen. Das Kettenrad so aufstecken, dass der Passstift in der Welle mit dem Loch im Kettenrad in Eingriff kommt.
- Schraube in das Kettenrad einsetzen und mit einem Anzugsdrehmoment von 45 Nm anziehen. Die Nockenwelle dabei gegenhalten, indem man eine kräftige Schraubenzieherklinge oder eine Stahlschraube in einen Durchbruch des Kettenrades einsetzt und gegen den Zylinderkopf anlegt.
- Kettenspanner montieren und mit 80 Nm anziehen.
- Die Kennzeichnung der Nockenwelle kontrollieren, um zu gewährleisten, dass sie in der richtigen Stellung steht, wenn der Kolben des ersten Zylinders auf o.T. steht. In die Nockenwelle ist eine Kerbe eingearbeitet, welche bei richtiger Stellung mit einem in den Lagerdeckel eingegossenem Richtzeichen fluchten muss. Die Ausfluchtung kann gesehen werden, indem man auf die Oberseite schaut, wie es aus Bild 21 ersichtlich ist.
- Elektrische Kabel der Glühkerzen anschliessen.
- Das Rohrknie mit einem neuen "O"-Dichtring montieren.
- Ansaugkrümmer montieren.
- Einspritzleitungen anschliessen.
- Auspuffrohr am Auspuffkrümmer oder Turbolader anschliessen.
- Kraftstoffilter montieren und Kraftstoffleitungen anschliessen.
- Haltewinkel für das Führungsrohr des Ölmessstabes anbringen.
- Bei Fahrzeugen mit Selbstnivellierung der Radaufhängung die Hochdruckpumpe mit dem Mitnehmer montieren.
- Spannvorrichtung für den Antriebsriemen in umgekehrter Reihenfolge wie beim Ausbau wieder montieren.
- Zylinderkopfhaube anbringen.
- Seilzug für die Gasbetätigung anschliessen und entsprechend den Anweisungen in Kapitel "Dieseleinspritzanlage" einstellen.
- Elektrisches Kabel auf den Wärmefühler für das Fernthermometer aufstecken.
- Alle weiteren Arbeiten in umgekehrter Reihenfolge wie beim Ausbau durchführen.

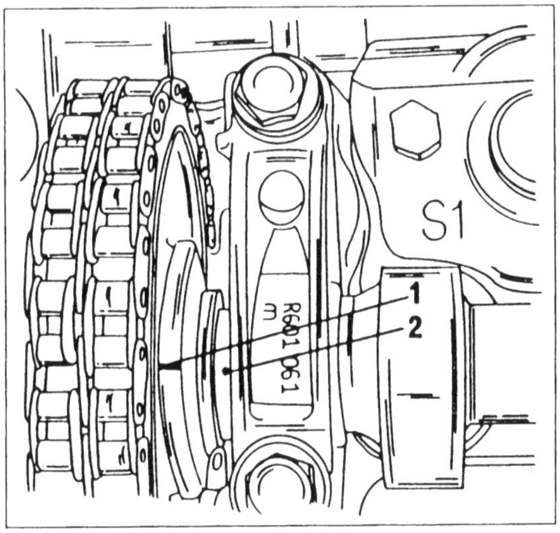

Bild 21
Die Stellung für den oberen Totpunkt des ersten Zylinders. Die Kerbe im Nockenwellenflansch (1) muss mit dem Ansatz am ersten Lagerdeckel der Nockenwelle (2) fluchten.

2.3.2 Zylinderkopf zerlegen

Im folgenden Text wird angenommen, dass der Zylinderkopf erneuert werden soll. Falls nur eine Überholung der Ventile anfällig ist, kann man die zusätzlichen Arbeiten übersehen. Bei der folgenden Beschreibung wird vorausgesetzt, dass der Zylinderkopf ausgebaut wurde. Die Ventilschaftabdichtungen können bei eingebautem Motor ausgetauscht werden. Anzeichen für abgenutzte Abdichtungen sind blauer Rauch, wenn der Motor durch die Hinterachse geschoben wird (d.h. im Schubbetrieb), beim Gasgeben nachdem der Motor eine Weile im Leerlauf gelaufen ist oder auch blauer Rauch nach Anlassen eines kalten Motors oder wenn der Ölverbrauch des Motors sich 1 Liter pro 1000 km nähert. Die Erneuerung der Ventilschaftabdichtungen bei eingebautem Motor wird getrennt beschrieben.
Beim Zerlegen des Zylinderkopfes folgendermas-

sen vorgehen:

- Alle Nebenteile vom Zylinderkopf abmontieren.
- Die Nockenwelle ausbauen. Alle Lagerböcke der Nockenwelle vollkommen abschrauben und die Welle nach oben herausheben. Die Lagerdeckel sind mit einer Zahl gezeichnet, welcher mit der in den Zylinderkopf eingeschlagenen Zahl übereinstimmen muss.
- Zum Ausbau der Ventile ist ein Ventilheber erforderlich. Verschiedene Ausführungen eignen sich dazu, solange man den oberen Ventilfederteller nach unten drücken kann, während die Federn zusammengedrückt werden. Die Ventilkegelhälften nach Zusammendrücken der Ventilfedern mit einer Spitzzange oder einem Stabmagneten herausnehmen.

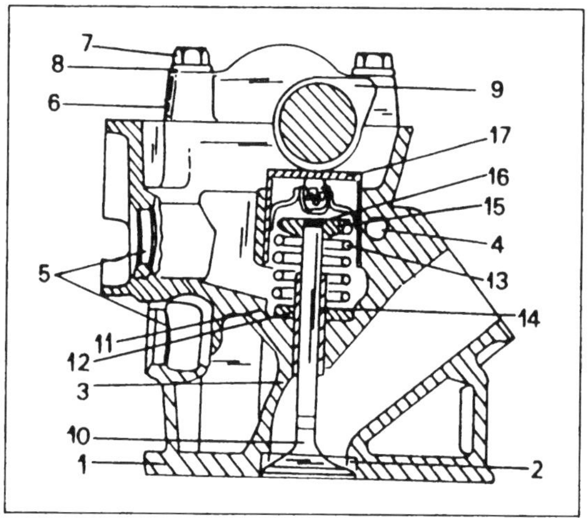

Bild 22
Schnitt durch den Zylinderkopf und ein Einlassventil.
1 Zylinderkopf
2 Einlassventilsitzring
3 Einlassventilführung
4 Ölbohrung
5 Kernlochstopfen
6 Lagerdeckel
7 Schraube, M8 x 45
8 Scheibe
9 Nockenwelle
10 Einlassventil
11 Druckring
12 Sicherungsring
13 Ventilfeder
14 Ventilschaftdichtring
15 Ventilfederteller
16 Ventilkegelhälften
17 Ventilstössel mit hydraulischem Ausgleichselement

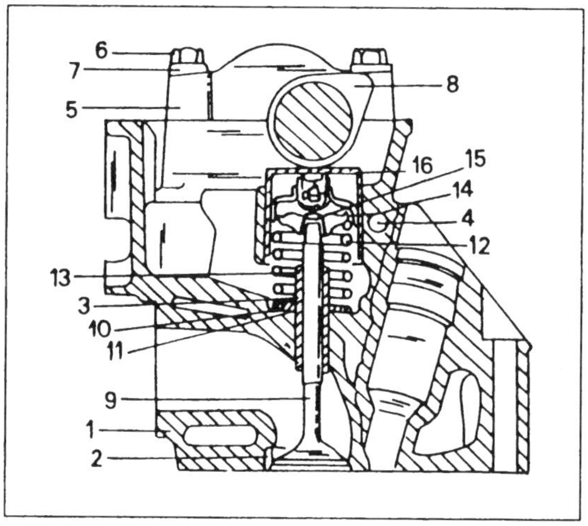

Bild 23
Schnitt durch den Zylinderkopf mit einem Auslassventil.
1 Zylinderkopf
2 Auslassventilsitzring
3 Auslassventilführung
4 Ölbohrung
5 Lagerdeckel
6 Schraube, M8 x 45
7 Scheibe
8 Nockenwelle
9 Auslassventil
10 Druckring
11 Sicherungsring
12 Ventilfeder
13 Ventilschaftdichtring
14 Ventilfederteller
15 Ventilkegelhälften
16 Ventilstössel mit hydraulischem Ausgleichselement

Falls das Spezialwerkzeug nicht zur Verfügung steht, den Kopf mit der Dichtfläche so auf eine Werkbank auflegen, dass das jeweilige Ventil gut von unten mit einer Unterlage abgestützt wird. Jetzt ein Stück Rohr, etwas kleiner als der Ventilfederdeckel auf die Oberseite des Federdeckels aufsetzen und mit einem Hammerschlag den Deckel nach unten schlagen. Die Kegelhälften springen dabei aus der Nut des Ventilschaftes und werden in der Innenseite des Rohrstückes aufgefangen. Der Hammer ist in Verbindung mit dem Rohr zu halten, damit die Kegelhälften nicht davonfliegen.

- Ventilfederdeckel und Ventilfeder abnehmen. Die Ventilfedern (eine Feder pro Ventil) sind mit einem Farbpunkt gezeichnet und nur Federn mit den gleichen Farbkennzeichnungen dürfen beim Zusammenbau verwendet werden. Ein Druckring ist unter den Ventilfedern eingesetzt, welcher nach Abnehmen der Feder heruntergenommen werden kann. Bilder 22 und 23 zeigen Schnittansichten der eingebauten Ventile mit Lage der einzelnen Teile.
- Die Ventilschaft-Öldichtringe vorsichtig mit einem Schraubenzieher abdrücken oder einer Zange abziehen.
- Ventile der Reihe nach aus den Führungen herausziehen und sie in Einbaureihenfolge durch ein Stück Pappe stossen. Die Ventilnummer vor das jeweilige Ventil einzeichnen.

Etwas soll noch über die Nockenwelle gesagt werden. Diese läuft beim Vierzylindermotor in 5 Lagern und beim Fünfzylindermotor in 6 Lagern, welche alle den gleichen Durchmesser von 31 mm haben. Das untere Teil der Lagerstellen ist direkt in den Zylinderkopf eingearbeitet. Die Nockenwelle wird in axialer Richtung durch einen Sicherungsring gehalten, welcher im Zylinderkopf befestigt ist und in eine Rille an der Stirnseite des Zylinderkopfes eingreift. Die Nockenwelle ist am Flansch mit einer Linie gezeichnet (quer zum Flansch), welche die Totpunktstellung für den ersten Zylinder angibt (siehe Bild 21). Neben dieser Linie befindet sich eine Zahl und nur eine Welle mit der gleichen Zahl darf eingebaut werden. Beim Vierzylindermotor ist die Zahl 05 bis Oktober 1988 oder die Zahl 10 ab November 1988 eingezeichnet; beim Fünfzylindermotor die Zahl 07 bis Oktober 1988 oder die Zahl 11 ab November 1988.

Beim Zylinderkopf eines Motors mit Turbolader oder Abgasrückführung ab Baujahr 1989 wurden geringfügige Änderungen vorgenommen, die vor allem Fahrzeuge in der Schweiz und Österreich betreffen. Bei Einbau eines Zweithand-Zylinderkopfes zum Beispiel, muss dies beachtet werden.

2.3.3 Zylinderkopf überholen

Alle Teile des Zylinderkopfes auf Verschleiss kontrollieren. Zylinderkopffläche gut reinigen (manchmal von alten Dichtungsresten). Die Prüfungen und Kontrollen sind entsprechend den folgenden Anweisungen durchzuführen.

Ventilfedern

Zur einwandfreien Kontrolle der Ventilfedern sollte ein vorschriftsmässiges Federprüfgerät verwendet

werden. Falls dieses nicht zur Verfügung steht, kann eine gebrauchte Feder mit einer neuen Feder verglichen werden. Dazu beide Federn in einen Schraubstock einspannen und diesen langsam schliessen. Falls beide Federn um den gleichen Wert zusammengedrückt werden, ist dies eine sichere Anzeige, dass sie ungefähr die gleiche Spannung haben. Lässt sich die alte Feder jedoch weitaus kürzer als die neue Feder zusammendrücken, so ist dies ein Zeichen von Ermüdung und die Federn sollten im Satz erneuert werden.
Die Federn der Reihe nach so auf eine glatte Fläche aufstellen (Glasplatte), dass sich die geschlossene Wicklung an der Unterseite befindet. Einen Stahlwinkel neben der Feder aufsetzen. Den Spalt zwischen der Feder und dem Winkel an der Oberseite ausmessen, welcher nicht mehr als ca. 2,0 mm betragen darf. Andernfalls ist die Feder verzogen und zu ersetzen.

Ventilführungen

Die Ventilführungen für Einlass- und Auslassventile sind aus Gusseisen hergestellt und haben unterschiedliche Durchmesser für Einlass- und Auslassventile. Die Auslassventilführungen haben den grösseren Innendurchmesser. Die Führungen für die Auslassventile sind ausserdem kürzer und können auf diese Weise auseinandergehalten werden.
Die Ventilführungen reinigen, indem man einen in Benzin getränkten Lappen durch die Führungen hin- und herzieht. Die Ventilschäfte lassen sich am besten reinigen, indem man eine rotierende Drahtbürste in eine elektrische Bohrmaschine einspannt und den Schaft gegen die Drahtbürste hält.
Die Ventilführungen mit einem Kontrolldorn auf Verschleiss kontrollieren. Lässt sich die Ausschusseite in die Bohrung einschieben, muss die Führung erneuert werden. Die Ventilführung wird mit einem abgesetzten Dorn ausgeschlagen. Können noch Ventilführungen mit Normalmass 1 eingebaut werden, ist die Führung mit Hilfe des Einschlagdornes einzuschlagen, bis der Sprengring am Zylinderkopf anliegt. Müssen Ventilführungen der Reparaturstufen eingebaut werden, ist die Grundbohrung mit der entsprechenden Hand-Raumnadel zu bearbeiten. Da die neuen Führungen jedoch in Trockeneis gekühlt werden müssen, sollte man den Kopf in eine Werkstatt bringen, um die Führungen erneuern zu lassen. Ehe eine Ventilführung erneuert wird, überprüft man den Allgemeinzustand des Zylinderkopfes. Die Führungen müssen nach dem Einpressen auf das vorgeschriebene Mass von 8,00 - 8,015 mm bei den Einlassventilen oder 9,00 - 9,015 mm bei den Auslassventilen aufgerieben werden. Die längeren Führungen sind für die Auslassventile bestimmt.
Wenn Ventilführungen erneuert wurden, erneuert man die Ventile ebenfalls und muss die Ventilsitze nachschleifen.

Die Ventilsitze müssen nachgefräst werden, nachdem man eine Ventilführung erneuert hat. Falls es aussieht, als wenn man die Sitze nicht mehr nachschleifen kann, brauchen auch die Führungen nicht erneuert werden.

Ventilsitze

Falls die Nockenwellenlager ausgeschlagen sind, kann ein Austauschzylinderkopf verwendet werden. In diesem Fall brauchen keinerlei Arbeiten an den Ventilsitzen durchgeführt werden.
Alle Ventilsitze auf Zeichen von Verschleiss oder Narbenbildung kontrollieren. Leichte Verschleisserscheinungen können mit einem 45°-Fräser entfernt werden. Falls der Sitz jedoch bereits zu weit eingelaufen ist, müssen die Ventilsitzringe erneuert werden.
Die Ventilsitzringe sind in den Zylinderkopf eingepresst und der alte Ring lässt sich am besten entfernen, indem man ihn aufbohrt oder mit einem Ventilsitzdrehwerkzeug herausdreht, bis er getrennt werden kann. Dabei ist natürlich zu beachten, dass der Zylinderkopf nicht beschädigt wird. Grundbohrung "D1" (Bild 24) messen und, falls erforderlich, auf die nächste Reparaturstufe aufdrehen. Die Reparaturstufen-Ventilsitzringe so weit überdrehen, bis die vorgeschriebene Überdeckung von 0,068 -0,10 mm erhalten ist. Die Ventilsitzringe für die Einlassventile sind grösser im Durchmesser.
Den Zylinderkopf im Wasserbad auf ca. 90° C er-

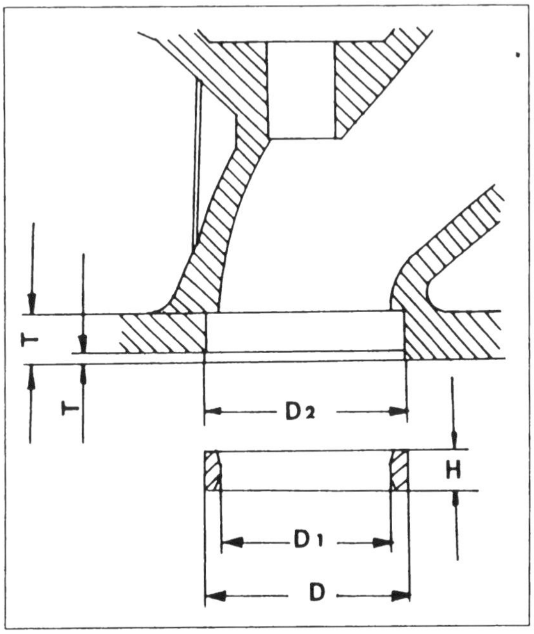

Bild 24
Die Vermassung der Ventilsitzringe. Die Buchstaben haben die folgende Bedeutung:
D = Aussendurchmesser des Ventilsitzringes
D1 = Innendurchmesser des Ventilsitzringes
D2 = Aufnahmebohrung im Zylinderkopf
H = Höhe des Ventilsitzringes
t = Abstand zwischen Kopffläche und Ventilsitzringoberseite
D = 40,100 - 40,084 mm Einlassventile
= 37,100 - 37,084 mm Auslassventile
D1 = 33,400 - 33,600 mm Einlassventile
30,400 - 30,600 mm Auslassventile
D2 = 40,000 - 40,016 mm Einlassventile
= 37,000 - 37,016 mm Auslassventile
H = 6,97 - 7,00 mm, alle Ventile
t = 2,37 - 2,25 mm Einlassventile
= 2,44 - 2,25 mm Auslassventile

wärmen und den Ventilsitzring mit Trockeneis unterkühlen. Den Ventilsitzring mit einem geeigneten Dorn einschlagen.
Die Bearbeitung des Ventilsitzringes mit einem Ventilsitzdrehwerkzeug oder mit einer Ventilschleifmaschine vornehmen. Mit einem Ventil den Grösst-Abstand "a" in Bild 25 messen. Das Mass "a" muss bei neuen Ventilen und neuen Ventilsitzringen zwischen 0,1 und 0,5 mm liegen. Die Verschleissgrenze beträgt 1,0 mm.

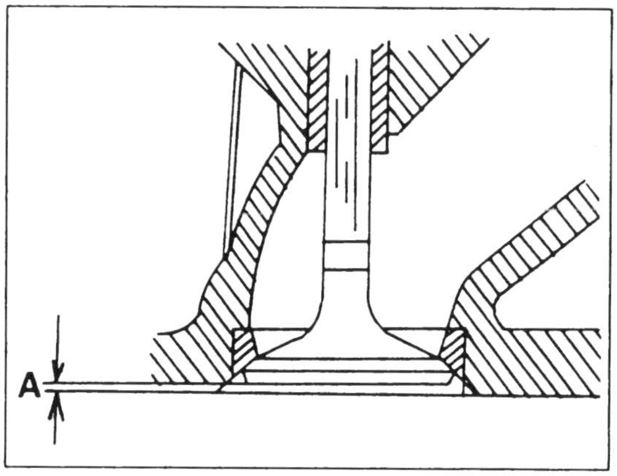

Bild 25
Das Mass "a" muss beim Einziehen von neuen Ventilsitzringen und bei Verwendung von neuen Ventilen dem im Text angegebenen Mass entsprechen.

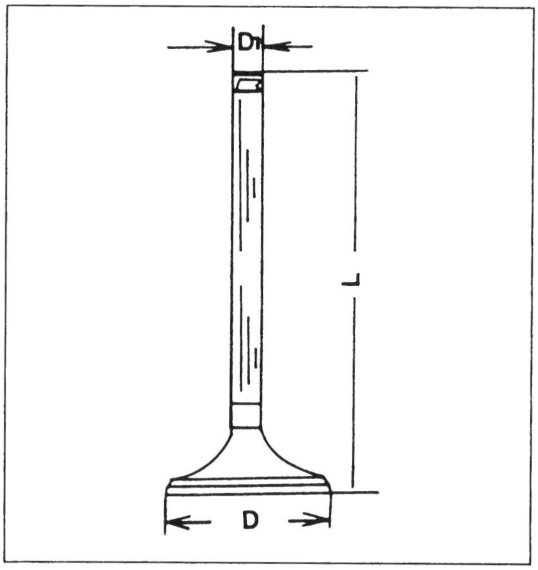

Bild 26
Vermassung der Ventile.
Einlassventile:
Ventiltellerdurchmesser D = 38,60 mm
Ventilschaftdurchmesser D1 = 7,97 mm
Ventillänge L = 106,4 mm

Auslassventile
Ventiltellerdurchmesser D = 35,0 mm
Ventilschaftdurchmesser D1 = 8,96 mm
Ventillänge L = 106,4 mm

Nach der Bearbeitung die Breite des Ventilsitzes ausmessen. Falls diese bei den Einlassventilen nicht 2,5 mm und bei den Auslassventilen 3,5 mm beträgt, müssen die Sitze oben mit einem 15°-Fräser und unten mit einem 60°-Fräser schmaler gemacht werden.
Die Fräsarbeiten sind zu beenden, sobald der Sitz innerhalb der angegebenen Breite liegt. Nachgearbeitete Ventilsitze sollten eingeschliffen werden. Dazu die Ventilsitzfläche mit etwas Schleifpaste einschmieren und das Ventil in den entsprechenden Sitz einsetzen. Einen Sauger am Ventil anbringen und das Ventil hin- und herbewegen. Hin und wieder das Ventil um eine Viertelumdrehung weiterdrehen und dann weiter einschleifen. Falls erforderlich, weitere Schleifpaste auftragen.
Nach dem Einschleifen alle Teile gründlich von Schmutz und Schleifpaste reinigen und den Ventilsitz an Ventilteller und Sitzring kontrollieren. Ein ununterbrochener, matter Ring muss an beiden Teilen sichtbar sein und gibt die Breite des Ventilsitzes an.
Mit einem Bleistift einige Striche auf dem "Ring" am Ventilteller anzeichnen. Die Striche sollten ungefähr in Abständen von 1 mm ringsherum eingezeichnet werden. Danach Ventil vorsichtig in die Führung und den Sitz fallen lassen und das Ventil um 90° verdrehen, wobei jedoch ein gewisser Druck auf das Ventil auszuüben ist.
Das Ventil wieder herausnehmen und kontrollieren, ob die Bleistiftstriche vom Sitzring entfernt wurden. Falls sich die Ventilsitzbreiten innerhalb der angegebenen Angaben befinden, kann der Kopf wieder eingebaut werden. Andernfalls die Ventilsitze nacharbeiten oder in schlimmen Fällen einen Austauschkopf einbauen.

Ventile

Aufgrund der Verwendung der hydraulischen Ausgleichselemente zum Einstellen des Ventilspiels sind die Enden der Ventilschäfte sowohl von Einlassventilen als auch von Auslassventilen speziell behandelt worden, um der höheren Beanspruchung standzuhalten.
Kleinere Beschädigungen der Ventiltellerflächen können durch Einschleifen der Ventile in die Sitze des Zylinderkopfes berichtigt werden, wie bereits oben beschrieben wurde. Falls die Ventile an den Sitzflächen nicht mehr einwandfrei aussehen, kann man sie in einer Ventilschleifmaschine nachschleifen. Bei einem geschliffenen Ventil, welches sich sonst in gutem Zustand befindet muss die Stärke der Ventiltellerkante bei den Einlassventilen noch 0,5 - 0,7 mm und bei den Auslassventilen 0,5 - 0,6 mm betragen.
Die Ventile sind nicht mit Natrium gefüllt, wie dies bei anderen Mercedes-Motoren der Fall.
Die Ventile entsprechend den Angaben in Bild 26 ausmessen und alle nicht diesen Massen entsprechenden Ventile erneuern.
Beim Bestellen von Ventilen immer angeben, dass es sich um einen Dieselmotor handelt und ob Einlassventile oder Auslassventile gebraucht werden. Manchmal ist es möglich, dass nur die Auslassventile erneuert werden müssen, wenn sie zum Beispiel an den Kanten ausgebrannt sind.

Zylinderkopf

Die Dichtflächen von Zylinderkopf und Zylinderblock einwandfrei reinigen und die Zylinderkopffläche auf Verzug kontrollieren. Dazu ein Mess-

lineal auf den Kopf auflegen und mit einer Fühlerlehre den Lichtspalt längs, quer und diagonal zur Zylinderkopffläche ermitteln. Falls sich eine Blattlehre von mehr als 0,10 mm Stärke einschieben lässt, wenn man den Zylinderkopf in Längsrichtung vermisst, kann man die Kopffläche in einer Mercedes-Werkstatt nachschleifen lassen. Diese besitzt die erforderlichen Unterlagen über die Mindesthöhe des Zylinderkopfes. Wird der Zylinderkopf quer gemessen, d.h. das Messlineal wird quer auf den Zylinderkopf aufgelegt, darf kein Lichtspalt zwischen Lineal und Kopffläche vorhanden sind. Zylinderköpfe können plangeschliffen werden, solange man die Einbauhöhe der Ventile (Mass "a" in Bild 25) entsprechend korrigiert.
Ebenfalls zu kontrollieren ist das Vorstehmass der Vorkammer für die Dieseleinspritzung. Das Ende der Vorkammer muss um 7,6 - 8,1 mm herausstehen. Die Werkstatt korrigiert das Mass durch Unterlegen von Dichtringen unterschiedlicher Stärke unter die Vorkammer, um diese wieder auf das vorgeschriebene Mass herauszubringen.

Nockenwelle

Der folgende Text beschreibt nur die an der Nockenwelle durchzuführenden Prüfungen. Erläuterungen zur Nockenwelle sind in Kapitel 2.11.6 zu finden.
Die Nockenwelle mit den beiden Endlagerzapfen in Prismen einlegen oder zwischen die Spitzen einer Drehbank spannen, wie es in Bild 27 gezeigt ist, und eine Messuhr am mittleren Lagerzapfen ansetzen. Die Nockenwelle langsam durchdrehen und die Anzeige an der Messuhr ablesen. Falls die Anzeige mehr als 0,01 mm beträgt, ist die Welle verbogen und sollte erneuert werden.

Ventilschaftabdichtungen erneuern (Zylinderkopf eingebaut)

Ventilschaftabdichtungen sind im Reparatursatz erhältlich. Ebenfalls im Reparatursatz befinden sich Schutzhülsen, die bei Montage über den Schaft der Einlassventile zu schieben sind. Die Abdichtungen sind in ihren Durchmessern unterschiedlich, so dass man sie nicht verwechseln kann. Ausserdem können sie an der Form erkannt werden (Bild 28). Zum Aufdrücken der Ventilschaftabdichtungen wird normalerweise ein Spezialwerkzeug benutzt. Falls dieses nicht zur Verfügung steht, und man verwendet ein Stück dünnes Rohr, muss man sehr vorsichtig vorgehen, um die Dichtlippe oder die Ringfeder nicht zu beschädigen.
Beim Erneuern der Abdichtungen müssen die Ventilfederkeile und die Ventilfedern ausgebaut werden. Um zu verhindern, dass die Ventile dabei in den Verbrennungsraum fallen, muss sich der entsprechende Kolben auf dem oberen Totpunkt befinden. Beim Vierzylindermotor ist dies ziemlich leicht, da sich jeweils zwei der Kolben auf dem oberen Totpunkt befinden. Beim Fünfzylindermotor jedoch ist die Arbeit weitaus schwerer, da man den Motor um einen bestimmten Winkel weiter durchdrehen muss. Nur erfahrene Praktiker sollten diese Arbeit vornehmen. Folgende Arbeiten durchführen:

- Motor durchdrehen, bis der Kolben des ersten Zylinders auf dem oberen Totpunkt steht.
- Die Nockenwelle ausbauen (Kapitel 2.11.6).
- Die Ventilkegelhälften des ersten Zylinders ausbauen, wie es in Kapitel 2.3.2 beschrieben wurde. Bei einem Vierzylindermotor können die Ventilfedern des vierten Zylinders ebenfalls ausgebaut werden.

Bild 27
Kontrolle der Nockenwelle auf Schlag zwischen den Spitzen einer Drehbank.

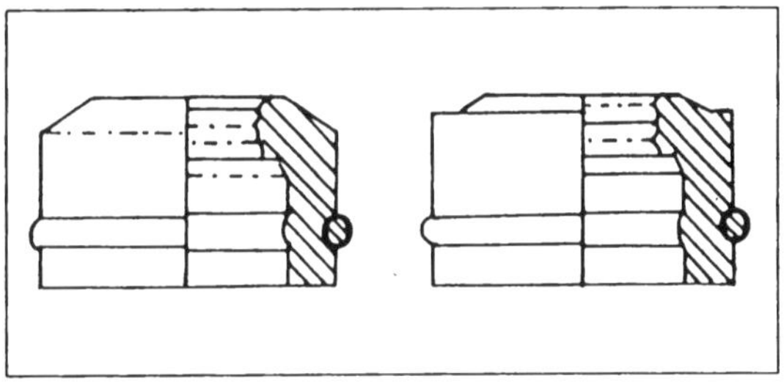

Bild 28
Die Form der Ventilschaftabdichtungen. Links für die Auslassventile, rechts für die Einlassventile gezeigt.

- Alte Ventilschaftabdichtungen mit einer Zange herunterziehen. Dabei den Ventilschaft oder die Stösselbohrungen nicht beschädigen.
- Neue Abdichtungen gut einölen und vorsichtig über den Ventilschaft nach unten drücken. Die Schutzhülse über den Einlassventilschaft aufsetzen. Die Abdichtungen auf die Ventilführungen aufdrücken, bis sie einwandfrei sitzen.
- Ventilfedern mit der Farbmarkierung nach unten weisend aufstecken und die Ventilfederkeile wieder montieren. Unbedingt darauf achten, dass die einwandfrei sitzen.
- Das Nockenwellenrad etwas anheben, um die Kette nicht aus dem Eingriff zu bringen und einen Vierzylindermotor um eine halbe Umdre-

hung durchdrehen. Die Ventilschaftabdichtungen des 2. und 3. Zylinders können jetzt in der gleichen Weise erneuert werden. Bei einem Fünfzylindermotor die Kurbelwelle durchdrehen, bis die Ventile des nächsten Zylinders beide geschlossen sind, d.h. bei einem Fünfzylindermotor findet dies in der Reihenfolge 2-4-5-3 statt. Wie bereits erwähnt, muss diese Arbeit sorgfältig durchgeführt werden. Beide Ventile müssen in der gleichen Höhe liegen, ehe man die Ventilfederkeile ausbauen kann.

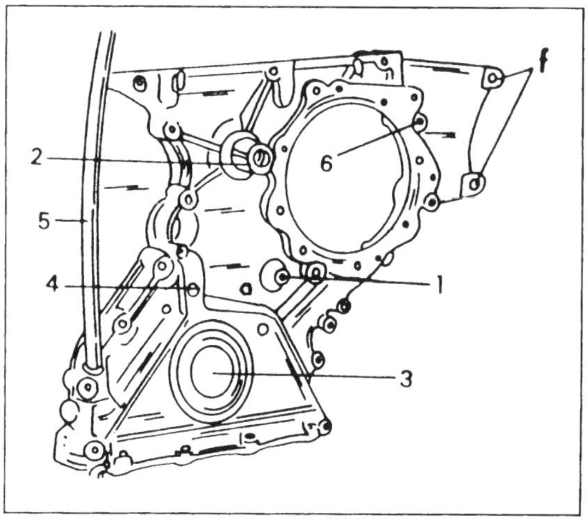

Bild 29
Ansicht des Steuergehäusedeckels mit Lage der verschiedenen Teile.
1 Stift für o.T.-Geber (Vierzylinder)
2 Lagerbolzen für Antriebsriemenspanner
3 Kurbelwellendichtring
4 Zapfen für o.T.-Anzeige
5 Führungsrohr für Ölmessstab
6 Flanschöffnung für Unterdruckpumpe

Den Ventilfederzusammendrücker sehr langsam betätigen, da die Ventilkegelhälften manchmal an den Schäften hängen und es muss unbedingt verhindert werden, dass man durch schnellen Druck die Ventilteller in die Kolben drückt. Nur die Ventilfedern dürfen sich nach unten bewegen.

2.4 Steuergehäusedeckel

2.4.1 Aus- und Einbau

Der Steuergehäusedeckel verschliesst das Kurbelgehäuse an der Vorderseite. Er wird durch zwei Zylinderpassstifte geführt, oben mit zwei Schrauben am Zylinderkopf, unten mit 5 Schrauben an der Ölwanne und andernfalls durch 14 Schrauben am Zylinderblock befestigt. Die Dichtverbindung zum Kurbelgehäuse erfolgt mit Dichtungsmasse. Der Steuergehäusedeckel trägt die folgenden Motornebenteile, deren Lage aus Bild 29 ersichtlich sind:
Unterdruckpumpe für Bremsanlage
Die Wasserpumpe
Den Kraftstoffilter
Die Pumpe der Servolenkung
Lagerbolzen für Spannvorrichtung des Antriebsriemens (Flachriemens) für Drehstromlichtmaschine, usw.
Den vorderen Dichtring der Kurbelwelle
Den Stift zur Anzeige des oberen Totpunkts
Das Führungsrohr für den Ölmessstab

Der Deckel kann bei eingebautem Motor ausgebaut werden und diese Arbeiten sind im folgenden Text beschrieben. Die Beschreibung von Nebenarbeiten sind unter den betreffenden Überschriften zu finden. So wird zum Beispiel das Ablassen der Kühlanlage nur als Arbeitsgang erwähnt, muss aber im entsprechenden Kapitel, in diesem Fall 4.1 nachgelesen werden.

- Motorhaube in senkrechte Stellung bringen.
- Motoröl ablassen.
- Kühlmittel ablassen.
- Massekabel der Batterie abklemmen.
- Den grossen Luftschlauch ausbauen. Beim Turbomotor die entsprechenden Verbindungen lösen.
- Die grosse Mutter in der Mitte des Ventilatorflügels abschrauben und den Ventilator herunterziehen.
- Die Spannvorrichtung für den einteiligen Antriebsriemen an der Stirnseite des Motors entspannen, wie es beim Ausbau des Motors beschrieben wurde (siehe ebenfalls Bild 16).
- Die vier Innensechskantschrauben der Riemenscheibe für die Wasserpumpe mit einem Inbusschlüssel entfernen
- Das Kabel vom Anschlussstecker des Magnetkörpers der Ventilatorkupplung abziehen.
- Die Muttern der Ventilatorkupplung entfernen vom Magnetträger abschrauben. Der Magnetträger ist am Wasserpumpengehäuse angeklebt und sollte nicht entfernt werden.
- Die Spannvorrichtung für den Antriebsriemen vollständig ausbauen. Als erstes die Schraube an der Oberseite des Stossdämpfers lösen. Den Verschlussdeckel aus dem Spannhebel entfernen, die Schraube herausdrehen und die Sicherungsscheibe entfernen. Den Spannhebel zusammen mit dem Stossdämpfer und der Zugfeder vom Lagerbolzen im Steuerdeckel herunternehmen. Dies ist mit Nr. 2 in Bild 29 gezeigt.
- Bei Fahrzeugen mit eingebauter Servolenkung die Riemenscheibe der Lenkungspumpe abschrauben.
- Die beiden Befestigungsschrauben der Lenkungspumpe lösen, die Pumpe abnehmen und die Pumpe an den Leitungen hängend zur Seite legen, damit sie bei den weiteren Arbeiten nicht mehr im Wege ist.
- Die vordere der beiden Befestigungsschrauben des Kraftstoffilters entfernen.
- Kurbelwellenriemenscheibe abschrauben. Einen Gang einlegen, um die Kurbelwelle gegen Mitdrehen zu blockieren.
- Die Nabe der Kurbelwellenriemenscheibe abschrauben und die Nabe herunterziehen. Meistens kann man dies ohne weitere Hilfsmittel durchführen. Falls erforderlich, einen Abzieher verwenden.
- Den o.T.-Geber ausbauen (dieser gibt elektrisch an, wenn sich der erste Kolben auf dem

oberen Totpunkt im Verbrennungstakt befindet). Dazu die Sechskantmutter (1) in Bild 30 lösen, das Kabel des Gebers aus der Halterung (3) herausziehen und das Kabel auf eine Seite legen, damit sie nicht weiter im Wege ist. Beim Fünfzylindermotor wurde aufgrund von Platzmangel der o.T.-Geber auf die rechte Seite des Steuerdeckels versetzt und befindet sich in der in Bild 31 gezeigten Lage.

- Die Unterdruckpumpe vom Steuerdeckel abschrauben.
- Beide Befestigungsschrauben des Motorträgers von der Motoraufhängung abschrauben.
- Bei Fahrzeugen mit Getriebeautomatik die Ölleitungen vom Getriebeölkühler abschliessen. Die freien Enden in geeigneter Weise zustopfen.
- Das Seil oder die Kette eines Hebezeugs an der vorderen Hebeöse des Motors einhängen und den Motor leicht anheben.
- Die Befestigungsschrauben der Ölwanne an der Vorderseite, im Bereich des Steuerdeckels herausdrehen und danach die verbleibenden Schrauben der Ölwanne lockern.
- Den Motor wieder in die Aufhängungen senken.
- Die Zylinderkopfhaube ausbauen. Diese ist mit zwei Schrauben auf jeder Langseite und zwei Schrauben auf der Schmalseite befestigt. Den Belüftungsschlauch vorher aus der Mitte der Zylinderkopfhaube herausziehen. Bei Fahrzeugen mit Getriebeautomatik das quer über der Zylinderkopfhaube verlaufende Gasgestänge auf einer Seite vom Kugelgelenk trennen.
- Mit einem 6 mm-Inbusschlüssel und einer Verlängerung von mindestens 440 mm die beiden M8-Zylinderkopfschrauben in der Kettenkammer herausdrehen. Dies sind die beiden mit "a" in Bildern 19 und 20 gezeigten Schrauben.
- Den Haltebügel für das Führungsrohr des Ölmessstabs vom Steuerdeckel abschrauben.
- Die Befestigungsschrauben der Einspritzpumpe lösen und die Vierkantmuttern am Flansch der Einspritzpumpe abschrauben.
- Die verbleibenden Schrauben des Steuerdeckels lösen und den Deckel abnehmen. Die Einbaulage der Schrauben muss in geeigneter Weise vermerkt werden, da die Schrauben von unterschiedlicher Länge sind. Unbedingt darauf achten, dass dabei die Zylinderkopfdichtung nicht beschädig wird, da man diese sonst erneuern muss.

Der Einbau der Steuergehäusedeckels geschieht in folgender Weise:

- Die Dichtflächen des Steuergehäusedeckels und des Zylinderblocks einwandfrei von alten Dichtungsmasseresten reinigen. Die Dichtfläche des Deckels ebenfalls auf Beschädigungen überprüfen, da diese zu Ölleckstellen führen könnten.
- Die Fläche des Steuergehäusedeckels mit

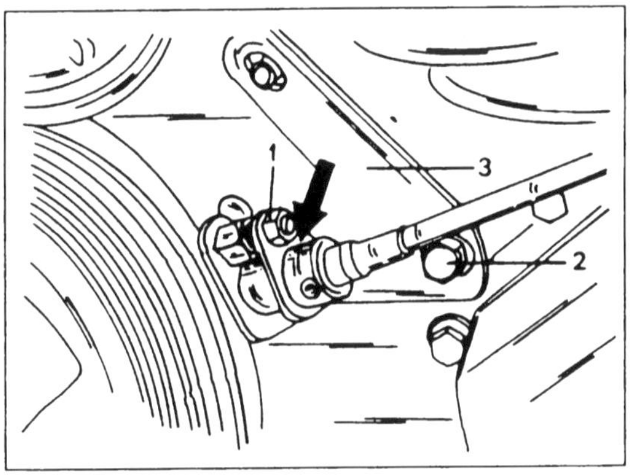

Bild 30
Die Befestigung des Gebers für den oberen Totpunkt am Steuerdeckel (Vierzylinder).
1 Sechskantmutter
2 Sechskantschraube
3 Halterung für Geber

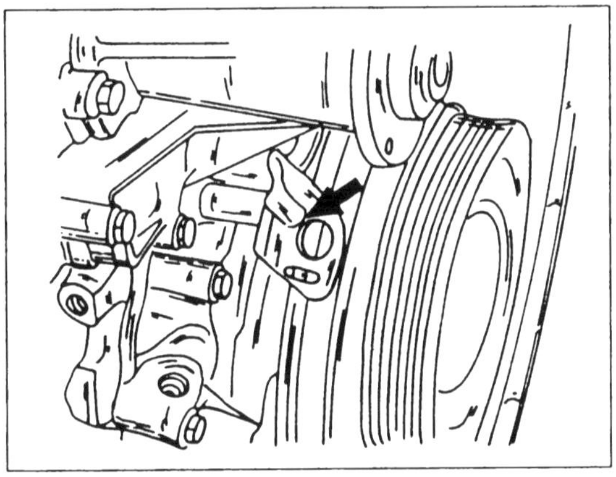

Bild 31
Die Lage des o.T.-Gebers beim Fünf- und Sechszylindermotor.

Dichtungsmasse einschmieren. Mercedes-Werkstätten verwenden dazu "Curil T"-Dichtungsmasse, welche unter der Ersatzteilnummer 001 989 47 20 erhältlich ist.

- Den Steuergehäusedeckel vorsichtig ansetzen, ohne dabei die Zylinderkopfdichtung zu beschädigen.
- Die Schrauben der Reihe nach in den Deckel einsetzen. Dabei auf die unterschiedliche Schraubenlänge achten und die Schrauben wieder an der ursprünglichen Stelle eindrehen.
- Falls der Kurbelwellendichtring im Steuerdeckel erneuert wurde, ist dieser jetzt in den Deckel und über die Kurbelwelle einzuschlagen.
- Alle weiteren Arbeiten in umgekehrter Reihenfolge wie beim Ausbau durchführen. Die folgenden Punkte sind besonders zu beachten:

— Keilriemen spannen (Kapitel 4.3.2).
— Motor mit Öl füllen.
— Kühlanlage füllen (Kapitel 4.1.1).
— Motor anlassen und alle Abdichtungen auf Leckstellen kontrollieren.

2.4.2 Änderungen an Steuerdeckel und Zylinderkopf während der Baujahre

Der folgende Text gibt eine kurze Zusammenfassung über die während der Entwicklung der Modelle durchgeführten Änderungen an Zylinderkopf und den in Kapiteln 2.3 und 2.4 beschriebenen

Teilen. Nicht alle Änderungen wurden an allen Motorenausführungen durchgeführt, da einige nur auf bestimmte Länder gezielt wurden.

Baujahr 1985: Der Zylinderkopf des Vierzylindermotors wurde abgeändert. Ebenfalls geändert wurde die Zylinderkopfdichtung, indem man die Ölbohrung versetzt hat. Die Dichtung kann an der Ersatzteilnummer erkannt werden. Die alte Dichtung trägt die Nummer 601 016 0220, die neue Dichtung die Nummer 601 016 0320. Dichtungen können nur für den zutreffenden Motor verwendet werden. Der neue Zylinderkopf kann nicht in einen älteren Motor eingebaut werden, oder umgekehrt, da der Zylinderblock ebenfalls geändert wurde (Passhülse zur Führung des Zylinderkopfes wurde versetzt).

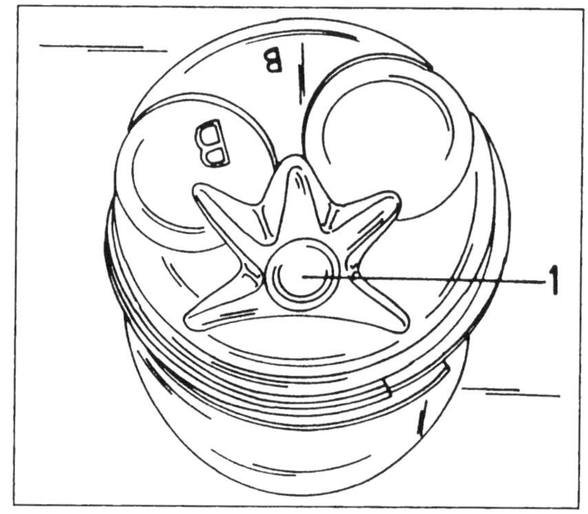

Bild 32
Ansicht eines Kolbens mit Lage des Brennraums (1). Die beiden anderen Ausnehmungen sind für die Ventilteller vorgesehen und gewährleisten, dass die Ventile nicht gegen die Kolben anschlagen können.

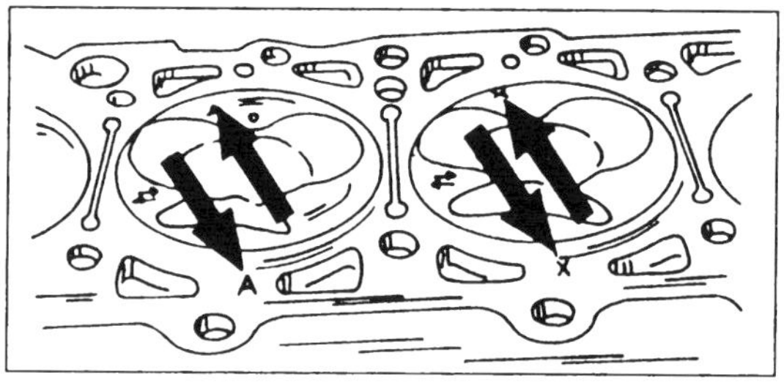

Bild 33
Die Kennzeichnung der Kolbenböden und des Zylinderblocks mit den Grössenkennzeichnungen der Kolbendurchmesser.

Baujahr 1989: Bei allen Dieselmotoren wurde die Brennermulde im Zylinderkopf vergrössert. Zylinderköpfe älterer Motoren nicht bei Motoren von Fahrzeugen des Baujahres 1989 montieren. Ebenfalls sind die Vorkammern der Verbrennungsräume auf den zugeordneten Motor abgestimmt. Bei Motoren mit Abgasrückführung ist ein Druckregelventil in die Zylinderkopfhaube eingebaut, welches verhindert, dass sich im Motor ein zu hoher Unterdruck aufbaut. In einer Seite der Zylinderkopfhaube ist ein Belüftungsloch eingebohrt (links, wenn der Öleinfüllverschluss rechts liegt). Dieses Loch darf nicht verstopft sein, was zum Beispiel durch Strassenschmutz, Öl oder andere Fremdkörper verursacht werden könnte. Vor allem, wenn die Zylinderkopfhaube abgebaut wurde, muss man darauf achten.

2.5 Kolben und Pleuelstangen

2.5.1 Ausbau

Die Kolben werden aus einer besonderen Leichtmetall-Legierung hergestellt. Jeder Kolben hat einen sternförmigen Brennraum, sowie zwei runde Aussparungen für die Ventilteller. Die Mündung der Vorkammer ragt in den Brennraum (Pfeil in Bild 32), wenn sich der Kolben auf dem oberen Totpunkt befindet.

Im Oberteil jedes Kolbens sind drei Kolbenringe eingesetzt, welche federnd gegen die Zylinderwandungen drücken. Die beiden oberen Ringe sind sogenannte Verdichtungsringe, d.h. sie verwehren dem im Zylinder vorhandenen Druck den Zurückweg in das Kurbelgehäuse. Der untere Ring ist der Ölabstreifring, welcher übermässiges Öl von der Zylinderwandung abstreift, so dass dieses nicht in den Verbrennungsraum gelangen kann. Der obere Ring besitzt einen rechteckigen Querschnitt, der mittlere Ring hat eine Innenfase, der Ölabstreifring ist an der Aussenseite verchromt. Nur diese Einbauweise gewährleistet, dass die Kolbenringe ihre Funktion erfüllen können.

Die Pleuelstangen verbinden die Kolben mit der Kurbelwelle. Ein Kolbenbolzen verbindet den Kolben mit der Pleuelstange.

Kolben und Pleuelstangen werden mit einem Hammerstiel von der Innenseite des Zylinderblocks nach oben zu herausgestossen, nachdem die Pleuellagerdeckel und Lagerschalen abmontiert wurden. Vor der Durchführung dieser Arbeiten sind die nachstehenden Anweisungen betreffend Kennzeichnung, Einbaurichtung usw. zu beachten:

- Die Kolben und Zylinderbohrungen sind innerhalb bestimmter Toleranzgruppen in drei Durchmessergruppen unterteilt und werden durch die Buchstaben A, X oder B gekennzeichnet. Die Gruppennummer ist neben die Zylinderbohrung in die Zylinderblockfläche eingeschlagen, wie es in Bild 33 durch die Pfeile gezeigt ist. Die Gruppennummer des Kolbens muss immer identisch mit der Nummer neben der Zylinderbohrung sein.
- Ausser den Kennbuchstaben sind ebenfalls die 7. und 8. Zahl der Ersatzteilnummer in den Kolbenboden eingestanzt. Jeder Kolben trägt einen Pfeil mit der Aufschrift "Vorn", um anzugeben in welcher Richtung der Kolben einzubauen ist.
- Zu Reparaturzwecken werden nur Kolben mit dem Kennbuchstaben "X" geliefert. Diese Kolben können ebenfalls verwendet werden wenn die Zylinderbohrung mit den Buchstaben "A" oder "B" gekennzeichnet ist.
- Falls Zylinderbohrungen gehont werden müssen, sind sie auf das Mass der Kolbengruppe "X" zu bringen. Zu diesem Mass das Laufspiel der Kolben hinzurechnen.
- Jeden Kolben und die dazugehörige Pleuel-

stange mit der Nummer des Zylinders versehen aus welchem sie ausgebaut wurden. Dies kann man am besten durchführen, indem man die Zylindernummer mit Farbe auf den Kolbenboden aufzeichnet. Ebenfalls einen zur Vorderseite des Motors weisenden Pfeil in den Kolbenboden einzeichnen, da der eingezeichnete Pfeil durch die angesetzte Ölkohle nicht mehr sichtbar ist.

- Beim Ausbau eines Kolbens mit der Pleuelstange die genaue Einbaurichtung des Pleuellagerdeckels beachten und sofort nach dem Ausbau den Pleuel und den Lagerdeckel auf einer Seite mit der Zylindernummer zeichnen. Dies lässt sich am besten mit einem Körner durchführen (Zylinder Nr. 1 einen Körnerschlag, usw.).
- Lagerschalen entsprechend der Pleuelstange und zum Lagerdeckel zeichnen. Die oberen Lagerschalen sind mit einer Ölbohrung (zur Schmierung des Kolbenbolzens) versehen.
- Die Lagerschalen der Pleuelstangen können von unterschiedlichem Durchmesser sein. An der Unterseite der Pleuelstangen sind entweder ein Körnerschlag oder zwei Körnerschläge zu sehen (Bild 34). Ist ein Körnerschlag vorhanden müssen die Lagerschalen eine blaue Kennzeichnung aufweisen (an der Seite der Lagerschale). Sind zwei Körnerzeichen vorhanden, wie es aus dem Bild ersichtlich ist, haben die Lagerschalen keine Kennzeichnung.
- Die Kurbelzapfen können bis zu viermal nachgeschliffen werden. Lagerschalen stehen in entsprechenden Grössen (Abstufung von je 0,25 mm zur Verfügung).
- Lagerdeckel und Schalen entfernen und die Teile wie oben erwähnt herausstossen. Falls erforderlich, den Ölkohlering an der Oberseite der Zylinderbohrungen mit einem Schaber abkratzen.
- Kolbenbolzen herausdrücken, nachdem die Sicherungsspangen entfernt wurden. Ein Einschnitt im Kolbenauge ermöglicht das Ansetzen eines Dorns, so dass man die Sicherungsspangen heraushebeln kann. Den Bolzen mit einem passenden Dorn herauspressen.
- Kolbenringe mit einer Kolbenringzange der Reihe nach über den Kolbenboden abnehmen, wie es Bild 35 zeigt. Falls die Ringe wieder verwendet werden sollen, sind sie entsprechend zu zeichnen. Falls keine Kolbenringzange zur Verfügung steht, können Metallstreifen an gegenüberliegenden Seiten des Kolbens unter den Ring geschoben werden. Einen Streifen unbedingt unter das Ende des Ringes unterlegen, um Kratzer zu vermeiden. Bild 36 zeigt, wie die Streifen am Kolben angeordnet werden.

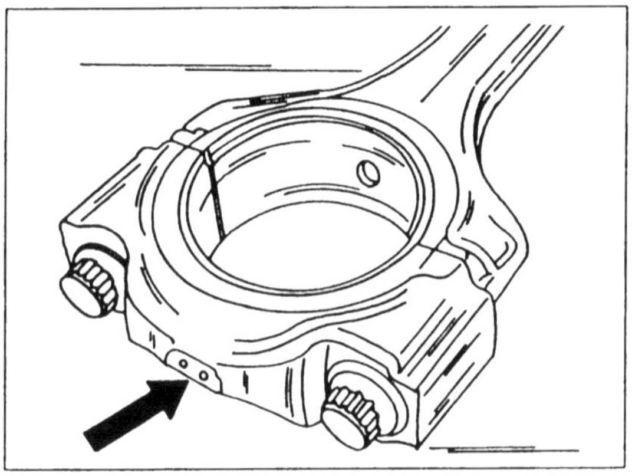

Bild 34
Die Kennzeichnung an der Unterseite der Pleuelstangen. Entweder ein oder zwei Körnerschläge können eingeschlagen sein.

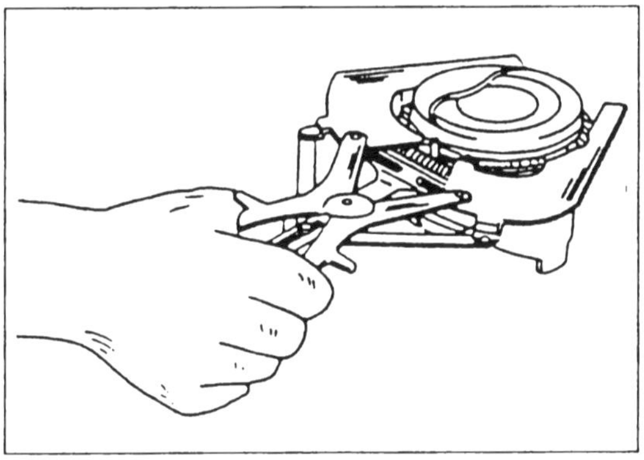

Bild 35
Abnehmen oder Aufsetzen der Kolbenringe mit einer Kolbenringzange. Die Zange nicht zu sehr ausweiten, um den Ring nicht zu brechen.

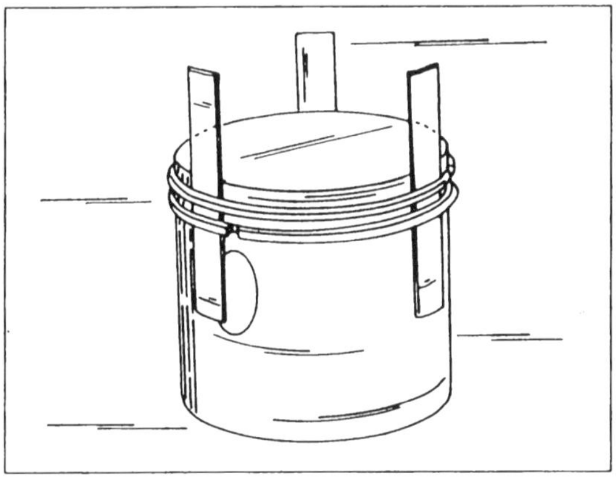

Bild 36
Schematische Darstellung zum Ausbau der Kolbenringe.

2.5.2 Zylinderbohrungen ausmessen

Zum Ausmessen der Zylinderbohrungen ist eine Zylindermessuhr erforderlich, mit der es möglich ist, die Mitte und die Unterseite der Bohrung auszumessen. Falls eine Messuhr nicht vorhanden ist, können die folgenden Arbeiten nicht durchgeführt werden.

Die Messungen der Zylinderbohrungen sind in Längs- und Querrichtung durchzuführen, wie es aus dem Schema in Bild 37 ersichtlich ist. Bei nicht ausgebauten Kolben liegt die Messstelle "3" knapp über dem auf dem unteren Totpunkt stehenden Kolben. Die beiden anderen Messungen sind dementsprechend durchzuführen. Insgesamt sind also 6 Messungen pro Zylinderbohrung erforderlich. Alle gefundenen Werte aufschreiben und mit den Angaben in der Mass- und Einstelltabelle (Kapitel 15) vergleichen. Zu beachten ist, dass alle Zylinder nachgebohrt werden müssen, auch wenn nur einer der Zylin-

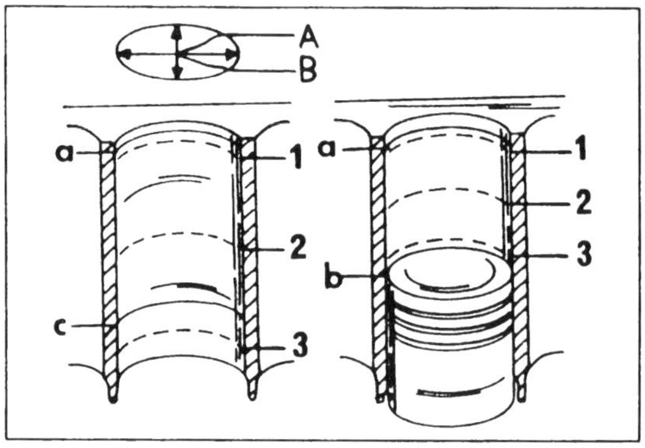

Bild 37
Ausmessen der Zylinderbohrungen. 1, 2 und 3 sind die Messstellen.
A Längsrichtung
B Querrichtung
a Obere Umkehrstelle des ersten Kolbenringes
b Unterer Totpunkt des Kolbens
c Untere Umkehrstelle des Ölabstreifringes

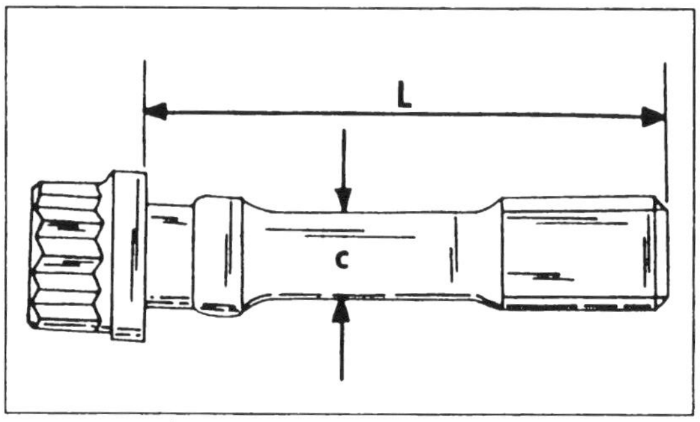

Bild 38
Dehnschaft der Pleuelstangen ausmessen.

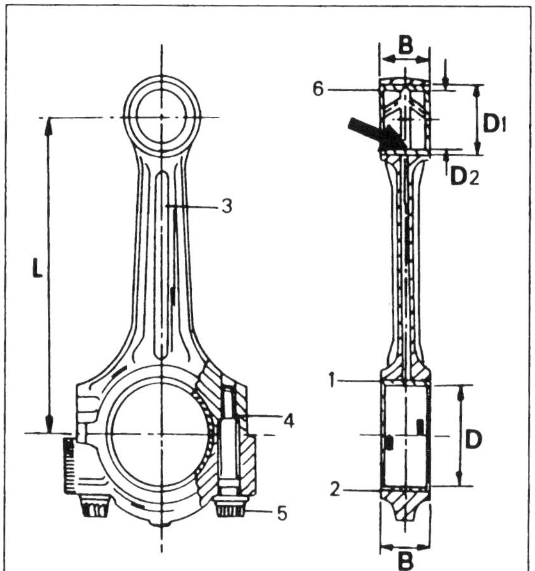

Bild 39
Schnittansichten einer Pleuelstange. Der Pfeil weist auf die Ölbohrung der Pleuelaugenbüchse
1 Obere Lagerschale
2 Untere Lagerschale
3 Pleuelstange
4 Federspannstifte
5 Pleuelschraube
6 Pleuelaugenbüchse
L = 145 mm
B = 24,0 mm
D = 47,95 mm
D1 = 29,50 mm
D2 = 27,0 mm (bis Oktober 1984)
26,0 mm (ab Oktober 1984)
(Toleranz 0,018 - 0,024 mm)

der nicht innerhalb der Massangaben liegt. Eine Abweichung von 0,20 mm von den Sollmassen, d.h. in Längs- oder in Querrichtung, ist zulässig. Falls der Verschleiss ausserhalb des Grenzwertes liegt, kann man neue Zylinderlaufbüchsen einziehen lassen. Diese Arbeit lässt man in einer Mercedes-Werkstatt durchführen.

Das Endmass einer Zylinderbohrung wird bestimmt, indem man den Kolben entsprechend ausmisst, d.h. 10 mm von der Unterkante des Kolbenmantels, und zu diesem Mass das Kolbenlaufspiel von 0,017 - 0,043 mm hinzurechnet. Ausserdem ist eine Zugabe von 0,03 mm für das abschliessende Aushonen der Zylinder zu berücksichtigen. Das Kolbenlaufspiel darf nicht mehr als 0,12 mm vom Sollmass abweichen.

Zum Prüfen des Kolbenlaufspiels den Kolben und die Zylinderbohrung wie beschrieben ausmessen und den Unterschied zwischen den Massen pro Zylinder errechnen. Falls das Ergebnis grösser als 0,12 mm ist, müssen die Zylinder ausgeschliffen werden, oder man lässt neue Zylinderlaufbüchsen einziehen, da das Laufspiel die Verschleissgrenze erreicht hat.

2.5.3 Kolben und Pleuelstangen überprüfen

Alle Teile gründlich kontrollieren. Falls Teile Anzeichen von Fressern, Kratzern oder Verschleiss aufweisen, müssen sie erneuert werden.

Das Höhenspiel der Kolbenringe in den Nuten des Kolbens ausmessen, indem man die Kolbenringe der Reihe nach in die jeweilige Nute einsetzt. Mit einer Fühlerlehre den Spalt zwischen der Ringfläche und der Kolbennutenfläche ermitteln. Falls die Spalte der oberen Ringe mehr als 0,20 mm, der mittleren Ringe 0,15 mm oder der Ölabstreifringe 0,10 mm betragen, sind entweder die Ringe oder der Kolben abgenutzt.

Als nächstes der Reihe nach alle Kolbenringe von der Unterseite des Kurbelgehäuses in die Zylinderbohrungen einsetzen. Mit einem umgekehrten Kolben die Ringe ca. 20 mm nach unten drücken. Dadurch sitzen sie gerade in der Bohrung.

Eine Fühlerlehre in den Spalt zwischen den beiden Ringenden einschieben, um das Kolbenringstossspiel auszumessen.

Bei allen Ringen beträgt das Spiel 0,20 - 0,40 mm. Die Verschleissgrenze der Ringe in der oberen Nut beträgt 1,5 mm; die der anderen 1,0 mm.

Bei zu geringem Spiel (bei neuen Ringen zum Beispiel, die man ebenfalls ausmessen muss), können die Ringenden abgefeilt werden. Dazu eine Schlichtfeile in einen Schraubstock spannen, und die Flächen der Ringenden gegen die Feile reiben. Bei zu grossem Stossspiel muss der betreffende Ring erneuert werden.

Die Kolbenbolzen und Pleuelstangenbüchse auf Verschleiss oder Fressstellen kontrollieren. Falls nur eine Pleuelstange nicht mehr einwandfrei ist, kann diese getrennt erneuert werden, jedoch muss das Gewicht dem ursprünglichen Pleuel entsprechen, da der Unterschied des Pleuelgewichts in einem Motor nicht mehr als 5 g betragen darf.

Ehe die Pleuellagerschrauben wieder verwendet werden, misst man den Durchmesser der Schrauben an der schmalsten Stelle mit einer Schiebelehre aus (Bild 38). Falls dieser kleiner als 7,1 mm ist, müssen die Pleuellagerschrauben erneuert werden, wie es unten beschrieben ist. Vor der Erneuerung jedoch noch eine zweite Prüfung durchführen. Dazu den Pleuellagerdeckel auf eine Pleuelschraube stecken und nach aussen schwen-

ken. Pleuelstangen und Deckel waagerecht halten. Falls der Deckel unter seinem eigenen Gewicht nach unten fällt, muss die Pleuelstange erneuert werden. Andernfalls die Schrauben erneuern.
Pleuelstangen ebenfalls in einem Pleuelrichtgerät auf Verdrehung oder Verbiegung kontrollieren, welche nur minimal sein dürfen.
Die folgenden Anweisungen betreffen ebenfalls die Pleuelstangen:

- Pleuelstangen welche aufgrund von Lagerschäden überhitzt wurden (blau angelaufen) dürfen nicht wieder verwendet werden.
- Pleuelstangen und Lagerdeckel sind aufeinander angepasst und dementsprechend gezeichnet.
- Neue Pleuelstangen kommen mit vorgeriebenen Pleuelaugenbüchsen und eignen sich zum sofortigen Einbau.
- Die Pleuellagerdeckel mit den Lagerschalen auf die Pleuelschrauben montieren und mit einer Innenmessuhr den Durchmesser der Lagerbohrung ausmessen. Falls das erhaltene Mass mehr als 51,619 mm beträgt oder konisch ausgelaufen ist, kann man den Lagerdeckel auf der Anlagefläche bis zu 0,02 mm auf einer Richtplatte abziehen.
- Falls der Pleuel noch in einwandfreiem Zustand ist, der Kolbenbolzen jedoch zu viel Spiel in der Pleuelaugenbohrung hat, kann man die alte Büchse auspressen und eine neue Büchse einpressen. Zu beachten ist jedoch, dass man die Ölbohrung in der Büchse an der Pfeilstelle in Bild 39 in eine Linie bringt. Nach dem Einziehen der Pleuelaugenbüchse diese auf den Durchmesser "D2" in Bild 39 aufreiben. Der zulässige Durchmesser ist im Bild angegeben.

2.5.4 Pleuellagerlaufspiel ausmessen

Diese Arbeit wird im Zusammenhang mit der Kurbelwelle beschrieben (Kapitel 2.7.2).

2.5.5 Kolben und Pleuelstangen zusammenbauen

- Vor dem Zusammenbau die Oberfläche des Kolbenbodens kontrollieren (falls neue Kolben eingebaut werden). Der Kolbendurchmesser, die Gruppennummer und die beiden letzten Zahlen der Ersatzteilnummer sind in den Kolben eingeschlagen und müssen entsprechend stimmen.
- Falls die Pleuelstangen erneuert wurden, die Unterseite des Pleuellagerdeckels kontrollieren, um festzustellen, ob ein oder zwei Körnerschläge eingeschlagen sind, da diese die Auswahl der Lagerschalen bestimmen.
- Einen passenden Dorn besorgen, der sich in die Innenseite des Kolbenbolzens einsetzen lässt.
- Bolzen gut einölen und mit Handdruck in den Kolben und die Pleuelstange eindrücken. Der Pfeil im Kolbenboden muss zur Vorderseite des Motors weisen und die Führungsnasen der Pleuellagerschalen müssen zur linken Seite des Motors weisen, wie es aus Bild 40 ersichtlich ist.

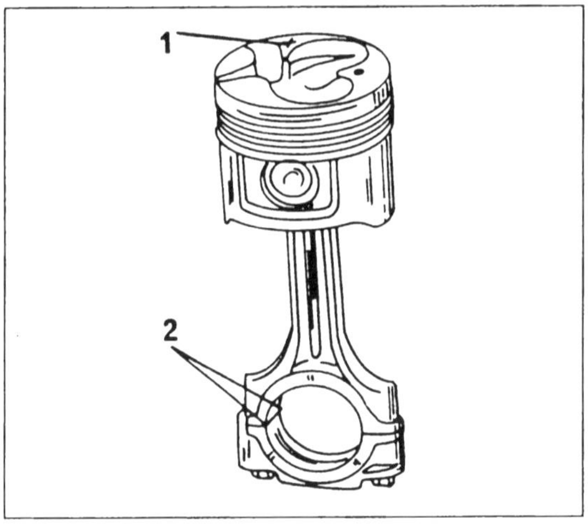

Bild 40
Der Pfeil im Kolbenboden (1) muss zur Vorderseite des Motors weisen, wenn die Führungsnasen (2) der Pleuellagerschalen auf der linken Seite des Zylinderblocks liegen.

- Sicherungssprengringe auf beiden Seiten des Kolbens einsetzen und kontrollieren, dass sie einwandfrei in den Nuten sitzen.
- Kontrollieren, dass sich der Kolben nach dem Zusammenbau einwandfrei auf der Pleuelstange hin- und herkippen lässt.
- Mit einer Kolbenringzange der Reihe nach die Kolbenringe in die Nuten einsetzen. Die beiden Verdichtungsringe könnte man verwechseln und aus diesem Grund ist deren Querschnitt zu

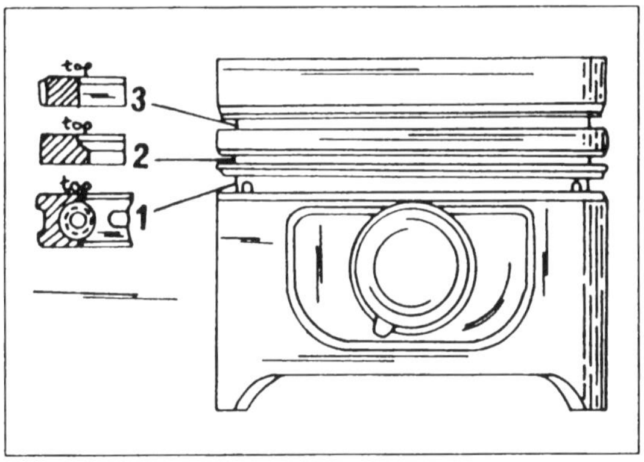

Bild 41
Schnitt durch den Kolben mit Einzelheiten der Kolbenringe.
1 Geschlitzter Ölabstreifring mit Expanderring, verchromte Fläche
2 Trapezförmiger Ölstreifring, mit gelappter, unterer Auflagefläche
3 Quadratischer Verdichtungsring, Kontaktfläche asymmetrisch geschliffen und verchromt

betrachten, ehe sie angebracht werden. Bild 41 zeigt einen Querschnitt durch den Kolben und die Ringe sind entsprechend zu montieren.

Änderungen an Kolben und Pleuelstangen
Abgeänderte Kolben und Pleuelstangen sind ab Baujahr 1985 in den Vierzylindermotor eingebaut, d.h. die Breite wurde von 24 mm auf 22 mm verringert. Gleichzeitig wurde der Kolbenbolzendurchmesser (D2 in Bild 39) von 27 auf 26 mm

verringert und ist 1,0 mm länger. Die neuen Pleuelstangen können in ältere Motoren eingebaut werden, aber nur zusammen mit den neuen Kolben und Kolbenbolzen. Gleichfalls können die neuen Kolben nur zusammen mit den neuen Pleuelstangen verwendet werden.

Die Kolben des Turbomotors haben unterschiedliche Mulden. Sogenannte "Hirschmuldenkolben" werden anstelle von "Sternmuldenkolben" eingebaut. Die Kolben sind auf dem Kolbenboden mit einer Aluminium-Oxydschicht überzogen und haben dadurch einen besseren Widerstand gegen hohe Temperaturen.

Bei eingebauter Abgasrückführung geschieht die Kühlung der Kolben durch eine Ölspritzdüse. Diese Änderung gilt für Motoren des Baujahres 1991.

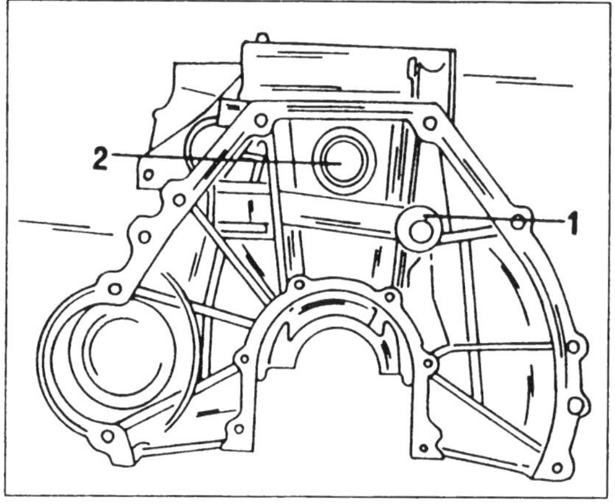

Bild 42
Ansicht der Rückseite des Kurbelgehäuses mit Lage der Stahlkugel (1) für den Hauptölkanal und des Kernlochstopfens (2).

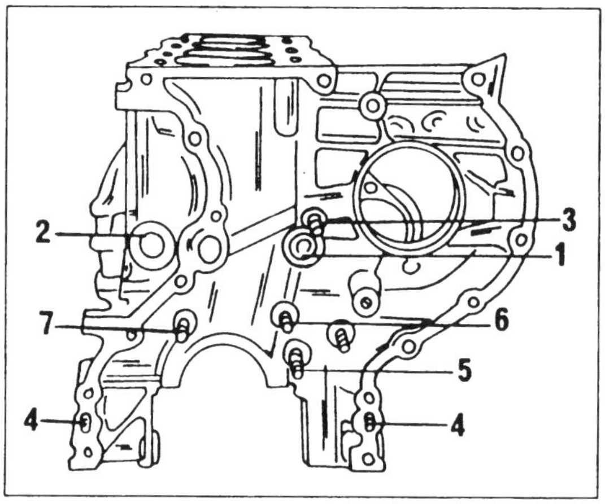

Bild 43
Ansicht der Vorderseite des Kurbelgehäuses mit Lage der verschiedenen Teile.
1 Kernlochstopfen
2 Stahlkugel, 17 mm Durchmesser
3 Ölspritzdüse
4 Federspannstift
5 Lagerbolzen, Kettenspanner der Ölpumpenkette
6 Lagerbolzen, Spannschiene
7 Lagerbolzen, Gleitschiene

2.5.6 Kolben und Pleuelstangen einbauen

- Zylinderbohrungen gut einölen.
- Alle Pleuel entsprechend den Zylindernummern auslegen. Die Kennzeichnungen an Pleuellagerdeckel und Pleuel müssen gegenüberliegen. Die Pfeile in den Kolbenböden müssen zur Vorderseite des Motors weisen.
- Kolbenringstösse in gleichmässigen Abständen von 120° auf dem Umfang des Kolbens verteilen.
- Ein Kolbenringspannband um die Kolbenringgegend legen und die Kolbenringe in die Nuten drücken. Kontrollieren, dass sie einwandfrei eingedrückt sind.
- Kurbelwelle durchdrehen, bis der jeweilige Kurbelzapfen im unteren Totpunkt steht.
- Pleuel von oben in die Bohrung einschieben. Den Motor dazu auf die Seite legen, damit die Pleuelstange auf den Lagerzapfen geführt werden kann und die Bohrung oder den Pleuelzapfen nicht zerkratzt. Die Pleuellagerschale sollte sich bereits im Pleuel befinden.
- Kolben hineinschieben, bis die Ringe der Reihe nach in die Bohrung rutschen und der Pleuelfuss auf dem Kurbelzapfen aufsitzt.
- Zweite Lagerschale in den Lagerdeckel einlegen, mit der Führungsnase auf der linken Seite, und die Schale gut einölen. Den Deckel auf die Pleuelstange drücken und leicht anschlagen. Unbedingt darauf achten, dass die Kennzeichnungen gegenüberliegen, da man im letzten Moment noch einen Fehler machen kann.
- Die Anlageflächen der Muttern auf dem Pleuellagerdeckel einölen.
- Pleuelschrauben abwechselnd auf ein Anzugsdrehmoment von 30 Nm anziehen und aus dieser Stellung um weitere 90° - 100°, d.h. um ca. eine Viertelumdrehung anziehen. Es wird nochmals erwähnt, dass man die Pleuelschrauben an der Dehnstelle auf Ausdehnung ausmessen muss, wie es in Bild 38 gezeigt wurde, ehe man die Schrauben wieder verwendet.
- Nach Einbau des Pleuels die Kurbelwelle einige Male durchdrehen, um Klemmer sofort festzustellen.
- Kennzeichnung aller Pleuel nochmals kontrollieren und ebenfalls überprüfen, ob die Kolben in die richtige Richtung weisen und ob die Kolben entsprechend der Zylindernummer eingebaut wurden, falls man die ursprünglichen Teile wieder verwendet.
- Mit einer Fühlerlehre das Seitenspiel jedes Pleuellagers auf dem Kurbelzapfen ausmessen. Dieses beträgt bei neuen Teilen 0,11 - 0,23 mm. Die Verschleissgrenze liegt bei 0,50 mm.

2.6 Zylinderblock (Bilder 42 und 43)

Bei einer Ganzzerlegung den Zylinderblock einwandfrei reinigen und alle Fremdkörper aus Hohlräumen und Ölkanälen entfernen. Besonders auch darauf achten, dass Reinigungsflüssigkeiten vollkommen entfernt werden. Falls möglich mit Pressluft trockenblasen. Der Hauptölkanal ist mit Stahlkugeln verschlossen, mit 17 mm Durchmesser an der Vorderseite und 15 mm Durchmesser an der Rückseite. Um den Hauptölkanal einwandfrei zu reinigen, muss man die Stahlkugel entfernen. Die Kugeln können wieder verwendet werden, es sei den, dass sie auffällige Rillen zeigen. Bilder 42 und 43 zeigen wo die Kugeln sitzen. Bild 43 zeigt ausserdem im Zylinderblock sitzende Teile bei einem Vierzylindermotor, welche ebenfalls auf Verschleiss zu kontrollieren sind. Der Block des Fünfzylindermotors sieht ähnlich aus. Wir möchten darauf hinweisen, dass der Spezialdorn 601 589 08 15 00 zum Einschlagen der Kugeln benötigt wird, um diese auf die richtige Tiefe einzuschlagen.

Falls Leckstellen an der Vorderseite oder Rückseite des Zylinderblocks sichtbar sind und man kann sich den genannten Spezialdorn nicht besorgen, ist es möglich, dass man die Bohrungen mit Stopfen verschliesst. An der Vorderseite einen M18 x 1,5 mm-Stopfen (Ersatzteilnummer 000906 018 000), an der Rückseite einen M16 x 1,6-Stopfen (Ersatzteilnummer 000906 016 002) einschrauben. Entsprechende Gewinde müssen dazu in den Block geschnitten werden. Das Gewinde an der Vorderseite muss auf eine Tiefe von 10 mm; das Gewinde an der Rückseite auf eine Tiefe von 14 mm geschnitten werden. Alle Metallspäne einwandfrei entfernen und die Stopfen mit "Loctite"-Gewindesicherungsmittel einschmieren, ehe sie angezogen werden.

Falls man die Absicht hat, die Stahlkugeln zu erneuern, folgende Arbeiten durchführen. Es wird angenommen, dass der Motor eingebaut ist:

- Die Ölpumpe ausbauen (Kapitel 3.1).
- Das Getriebe und das Schwungrad ausbauen.
- Beide Stahlkugeln mit einem Stahlstab von 14 mm Durchmesser und ca. 550 mm Länge von hinten nach vorn herausschlagen.
- Hauptölkanal einwandfrei reinigen.
- Die kugelförmige Aussparung des Spezialdorns mit Fett einschmieren und die Kugel einlegen.
- Stahlkugel in die entsprechende Bohrung einsetzen und mit dem Dorn bis zum Anschlag einschlagen.
- Ölpumpe und Schwungrad montieren, das Getriebe anflanschen und den Motor laufen lassen. Kontrollieren, dass keine Leckstelle vorhanden ist.

In die Seite des Zylinderblocks sind Kernlochscheiben eingesetzt, die im Falle eines Einfrierens des Kühlmittels herausgedrückt werden. Auf der Seite mit dem Ablassstopfen für das Kühlmittel sind zwei Kernlochscheiben von 34 mm Durchmesser eingesetzt, auf der gegenüberliegenden Seite, d.h. der Seite mit dem Ölfilter befinden sich zwei weitere Scheiben des gleichen Durchmessers. In die Stirnseite des Kurbelgehäuses ist ein Kernlochstopfen von 17 mm Durchmesser eingeschlagen, welcher durch "1" in Bild 43 angegeben ist. Ein weiterer Stopfen ist in die Vorderseite eingesetzt, dessen Durchmesser 34 mm beträgt ("2", Bild 42).

Die Kernlochstopfen können bei eingebautem Motor erneuert werden, falls sie durch eingefrorenes Kühlmittel herausgedrückt wurden, jedoch ist ein Spezialwerkzeug dazu erforderlich.

- Kühlanlage ablassen.
- Alle Teile ausbauen, welche den Zugang zu dem bestimmten Stopfen versperren, d.h. Getriebe, Einspritzpumpe, usw.
- Einen schmalen Meissel oder einen kräftigen Schraubenzieher unter die Lippe des Kernlochstopfens untersetzen und den Stopfen hineinschlagen, bis er sich um ca. 90° um seine eigene Achse gedreht hat.
- Den Stopfen mit einer Wasserpumpenzange erfassen und vollkommen herausziehen.
- Die Bohrung im Block einwandfrei reinigen. Die Dichtfläche muss frei von Fett sein.
- Aufnahmebohrung mit "Loctite 241" einschmieren.
- Den neuen Kernlochstopfen mit dem entsprechenden Spezialdorn einschlagen. Für den 17 mm-Stopfen wird das Spezialwerkzeug 601 589 07 15 00 benutzt; für die grossen Stopfen das Spezialwerkzeug 102 589 00 15 00.
- Alle ausgebauten Teile wieder montieren und das Fahrzeug mindestens 45 Minuten stehen lassen, ehe man es mit Kühlmittel füllt, falls die Arbeiten bei eingebautem Motor durchgeführt wurden.
- Abschliessend den Motor anlassen und den Zylinderblock auf Leckstellen kontrollieren.

Um das Laufspiel der Kolben auszumessen, den Durchmesser der Kolben ausmessen und die Werte aller Durchmesser aufschreiben. Zur Bestimmung des Laufspiels ist jetzt der Bohrungsdurchmesser der Zylinder wie folgt auszumessen:

- Mit einer Zylindermessuhr den Durchmesser entsprechend Bild 37 ausmessen. Zusätzlich eine Messung in der Mitte durchführen.
- Die obigen Messungen in Längsrichtung des Blocks durchführen und danach nochmals in den gleichen Tiefen in Querrichtung des Blocks vornehmen. Alle sechs Ergebnisse aufschreiben.

Der Unterschied zwischen der oberen und unteren Messung gibt die Verjüngung an. Der Unterschied zwischen der Längsmessung und der Quermessung weist auf die Ovalität (Unrundheit) hin. An keiner Stelle darf der Durchmesser mehr als 0,12 mm vom Sollmass (Kapitel 15) abweichen.

Ersatz-Laufbüchsen stehen für den Motor zur Verfügung und der Block muss in eine Werkstatt gebracht werden, um diese einziehen zu lassen.

Die Zylinderblockfläche wird in ähnlicher Weise

wie ein Zylinderkopf auf Verzug kontrolliert. Den Block in Längsrichtung, Querrichtung und Diagonalrichtung vermessen. Eine Fühlerlehre von mehr als 0,10 mm Stärke darf sich nicht einschieben lassen.

Änderungen am Zylinderblock

Ab Baujahr 1985 wurden die Lagerbohrungen für die Kurbelwelle um 2 mm in der Breite verringert. Die Schrauben der Kurbelwellenlager wurden von M12 auf M11 reduziert. Die Schrauben haben ein Doppelsechskant. Da es sich um Dehnschrauben handelt, dürfen sie nicht länger als 63,8 mm sein, wenn man sie wieder verwenden will. Der Zylinderblock ist ebenfalls an der Oberfläche geändert worden und darf nur zusammen mit dem ebenfalls abgeänderten Zylinderkopf verwendet werden. Der Ablassstopfen für das Kühlwasser hat ein M18-Gewinde anstelle des früheren M14-Gewindes.

Bei Saugmotoren mit Abgasrückführung sind Ölzulaufbohrungen und die Anflanschfläche für die Ölspritzdüsen der Kolbenkühlung rechts unterhalb der Zylinderbohrungen eingearbeitet. Die Ölspritzdüsen sitzen an der in Bild 44 gezeigten Stelle. Derartige Zylinderblöcke können nicht in Motoren ohne Abgasrückführung eingebaut werden. Falls Sie sich um Unklaren darüber befinden, sollten Sie sich an eine Werkstatt wenden, die die notwendigen Unterlagen besitzt.

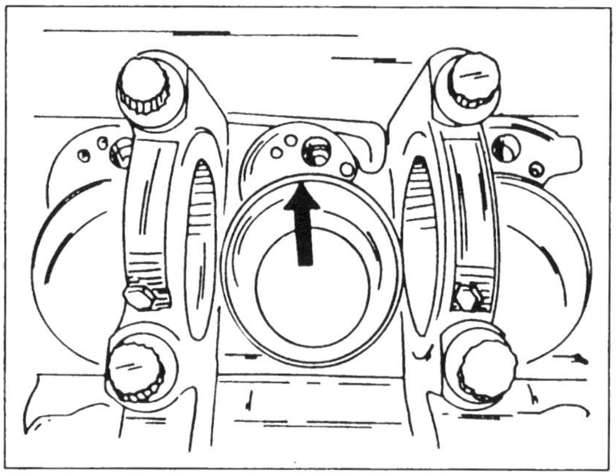

Bild 44
Der Pfeil zeigt wo die Ölspritzdüsen der Kolbenkühlung bei den genannten Motoren liegen.

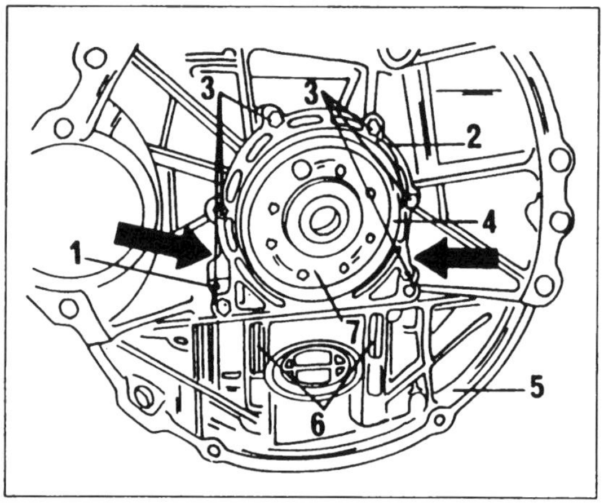

Bild 45
Ansicht der Rückseite des Kurbelgehäuses mit Befestigung des Dichtringflansches.
1 Federspannstift
2 Dichtringflansch
3 Schraube, M6 x 22 mm
4 Kurbelwellendichtring
5 Ölwanne
6 Schraube, M6 x 85 mm
7 Kurbelwelle

2.7 Kurbelwelle und Schwungrad

Diè Kurbelwelle hat die Aufgabe die geradlinige Bewegung der sich auf- und abbewegenden Kolben in eine Drehbewegung zum Antrieb zu bewerkstelligen. Um eine Verbiegung der Kurbelwelle zu vermeiden, muss diese im Zylinderblock gut abgestützt werden, d.h. neben jedem Pleuellager muss sich rechts und links ein Motorlager befinden. Aus diesem Grund haben die in dieser Ausgabe behandelten Motoren eine unterschiedliche Anzahl von Kurbelwellenlagern. Beim Vierzylindermotor sind dies 5, beim Fünfzylindermotor 6. Um der Kurbelwelle einen ruhigen, ausgewuchteten Lauf zu geben, werden Schwunggewichte an der Welle montiert. Wiederum wird eine unterschiedliche Zahl montiert, 6 beim Vierzylindermotor, 10 beim Fünfzylindermotor.

Auf der Getriebeseite der Kurbelwelle ist das Schwungrad, oder bei eingebauter Getriebeautomatik die Mitnehmer- oder Antriebsscheibe für den Drehmomentwandler angeschraubt. Beide Teile sind mit einem Zahnkranz zum Eingriff für das Ritzel des Anlassers versehen.

Auf dem vorderen Ende der Kurbelwelle sitzen zwei Zahnräder, einmal zum Antrieb der Steuerkette und zum anderen Mal für die Ölpumpe. Diese Teile sind nicht sichtbar, da sie durch den Steuerdeckel verdeckt werden. Sichtbar auf dem Ende der Welle ist jedoch die Kurbelwellenriemenscheibe, welche mit dem Antriebsriemen, einem sogenannten Flachriemen zum Antrieb der einzelnen Aggregate versehen ist. Je nach eingebauter Ausstattung können Lichtmaschine, Wasserpumpe, Lenkhilfspumpe, Kühlungsventilator oder Kompressor einer Klimaanlage angetrieben werden. Bei einem Fünfzylindermotor ist ein Schwingungsdämpfer zwischen die Riemenscheibe und die Nabe der Riemenscheibe eingesetzt (siehe Kapitel 2.8).

Der Hub der Kolben, d.h. der Weg den der Kolben aus seinen beiden Totpunkten beschreibt, ist bei beiden Motorengrössen gleich. Das gleiche trifft für die Kolben und die Kolbendurchmesser zu. Der Unterschied im Zylinderinhalt wird nur durch den zusätzlichen Zylinder erhalten.

Wie bereits oben links erwähnt wurde, hat man den Zylinderblock des Vierzylindermotors abgeändert, wodurch auch die Kurbelwelle hinsichtlich der Lagerung und der Hauptlagerdeckelschrauben beeinflusst ist.

2.7.1 Ausbau der Kurbelwelle

Zum Ausbau der Kurbelwelle muss der Motor ausgebaut sein.

- Getriebe vom Motor abflanschen. Beim Abheben des Getriebes die Kupplungswelle nicht verbiegen.

- Schwungrad in geeigneter Weise gegenhalten und die Kupplungsschrauben gleichmässig über Kreuz lösen. Die Schrauben lassen sich auch meistens mit einem abgewinkelten Inbusschlüssel lösen, ohne das Schwungrad gegenzuhalten. Dazu den Schlüssel im rechten Winkel aufsetzen, eine Verlängerung auf das Ende des Schlüssels aufstecken und mit der Hand auf das Ende des Schlüssels schlagen. Durch die Schlagwirkung lösen sich die Schrauben in den meisten Fällen. Zum Gegenhalten des Schwungrades kann man ein Stück Flacheisen an zwei Stellen bohren und mit den Kupplungsschrauben am Schwungrad befestigen. Den Motor gut abstützen und die Schrauben des Schwungrades der Reihe nach lösen. Vor dem Abbau der Kupplung mit einem Körner in die Druckplatte und das Schwungrad schlagen, um die Teile miteinander zu zeichnen. Von der Vorderseite des Motors die Schraube der Kurbelwellenriemenscheibe lösen, solange man das Schwungrad gegenhalten kann.
- Eine Antriebsscheibe eines automatischen Getriebes in gleicher Weise lösen.
- Zylinderkopf ausbauen, wie es in Kapitel 2.3.1 beschrieben wurde.
- Steuergehäusedeckel abmontieren (Kapitel 2.4).
- Ölwanne abschrauben.
- Falls nur die Kurbelwelle ausgebaut werden soll, können Kolben und Pleuelstangen im Zylinderblock verbleiben. Andernfalls die Kolben und Pleuelstangen ausbauen, wie es in Kapitel 2.5.1 beschrieben wurde. Falls die Pleuel und Kolben im Block verbleiben, der Reihe nach die Pleuellagerdeckel zeichnen und abnehmen und mit den Schalen zusammenhalten.
- Eine Messuhr mit einem Ständer so vor die Vorderseite des Zylinderblocks setzen, dass der Messfinger auf dem Endzapfen der Kurbelwelle aufsitzt. Mit einem Schraubenzieher die Kurbelwelle nach einer Seite drücken, die Messuhr auf Null stellen und die Welle auf die andere Seite drücken. Die Anzeige der Uhr ist das Axialspiel der Kurbelwelle und ist für den späteren Zusammenbau aufzuschreiben. Wenn es mehr als 0,30 mm beträgt, muss dies bei der Montage berücksichtigt werden. Das mittlere Lager ist mit zwei Anlaufscheiben links und zwei rechts versehen, um das Axialspiel aufzunehmen. Falls dieses zu gross ist, können neue Scheiben eingebaut werden, jedoch muss auf beiden Seiten die gleiche Scheibenstärke verwendet werden.
- Schrauben des Dichtungsflansches an der Rückseite des Motors abschrauben und den Flansch vorsichtig vom Zylinderblock abdrücken. Die Befestigung des Flansches ist in Bild 45 gezeigt.
- Lagerdeckelschrauben der Kurbelwelle gleichmässig über Kreuz lösen und der Reihe nach abnehmen. Kontrollieren, dass die Deckelnummern gut sichtbar sind. Die Deckel sind mit den Nummern 1 bis 5 oder 1 bis 6 gezeichnet, je nachdem, um welchen Motor es sich handelt. Der Deckel Nr. 1 befindet sich auf der Riemenscheibenseite. Wie man beim Abnehmen erkennen kann, befinden sich die Zahlen in der Mitte des Deckels, wie es aus Bild 46, bei einem Vierzylindermotor gezeigt, ersichtlich ist.

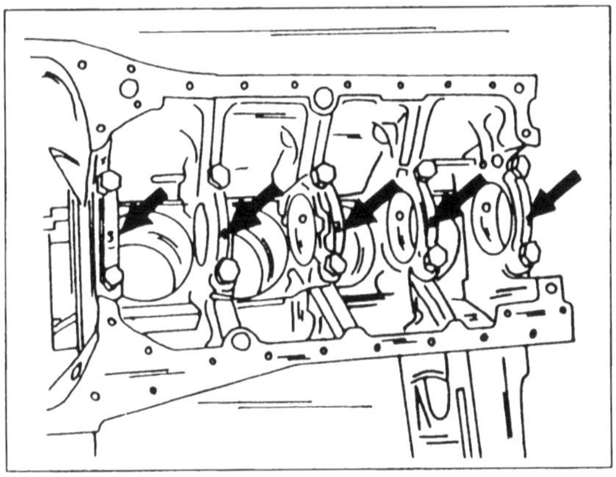

Bild 46
Die Pfeile weisen auf die Kennzeichnung der Hauptlagerdeckel (Vierzylinder). Unbedingt deren Numerierung einhalten.

- Lagerschalen von den Lagerzapfen abnehmen und mit den entsprechenden Lagerdeckeln zusammenhalten. Alle Lagerschalen auf dem Rücken mit der entsprechenden Lagernummer kennzeichnen.
- Kurbelwelle vorsichtig aus dem Zylinderblock herausheben.
- Verbleibende Schalen aus dem Kurbelgehäuse herausnehmen und mit den anderen Schalen und Deckeln zusammenhalten. Diese Lagerschalen sind mit einer Ölbohrung und einer Ölschmiernut versehen und beim Zusammenbau müssen diese wieder in das Kurbelgehäuse kommen.

2.7.2 Überprüfung der Teile

- Kurbelwelle sorgfältig auf Schäden kontrollieren und die Hauptlager- und Pleuellagerzapfen genau ausmessen. Die Kurbelwellenhauptlagerzapfen und Kurbelzapfen können bis zu viermal nachgeschliffen werden, so dass die Welle mit Untergrösse-Lagerschalen eingebaut werden kann.
- Die Kurbelwelle zwischen die Spitzen einer Drehbank einspannen (oder die beiden äusseren Lagerzapfen in Prismen einlegen) und mit einer Messuhr am mittleren Lagerzapfen auf Schlag kontrollieren. Der Schlag darf nicht grösser als 0,06 mm sein. Andernfalls die Welle erneuern.
- Lagerlaufspiel der Hauptlager und Pleuellager wie folgt ausmessen:

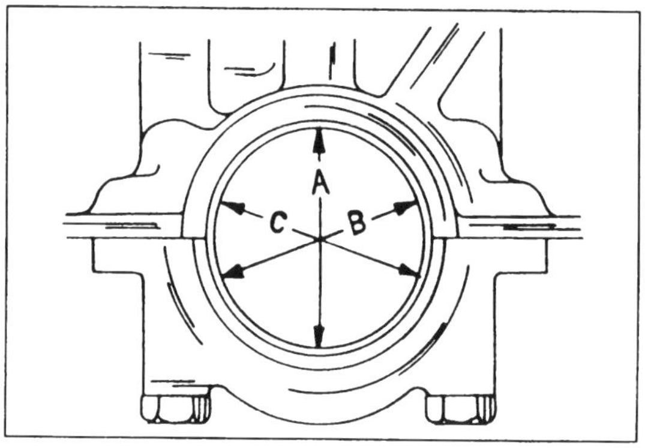

Bild 47
Ausmessen der Kurbelwellenlagergrundbohrung.

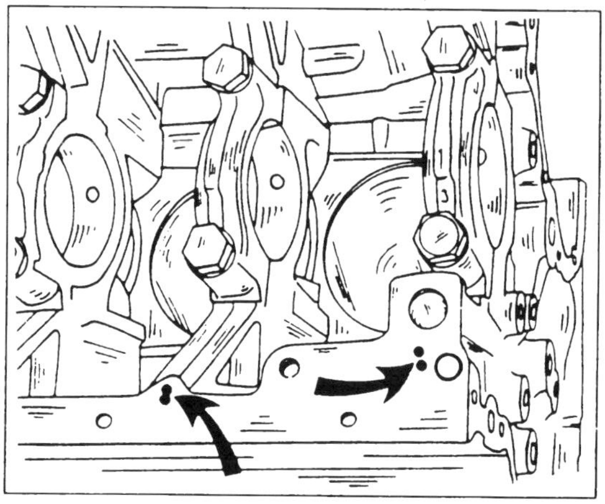

Bild 48
Die Pfeile weisen auf die Körnerschläge zur Kennzeichnung der Hauptlagerbohrungstoleranzen. Lagerschalen sind entsprechend der Kennzeichnung zu verwenden.

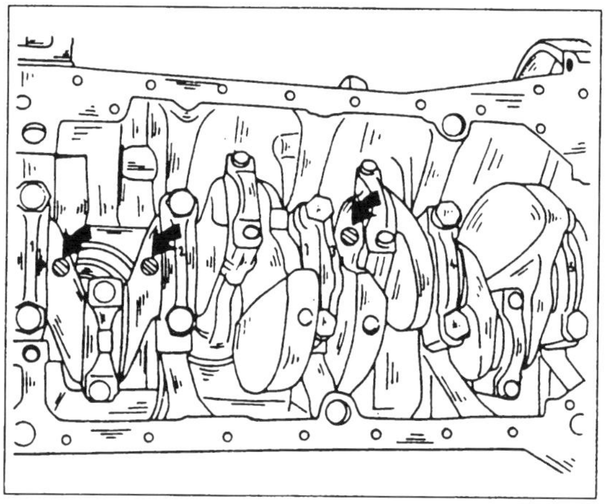

Bild 49
Die Pfeile weisen auf die Farbpunkte an den Kurbelwellenkröpfungen. Diese bestimmen die Grösse der Lagerschalen in den Deckeln.

— Hauptlagerdeckel ohne Lagerschalen auf das Kurbelgehäuse aufschrauben, die Schraubengewinde gut einölen und die Schrauben abwechselnd auf ein Anzugsdrehmoment von 90 Nm anziehen, wenn der Motor vor Oktober 1984 hergestellt wurde. Ab Baujahr 1985, wenn die Lagerdeckelschrauben mit Doppelsechskant und Bund versehen sind, die Schrauben mit 55 Nm anziehen und dann im Winkelanzug um weitere 90 - 100° anziehen. Die Lagerdeckel sind versetzt, so dass man sie nur in einer Stellung aufsetzen kann.

— Unter Bezug auf Bild 47 den Durchmesser in den Richtungen A, B und C ausmessen und den Wert jedes Lagers aufschreiben. Falls der Grunddurchmesser überschritten oder die Bohrung konisch ausgelaufen ist, kann man den Lagerdeckel auf einer Richtplatte mit Sandpapier abziehen, aber nicht um mehr als 0,02 mm.

— Lagerdeckel wieder abschrauben und dieses Mal mit den gut gereinigten Lagerschalen aufschrauben. Die Deckelschrauben wieder in der angegebenen Weise anziehen.

— Den Durchmesser der einzelnen Lager ausmessen und der Reihe nach aufschreiben.

— Den Durchmesser der Lagerzapfen vom Lagerschalendurchmesser abziehen. Der erhaltene Wert ist das Lagerlaufspiel, welches bei den Hauptlagern und Pleuellagern 0,031 - 0,073 mm betragen sollte. Der Verschleisswert beträgt 0,080 mm.

— Falls erforderlich, können die Lagerspiele durch Verwendung unterschiedlicher Lagerschalen berichtigt werden. Lagerschalen stehen in vier Reparaturstufen zur Verfügung.

— Falls das Laufspiel der Pleuellager kontrolliert wird, muss Kapitel 2.5.3 durchgelesen werden, welche das Ausmessen der Pleuellagerbohrungen beschreibt. Die verbleibenden Arbeiten sind die gleichen wie oben beschrieben.

Etwas soll noch über die Auswahl der Hauptlagerschalen gesagt werden:

● Die Lagerschalen im Kurbelgehäuse werden entsprechend der Körnerschlagkennzeichnung neben dem betreffenden Lager angepasst und eingebaut. Bild 48 zeigt wo die Körnerzeichen zu finden sind. Die Lagerschalen sind an den Seitenkanten entsprechend mit einer Farbmarkierung versehen. Die folgende Zusammengehörigkeit muss eingehalten werden, jedoch ist zu beachten, dass im Reparaturfall nur Lagerschalen mit grüner oder roter Farbkennzeichnung erhältlich sind.

● Die Lagerschalen in den Hauptlagerdeckeln sind entsprechend des Hauptlagerzapfendurchmessers eingebaut. Die Kurbelwellenkröpfung ist aus diesem Grund an den in Bild 49 gezeigten Stellen mit einem blauen, grünen oder roten Farbpunkt gezeichnet.

Durchmesser	Anzahl der Körnerschläge	Farbkennzeichnung
62,500 - 62,506 mm	1	blau
62,506 - 62,513 mm	2	grün
62,513 - 62,519 mm	3	rot

2.7.3 Kurbelwelle einbauen

● Grundbohrungen auswischen und die Lagerschalen mit den Ölschmiernuten und -bohrungen mit den Führungsnasen in die Aussparung der Grundbohrungen einlegen. Die Schalen gut einölen.

● Anlaufscheiben am betreffenden Hauptlager anbringen. Die Halbscheiben im Kurbelgehäuse und am Lagerdeckel sind jeweils gleich, jedoch müssen die beiden Scheiben mit den Laschen in das Kurbelgehäuse in der in Bild 50 gezeigten Weise eingesetzt werden. Diese Laschen dienen als Verdrehsperre. Die Ölschmiernuten kommen zum Kurbelwellenflansch.

- Die Kurbelwelle vorsichtig in die Lagerschalen hineinheben. Dabei die Pleuellager auf die Kurbelzapfen führen, falls sich die Pleuelstangen noch im Zylinderblock befinden.
- Untere Lagerschalen in die dazugehörigen Kurbelwellenlagerdeckel einlegen (Nasen in Aussparungen) und die Flächen gut einölen.
- Die beiden Halbscheiben in die Aussparungen des mittleren Lagerdeckels einlegen. Die Ölschmiernuten müssen nach aussen weisen. Den Deckel aufsetzen, aber gleichzeitig die beiden Halbscheiben links und rechts mit den Fingern in ihrer Lage halten, damit sie nicht herausrutschen können. Die Halbscheiben wurden ab Baujahr 1985 abgeändert. Richtige Scheiben verwenden.
- Deckel auf das Kurbelgehäuse aufsetzen und mit einem Gummi- oder Kunststoffhammer anschlagen. Die Deckel unbedingt entsprechend ihrer Zahlenkennzeichnung aufsetzen. Eine in das Kurbelgehäuse eingeschlagene "1" gibt an, wo sich der Deckel Nr. 1 befindet.
- Deckelschrauben von der Mitte nach aussen vorgehend in mehreren Stufen auf ein Anzugsdrehmoment von 90 Nm anziehen, wenn die Schraubenköpfe ein Sechskant haben. Haben die Schrauben einen Doppelsechskantkopf mit einem Bund, werden sie auf 55 Nm angezogen und danach im Winkelanzug um weitere 90 - 100° nachgezogen.
- Die Kurbelwelle einige Male durchdrehen, um Klemmer bereits jetzt festzustellen.
- Axialspiel nochmals kontrollieren, wie es bereits beim Ausbau der Kurbelwelle beschrieben wurde. Falls das Spiel ursprünglich zu gross war, ersetzt man die Anlaufscheiben. Scheiben stehen in fünf verschiedenen Stärken zur Verfügung.
- Kolben und Pleuelstangen montieren, wie es in Kapitel 2.5.6 beschrieben wurde.
- Den hinteren Öldichtringdeckel montieren.
- Steuerung montieren (Kapitel 2.11.2.)
- Schwungrad montieren (Kapitel 2.7.4.)
- Antriebsscheibe eines automatischen Getriebes montieren (Kapitel 2.7.4).
- Kupplung entsprechend der Kennzeichnung am Schwungrad anbringen. Die Kupplungsmitnehmerscheibe muss dabei einwandfrei zentriert werden (Kapitel 8.2).
- Ölpumpe montieren (siehe Kapitel 3.1).
- Ölwanne montieren.
- Alle verbleibenden Arbeiten in umgekehrter Reihenfolge wie beim Ausbau durchführen, bis der Motor wieder einbaufertig ist.

2.7.4 Schwungrad oder Antriebsscheibe (Getriebeautomatik)

Vor Austausch eines Schwungrades immer die Höhe ausmessen, damit man das richtige Schwungrad erhalten kann. Bilder 51 und 52 zeigen die in Frage kommenden Schwungräder. Alle Unterschiede können den Abbildungen entnommen werden. Das Schwungrad oder die Antriebsscheibe, zusammen mit dem Anlasserzahn-

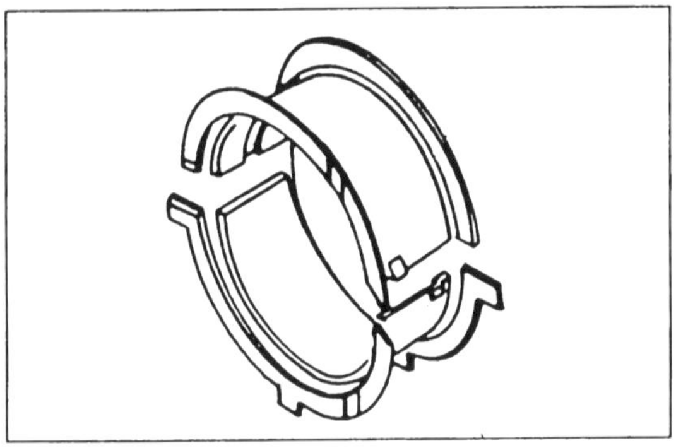

Bild 50
Vorschriftsmässiges Einsetzen der Anlaufhalbscheiben für das Kurbelwellenaxialspiel.

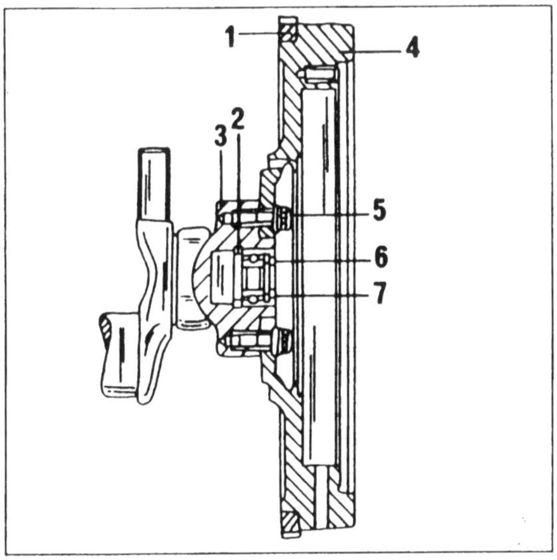

Bild 51
Anordnung des Schwungrades bei eingebautem Schaltgetriebe.
1 Anlasserzahnkranz
2 Distanzring
3 Kurbelwelle
4 Schwungrad
5 Dehnschrauben, M10 x 22 mm
6 Kugellager
7 Sicherungsring

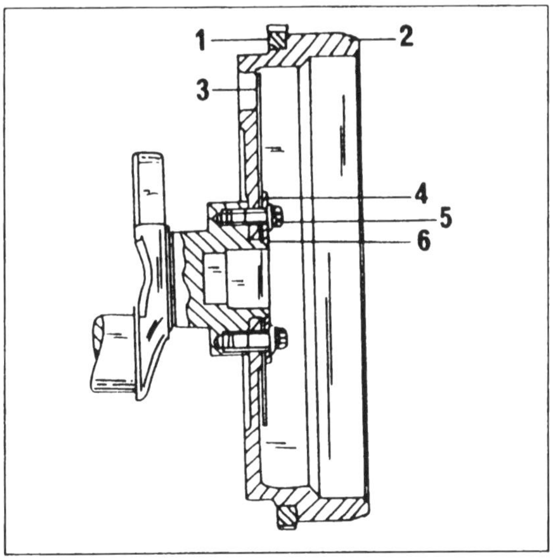

Bild 52
Anordnung des Schwungrades bei Fahrzeugen mit Getriebeautomatik.
1 Anlasserzahnkranz
2 Schwungrad
3 Antriebsscheibe, Wandler
4 Distanzring
5 Dehnschrauben
6 Kurbelwelle

kranz, kann ausgetauscht werden, ohne dass die Kurbelwelle ausgewuchtet werden muss. Der Motor braucht nicht ausgebaut zu werden.

- Getriebe ausbauen (Kapitel 7.1.).

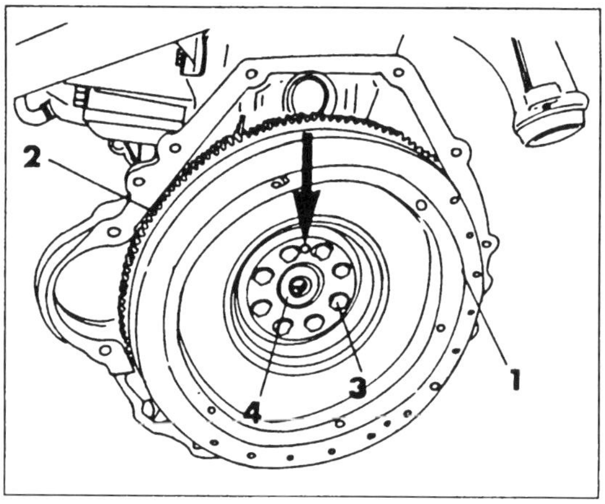

Bild 53
Befestigung des Schwungrades an der Kurbelwelle. Der Pfeil weist auf die Fluchtbohrung.
1 Schwungrad
2 Anlasserzahnkranz
3 Dehnschrauben, M10 x 22 mm
4 Kugellager

- Schwungrad oder Antriebsscheibe in geeigneter Weise gegenhalten, indem man eine Schraube in ein Flanschloch des Zylinderblocks einsetzt und einen kräftigen Schraubenzieher in die Zähne des Zahnkranzes. Das Schwungrad in dieser Weise gegenhalten und die acht Schrauben der Reihe nach lösen. Dabei wird man feststellen, dass zwischen zwei der Schrauben ein Loch in das Schwungrad eingebohrt ist. Dieses Loch liegt in Flucht mit einem ähnlichen Loch im Kurbelwellenflansch und bei Einbau des Schwungrades oder der Antriebsscheibe müssen sich beide Löcher wieder decken. Bild 53 zeigt die Lage des Loches beim Schwungrad. Bei der Antriebsscheibe ist ein ähnliches Loch vorhanden.
- Das Schwungrad oder die Antriebsscheibe abnehmen. Bei der Antriebsscheibe sind Distanzscheiben untergelegt, die ebenfalls frei werden.
- Die Befestigungsschrauben sofort am kleinsten Durchmesser des Dehnschaftes ausmessen. Falls das Mass weniger als 8,1 mm beträgt, müssen die Schrauben erneuert werden. Die Messung erfolgt ähnlich wie in Bild 38.

Falls ein Schwungrad Zeichen von Brandstellen oder Verschleiss aufweist, kann man es nacharbeiten lassen. Ihre Mercedes-Werkstatt besitzt die notwendigen Massangaben darüber.

Der Anlasserzahnkranz kann erneuert werden, jedoch muss man eine Wärmequelle zur Verfügung haben, mit welcher sich die Wärme auf 220° C regulieren lässt.

- Die Einbaulage des Zahnkranzes gut einprägen und das Schwungrad in einen Schraubstock einspannen
- Ein Loch zwischen zwei der Zähne einbohren, ohne dabei das Schwungrad anzubohren.
- Alten Zahnkranz mit einem Meissel spalten. Dabei die Augen gegen fliegende Splitter schützen.
- Auflagefläche des Schwungrades gründlich reinigen.
- Neuen Zahnkranz auf die angegebene Temperatur erhitzen und schnell mit einer Zange in der ursprünglichen Lage auf das Schwungrad auflegen. Das Schwungrad mit einem Weichmetalldorn fest anschlagen. Diese Arbeiten müssen natürlich sehr schnell durchgeführt werden.

Um den Zahnkranz einer Antriebsscheibe zu erneuern, den Zahnkranz mit dem Stahlring von der Scheibe abschrauben. Beim Anschrauben das neue Teiles so anbringen, dass die Bohrungen für die Befestigungsschrauben des Zahnkranzes und des Drehmomentwandlers am Stahlring und an der Antriebsscheibe in einer Linie liegen.

In das Ende der Kurbelwelle ist ein Kugellager eingesetzt. Bei Fahrzeugen mit Schaltgetriebe ist ein Sicherungsring ("7", Bild 51) hinter das Kugellager (7) eingepresst, welches zum Schutz auf beiden Seiten mit sogenannten "Viton"-Scheiben abgedeckt ist. Bis zu diesem Zeitpunkt wurde das Kugellager eines Vierzylindermotors eingeklebt. Hinter dem Lager befindet sich ein Distanzring. Falls das Lager ausgebaut wurde, muss der Sicherungsring bei einem Motor für ein Schaltgetriebe eingepresst werden.

Zum Einbau:

- Schwungrad oder Antriebsscheibe am Kurbelwellenflansch ansetzen und verdrehen, bis die beiden Fluchtlöcher in eine Linie kommen. Bei der Antriebsscheibe je eine Distanzscheibe vor und hinter der Scheibe einlegen.
- Die Schrauben eindrehen und auf ein Anzugsdrehmoment von 30 - 40 Nm anziehen. Ein Innensechskantschlüssel ist dazu erforderlich. Aus dieser Stellung um weitere 90 - 100° nachziehen, d.h. um ca. eine Viertelumdrehung. Den Winkel unbedingt einhalten, um den Dehnschrauben ihre Wirkung zu geben.

2.8 Kurbelwellenriemenscheibe und Nabe

Der Vierzylindermotor ist mit einer Riemenscheibe mit Nabe versehen. Ein Schwingungsdämpfer ist nicht eingebaut. Die Nabe und die Riemenscheibe können erneuert werden, ohne dass man die Teile auswuchtet. Die Befestigungslöcher für die Riemenscheibe werden durch das vorschriftsmässige Eingreifen eines Passtiftes in eine entsprechende Bohrung der Riemenscheibe ausgerichtet. Bild 54 zeigt eine Schnittansicht des vorderen Endes der Kurbelwelle dieses Motors.

Der Fünfzylindermotor ist mit einem Schwingungsdämpfer versehen, welcher zwischen der Nabe der Riemenscheibe und der Riemenscheibe selbst eingesetzt ist. Wiederum werden die Befestigungslöcher durch vorschriftsmässiges Eingreifen eines Passstiftes in eine Bohrung bestimmt. Die Gradeinteilung und der Stift für die o.T.-Anzeige befinden sich im Schwingungsdämpfer. Bild 55 zeigt eine Schnittansicht des vorderen Endes der Kurbelwelle dieses Motors.

Beim Aus- und Einbau der Teile folgendermassen vorgehen:

- Geräuschkapselung ausbauen.
- Kühler ausbauen.
- Flachriemen entspannen und ausbauen, wie es beim Ausbau des Motors beschrieben wurde.
- Die Kurbelwelle gegen Mitdrehen sichern. Dazu kann man einen Gang einlegen und die Handbremse anziehen. Andernfalls den Anlasser ausbauen und den Zahnkranz des Schwungrades oder der Antriebsscheibe (Automatik) in geeigneter Weise gegenhalten.
- Die Kurbelwellenriemenscheibe abschrauben und ausbauen.
- Beim Fünfzylindermotor den Schwingungsdämpfer ausbauen.
- Die mittlere Schraube der Riemenscheibennabe lösen und die Nabe mit einem passenden Abzieher abziehen, falls sie sich nicht mit einfachen Werkzeugen abdrücken lässt. Unbedingt darauf achten, wie die drei Scheibenfedern auf der Schraube angeordnet sind (auf die Richtung der Wölbung achten).

Die Riemenscheibe beider Motorenausführungen hat einen Durchmesser von 152 mm. Wird sie erneuert, muss man darauf achten. Beim Einbau der Nabe und Riemenscheibe, bzw. des Schwingungsdämpfers, folgendermassen vorgehen:

- Kurbelwelle verdrehen, bis man den Keil sehen kann und die Nabe mit der Keilnut über die Scheibenfeder setzen.
- Die Scheibenfedern (siehe Bilder 54 und 55) in der vorgefundenen Richtung über die mittlere Schraube setzen, die Gewinde der Schraube gut einölen und die Schraube mit einem Anzugsdrehmoment von 370 + 40 Nm anziehen. Die Kurbelwelle muss wieder gegen Mitdrehen gehalten werden.
- Schwingungsdämpfer, falls eingebaut, anbringen.
- Riemenscheibe montieren.
- Flachriemen montieren und spannen, wie es im betreffenden Kapitel beschrieben ist.
- Kühler montieren.
- Die Geräuschkapselung wieder einbauen.

2.9 Hinterer Kurbelwellendichtring und Dichtringflansch

Der hintere Kurbelwellendichtring wird in einem Deckel geführt, welcher an der Rückseite des Kurbelgehäuses angeschraubt ist. Die richtige Flucht des Deckels im Verhältnis zur Mitte der Kurbelwelle wird durch zwei Passstifte bestimmt, die sich auf jeder Seite des Deckels befinden. Der Deckel wird mit "Loctite"-Dichtungsmasse am Zylinderblock abgedichtet.

Bei Erneuerung des Deckels oder des Dichtringes folgendermassen vorgehen:

- Getriebe ausbauen (Kapitel 7.1).
- Schwungrad oder Antriebsscheibe des Drehmomentwandlers ausbauen (Kapitel 2.7.4).
- Falls nur der Dichtring erneuert werden soll, den Dichtring mit einem Schraubenzieher heraushebeln. Einen dicken Lappen an der Auflagestelle des Schraubenziehers unterlegen, um die anderen Teile nicht zu beschädigen.
- Die Befestigungsschrauben an der Aussenkante des Deckels lösen, sowie zwei von unten eingesetzte Schrauben entfernen.
- Zwei Schraubenzieher unter die in Bild 45 mit den Pfeilen gezeigten Ansatzstellen untersetzen und den Deckel vom Zylinderblock abdrücken.
- Den Dichtring, falls erforderlich, mit einem Schraubenzieher heraushebeln, ohne dabei den Deckel zu beschädigen.
- Flächen des Zylinderblocks und Deckels ein-

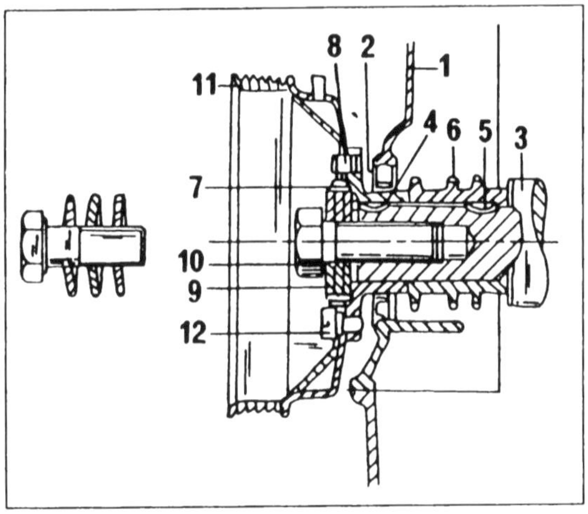

Bild 54
Schnitt durch die Vorderseite der Kurbelwelle eines Vierzylindermotors.
1 Steuergehäusedeckel
2 Kurbelwellendichtring
3 Kurbelwelle
4 Scheibenfeder
5 Scheibenfeder
6 Kurbelwellenkettenrad
7 Riemenscheibennabe
8 Passstift, 8 x 8 mm
9 Federscheiben
10 Schraube, M8 x 1,5 x 50 mm
11 Riemenscheibe
12 Schraube, M8 x 12

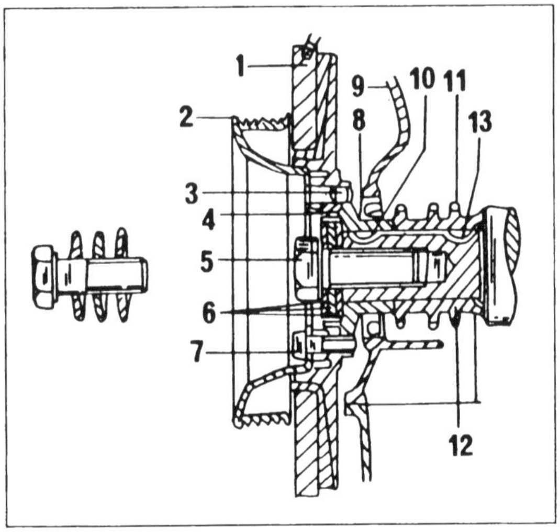

Bild 55
Schnitt durch die Vorderseite der Kurbelwelle eines Fünfzylindermotors.
1 Schwingungsdämpfer
2 Riemenscheibe
3 Passstift, 8 x 8 mm
4 Riemenscheibennabe
5 Schraube, M18 x 1,5
6 Federscheiben
7 Schrauben, M8 x 25
8 Radialdichtring
9 Steuergehäusedeckel
10 Scheibenfeder (Keil)
11 Scheibenfeder
12 Scheibenfeder
13 Kurbelwelle

wandfrei reinigen.

- Falls ausgebaut, einen neuen Dichtring in den Deckel einschlagen. Die Dichtlippe des neuen Dichtringes ist um 3 mm versetzt, so dass sie nicht wieder auf der gleichen Stelle der Kurbelwelle laufen kann. Den Raum zwischen der Dichtlippe und der Staubschutzlippe mit ca. 1 g Dauerfett füllen.

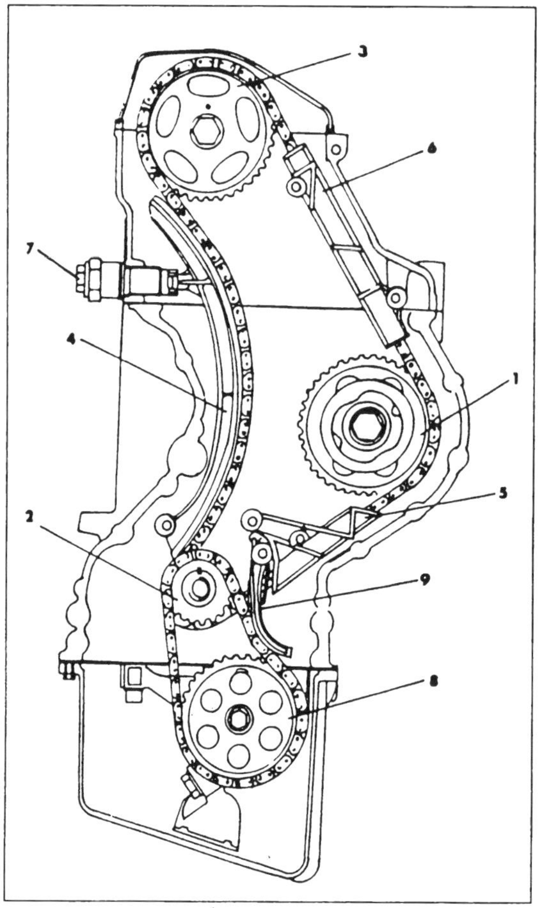

Bild 56
Ansicht der Steuerung des Motors.
1 Antrieb für Einspritzpumpe
2 Kurbelwellenkettenrad
3 Nockenwellenkettenrad
4 Spannschiene
5 Gleitschiene
6 Gleitschiene
7 Kettenspanner
8 Ölpumpenantriebsrad
9 Spannhebel für Ölpumpenkette

- Deckelfläche mit Dichtungsmasse einschmieren und den Deckel gegen den Zylinderblock ansetzen, so dass die Passstifte eingreifen. Den Deckel vorsichtig aufschlagen. Mercedes-Werkstätten verwenden dazu ein Einziehwerkzeug. Die Arbeiten aus diesem Grund sehr vorsichtig durchführen.
- Die beiden Schrauben von unten und danach die verbleibenden Schrauben einsetzen. Zuerst die beiden unteren und dann die anderen Schrauben mit 10 Nm anziehen.
- Alle anderen Arbeiten in umgekehrter Reihenfolge wie beim Ausbau durchführen.

2.10 Vorderer Kurbelwellendichtring

Der vordere Dichtring der Kurbelwelle sitzt im Steuerdeckel und kann bei eingebautem Motor erneuert werden, falls Öllleckstellen festgestellt werden. Unbedingt vorher sicherstellen, dass das Öl nicht aus der Steuerdeckeldichtung heraustropft. In diesem Fall den Deckel neu abdichten (siehe Kapitel 2.4).

- Riemenscheibe und Nabe, bzw. Schwingungsdämpfer ausbauen (Kapitel 2.8).
- Dichtring mit einem Schraubenzieher aus dem Steuerdeckel herausdrücken. Einen dicken Lappen unter die Schraubenzieherklinge unterlegen, um den Deckel oder die Kurbelwelle nicht zu beschädigen.
- Alle Teile gründlich reinigen; falls erforderlich die Kante der Deckelbohrung entgraten.
- Den Dichtring, falls erforderlich, mit einem Schraubenzieher heraushebeln, ohne dabei den Deckel zu beschädigen.
- Flächen des Zylinderblocks und Deckels einwandfrei reinigen.

- Falls ausgebaut, einen neuen Dichtring in den Deckel einschlagen. Die Dichtlippe des neuen Dichtringes ist um 3 mm versetzt, so dass sie nicht wieder auf der gleichen Stelle der Kurbelwelle laufen kann. Den Raum zwischen der Dichtlippe und der Staubschutzlippe mit ca. 1 g Dauerfett füllen.
- Deckelfläche mit Dichtungsmasse einschmieren und den Deckel gegen den Zylinderblock ansetzen, so dass die Passstifte eingreifen. Den Deckel vorsichtig aufschlagen. Mercedes-Werkstätten verwenden dazu ein Einziehwerkzeug. Die Arbeiten aus diesem Grund sehr vorsichtig durchführen.
- Die beiden Schrauben von unten und danach die verbleibenden Schrauben einsetzen. Zuerst die beiden unteren und dann die anderen Schrauben mit 10 Nm anziehen.
- Alle anderen Arbeiten in umgekehrter Reihenfolge wie beim Ausbau durchführen.

2.11 Steuermechanismus

Die in diesem Kapitel behandelten Teile können alle bei eingebautem Motor erneuert werden. Die Anordnung der Steuerkette und der damit verbundenen Teile ist in Bild 56 gezeigt.

Die endlose Steuerkette läuft über das Kettenrad der Nockenwelle, das Antriebsrad der Einspritzversteller und damit der Einspritzpumpe und das Kettenrad der Kurbelwelle. Die Kette wird durch zwei Gleitschienen geführt. Die Spannung der Kette geschieht über einen hydraulischen Kettenspanner, welcher im Kurbelgehäuse sitzt und auf eine Leitmetall-Spannschiene drückt.

Das Nockenwellenrad wird durch eine M8-Schraube an der Welle gehalten und wird durch eine Scheibenfeder geführt.

Eine zweite, kleinere Kette dient zum Antrieb der Ölpumpe. Diese ist um ein zweites Rad auf der Kurbelwelle und das Kettenrad der Ölpumpe gelegt und besitzt ihren eigenen Spannmechanismus.

2.11.1 Aus- und Einbau des Kettenspanners

Der Kettenspanner ist seitlich auf der rechten Seite in den Zylinderkopf eingeschraubt. Die Spannung des Kettenspanners setzt sich aus der Kraft der eingebauten Feder und dem Druck des Motoröls zusammen. Das im Kettenspanner befindliche Öl hat ausserdem die Aufgabe stossartige Belastungen beim Schlagen der Kette abzudämpfen. Ein Kettenspanner kann zur Reparatur nicht zerlegt werden, ist also immer zu erneuern, falls er seine Funktion nicht mehr verrichtet.

Der Kettenspanner kann einfach aus der Seite des Motors herausgeschraubt werden, jedoch muss eine Handpresse zur Verfügung stehen, um den Kettenspanner wieder einwandfrei einzubauen. Eine Tischbohrmaschine eignet sich ebenfalls. Beim genauen Hinsehen wird man feststellen, dass beim Kettenspannerstopfen ein grosses und ein kleines Sechskant vorhanden ist. Nur einen Steckschlüssel am grossen Sechskant ansetzen. Wird am kleinen Sechskant gedreht, fällt der Kettenspanner innerlich auseinander. Bild 57 zeigt, wo der Kettenspannerstopfen sitzt.

Vor dem Einbau muss der Kettenspanner mit Öl gefüllt werden. Dazu den Spanner mit dem Druckbolzen nach unten weisend in ein Gefäss mit Motorenöl einsetzen. Das Öl muss über den Flansch des Sechskantes stehen.

Das Gefäss mit dem darin befindlichen Kettenspanner unter eine Handpresse setzen (oder die Tischbohrmaschine) und den Druckstift 7 bis 10 Mal bis zum Anschlag nach innen drücken.

Nach der Ölfüllung kontrollieren, ob sich der Kettenspanner sehr langsam und gleichmässig, und unter Aufwendung von einiger Kraft zusammenschieben lässt.

Dem Kettenspanner mit einem neuen Dichtring einschrauben und mit einem Anzugsdrehmoment von 80 Nm anziehen. Der Druckbolzen des Kettenspanners muss gegen den Ansatz der Spannschiene anliegen, wie es in Bild 56 gesehen werden kann.

2.11.2 Aus- und Einbau der Steuerkette

Die Nockenwelle und die Einspritzpumpe werden durch die Kurbelwelle über eine endlose Duplex-Kette angetrieben. Die Kettenräder der Nockenwelle und des Spritzverstellers haben zweimal sovieleZähne wie das Kettenrad auf der Kurbelwelle, d.h. die Nockenwelle und die Einspritzpumpe drehen sich mit der Hälfte der Drehzahl der Kurbelwelle. Zwei Gleitschienen führen die Kette auf der einen Seite, eine lange Spannschiene, auf die der Kettenspanner drückt, übt auf der anderen Seite einen Druck auf die Kette aus.

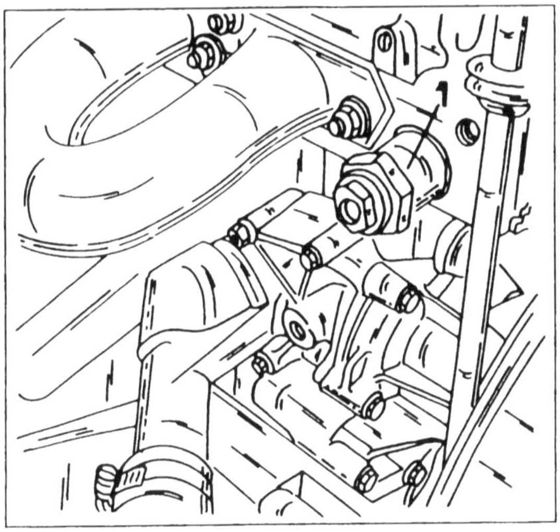

Bild 57
Die Lage des Kettenspanners (1).

Eine Handschleifmaschine muss zur Erneuerung der Steuerkette zur Verfügung stehen, um die Kette bei eingebautem Motor zu erneuern. Die neue Steuerkette kommt mit einem Trennglied, um sie zu montieren.

- Einspritzdüsen ausbauen (dadurch kann man den Motor leichter durchdrehen).
- Zylinderkopfhaube abmontieren.
- Kettenspanner ausbauen (Kapitel 2.11.1).
- Kühlungsventilator und Ventilatorverkleidung ausbauen.
- Den Kettenkasten mit einem Lappen abdecken.
- Beide Kettengliedbolzen eines Kettengliedes mit der Schleifmaschine abschleifen. Die Kette noch nicht trennen.
- Die neue Steuerkette mit dem Verbindungsglied an der alten Kette befestigen, während das alte, abgeschliffene Glied herausgenommen wird.
- Kurbelwelle langsam in Drehrichtung durchdrehen, indem man eine Stecknuss mit Ratsche an der Schraube der Kurbelwellenriemenscheibe ansetzt.
- Während die Kurbelwelle langsam durchgedreht wird, zieht man an der alten Steuerkette, bis das Kettenglied sich an der obersten Stelle des Nockenwellenkettenrades befindet. Unbedingt darauf achten, dass die Kette in Eingriff mit dem Kurbelwellenkettenrad und dem Nockenwellenkettenrad verbleibt.
- Die alte Kette von der neuen Kette trennen und das Kettenschloss von der Innenseite nach aussen einsetzen. Das Schloss mit den neuen Sicherungsscheiben von vorn sichern. Dabei die Kette vorübergehend mit einem Stück Draht am

Nockenwellenkettenrad festbinden (auf beiden Seiten), damit sie nicht in den Kettenkasten fallen kann. Das Kettenglied mit den Stiften von der Rückseite aus einstecken.

- Kurbelwelle durchdrehen, bis der Kolben des ersten Zylinders auf dem oberen Totpunkt steht und kontrollieren (an der Kurbelwellenriemenscheibe, bzw. am Schwingungsdämpfer), dass in dieser Stellung der Kurbelwellenriemenscheibe die Steuermarkierung der Nockenwelle wie in Bild 19 gezeigt ausgerichtet ist. Falls dies nicht der Fall ist, ist die Steuerung der Kurbelwelle sowie der Einspritzpumpe zu kontrollieren, wie es in den betreffenden Kapiteln beschrieben ist.
- Alle anderen Arbeiten in umgekehrter Reihenfolge wie beim Ausbau durchführen.

2.11.3 Aus- und Einbau der Spannschiene

Die Lage der Spannschiene ist Bild 56 zu entnehmen. Der Zylinderkopf und der Steuerdeckel müssen zur Erneuerung der Spannschiene ausgebaut werden. Der Kunststoffbelag der Schiene kann nicht erneuert werden, so dass man die komplette Schiene erneuern muss, falls er abgeschliffen ist.

- Zylinderkopf ausbauen (Kapitel 2.3.1).
- Steuergehäusedeckel ausbauen (Kapitel 2.4).
- Mit Farbe die Stellung des Kurbelwellensteuerrades und der Kette kennzeichnen.
- Kettenrad der Nockenwelle und die Steuerkette kennzeichnen.
- Kettenrad der Nockenwelle und die Steuerkette kennzeichnen.
- Die Schraube des Nockenwellenkettenrades entfernen, während die Nockenwelle gegengehalten wird.
- Steuerrad der Nockenwelle herunterziehen.
- Die Spannschiene nach innen schwingen und vom Lagerbolzen herunterziehen.
- Den Kunststoffbelag auf Verschleiss oder Beschädigung überprüfen und ggf. die Spannschiene erneuern.
- Spannschiene in umgekehrter Reihenfolge wie beim Ausbau wieder einbauen. Die Schraube des Nockenwellensteuerrades bei gleichzeitiger Gegenhaltung mit einem Anzugsdrehmoment von 45 Nm anziehen. Beim Auflegen der Steuerkette unbedingt darauf achten, dass die Farbkennzeichnungen an der Kette und den beiden Kettenrädern an beiden Stellen gegenüber kommen.

2.11.4 Aus- und Einbau der Gleitschienen

Die Lage der Gleitschienen ist Bild 56 zu entnehmen. Zum Ausbau der Gleitschienen ist normalerweise ein Schlaghammer erforderlich, um die Lagerbolzen der Schienen herauszuziehen. Der Lagerbolzen ist jedoch in der Innenseite mit einem M6-Gewinde versehen. Mit Hilfe einer langen M6-Schraube, einer Hülse und einer Scheibe kann man deshalb den Bolzen auch auf einfache Weise herausziehen. Beim Ausbau der oberen Gleitschiene folgendermassen vorgehen:

- Spannvorrichtung für den Antriebsriemen vollkommen ausbauen. Der Lagerbolzen für den Spannhebel der Vorrichtung dient gleichzeitig zur Lagerung dieser Gleitschiene.
- Zylinderkopfhaube ausbauen.
- Nockenwellensteuerrad abmontieren, wie es im letzten Kapitel beschrieben wurde.
- Die beiden Lagerbolzen der Gleitschiene mit dem Schlaghammer und einem Gewindeeinsatz herausziehen und die Gleitschiene aus der Oberseite herausnehmen. Falls kein Schlaghammer zur Verfügung steht, wie dies in den meisten Fällen vorkommen wird, eine grosse Scheibe über den Bolzen schieben und eine Hülse darübersetzen. Eine lange M6-Schraube mit einer grossen Unterlegscheibe einschrauben (die Scheibe muss auf die Hülse drücken) und die Schraube anziehen. Sobald die Hülse festgeklemmt ist, beginnt sich der Bolzen zu bewegen.
- Neuen oder ursprünglichen Lagerbolzen am Flansch mit Dichtungsmasse einschmieren.
- Gleitschiene in die richtige Lage setzen und die Lagerbolzen einschlagen. Um zu verhindern, dass die Gleitschiene dabei weggedrückt wird, setzt man einen Schraubenzieher gegen die Schiene an, um Gegendruck auszuüben. Die Führungsnase der Lagerbolzenbohrung der Gleitschiene muss mit der Führungsrille des oberen Lagerbolzens eingreifen.
- Der weitere Einbau geschieht in umgekehrter Reihenfolge wie der Ausbau. Beim Anbringen der Steuerkette am Nockenwellenkettenrad auf die Farbzeichen achten.

Beim Austausch der unteren Gleitschiene folgendermassen vorgehen:

- Steuergehäusedeckel ausbauen (Kapitel 2.4).
- Die Gleitschiene von den beiden Führungsbolzen herunterziehen.
- Neue Gleitschiene aufstecken und den Steuerdeckel wieder montieren, wie es in Kapitel 2.4 beschrieben ist.

2.11.5 Aus- und Einbau des Kurbelwellensteuerrades

- Steuerdeckel ausbauen (Kapitel 2.4).
- Befestigung des Spannhebels der Ölpumpenkette ausbauen und den Hebel (9) in Bild 56 herunterziehen.
- Schraube des Ölpumpenkettenrades lösen und das Kettenrad von der Welle herunterziehen,

während gleichzeitig die Antriebskette aus dem Eingriff mit dem Zahnrad auf der Kurbelwelle gebracht wird.

- Das Steuerrad der Kurbelwelle und das Antriebsrad der Ölpumpe im Verhältnis zueinander kennzeichnen, damit die Kettenräder wieder in die gleiche Stellung auf die Kurbelwelle montiert werden können.
- Am Nockenwellensteuerrad und an der Kette mit Farbe an gegenüberliegenden Stellen einen Farbstrich einzeichnen.
- Nockenwellenkettenrad abmontieren und die Steuerkette locker herunterhängen lassen.
- Steuerrad der Kurbelwelle mit einem geeigneten Abzieher von der Kurbelwelle herunterziehen.
- Den Zustand der Scheibenfeder im Ende der Kurbelwelle kontrollieren. Falls er nicht mehr einwandfrei aussieht, ihn mit einem Seitenschneider herausziehen. Die Scheibenfeder für die Nabe der Riemenscheibe kann in gleicher Weise behandelt werden.

Falls das Steuerrad der Kurbelwelle erneuert wird, müssen die Farbkennzeichnungen vom alten auf das neue Kettenrad kopiert werden, d.h. der gleiche Zahn wie beim alten Kettenrad, im Verhältnis zur Nut für die Scheibenfeder muss angezeichnet werden.

Das Kettenrad folgendermassen montieren:

- Beide Scheibenfedern in die Kurbelwelle einschlagen. Die beiden Flächen müssen genau parallel mit der Kurbelwelle fluchten.
- Steuerrad der Kurbelwelle mit einem Stück Rohr auf die Kurbelwelle aufschlagen. Kontrollieren, ob die Scheibenfeder in ihrer Lage sitzt und sich nicht verschoben hat.
- Nockenwellensteuerrad und Steuerkette montieren. Auf die einzeichneten Farbmarkierungen achten.
- Motor einige Male durchdrehen und kontrollieren, dass die Steuerzeichen an der Oberseite der Nockenwelle stimmen (siehe Bild 21).
- Das Antriebsrad der Ölpumpe aufstecken. Das Pumpenrad ist in der Innenseite mit Passflächen versehen, welche mit den ebenbürtigen Flächen an der Pumpenwelle in Eingriff kommen müssen, wie es aus Bild 58 ersichtlich ist.
- Den Spannhebel der Ölpumpenkette wieder montieren.
- Den Steuerdeckel montieren (Kapitel 2.4).
- Alle anderen Arbeiten in umgekehrter Reihenfolge wie beim Ausbau durchführen.

2.11.6 Aus- und Einbau der Nockenwelle

Die Nockenwelle ist bei allen Motoren gleich, mit der Ausnahme der Lagerstellen und der Anzahl der Nocken. Die Welle des Vierzylindermotors ist fünfmal, die des Fünfzylindermotors sechsmal gelagert. Zur Kennzeichnung haben die Wellen eine Zahl, die schon auf Seite 16 erwähnt wurde. Die Nockenwelle ist oben im Zylinderkopf gelagert. Das untere Teil der Lagerstellen ist in den Zylinderkopf eingearbeitet und werden von oben angeschraubten Lagerdeckeln abgeschlossen. Die Nockenwelle wird nach oben zu herausgehoben, nachdem man die Nockenwellenlagerdeckel abgeschraubt und das Nockenwellensteuerrad ausgebaut hat.

- Motorhaube in senkrechte Stellung bringen, wie es beim Ausbau des Motors beschrieben wurde.
- Massekabel der Batterie abklemmen, wie es beim Ausbau des Motors beschrieben wurde.
- Zylinderkopfhaube abschrauben. Diese ist mit 6 Schrauben auf der Oberseite des Motors gehalten. Zwei Schrauben liegen auf den beiden Langseiten und zwei Schrauben an der Steuerseite des Motors.
- Motor durchdrehen, bis der Kolben des ersten Zylinders auf dem oberen Totpunkt steht, d.h. die "Null"-Marke in Bild 17 muss gegenüber dem Einstellzapfen stehen. Dazu eine Stecknuss von 27 mm Schüsselweite mit einer Ratsche an der Schraube der Riemenscheibe ansetzen. Auf

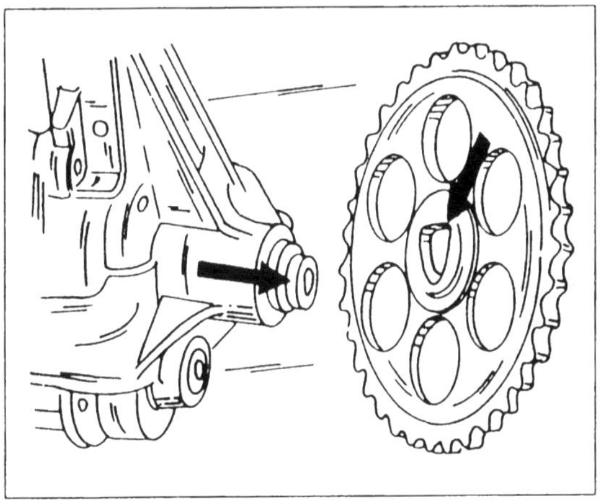

Bild 58
Aufstecken des Kettenrades der Ölpumpe. Die Flächen müssen genau fluchten.

keinen Fall die Kurbelwelle durchdrehen, indem man eine Stecknuss an der Schraube des Nockenwellenrades ansetzt. Die Kurbelwelle immer in Drehrichtung durchdrehen, niemals entgegengesetzt.

- Den Kettenspanner vollkommen ausbauen (Kapitel 2.11.1).
- Das Kettenrad der Nockenwelle und die Steuerkette im Verhältnis zueinander kennzeichnen. Dazu mit Farbe an gegenüberliegenden Stellen zwei Striche einzeichnen, wie es aus Bild 18 ersichtlich ist.
- Befestigungsschraube des Nockenwellenkettenrades entfernen. Um ein Durchdrehen der Welle zu vermeiden, setzt man eine kräftige Schraubenzieherklinge oder eine Stahlschraube

durch einen der Durchbrüche des Kettenrades ein.

● Bei einem Fahrzeug mit Selbstnivellierung der Radaufhängung sind das Nockenwellenkettenrad und der Mitnehmer für die Pumpe mit einer Innensechskantschraube befestigt. In diesem Fall die Pumpe abschrauben und an den Leitungen hängend zur Seite legen.

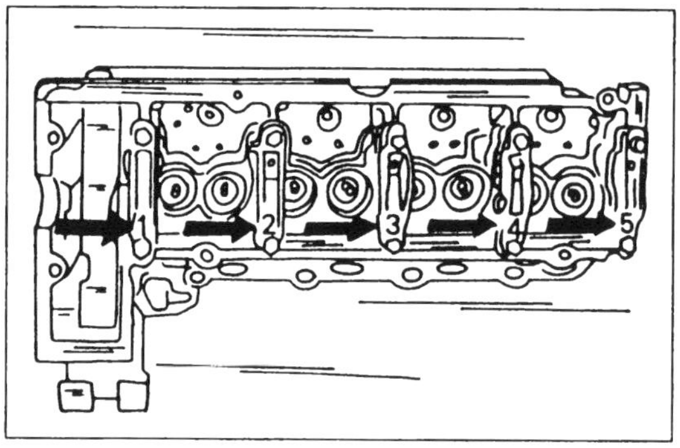

Bild 59
Die Pfeile weisen auf die Nummernkennzeichnung der Nockenwellenlagerdeckel.

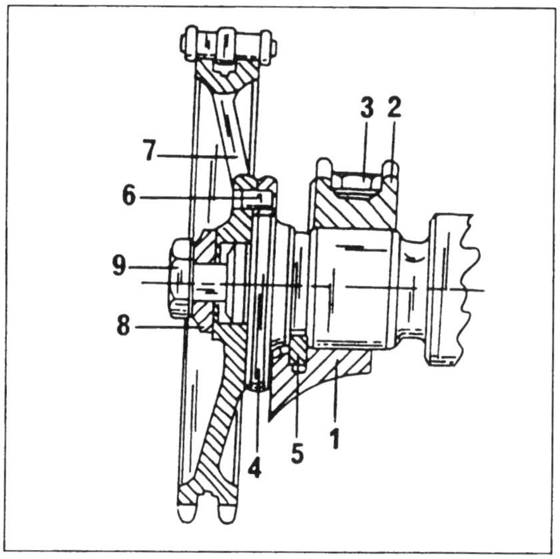

Bild 60
Schnitt durch die Nockenwelle und deren Befestigung im Zylinderkopf.
1 Zylinderkopf
2 Lagerdeckel
3 Schraube, M8 x 45 mm
4 Nockenwelle
5 Sicherungsscheibe
6 Passstift
7 Nockenwellenkettenrad
8 Scheibe
9 Schraube, M10 x 50

● Das Nockenwellenrad von der Welle herunterziehen. Dabei die Kette stramm ziehen, damit sie nicht von den Zähnen des Kurbelwellenkettenrades herunterrutschen kann.

● Die Schrauben der Nockenwellenlagerdeckel der Reihe nach in mehreren Durchgängen lockern und die Deckel der Reihe nach ablegen. Die Deckel sind an der in Bild 59 gezeigten Stelle mit der Lagernummer gezeichnet (beim Vierzylindermotor gezeigt) und sind entsprechend zu behandeln.

● Nockenwelle nach oben herausheben.

● Die Sicherung der Nockenwelle aus dem Zylinderkopf herausnehmen. Bild 60 zeigt eine Schnittansicht des Endes der Nockenwelle mit der Lage des Sicherungseinsatzes. Diese Halbscheibe begrenzt die Nockenwelle in ihrer axialen Bewegung.

● Die Ventilstössel können mit einem Sauger aus den Bohrungen herausgezogen werden, um sie zu überprüfen. Die Stössel wieder in die ursprünglichen Bohrungen einsetzen.

Falls eine neue Nockenwelle eingebaut wird oder man hat den Zylinderkopf erneuert, muss man vor dem Einbau der Welle diese in den Kopf einlegen (gut eingeölt) und einige Male durchdrehen, um die Welle auf Klemmstellen zu kontrollieren. Dazu die folgenden Arbeiten durchführen:

● Die Sicherung in den Zylinderkopf einlegen. Diese ist zu erneuern, falls sie keine scharfen Kanten mehr besitzt.

● Nockenwellenlagerzapfen einölen und die Welle in den Zylinderkopf senken. Die Stössel dürfen bei dieser Prüfung nicht eingebaut sein.

● Die Nockenwellenlagerdeckel der Reihe nach entsprechend den Lagernummern aufsetzen und der Reihe nach von der Mitte nach aussen zugehend mit 25 Nm anziehen.

● Eine M10 x 30-Schraube in die Gewindebohrung für das Nockenwellenrad eindrehen und die Welle an der Schraube durchdrehen. Falls man annimmt, dass die Welle sich zu schwer drehen lässt, die Lagerdeckel einzeln etwas lockern, während die Welle weiterhin durchgedreht wird. Erreicht man den Deckel welcher die Ursache für den Lagerklemmer ist, den Deckel wieder ausbauen und das Lagerlaufspiel der Nockenwelle mit "Plastigage" ausmessen, ähnlich wie es bei den Kurbelwellenlagern beschrieben wurde. Das Lagerlaufspiel muss zwischen 0,050 - 0,081 mm liegen. Andernfalls könnte es sein, dass die Welle verzogen ist (bei einer neuen Welle kaum möglich).

● Die Nockenwelle wieder ausbauen.

● Ventilstössel einölen und wieder in die ursprünglichen Bohrungen einsetzen.

● Nockenwelle wieder in den Zylinderkopf und mit der Rille über die Sicherungsscheibe setzen.

● Lagerdeckel aufsetzen und der Reihe nach anziehen. Unbedingt die Schrauben links und rechts abwechselnd anziehen, damit sich die Welle durch die Wirkung der Stössel nicht verklemmen kann.

● Nockenwellenkettenrad mit der Steuerkette auf das Ende der Nockenwelle aufschieben, aber darauf achten, dass die eingezeichneten Farbmarkierungen wieder in einer Linie liegen. Das Kettenrad so aufstecken, dass der Passstift in der Welle mit dem Loch im Kettenrad in Eingriff kommt.

● Schraube in das Kettenrad einsetzen und mit einem Anzugsdrehmoment von 45 Nm anziehen. Die Nockenwelle dabei gegenhalten, indem man eine kräftige Schraubenzieherklinge oder eine Stahlschraube in einen Durchbruch des Kettenrades einsetzt und gegen den Zylinderkopf anlegt.

● Kettenspanner montieren und mit 80 Nm anziehen.

● Die Kennzeichnung der Nockenwelle kontrollieren, um zu gewährleisten, dass sie in der richtigen Stellung steht, wenn der Kolben des ersten Zylinders auf o.T. steht. In die Nockenwelle ist eine Kerbe eingearbeitet, welche bei richtiger Stellung mit einem in den Lagerdeckel eingegossenen

Richtzeichen fluchten muss. Die Ausfluchtung kann gesehen werden, indem man auf die Oberseite schaut, wie es aus Bild 21 ersichtlich ist.

- Bei Fahrzeugen mit Selbstnivellierung der Radaufhängung die Hochdruckpumpe mit dem Mitnehmer montieren.
- Zylinderkopfhaube anbringen.
- Alle weiteren Arbeiten in umgekehrter Reihenfolge wie beim Ausbau durchführen.
- Motor laufen lassen und auf Leckstellen kontrollieren.

2.11.7 Nockenwellensteuerung

Da die Ventilsteuerung nicht eingestellt werden kann, muss man den beschriebenen Anweisungen genau folgen, wenn Steuerkette, Steuerräder und andere die Steuerung beeinflussende Teile ausgebaut wurden. Die Steuerausfluchtung in Bild 21 reicht zu, um die Ventile in einwandfreier Weise zu steuern. Den Motor nur laufen lassen, wenn diese Marken in einer Linie stehen.

2.12 Hydraulische Stösselausgleichselemente

Die Funktion der Ausgleichselemente ist es das Ventilspiel auszugleichen, welches sich unter anderem durch Wärmeausdehnung der Teile und Verschleiss verändert. Der Kipphebel ist in dauerhafter Verbindung mit der Nockenwelle, so dass Geräusche vom Ventilmechanismus sehr niedrig gehalten werden. Damit man den Mechanismus besser verstehen kann, soll eine kurze Beschreibung gegeben werden. Bild 61 hilft bei der folgenden Erklärung:

Die hydraulischen Ausgleichselemente sind in die Kipphebel eingesetzt und betätigen die Ventile direkt über eine Kugelpfanne (11). Die Elemente bestehen aus den folgenden Hauptteilen:

- Dem Druckstift (5) mit der Ölkammer (a) und den Rücklaufbohrungen sowie dem Kugelventil (Rückschlagventil), d.h. Teile (9), (7) und 10. Das Kugelventil trennt die Ölkammer von der Arbeitskammer.
- Der Führungshülse (6) mit der Arbeitskammer (b), der Druckfeder (8) und der Verschlusskappe (4).

Bei abgestelltem Motor, wenn das Element vom Nocken unter Spannung gehalten wird, kann sich das Element vollkommen zurückziehen. Das aus der Arbeitskammer (b) herausgedrückte Öl fliesst durch den Ringspalt, d.h. den Spalt zwischen der Führungshülse und dem Druckstift, zur Ölkammer (a).

Wenn sich die Nockenspitze am Kipphebel vorbeigedreht hat, ist der Druckstift (5) ohne Belastung. Die Druckfeder (8) drückt den Stift nach oben, bis der Kipphebel gegen den Nocken anliegt.

Der durch die Aufwärtsbewegung des Druckstiftes in der Arbeitskammer hergestellte Unterdruck öffnet das Kugelventil und das Öl kann aus der Ölkammer in die Arbeitskammer fliessen. Das Kugelventil schliesst sich wenn der Kipphebel gegen den Nocken drückt und der Druckstift dabei unter Belastung kommt. Das Öl in der Arbeitskammer wirkt jetzt als eine feste hydraulische Verbindung und öffnet das betreffende Ventil.

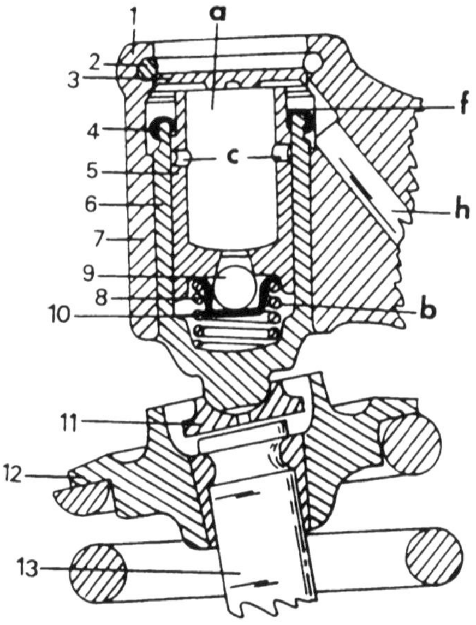

Bild 61
Schnitt durch ein Ausgleichselement.
1 Kipphebel
2 Sprengring
3 Scheibe
4 Verschlusskappe
5 Druckstift
6 Führungshülse
7 Kugelführung
8 Druckfeder
9 Kugel, 4 mm
10 Druckfeder
11 Kugelpfanne
12 Ventilfederteller
13 Ventil
a Ölkammer
b Arbeitskammer
c Rücklaufbohrungen
f Ringnut
h Ölkanal

Bei laufendem Motor, und je nach Motordrehzahl und Stellung des Nockens, wird der Druckstift nur etwas nach unten gedrückt.

Das zum Betrieb der Ausgleichselemente erforderliche Öl wird durch eine über die Länge des Zylinderkopfes verlegte Ölleitung sowie die zu den Kipphebellagerböcken führenden Querbohrungen geliefert. Von da läuft das Öl zu der Kipphebelwelle und durch eine Bohrung (h) im Kipphebel zu dem betreffenden Element. Die Ölzufuhr zu der Ölkammer erfolgt durch Schlitze in der Scheibe (3).

Die Ölmenge in der Ölkammer (a) ist ausreichend um die Arbeitskammer (b) unter allen Betriebsbedingungen zu füllen. Öl oder Lecköl, welches nicht gebraucht wird oder eingeschlossene Luft, können durch den Ringspalt zwischen der Scheibe (3) und dem Kipphebel austreten. Das aus der Arbeitskammer ausgestossene Öl fliesst über den Ringspalt zwischen der Führungshülse und dem Druckstift und die beiden Rücklaufbohrungen (c) wieder in die Ölkammer.

Falls die Stössel ausgebaut werden, muss man die folgenden Punkte beachten:

● Stössel immer aufrecht stehend lagern, d.h. mit der offenen Seite nach oben.
● Nach dem Ausbau eines Stössels (Kapitel 2.12.2) die Zylindernummer und die Stösselbohrung entsprechend bei der Ablage vermerken.

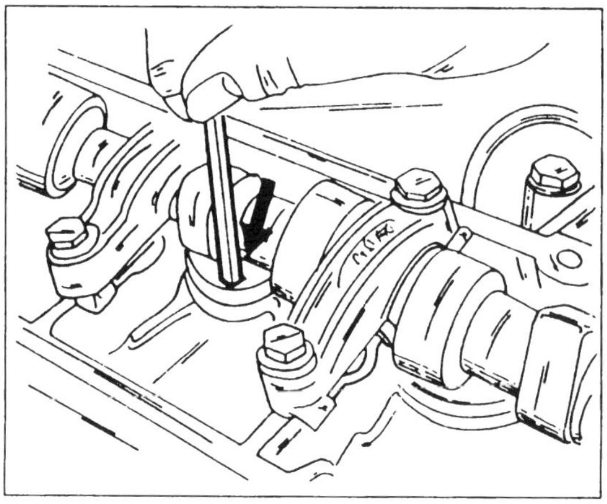

Bild 62
Kontrolle eines Stössels auf unzureichende Ölzufuhr oder andere Schäden.

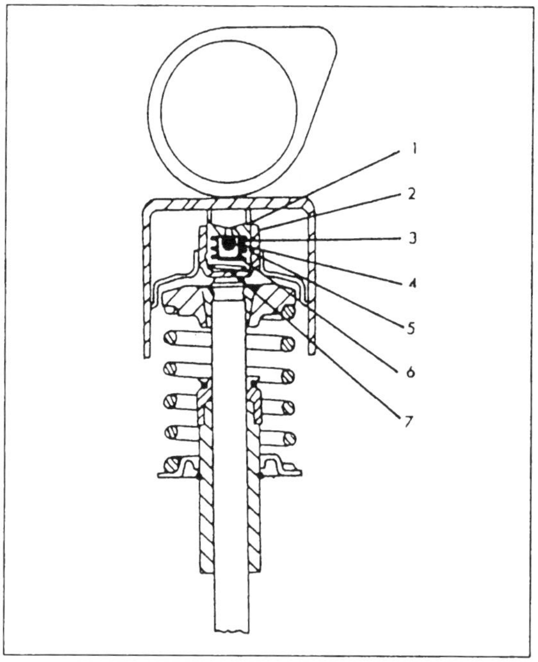

Bild 63
Schnitt durch ein Ventil und einen Stössel.
1 Druckbolzen
2 Sicherungsring
3 Druckfeder
4 Kugelführung
5 Kugel
6 Druckfeder
7 Führungsbüchse

2.12.1 Kontrolle der Stössel

Da die Stössel in ständigem Kontakt mit der Nockenwelle sind, ist das Stösselgeräusch kaum wahrnehmbar. Falls man jedoch Geräusche aus dieser Gegend hört, kann man die folgende Prüfung durchführen:
● Motor 5 Minuten lang mit einer Drehzahl von 3000/min. laufen lassen.
● Zylinderkopfhaube abmontieren.
● Den Nocken des betreffenden Stössels durch Drehen der Kurbelwelle mit dem Nockenrücken gegen den Stössel bringen, d.h. die Nockenspitze muss nach oben weisen.
● Mit einem Dorn den Stössel nach innen drücken, wie es in Bild 62 gezeigt ist oder versuchen den Stössel mit der Hand zu bewegen.
● Falls sich der Stössel leicht hineindrücken lässt oder Spiel ist zwischen dem Stössel und dem Nockenrücken vorhanden, ist es am besten, wenn man einen neuen Stössel einbaut. Dieser wird mit dem hydraulischen Ausgleichselement in der Innenseite geliefert. Obwohl man den Stössel wieder in seine Grundstellung bringen kann, raten wir von dieser Arbeit sb, da sie mit vielen komplizierten Messungen verbunden ist.

2.12.2 Aus- und Einbau der Stössel

● Ventilator und Ventilatorverkleidung ausbauen.
● Nockenwelle ausbauen (Kapitel 2.11.6).
● Den oder die Stössel der Reihe nach mit einem Sauger aus den Bohrungen ziehen und sofort deren Zugehörigkeit in geeigneter Weise kennzeichnen.
Beim Einbau die Stössel in die ursprünglichen Bohrungen einsetzen, falls sie wieder verwendet werden. Die Nockenwelle einbauen (Kapitel 2.11.6) und alle anderen Arbeiten in umgekehrter Reihenfolge wie beim Ausbau durchführen. Bild 63 zeigt einen Schnitt durch ein Ventil mit dem Stössel und dem Ausgleichselement, um zu zeigen, wie die Teile innerlich aussehen.

2.13 Motoraufhängungen Bis Oktober 1984

Der Motor muss mit einem Hebezeug aus den Aufhängungen gehoben werden, um den vorderen Motorträger, die vorderen Motoraufhängungen oder den hinteren Motorquerträger mit den Aufhängungen zu erneuern. Alle Motoren sind ebenfalls mit einem Aufhängungsstossdämpfer versehen (Bild 14), welcher zwischen dem Motorträger und dem Seitenträger auf der linken Seite eingebaut ist.

2.13.1 Vordere Motoraufhängungen

Unter Bezug auf Bild 64:
● Motor mit geeigneten Seilschlingen an ein Hebezeug hängen und ihn leicht anheben, bis die Aufhängungen unter Spannung stehen.
● Fahrzeug vorn auf Böcke setzen und von der Unterseite links und rechts die Schrauben aus den Motoraufhängungen herausdrehen.
● Den Aufhängungsstossdämpfer an der Unterseite lösen.
● Die beiden Innensechskantschrauben links und rechts aus dem Motoraufhängungsanschlag

herausdrehen und die Halterung abnehmen.

- Den Anschlussschlauch vom Luftfilter abschliessen.
- Den Motor weiterhin anheben, ohne dass der Ventilator dabei gegen die Ventilatorverkleidung anstösst und die beiden Wärmeschutzeinsätze zwischen Gummilager und Motortragbügel herausnehmen.
- Die beiden von oben eingesetzten Schrauben entfernen und das Aufhängungslager herausnehmen.

Der Einbau geschieht in umgekehrter Reihenfolge wie der Ausbau. Die beiden Wärmeschutzeinsätze zwischen die Motorlager und den Tragbügel am Motor einsetzen. Den Motor in die Aufhängungen senken und die beiden Schrauben von unten mit einer Stecknuss und Verlängerung mit 70 Nm anziehen. Den Motorstossdämpfer am Vorderachsträger montieren und die Schrauben mit 10 Nm anziehen.
Abschliessend die Halterung für den Motoranschlag befestigen und den Anschlag einstellen, wie es auf der nächsten Seite beschrieben ist.

2.13.2 Hinterer Motorquerträger und Gummilager

Bild 65 zeigt die Befestigung des hinteren Querträgers an der Innenseite und der Aussenseite und die Erneuerung kann unter Bezug auf das Bild erfolgen. Das Getriebe muss entsprechend angehoben werden, um die Aufhängungslager zu entlasten. Zu beachten ist, dass das Mass "A" je nach eingebautem Getriebe unterschiedlich ist. Beim Bezug eines neuen Teils muss man dies wissen.
Der Einbau geschieht in umgekehrter Reihenfolge wie der Ausbau, unter Bezug auf Bild 66. Bei einem Fahrzeug mit Vierganggetriebe oder automatischem Getriebe das Motorgummilager in den Querträger einsetzen und den Motor in die Aufhängung senken. Bei einem Fahrzeug mit Fünfganggetriebe das Motorlager in die Halterung einsetzen und die Halterung mit dem Motorlager in den Querträger einsetzen. Den Motor in seine Aufhängungen senken.
Zwei Schrauben von unten in das Motorlager eindrehen (Scheiben unterlegen) und die Schrauben anziehen. An der Oberseite des Gummilagers die Mutter mit Scheibe anbringen und mit 70 Nm anziehen.
Motoranschlag einstellen, wie es in Kapitel 2.13.4 beschrieben ist.

2.13.3 Motoranschlag erneuern

Der Motoranschlag befindet sich zwischen der Ölwanne und dem Rahmenseitenträger. Er kann sich nach einer gewissen Zeit verstellen, wird aber während der ersten Durchsicht nach 10 000 km eingestellt und sollte danach keine weitere Aufmerksamkeit verlangen. Wird der Anschlag jedoch ausgebaut, muss man sich eine Einstellehre ent-

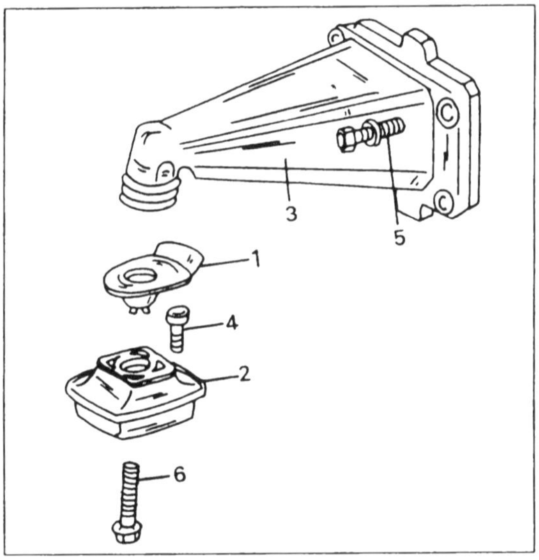

Bild 64
Die Einzelteile einer vorderen Motoraufhängung.
1 Wärmeschutzeinsatz
2 Motorgummilager
3 Motortragbügel
4 Schraube, M8 x 30
5 Schraube, M8 x 18
6 Schraube, M10 x 30

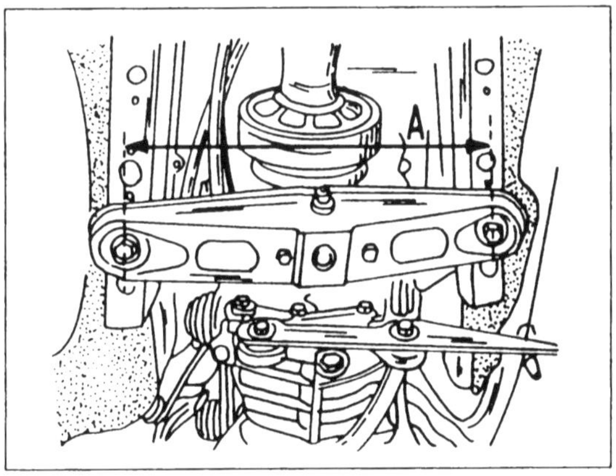

Bild 65
Ansicht des hinteren Aufhängungsquerträgers für Motor und Getriebe. Das Mass "A" ist je nach eingebautem Getriebe unterschiedlich.

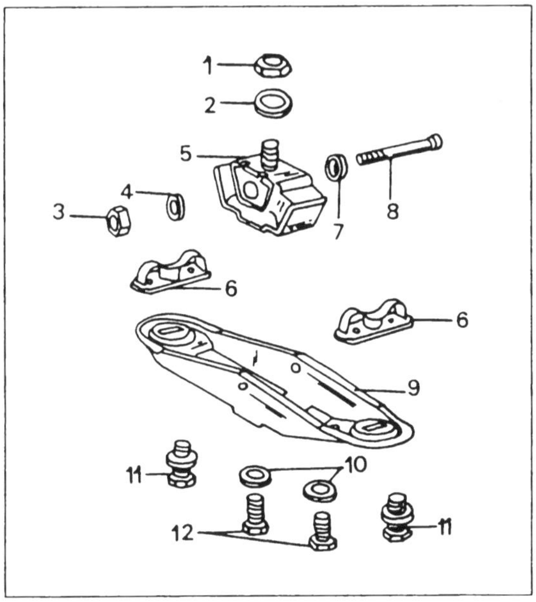

Bild 66
Die Einzelteile der hinteren Motoraufhängung bei eingebautem Vierganggetriebe oder automatischem Getriebe.
1 Mutter, M12 x 1,5
2 Sicherungsscheibe, 12 mm
3 Mutter, M8
4 Scheibe, 8,4 mm Durchmesser
5 Motortraglager
6 Käfigmutter
7 Scheibe, 8,4 mm Durchmesser
8 Einstellschraube
9 Motoraufhängungsquerträger
10 Scheibe, 8,4 mm Durchmesser
11 Schraube, M8 x 18 mm
12 Schraube, M10 x 22 mm

sprechend der Angaben in Bild 68 herstellen, um ihn vorschriftsmässig einzustellen. Beim Ausbau und Einbau folgendermassen unter Bezug auf Bild 69 vorgehen:

- Lenkung vollkommen in den linken oder rechten Einschlag drehen.
- Die Einstellschraube (1) herausdrehen.
- Falls eingebaut, das Unterschutzblech unter dem Motorraum ausbauen. Dazu sechs Blechschrauben lösen.
- Die beiden Innensechskantschrauben (3) herausdrehen und die Befestigungsschelle (4) sowie den Motoranschlag (2) herausnehmen.
- Falls der Motoranschlag wieder eingebaut werden soll, muss er von Fett oder Öl ferngehalten werden.
- Motoranschlag in umgekehrter Reihenfolge wieder einbauen und einstellen, wie es im nächsten Kapitel beschrieben ist. Die Innensechskantschrauben (3) mit 25 Nm und die Einstellschraube (1) mit 130 Nm anziehen.

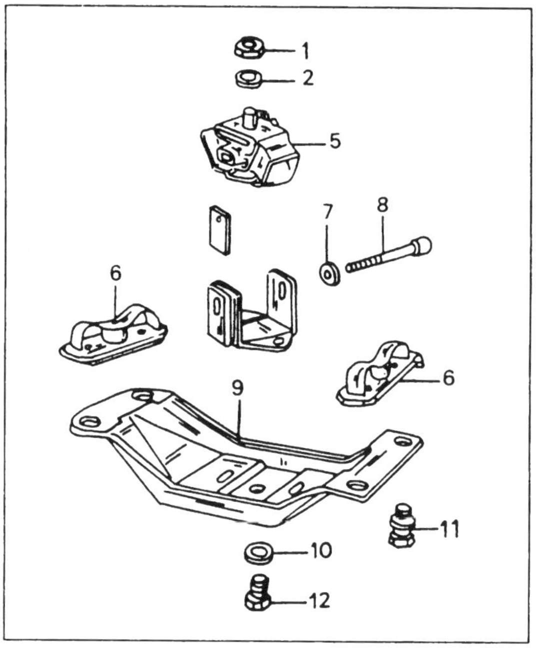

Bild 67
Die Einzelteile der hinteren Motoraufhängung bei eingebautem Fünfganggetriebe. Die Zahlenangaben sind die gleichen wie in Bild 66.

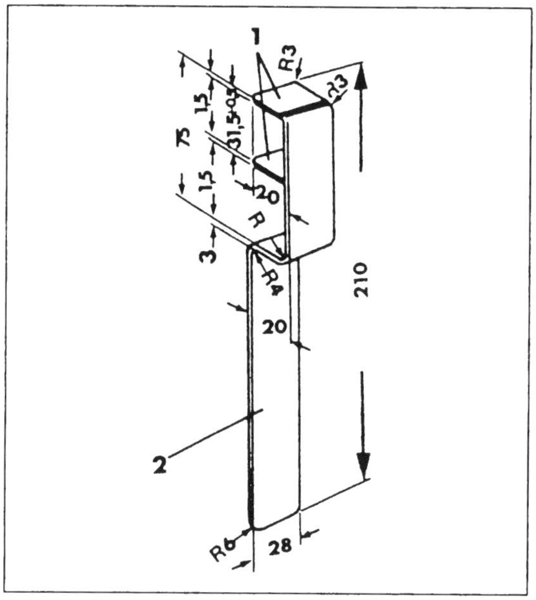

Bild 68
Vermassung der selbstherzustellenden Lehre zum Einstellen des Anschlags der Motoraufhängung.

2.13.4 Motoranschlag einstellen

Das Fahrzeug sollte im Betriebszustand auf den Rädern stehen.

- Lenkung vollkommen nach links oder rechts einschlagen.
- Die Einstellschraube (1) in Bild 69 vollkommen lockern.
- Falls erforderlich, den Anschlag vom Seitenträger lösen (Pfeil links), falls er unter Einfluss von Wachs oder Farbe festkleben sollte.
- Am hinteren Motorlager die Einstellschraube (die lange Schraube) vollkommen lockern.
- Die selbsthergestellte Lehre am vorderen Anschlag einsetzen. Dazu werden die beiden Stege (1) in Bild 68 an den Pfeilstellen in Bild 69 zwischen den Anschlag eingesetzt.
- Den Motor durch Hin- und Herschütteln seit-

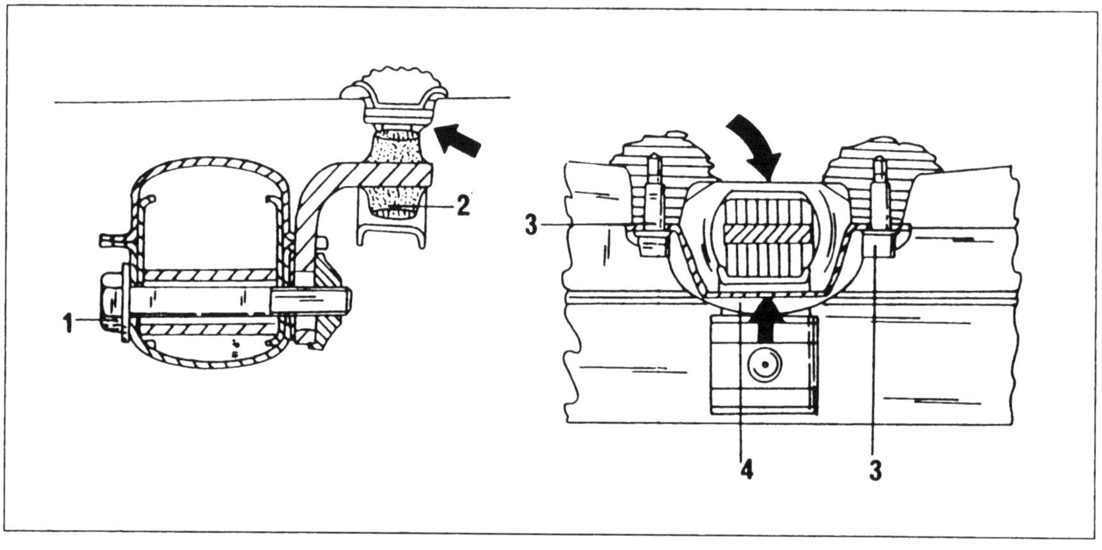

Bild 69
Schnitt durch die hintere Motoraufhängung mit Einzelheiten zum Einstellen des Anschlags.
1 Schraube, M12
2 Motoranschlag
3 Innensechskantschraube, M8
4 Befestigungsbügel

lich verschieben.
- Die grosse Einstellschraube am hinteren Motorlager mit 30 Nm anziehen.
- Die Einstellschraube (1) in Bild 69 mit 130 Nm anziehen.
- Die Einstellehre wieder herausziehen.

2.14 Motoraufhängungen — Ab Baujahr 1985

Alle Motoraufhängungen sind wartungsfrei. Die Motoraufhängungen arbeiten hydraulisch, jedoch sind die folgenden Hinweise zu beachten, ehe man eine Motoraufhängung erneuert:
- Die Träger der vorderen Motoraufhängungen sind nicht gleich für die linke und rechte Seite.
- Die vorderen Motorlager haben auf der linken und rechten Seite die gleiche Tragkapazität, sind aber je nach Motor und Getriebeausführung unterschiedlich.
- Die beiden Kammern (b) und (c) in Bild 70 sind miteinander durch eine Ringnut in der Kunststoffscheibe (6) verbunden, durch welche die Flüssigkeit in die betreffende Kammer laufen kann, je nachdem, ob die Motoraufhängung zusammengedrückt oder auseinandergezogen wird.
- Die Membrankammer (a) in der oberen Kammer wird durch zwei Bohrungen belüftet (Pfeilstelle). Die untere Kammer (c) besitzt eine Anschlagscheibe (7), welche mit der Unterseite des Motorlagers verbunden ist und die Bewegung des Motors begrenzt.
- Jedes Motorlager wird am Rahmenquerträger und am Motortragbügel (2 und 8) mit Hilfe der Schrauben (1) und (9) befestigt.
- Um Fehler zu vermeiden sind die Motorlager mit einem Farbpunkt gezeichnet. Beim Erneuern eines Motorlagers darf nur eins mit der gleichen Farbkennzeichnung eingebaut werden.
- Ein Abdeckblech (3) ist zwischen dem rechten Tragbügel und der Schraube (1) eingesetzt.
- Das hintere Motorlager besitzt einen Begrenzungsanschlag (siehe Bild 71). Der Anschlag kann nicht eingestellt werden.

Der Motor muss mit einem Hebezeug aus den Aufhängungen gehoben werden, um den vorderen Motorträger, die vorderen Motoraufhängungen oder den hinteren Motorquerträger mit den Aufhängungen zu erneuern.

2.14.1 Vordere Motoraufhängungen

- Motor mit geeigneten Seilschlingen an ein Hebezeug hängen und ihn leicht anheben, bis die Aufhängungen unter Spannung stehen.
- Fahrzeug vorn aufbocken, um an die von unten eingesetzten Schrauben zu kommen.
- Auf der linken Seite die Schrauben lösen und den Aufhängungsträger oder das Gummilager herausnehmen. Das Gummilager ist mit einer Schraube am Querträger befestigt.
- Auf der rechten Seite die Schrauben entfernen und den Träger oder das Gummilager herausnehmen. Das Gummilager ist mit einer Schraube am Querträger befestigt. Ein Wärmeschutzblech ist zwischen dem Motorträger und der Schraube eingesetzt.

Die Motorlager sind mit einer von unten eingesetzten Schraube am Motorträger befestigt.

Der Einbau geschieht in umgekehrter Reihenfolge wie der Ausbau.

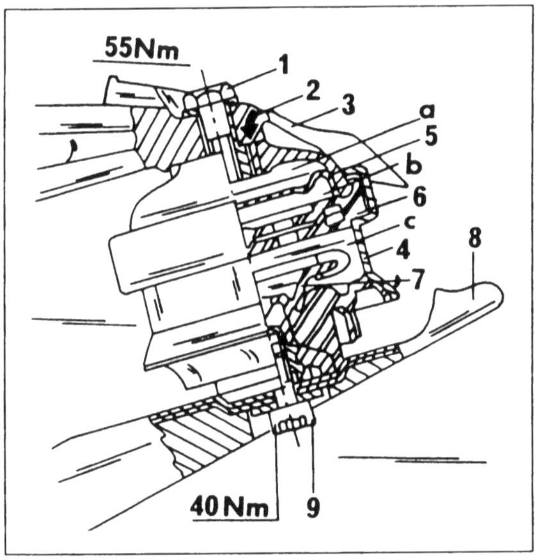

Bild 70
Schnitt durch das rechte vordere Motorlager.
1 Schraube, M10 x 30
2 Motortragbügel
3 Wärmeschutzblech
4 Motorlager
5 Membrane
6 Plastikscheibe mit Ringnute
7 Gummianschlagplatte
8 Rahmenquerträger
9 Schraube, M10
a Membrankammer
b Obere Kammer
c Untere Kammer

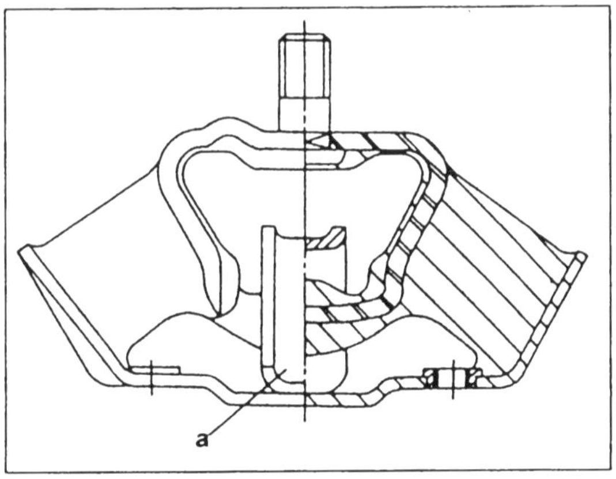

Bild 71
Die Lage des Anschlages (a) in der Innenseite des hinteren Motorlagers.

2.14.2 Hinterer Motorquerträger und Gummilager

Bild 65 zeigt die Befestigung des hinteren Querträgers an der Innenseite und der Aussenseite und die Erneuerung kann unter Bezug auf das Bild erfolgen. Das Getriebe muss entsprechend

Bild 72
Befestigung des Auspuffschalldämpfers mit einem Gummiaufhängungsring.

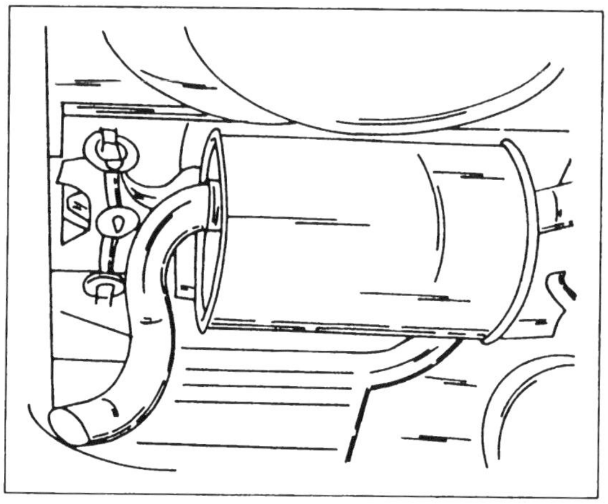

Bild 73
Ansicht des eingebauten hinteren Schalldämpfers.

angehoben werden, um die Aufhängungslager zu entlasten. Zu beachten ist, dass das Mass "A" je nach eingebautem Getriebe unterschiedlich ist. Beim Bezug eines neuen Teils muss man dies wissen. Die Schrauben zur Befestigung der Motorlager werden von der Unterseite eingesetzt.

2.15 Auspuffanlage

Nur das vordere Auspuffrohr ist fest mit dem Motor verbunden. Der Rest der Anlage ist beweglich in schwingungsdämpfenden Gummilagern aufgehängt. Diese Gummilager unterliegen einer bestimmten Abnutzung und müssen gelegentlich auf Brüchigkeit, Einrisse oder andere Beschädigungen kontrolliert werden. Gummischlaufen in diesem Fall erneuern. Verwendung von Draht zum Festbinden der Auspuffanlage ist nur als Notbehelf anzusehen.
Die Auspuffanlage ist mit zwei Schalldämpfern versehen. Der Aus- und Einbau der Auspuffanlage bringt wenig Schwierigkeiten mit sich. Bilder 72 und 73 zeigen zwei solche Aufhängungen. Nicht die Gummiringe einhängen, falls die Auspuffanlage unter Spannung steht, da sie sonst bald abreissen. Falls sich Verbindungen schwer lösen lassen, verwendet man ein rostlösendes Sprühmittel und lässt das Fahrzeug eine Weile stehen. Die Muttern sollten sich danach leichter lösen lassen.
Vor dem Anziehen von Teilen der Anlage immer überzeugen, dass Rohre, Schalldämpfer, usw. genügend weiten Abstand von anderen Teilen des Fahrzeuges haben. Am besten ist es die gesamte Anlage lose vorzumontieren, damit man sie gut ausrichten kann. Die Schraubenbefestigungen danach gleichmässig festziehen, während man laufend kontrolliert, dass Teile des Auspuffs nirgends anstossen können.
Nach dem Einbau den Motor anlassen und die Anlage auf undichte Stellen, Klappergeräusche, usw. überprüfen. Klappergeräusche lassen sich am besten bei einer Probefahrt auf einer unebenen Strasse feststellen.

3 Die Motorschmierung

Der Motor wird durch eine Druckumlaufschmierung mit Öl versorgt. Bild 74 zeigt ein Diagramm der zur Schmierung gehörenden Teile. Der Motor ist je nach Ausführung mit einer unterschiedlichen Ölmenge gefüllt, jedoch ist beim Ölwechsel in jedem Fall weniger Öl einzufüllen:

	Vierzylinder	Fünfzylinder
Erstfüllung	7,3 Liter	7,8 Liter
Bei Ölwechsel (mit Filter)	6,5 Liter	7,0 Liter
Zwischen "Max" und "Min"	5,0/3,0 Liter	5,5/3,5 Liter

Der Fünfzylindermotor mit Abgasrückführung hat eine Ölfüllmenge von 7,5 Liter. Der Unterschied zwischen der Maximal- und Minimalfüllung dieses Motors beträgt 6,0/4,0 Liter.

sere Förderleistung gewährleistet wird. Beim 2,5-Liter-Motor ist die Übersetzung des Ölpumpenantriebs nicht bei allen Motoren gleich. Bei Motoren mit Abgasrückführung für die Schweiz und Österreich wird ein kleineres Ölpumpenkettenrad eingebaut (76 mm Durchmesser anstelle von 109 mm Durchmesser). Entsprechend ist auch die Antriebskette der Pumpe um 6 Glieder kürzer. Falls Teile der Ölpumpe oder des Ölpumpenantriebs erneuert werden, müssen diese Änderungen beachtet werden.

Die Pumpe wird durch eine getrennte Einzelrollenkette von einem Kettenrad auf der Kurbelwelle aus angetrieben. Die Kette hat ihre eigene Spannvorrichtung.

Bild 56 zeigt wo die Ölpumpe an der Vorderseite des Motors sitzt. Die Ölpumpe kann nur bei ausge-

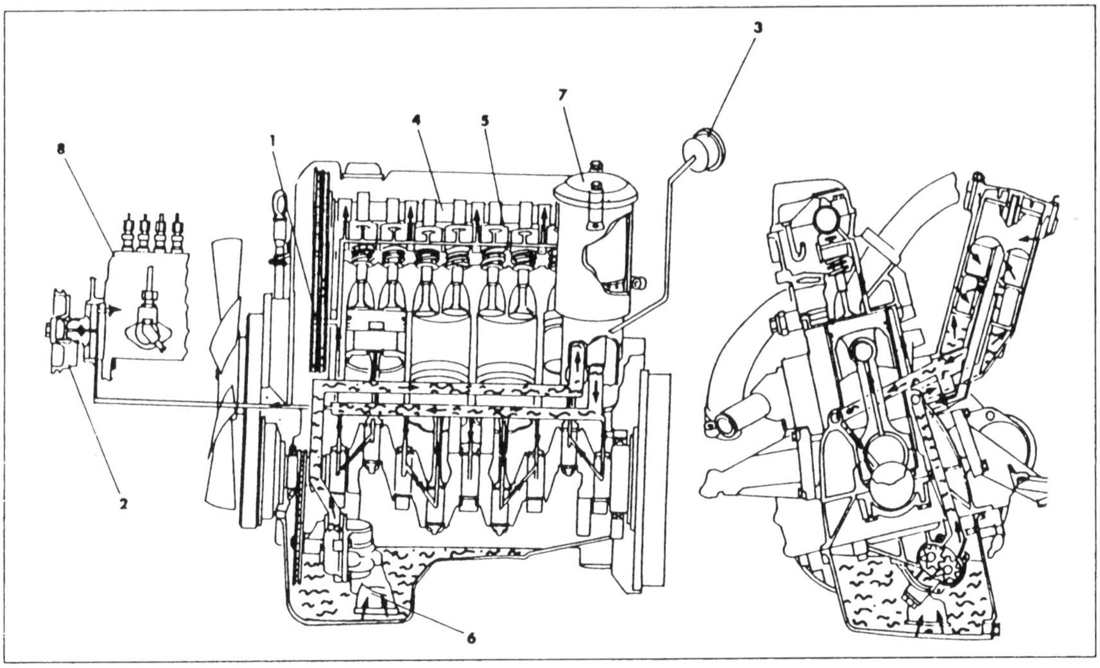

Bild 74
Schmierungsdiagramm des Motors.
1 Ölspritzdüse
2 Einspritzverstellung
3 Öldruckmesser
4 Nockenwelle
5 Ventilstössel
6 Ölpumpe
7 Ölfilter
8 Einspritzpumpe

Eine Zahnradpumpe liefert den zur Schmierung erforderlichen Druck. Bei beiden Motoren wird eine unterschiedliche Pumpe eingebaut, die sich in der Breite der Pumpenzahnräder unterscheidet. Auch beim 2-Liter-Motor ist die Pumpe nicht bei allen Motoren gleich. So hat z.B. der Motor in Fahrzeugen in der Schweiz und in Österreich ab Baujahr 1989 breitere Pumpenräder, wodurch eine grös-

bautem Motor erneuert werden. Die Pumpe lässt sich nicht reparieren und muss im Schadensfalle erneuert werden.

Ein Ölstandsgeber überwacht die in der Ölwanne befindliche Ölmenge. Eine Ölstandskontrolleuchte im Armaturenbrett leuchtet auf, wenn sich der Ölstand an der unteren Grenze des Ölmessstabs befindet. Eine Sicherheitsvorrichtung verhindert

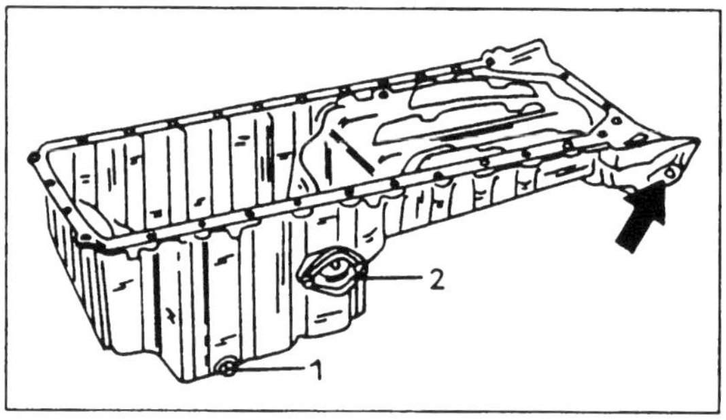

Bild 75
Die Lage von Ölstandsstopfen (1) und Ölstandanzeiger (2). Der Pfeil weist auf den möglichen Anschluss eines Drehzahlmessers. Die Ölwanne für einen 2,5 Liter-Motor mit Abgasrückführung hat ein Seitenteil und ein grösseres Ölfassungsvermögen.

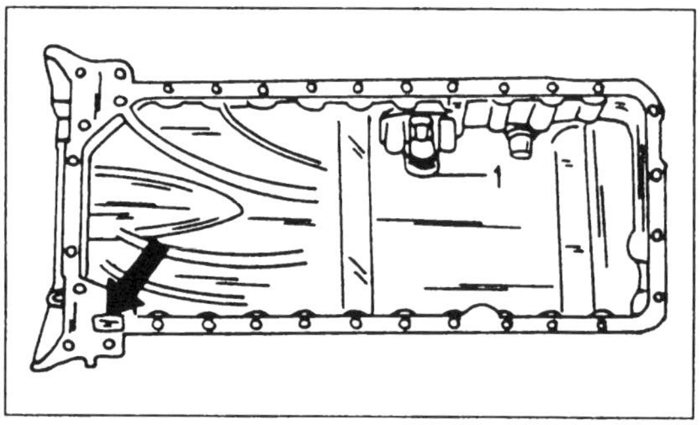

Bild 76
Die Aussparung für den Passstift in der Ölwanne (Pfeil) bei automatischem Getriebe und der Ölstandsanzeiger (1) in der Innenseite der Ölwanne.

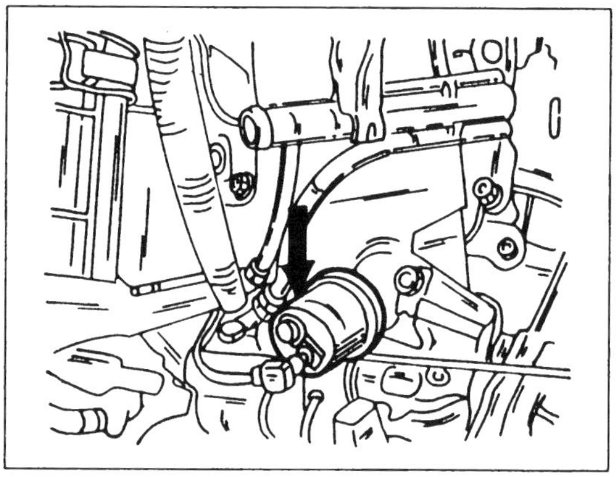

Bild 77
Der Pfeil weist auf den Anschluss für den Öldruckgeber.

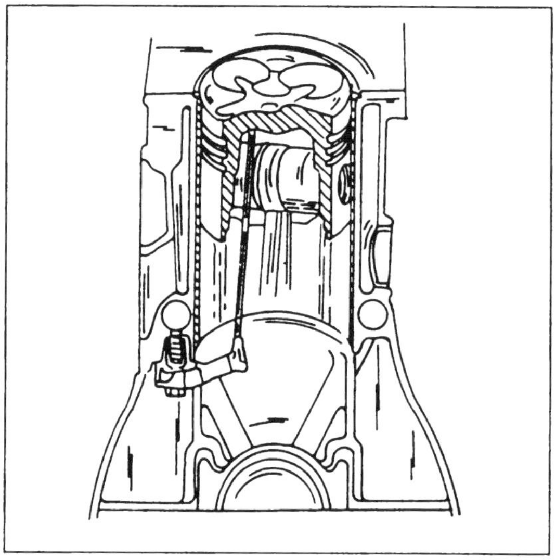

Bild 78
Die Lage einer Ölspritzdüse für die Kolben in der Innenseite des Kurbelgehäuses.

ein falsches Aufleuchten dieser Lampe, d.h. sie leuchtet nur auf, wenn die "Peilstelle" des Ölmessstabs 60 Sekunden lang frei von Öl ist. Sobald die Lampe aufleuchtet bedeutet dies nicht, dass Sie den Motor abstellen müssen, nur dass man beim nächsten Auftanken einen Liter Öl nachfüllen muss. Der Ölstandsanzeiger ist in die Seite der Ölwanne in der in Bild 75 gezeigten Stelle eingesetzt, auf der gleichen Seite wie der Ölablassstopfen. Bei Fahrzeugen mit automatischem Getriebe ist eine Bohrung zum Anschluss des Drehzahlmessers in das hintere Ende der Ölwanne eingearbeitet. Ausserdem haben Ölwannen für automatische Getriebe eine Passhülse zum Zentrieren der Wanne und eine entsprechende Aussparung ist an der in Bild 76 gezeigten Stelle in die Ölwanne eingebaut. Dieses Bild zeigt ebenfalls den Ölstandsanzeiger an der Innenseite.

Die Anzeige des Öldrucks erfolgt elektrisch über einen Kontaktgeber in der Unterseite des Ölfilters, welcher an der in Bild 77 gezeigten Stelle sitzt. Erhöhter Öldruck erhöht den Ohmwiderstand im Druckfühler und ändert dabei die Anzeige im Instrument. Der Ölfilter ist aufrecht stehend am Zylinderblock angeschraubt.

Bestimmte Fahrzeuge können ab Baujahr 1989 mit einem Leichtmetall-Luftölkühler ausgerüstet sein. Dieser ist am linken Radlauf hinter dem Stossfänger montiert. Die beiden Schlauchanschlüsse sind seitlich angeordnet. Der Luftölkühler wird durch ein Abdeckblech geschützt. Fahrzeuge mit 2,5 Liter-Motor mit automatischem Getriebe, Klimaanlage oder automatischem Getriebe und Klimaanlage sind davon betroffen.

Bei 2,5 Liter-Saugmotoren mit Abgasrückführung werden die Kolben durch Ölspritzdüsen geschmiert. Sie werden mir einer Schraube und einer Federscheibe am Kurbelgehäuse rechts befestigt und sind mit Passhülsen geführt. Bild 78 zeigt wo eine solche Düse sitzt und wo das Öl eingespritzt wird.

3.1 Aus- und Einbau der Ölpumpe

- Motor ausbauen (Kapitel 2.1.1).
- Ölwanne ausbauen.
- Die in der Mitte des Kettenrades in Bild 79 gezeigte Schraube lösen und das Kettenrad mit der Kette von der Pumpenantriebswelle herunterziehen.
- Die Innensechskantschrauben der Ölpumpe lösen und die Pumpe abnehmen. Die Pumpe ist mit drei Schrauben befestigt, zwei auf einer Seite und eine auf der gegenüberliegenden. Bild 80 zeigt die Pumpe in eingebautem Zustand.

Falls erforderlich den Stopfen des Ölüberdruckventils herausdrehen. Dieser steht unter Druck, d.h. man muss ihn nach innen drücken, ehe er vollkommen ausgeschraubt wird. Die Teile des Ventils aus der Innenseite der Bohrung herausnehmen und gründlich überprüfen.

Der Einbau der Ölpumpe geschieht in umgekehrter

Reihenfolge. Die Pumpenschrauben mit 25 Nm anziehen. Das Pumpenkettenrad so über die Welle setzen, dass die Mitnehmerflächen in Pumpenwelle und Kettenrad in Eingriff kommen, wie es in Bild 58 gezeigt wurde.

3.2 Aus- und Einbau der Ölwanne

- Geräuschkapselung ausbauen.
- Einen geeigneten Behälter unterstellen und die Ölablassschraube herausdrehen. Das Öl vollkommen in den Behälter laufen lassen. Der Öleinfüllverschluss sollte herausgenommen werden, damit das Öl besser ablaufen kann. Das Öl sollte ausserdem dünnflüssig sein, d.h. wenn man den Motor kurz vorher eine Weile laufen lassen kann, wird das Ablassen des Öles erleichtert.
- Kabel vom Ölstandsanzeiger abschliessen.
- Falls ein Motorstossdämpfer eingebaut ist, diesen an der Unterseite lösen. Dazu die beiden Befestigungsschrauben der unteren Lagerung abschrauben, nicht die Mutter in der Mitte des Stossdämpfers. Bei diesen Motoren ebenfalls den Motoraufhängungsanschlag ausbauen, wie es in Kapitel 2.13.3 beschrieben ist.
- Bei bestimmten Fahrzeugen ist ein Drehzahlfühler eingebaut. In diesem Fall ist die Leitung an der Ölwanne befestigt und muss gelöst werden.
- Massekabel vom Getriebe abschrauben.
- Von der Unterseite mit einer Stecknuss und einer Verlängerung die Schraube jeder vorderen Motoraufhängung herausdrehen.
- Den Kurvenstabilisator vom linken und rechten Seitenträger an der Lagerung abschrauben und die Stabilisatorstange nach unten drücken.
- Ein Seil an ein Hebezeug hängen und durch die vordere Hebeöse des Motors führen. Den Motor aus der vorderen Aufhängung heben. Dabei den Ventilator beobachten, damit dieser nicht gegen die Ventilatorverkleidung anstossen kann. Falls erforderlich, kann man auch die Ventilatorverkleidung abschrauben und über den Ventilator hängen.
- Ölwanne abschrauben und nach unten absenken, bis sie nicht weiter gesenkt werden kann.
- Die Schraube des Antriebskettenrades der Ölpumpe entfernen und das Kettenrad von der Welle ziehen.
- Die Ölpumpe von der Unterseite des Kurbelgehäuses abschrauben (3 Innensechskantschrauben) und die Pumpe herausziehen.
- Ölwanne nach vorn herausziehen. Die Stabilisatorstange muss dabei wie erforderlich nach unten gedrückt werden, um die Ölwanne vorbeizubringen.

Der Einbau der Ölwanne geschieht in umgekehrter Reihenfolge wie der Ausbau. Die Ölwanne zuerst über den Fahrschemel auflegen, ehe die Ölpumpe wieder eingebaut wird. Abschliessend die Ölwanne mit der vorgeschriebenen Menge Motorenöl füllen. Auf die unterschiedliche Füllmenge der verschiedenen Motoren achten.

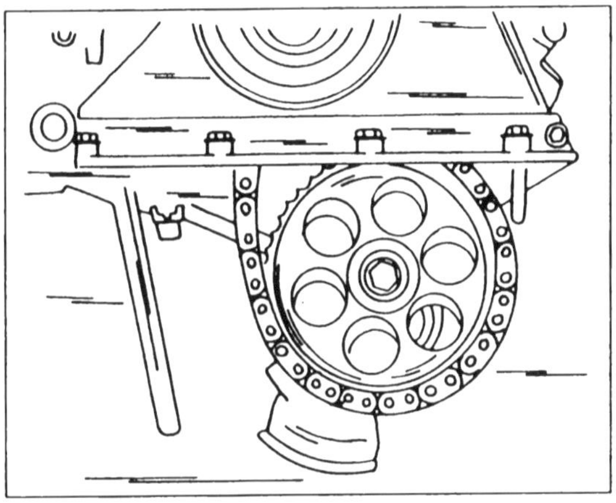

Bild 79
Das Pumpenkettenrad wird mit der Schraube in der Mitte an der Pumpenwelle gehalten. Das Kettenrad wird mit einer Fläche auf der Welle geführt.

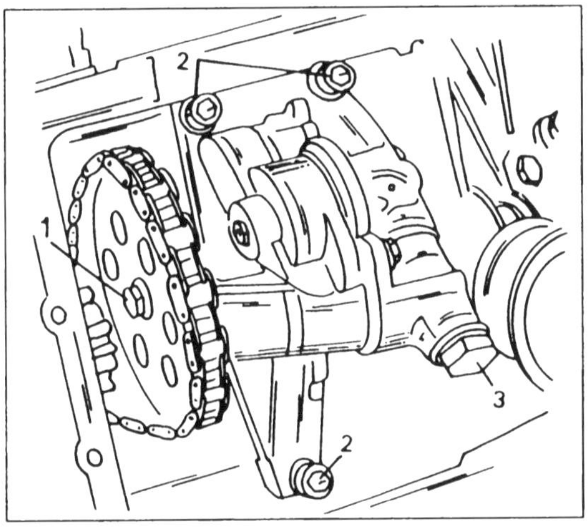

Bild 80
Die Ölpumpe in eingebautem Zustand.
1 Mutter der Ölpumpenwelle
2 Befestigungsschrauben
3 Ölüberdruckventil

3.3 Ölfilter

Der Ölfilter befindet sich auf der Anlasserseite des Motors. Falls der Motor überholt wurde, wird ein unterschiedlicher Filter eingebaut, welchen man nach einer Fahrstrecke von 1000 - 1500 km wieder wechseln muss. Ihr Ersatzteilhändler wird Sie darüber beraten.

Beim Abnehmen des Ölfilters ist es möglich, dass Reste der Dichtung am Flansch des Zylinderblocks kleben bleiben. Wenn diese abgekratzt werden, muss man unbedingt darauf achten, dass sie in die kleinere Bohrung des Flansches hineinfallen können. Aus diesem Grund die Bohrung vorher mit einem Lappen zustopfen, ehe man die Fläche mit einem Schaber sauberkratzt.

Bei Erneuerung des Filters folgendermassen vorgehen:

- Luftfilter vollkommen ausbauen.
- Die verschiedenen Befestigungen am Filter

lösen.

- Die Ölfilterkappe lösen und etwas nach oben ziehen, damit das im Filter befindliche Öl in die Ölwanne zurücklaufen kann. Falls nur der Filtereinsatz erneuert werden soll, kann dies nach Abnehmen der Kappe erfolgen.

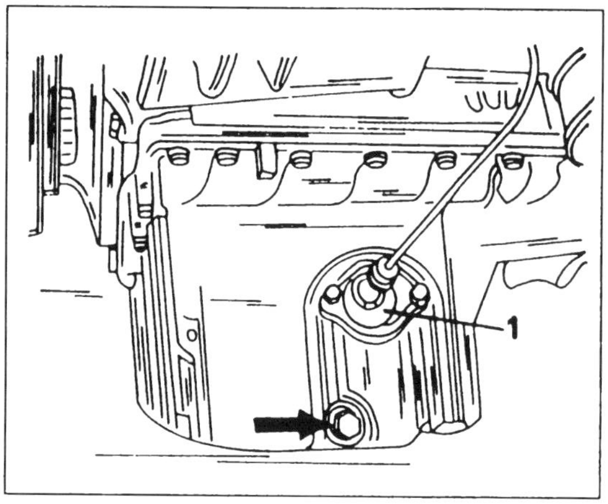

Bild 81
Die Lage des Ölstandanzeigers in der Ölwanne (1). Am Kontaktschalter ist ein Geber angeschlossen.

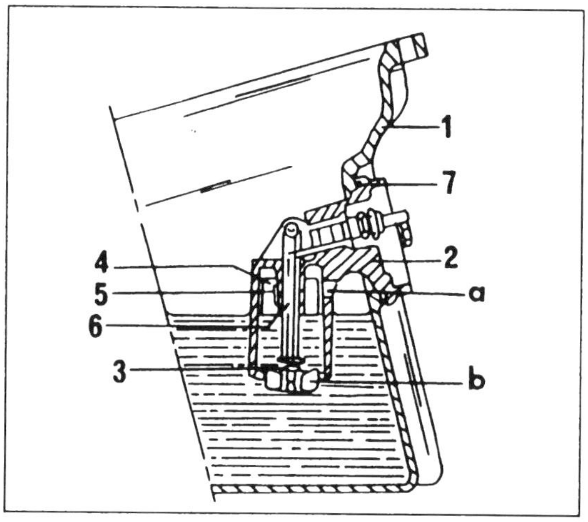

Bild 82
Schnittansicht des Ölstandanzeigers.
1 Ölwanne
2 Ölstandsgeber
3 Bimetall-Scheibe
4 Schwimmer
5 Dauermagnet
6 Reed-Kontakt
7 "O"-Dichtring
a Belüftungsbohrung
b Ablaufbohrung

- Die Leitung für den Öldruckmesser an der Seite des Filters abziehen (siehe Bild 77).
- Den Filter abschrauben und herausheben. Die Fläche am Zylinderblock unter Beachtung der oben gegebenen Vorsichtsmassnahmen sofort reinigen. Falls der Filter wieder eingebaut werden soll, ebenfalls die Filterfläche reinigen.

Der Einbau des Filters geschieht in umgekehrter Reihenfolge wie der Ausbau. Eine neue Filterdichtung muss immer verwendet werden. Falls nur der Filtereinsatz erneuert wird, diesen in den Filter einsetzen und die Kappe aufsetzen. Die Muttern mit einem Anzugsdrehmoment von 20 - 25 Nm anziehen.

Abschliessend den Motor bis zum richtigen Stand mit Öl füllen. Falls der Motor vorher einwandfrei mit Öl gefüllt war, wird ca. ein halber Liter fehlen. Den Motor anlassen und auf Leckstellen an der Filtergegend, an der Filterkappe und an der Ölleitung überprüfen. Feuchte Stellen sammeln Schmutz an; auf jeden Fall beseitigen.

3.4 Motorölwechsel

Das Motorenöl sollte all 10.000 km gewechselt werden. Es muss daran gedacht werden, dass eine verhältnismässig grosse Ölmenge in den Motor eingefüllt ist und ein dementsprechend grosses Auffanggefäss muss zum Ablassen zur Verfügung stehen, welches man dann auch noch forttragen muss. Es sollte deshalb mit einer Füllmenge von mindestens 10 Litern gerechnet werden. Ausserdem muss man einen Kanister zur Hand haben, mit welchem man das alte Öl zu einer Tankstelle bringt. Auf keinen Fall das Altöl einfach weggiessen oder in die Abwässerung ablaufen lassen — an den Umweltschutz denken.

Motorenöl kauft sich am besten in einer 5 Liter-Kanne. In diesem Fall sollte man jedoch eine Einfüllkanne zur Verfügung haben, um kein Öl zu verschütten.

Beim Ölwechsel folgendermassen vorgehen:

- Motor warmfahren, um das Öl so dünnflüssig wie möglich zu machen.
- Geräuschkapselung an der Unterseite abmontieren.
- Die Ablassschraube aus der Ölwanne herausdrehen. Dazu entweder einen Ringschlüssel oder eine Stecknuss verwenden.
- Den Auffangbehälter unterstellen und den Stopfen vollkommen herausdrehen. Den Einfüllverschluss aus der Zylinderkopfhaube herausdrehen, damit das Öl besser ablaufen kann.
- Den Dichtring des Ablassstopfens kontrollieren und ggf. erneuern. Den Stopfen einschrauben und mit 30 Nm anziehen.
- Den Motor mit der vorgeschriebenen Ölmenge füllen. Unbedingt sicherstellen, dass sich das Öl für den Dieselmotor eignet.
- Verschlussdeckel aufschrauben, das Fahrzeug eine Strecke fahren und kontrollieren, ob der Ablassstopfen dicht ist.

3.5 Ölstandsanzeiger

Die Kontrolleuchte für den Ölstand in der Ölwanne leuchtet auf, wenn die Zündung eingeschaltet wird und erlöscht, sobald der Motor angesprungen ist. Der Ölstand muss unter den folgenden Bedingungen kontrolliert werden:

- Die Kontrolleuchte leuchtet auf, wenn der Motor läuft.
- Die Kontrolleuchte leuchtet nicht auf, wenn der Zündschlüssel in Stellung "2" steht.
- Die Kontrolleuchte leuchtet nicht auf, wenn der Motor läuft, die Öltemperatur beträgt weniger als 60° C und der Ölstand liegt unter der "Min."-Marke.

Der Ölstandsanzeiger befreit Sie nicht von der Kontrolle des Ölstandes bei einem Ölwechsel. Der

Geber für den Ölstand ist auf der Seite des Ölablassstopfens an der in Bild 81 gezeigten Stelle in die Ölwanne eingesetzt und kann bei eingebautem Motor und gefüllter Ölwanne ausgebaut werden. Etwas Öl könnte auslaufen, wenn die Ölwanne ziemlich voll ist.

Der Geber ist so konstruiert, dass die Kontrollleuchte aufleuchtet, wenn der Ölstand fast die "Min."-Marke am Ölmessstab erreicht hat. Sobald dies der Fall ist, ca. 1 Liter Motorenöl nachfüllen.

3.6 Öldruck prüfen

Der Öldruck des Motors kann mit einem Manometer kontrolliert werden, welches mit einem Anschluss versehen sein muss, den man anstelle des Öldruckschalters einschrauben kann. Diese Arbeit sollte man am besten einer Werkstatt überlassen. Falls man sicher ist, dass der Öldruckmesser einwandfrei arbeitet, kann man den Öldruck natürlich am Instrument ablesen. Die folgenden Punkte sind zu beachten:

- Der Mindestöldruck im Leerlauf und bei betriebswarmen Motor beträgt 0,3 bar.
- Sobald man Gas gibt, muss der Öldruckmesser voll ausschlagen.
- Falls der Öldruck bei Kurvenfahrten oder auch beim plötzlichen Bremsen stark abfällt, sofort den Ölstand in der Ölwanne kontrollieren (vor allem bei Motoren ohne Ölstandsanzeige).
- Bei Ausfall der Öldruckanzeige sofort den Motor abstellen. Erst dann kontrollieren, ob der Fehler vielleicht im Öldruckmesser liegt. Falls der Schaden nicht behoben werden kann, muss man das Fahrzeug abschleppen lassen.

4 Die Kühlanlage

Eine Pumpen-Umlauf-Kühlung wird zum Kühlen des Motors verwendet. Alle Fahrzeuge sind mit einem Dehngefäss für die Kühlanlage versehen, welches am rechten Radkasten in der Innenseite des Motorraums montiert ist. Die Anlage ist mit ca. 8,5 Liter Frostschutzmittel gefüllt. Bild 83 zeigt ein Diagramm der Kühlanlage.

Die Wasserpumpe ist unten an der Stirnseite des Zylinderblocks angeschraubt und enthält den Thermostaten (in Bild 57 ist die Lage des Thermostatdeckels auf der linken Seite zu sehen). Der Thermostat öffnet bei einer Temperatur von 87° C. Eine elektromagnetische Ventilatorkupplung mit Ventilator wird beim Vierzylindermotor eingebaut.

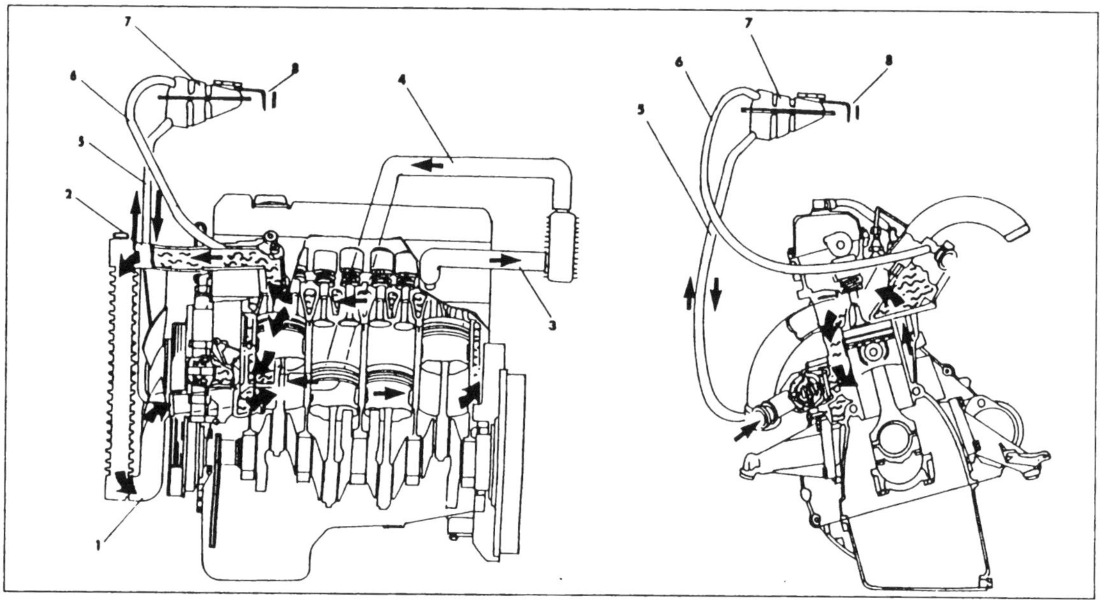

Bild 83
Schematische Ansicht der Kühlanlage mit Lage der verschiedenen Teile. Gezeigt ist der Vierzylindermotor. Beim Fünfzylindermotor ist nur der zusätzliche Zylinder hinzugefügt worden.
1 Vom Kühler zur Wasserpumpe über Thermostat
2 Vom Zylinderkopf zum Kühler
3 Zufuhr zur Heizung (Wärmeaustauscher)
4 Rücklauf von Heizung (Wärmeaustauscher)
5 Füllschlauch
6 Belüftungsschlauch
7 Dehngefäss
8 Überlaufschlauch

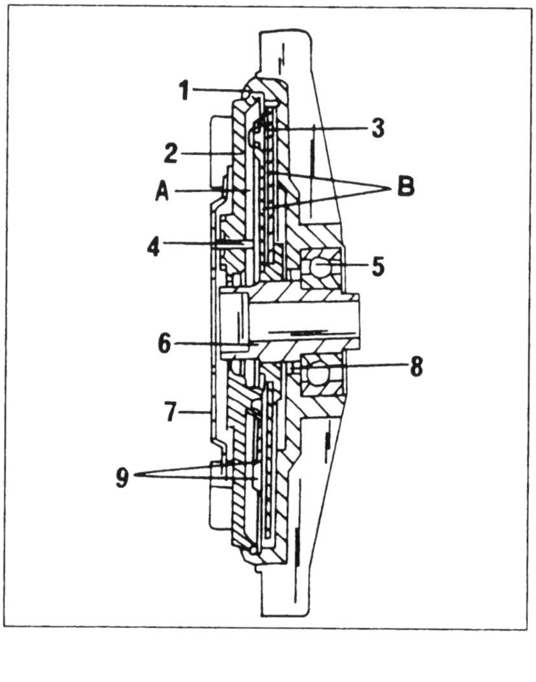

Bild 84
Schnitt durch die Viskose-Ventilatorkupplung.
1 Kupplungskörper
2 Deckel
3 Antriebsscheibe
4 Schaltstift
5 Kugellager
6 Lagerbüchse
7 Bimetallstreifen
8 Dichtring
9 Ventil
A Vorratsraum
B Arbeitsraum

Die Kupplung wird entsprechend der Motortemperatur aus- und eingeschaltet. Die Kupplung benötigt keine Wartung. Der Ventilator schaltet nur ein, wenn die Temperatur mehr als 100° C beträgt und schaltet unter 98° C wieder aus.
Eine Viskose-Ventilatorkupplung wird beim Fünfzylindermotor verwendet. Diese Kupplung sitzt in der Mitte des Ventilatorflügels und wird je nach Temperatur von einem Bimetallstreifen gesteuert. Eine Silikonfüllung in der Kupplung treibt den Ventilator an, wenn die Kühlung erforderlich wird. Bei kaltem Motor ist die Kupplung ausgekuppelt und der Ventilator dreht sich nur kraftlos mit (mit ca. 1000/min.). Erhöht sich die Temperatur auf ca. 85°, nimmt der Bimetallstreifen dies wahr und der Ventilator wird eingekuppelt. Der Ventilator dreht sich jetzt mit der gleichen Drehzahl wie der Motor. Bild 84 zeigt eine Schnittansicht dieser Kupplung, um bei der Erklärung zu helfen.
Aufgrund der schwereren Kupplung des Fünfzy-

lindermotors ist die Wasserpumpe am Gehäuse und am Lager verstärkt.
Ab Baujahr 1985 ist ein Kühlmittelstandsgeber in das Dehngefäss eingebaut. Sobald der Kühlmittelstand unter die "MIN"-Marke abfällt, schliesst sich der Kontakt des schalters und eine Kontrolllampe im Armaturenbrett leuchtet auf. Eine Kontrolle des Kühlmittelstandes ist deshalb nicht mehr notwendig.

4.1 Kühlmittel

4.1.1 Ablassen und Auffüllen der Kühlanlage

● Falls der Motor heiss ist, die Verschlusskappe des Dehngefässes der Kühlanlage langsam öffnen, damit der Dampf entweichen kann. Das Kühlmittel muss auf jeden Fall eine Temperatur von weniger als 90° C haben. Bild 85 zeigt die Lage des Dehngefässes. Der Kühler hat keinen Verschlussdeckel.
● Einen 1500 mm langen Schlauch von 12 mm Innendurchmesser auf den Anschluss neben dem Ablassstopfen an der Unterseite des Kühlers aufstecken, den Schlauch durch den Radkasten verlegen und den Ablassstopfen herausschrauben. Die Geräuschverkapselung braucht nicht abgeschraubt werden. Bei Fahrzeugen mit Klimaanlage ist der Ablassstopfen durch die Abdeckklappe für die Abschleppöse auf der rechten Seite des unteren Kotflügelblechs erreichbar. Der Anschluss für den Schlauch, und ebenfalls der Ablassstopfen, ist je nach eingebautem Getriebe, an unterschiedlicher Stelle angebracht. Bilder 86 und 87 zeigen die Ablassstellen zweier verschiedener Kühler. Der Ablassstopfen ist entweder in senkrechter Lage oder in waagerechter Lage eingeschraubt.
● Den Stopfen aus dem Zylinderblock ausschrauben.
● Abwarten bis alles Kühlmittel abgelaufen ist und die Ablassstopfen wieder einschrauben und festziehen. Der Ablassstopfen des Kühlers wird mit einer Münze festgezogen; der Stopfen des Zylinderblocks mit einem Anzugsdrehmoment von 30 Nm.
Um zu gewährleisten, dass die Kühlanlage ohne Luftpolster gefüllt wird, soll diese an sich einfache Arbeit beschrieben werden:
● Beide Heizungsregulierungen auf die höchste Wärmestufe stellen.
● Das vorgemischte Frostschutzmittel (siehe Kapitel 4.1.2) durch die Öffnung des Dehngefässes einfüllen, bis es an der "Max"-Markierung steht. Die Verschlusskappe noch nicht aufschrauben.
● Motor anlassen und auf Betriebstemperatur

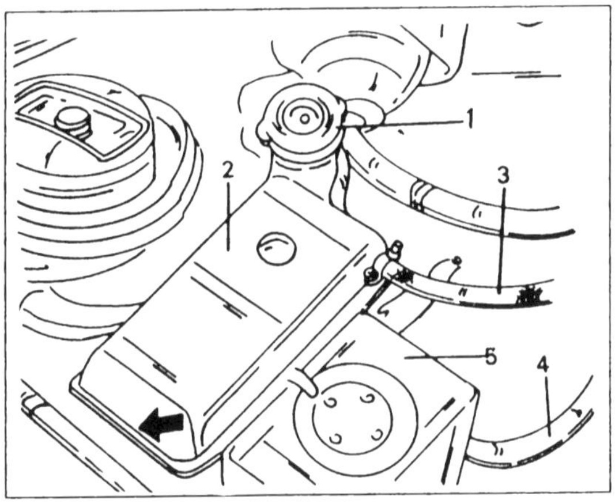

Bild 85
Das Dehngefäss der Kühlanlage. Das Kühlmittel muss bis zur Pfeilspitze stehen.
1 Verschlussdeckel
2 Ausgleichsbehälter
3 Entlüftungsschlauch
4 Ausgleichsleitung
5 Behälter der Scheibenwaschanlage

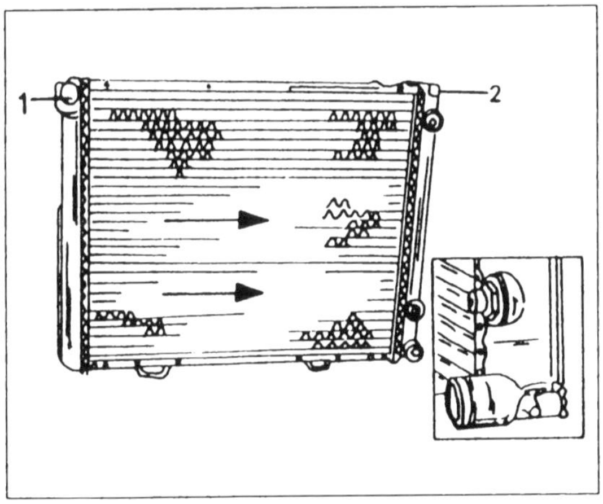

Bild 86
Ansicht des Kühlers bei eingebauter Getriebeautomatik und Klimaanlage. Der Ölkühler befindet sich im rechten Wasserkasten. Der Ausschnitt zeigt die Ablassstelle.
1 Linker Wasserkasten
2 Rechter Wasserkasten

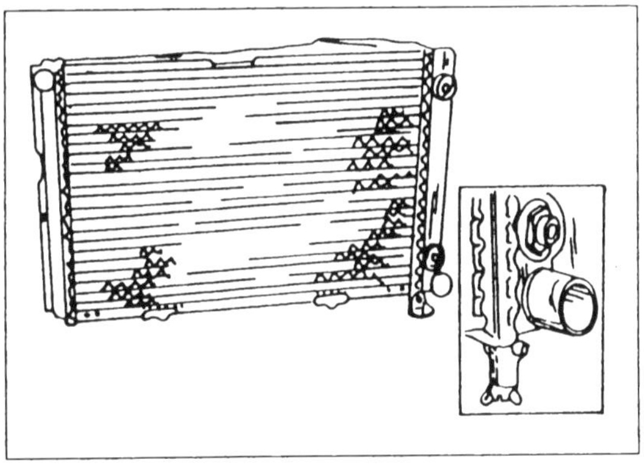

Bild 87
Ansicht des Kühlers bei eingebauter Getriebeautomatik ohne Klimaanlage. Der Ausschnitt zeigt die Ablassstelle.

bringen, d.h. der Thermostat muss geöffnet haben. Der Verschlussdeckel ist aufzuschrauben, wenn das Kühlmittel eine Temperatur von ca. 60 - 70° besitzt.
● Kühlmittelstand überprüfen. An der Seite des Kunststoff-Dehngefäss ist der minimale und maximale Kühlmittelstand eingezeichnet.
● Die Geräuschkapselung wieder anschrauben.

4.1.2 Frostschutzmittel

Die Kühlanlage wird werkseitig mit Frostschutzmittel gefüllt und dieses sollte während des ganzen Jahres in der Anlage gelassen werden. Falls Frostschutzmittel gemischt wird, sind die folgenden Mischungsverhältnisse zwischen Frostschutz und Wasser zu beachten. Wir empfehlen, dass von Mercedes gehandelte Frostschutzmittel zu verwenden, da dessen chemische Zusammensetzung speziell auf den Motor abgestimmt wurde:

Bis —20° C Gefriergrenze:
2,75 Liter Frostschutz; 5,75 Liter Wasser
Bis —30° C Gefriergrenze:
3,75 Liter Frostschutz; 4,75 Liter Wasser
Bis -40°C Gefriergrenze:
4,5 Liter Frostschutz; 4,0 Liter Wasser

4.2 Kühler und Ventilator

4.2.1 Kühlerverschlusskappe und Kühler prüfen

Die Kühlanlage arbeitet unter Druck. Der Verschlussdeckel des Dehngefässes ist mit einer Feder versehen, die so ausgewählt ist, dass eine

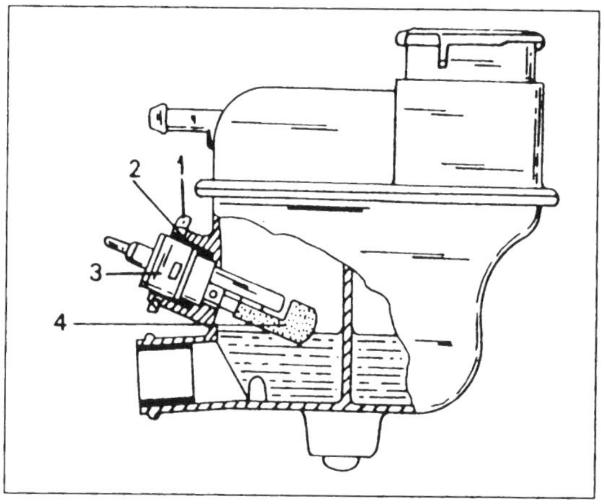

Bild 88
Der Geber für den Kühlmittelstand (ab Baujahr 1985) ist in die Seite des Dehngefässes eingesetzt.
1 Sicherungsring
2 Dichtung
3 Geber
4 Schwimmer

Dichtung den Kühlungskreis abschliesst und ihn öffnet, wenn der Druck auf 1,2 bar ansteigt. Der Verschlussdeckel ist in der Mitte mit 120 (1,2 bar.) gezeichnet. Aufgrund der Ausdehnung des Kühlmittels führt der zusätzliche Druck zur Erhöhung des Siedepunktes.
Zum Prüfen der Verschlusskappe ist eine Kühlerprüfpumpe erforderlich. Die Pumpe auf die Kappe schrauben und sie betätigen, bis das Ventil öffnet. Dies sollte innerhalb des oben angegebenen Drucks stattfinden. Falls dies nicht der Fall ist, muss die Verschraubung erneuert werden.
Mit der gleichen Abdrückpumpe kann die Kühlanlage in gleicher Weise auf Leckstellen kontrolliert werden, indem man die Pumpe am Dehngefäss anbringt. Den Druck auf 1,5 bar bringen und kontrollieren, dass der Druckmesser diesen Druck mindestens 5 Minuten lang hält. Falls dies nicht der Fall ist, befindet sich eine Leckstelle in der Kühlanlage, welche durch den im Kühler befindlichen Druck leichter herauszufinden ist (Auslaufen von Kühlmittel an der Leckstelle).

4.2.2 Kühler aus- und einbauen

Der Kühler arbeitet mit einem Dehngefäss, welches sich am rechten Radkasten befindet. Wie bereits erwähnt, wird der Kühlmittelstand ab Baujahr 1985 mit einem Schalter überwacht, welcher an der in Bild 88 gezeigten Stelle in die Seite des Dehngefässes eingeschraubt ist. Beim Einschalten der Zündung leuchtet die Warnleuchte im Armaturenbrett leicht auf, muss aber erlöschen, sobald der Motor läuft.
Je nach Fahrzeugausrüstung wird ein unterschiedlicher Kühler eingebaut, d.h. der Kühler eines Fahrzeuges mit Klimaanlage lässt sich nicht in eine Kühlanlage ohne Klimaanlage einbauen. Abgesehen davon, haben Kühler einen Ölkühler in den rechten Wasserkasten eingebaut. Zu beachten ist, dass ein vom Ersatzteillager kommender, neuer Kühler mit angebautem Ölkühler kommt.
Bei allen Fahrzeugen wird ein Querstromkühler eingebaut, dessen Kühlrippen waagerecht verlaufen. Die aus Kunststoff hergestellten Wasserkasten liegen links und rechts. Die Ablassstopfen befinden sich an den in Bildern 86 und 87 gezeigten Stellen.
Beim Ausbau des Kühlers folgendermassen vorgehen:

- Kühlanlage ablassen, wie es in Kapitel 4.1.1 beschrieben wurde.
- Bei Fahrzeugen mit automatischem Getriebe die beiden Schläuche zum Ölkühler mit Schraubzwingen zusammendrücken und die Schläuche von den Anschlüssen auf der rechten Seite des Kühlers lösen.
- Oberen und unteren Kühlerschlauch vom Kühler abschliessen.
- Die flachen Federklemmen an der Oberseite des Kühlers nach oben ziehen, die Ventilatorverkleidung nach oben herausziehen und über den Ventilator hängen.
- Die beiden anderen flachen Federklemmen in der Nähe der Motorhaubenauflage nach oben herausziehen und den Kühler herausheben.

Der Einbau geschieht in umgekehrter Reihenfolge wie der Einbau. Darauf achten, dass die Montagezapfen einwandfrei in die Gummilager der Halterungen eingeführt werden und dass die Haltestreben an der Ventilatorverkleidung in die Lagerungen am Kühler eingesetzt sind. Ablassstopfen des Zylinderblocks mit 30 Nm anziehen. Den Ablasstopfen des Kühlers mit einer Münze anziehen.
Bei eingebauter Getriebeautomatik die Schlauchanschlüsse wieder anbringen.

4.2.3 Magnetische Ventilatorkupplung aus- und einbauen

Der Vierzylindermotor arbeitet mit einem temperatur-empfindlichen Ventilator, welcher durch einen im Zylinderkopf eingesetzten Schalter aus- und eingeschaltet wird. Der Schalter ist an der in Bild 89 gezeigten Stelle in den Kühlmittelauslass des Zylinderkopfes eingeschraubt.
Der Ventilator schaltet bei eingeschalteter Zündung und einer Kühlmitteltemperatur von mehr als 100° C ein und schaltet wieder aus, wenn die Temperatur unter 98° C abfällt. Der Ventilator läuft jedoch durch Einwirkung des Fahrtwindes im Leerlauf weiter, nachdem er ausgeschaltet hat.
Wenn das Kühlmittel die Einschalttemperatur des Schalters erreicht hat, wird ein Anker in der Kupplung gegen den Zugmagnetschalterkörper und die Fläche des Wasserpumpengehäuses gezogen und der Ventilator dreht sich mit der gleichen Drehzahl wie die Wasserpumpe. Bild 90 zeigt einen Schnitt durch die Wasserpumpe und den Ventilator, um die Lage der einzelnen Teile zu zeigen.
Die Magnetkupplung ist wartungsfrei. Beim Ausbau folgendermassen vorgehen:

- Belüftungsleitung von der Ventialtorverkleidung abschrauben.
- Ventilatorverkleidung vom Kühler abschrauben und über den Ventilator hängen.
- Die Bundschraube des Ventilators lösen und den Ventilator von der Riemenscheibe abnehmen.
- Die Ventilatorverkleidung herausheben.
- Flachriemen entspannen und herausnehmen, wie es weiter hinten in diesem Abschnitt beschrieben ist.
- Die vier Innensechskantschrauben in Bild 91 lösen und die Riemenscheibe der Wasserpumpe abdrücken und herausnehmen.
- Unter Bezug auf Bild 92 den Stecker (3) des Kabelstranges vom Magnetkörper abziehen, die Befestigungsschrauben (2) der Reihe nach entfernen und den Magnetkörper (1) herunternehmen. Der Magnetträger ist an der Wasserpumpe festgeklebt und darf nicht abgenommen werden.

Der Einbau geschieht in umgekehrter Reihenfolge wie der Ausbau. Die Riemenscheibe und den Magnetkörper mit 10 Nm anziehen. Die mittlere Schraube des Ventilators mit 2[illegible] Nm anziehen.

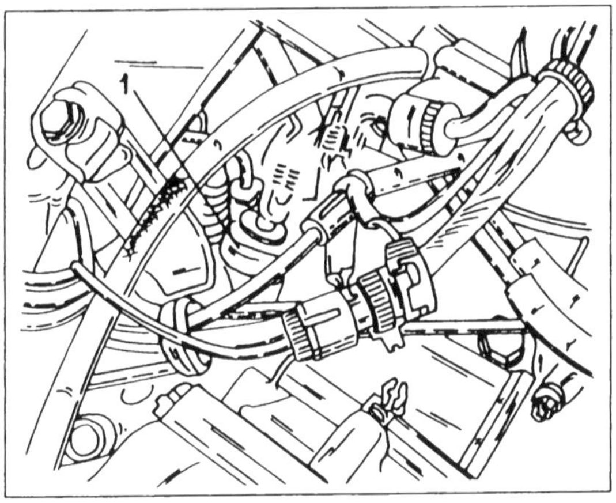

Bild 89
Die Lage des Schalters (1) für den Betrieb der elektromagnetischen Ventilatorkupplung.

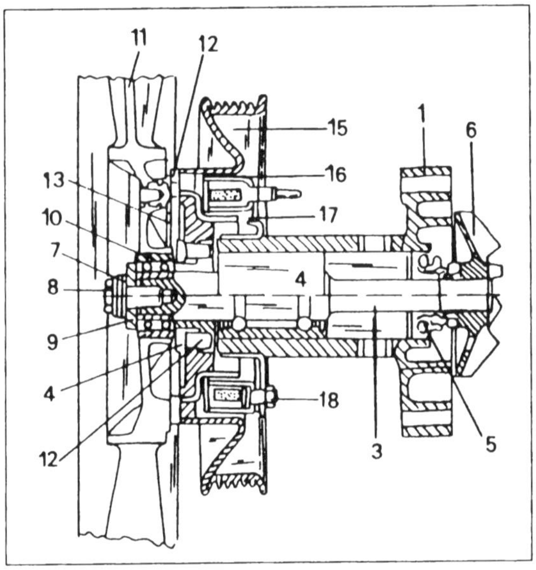

Bild 90
Schnitt durch die Wasserpumpe und die elektro-magnetische Ventilatorkupplung.
1 Wasserpumpengehäuse
2 Flansch
3 Welle
4 Lager
5 Wasserpumpendichtring
6 Pumpenflügelrad
7 Scheibe
8 Bundschraube
9 Scheibe
10 Kugellager
11 Ventilatorflügel
12 Anker
13 Blattfeder
14 Schraube, M6 x 12
15 Riemenscheibe
16 Magnetschaltergehäuse
17 Magnetschalterträger
18 Sechskantmutter

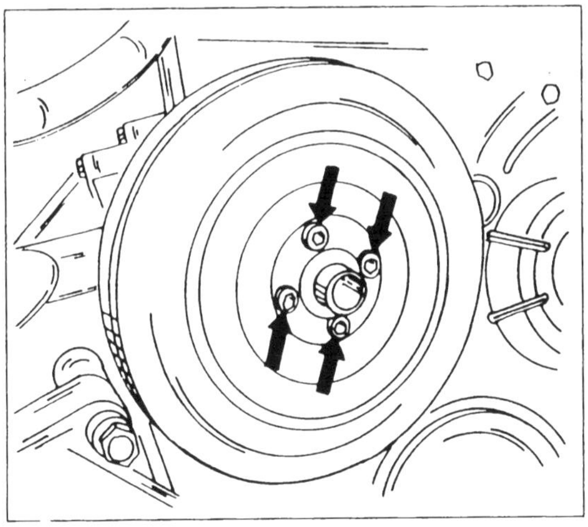

Bild 91
Die Befestigung der Wasserpumpenriemenscheibe.

4.3 Viskoseventilatorkupplung

Der Aus- und Einbau dieser beim Fünfzylindermotor verwendeten Antriebskupplung für den Ventilator geschieht in ähnlicher Weise wie es in Kapitel 4.2 bei der anderen Kupplung beschrieben wurde, mit dem Unterschied, dass man einige der Arbeiten nicht durchführen braucht. Die Viskosekupplung ist mit einer M10-Inbusschraube befestigt. Beim Einbau die Schraube mit 45 Nm anziehen.
Nach Wiedereinbau der Kupplung den Motor laufen lassen und warten bis er warm ist. Der Ventilator muss, je nach Motortemperatur aus- und einschalten.

4.4 Die Wasserpumpe

4.4.1 Aus- und Einbau der Wasserpumpe

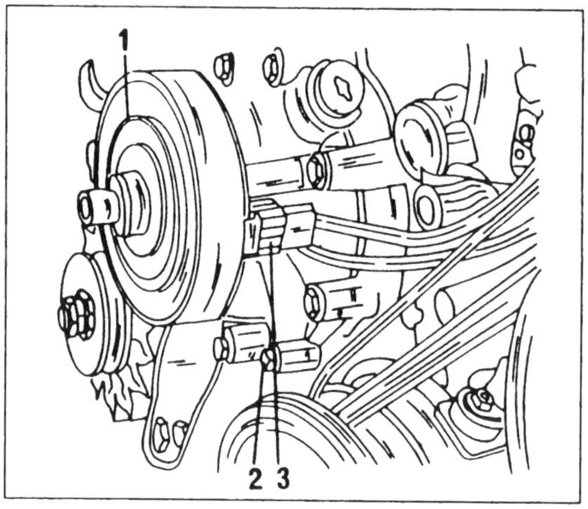

Bild 92
Zum Aus- und Einbau des Magnetkörpers der Ventilatorkupplung.
1 Ventilatorkupplung
2 Befestigungsschrauben
3 Stecker

Die Wasserpumpe ist an einem Leichtmetallgehäuse verschraubt, welches an der unteren Vorderseite des Kurbelgehäuses befestigt ist. Der Thermostat befindet sich ebenfalls im Wasserpumpengehäuse. Bild 93 zeigt eine Schnittansicht der Pumpe mit einer elektro-magnetischen Kupplung (Vierzylinder), um deren Aufbau zu zeigen. Bild 94 zeigt die Pumpe mit einer Viskosekupplung. Die Pumpe dieser Motoren ist am Gehäuse und am Lager verstärkt, um sich für die Viskosekupplung zu eignen. Der Ausbau der Wasserpumpe ist eine einfache Arbeit, da sie nach dem Ausbau der Magnetkupplung oder der Viskosekupplung für den Ventilator (siehe obige Kapitel) und Ablassen der Kühlanlage nur vom Zylinderblock abgeschraubt werden braucht. Das Leichtmetallgehäuse mit den Schlauchanschlüssen verbleibt am Motor.

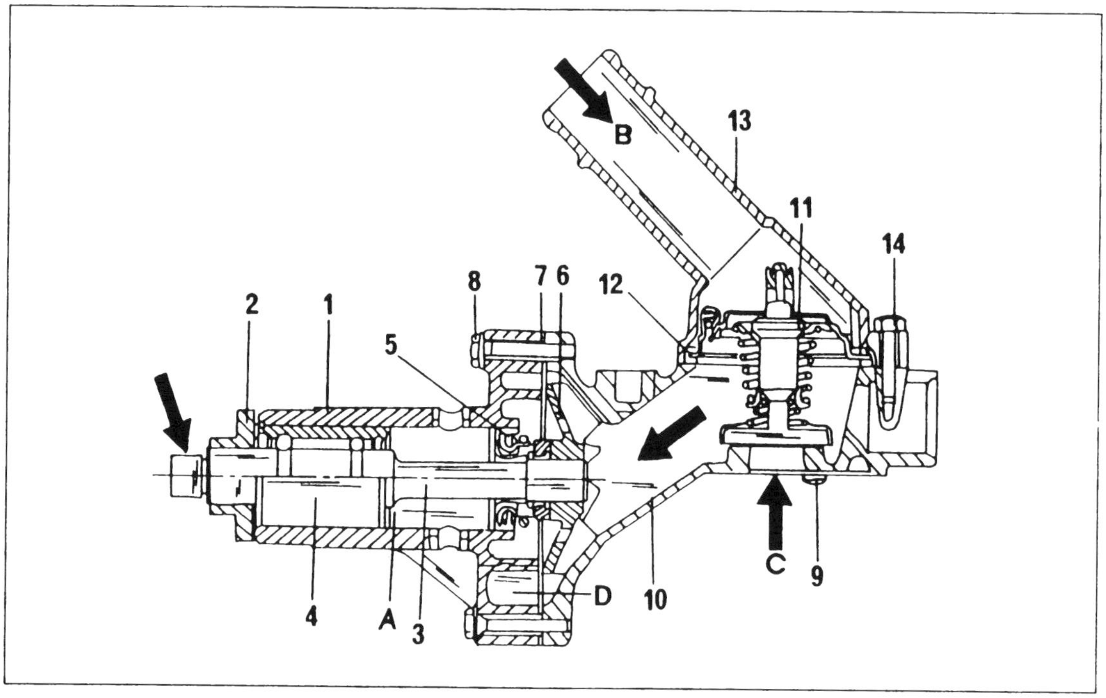

Bild 93
Schnitt durch die Wasserpumpe.
1 Pumpengehäuse
2 Wasserpumpenflansch
3 Wasserpumpenwelle
4 Wasserpumpenlager
5 Gehäusedichtring
6 Flügelrad
7 Dichtung
8 Schraube, M6 x 35 mm
9 Führungsstift
10 Leichtmetallgehäuse
11 Thermostat
12 Dichtring
13 Thermostatdeckel
14 Schraube, M6 x 35 mm
A Pumpenkammer
B Vom Kühler
C Vom Motor
D Zum Motor

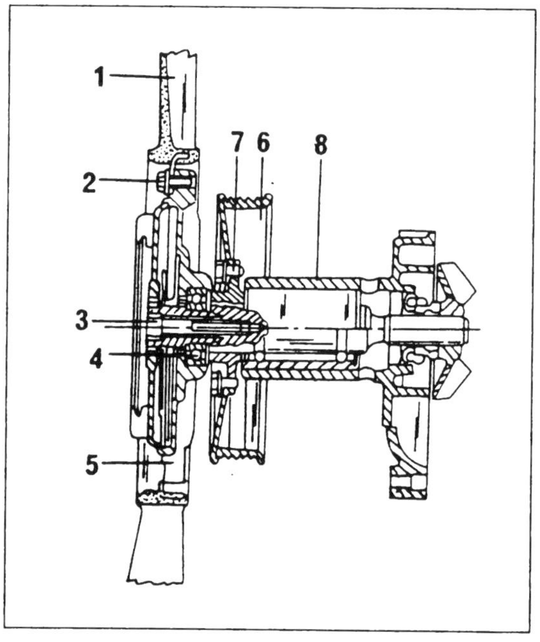

Bild 94
Schnitt durch die Wasserpumpe mit Viskosekupplung.
1 Ventilatorflügel
2 Schrauben (3), M6 x 14
3 Schraube, M10 x 40
4 Kugellager
5 Viskosekupplung
6 Riemenscheibe
7 Schrauben (4), M6 x 12
8 Wasserpumpengehäuse

Falls das Waserpumpengehäuse ebenfalls ausgebaut werden soll, sind die folgenden Arbeiten nach Ausbau der Pumpe durchzuführen:

- Massekabel der Batterie abklemmen.
- Drehstromlichtmaschine ausbauen und zur Seite legen.
- Den Aufhängungsbügel für die Drehstromlichtmaschine ausbauen. Dazu sind vier Schrauben in der Mitte des Bügels zu lösen.
- Rücklaufleitung am Zylinderblock abschrauben und aus dem Wasserpumpengehäuse herausziehen.
- Schlauchanschlüsse vom Pumpengehäuse lösen.

● Das Wasserpumpengehäuse vom Zylinderblock abschrauben. Die Dichtfläche sofort reinigen.
Der Einbau geschieht in umgekehrter Reihenfolge wie der Ausbau. Falls eine Dichtung benutzt wird, ist diese an zwei Stellen mit Dichtungsmasse einzustreichen und am Wasserpumpengehäuse anzukleben. Die Pumpe am Wasserpumpengehäuse anbringen und die Schrauben mit 10 Nm anziehen. Die Magnetkupplung wieder einbauen, wie es bereits beschrieben wurde, oder die Viskosekupplung anschrauben und mit 45 Nm anziehen.
Falls das Wasserpumpengehäuse ausgebaut wurde, einen neuen "O"-Dichtring an der Rücklaufleitung anbringen und die Leitung in das Pumpengehäuse hineindrücken. Das Gehäuse mit einer neuen Abdichtung am Zylinderblock anbringen und die Schrauben mit 10 Nm anziehen. Die Rücklaufleitung danach wieder am Zylinderblock anschrauben.
Die folgenden Anzugsdrehmomente sind zu beachten:
Tragbügel für Drehstromlichtmaschine = 25 Nm
Drehstromlichtmaschine an Tragbügel = 45 Nm
Abschliessend die Flachriemenspannung einstellen und die Kühlanlage auffüllen. Nach einem kurzen Lauf des Motors die Kühlanlage mit einer Abdrückpumpe auf Leckstellen kontrollieren.

4.4.2 Riemenspannung der Wasserpumpe einstellen

Eine Neuerung bei diesen Dieselmotoren ist der Antrieb der Wasserpumpe und Drehstromlichtmaschine, sowie aller anderen angetriebenen Teile. Diese werden alle durch einen einzelnen, neu entwickelten Riemen, einem sogenannten Keilrippenriemen angetrieben. Der Riemen ist mit Zähnen versehen, die in der in Bild 95 gezeigten Weise in die Riemenscheibe eingreifen.
Der Riemen wird durch eine Zugfeder gespannt, welche eine Spannrolle ständig unter Druck hält. Ein eingebauter Stossdämpfer verhindert ein Vibrieren des Riemenantriebs. Bild 96 zeigt die Einzelteile der Spannvorrichtung. Die Spannrollen eignen sich nicht für alle Motoren. Bei der Grundausführung ohne angebaute Zusatzaggregate hat die Spannrolle die gleichen Rillen wie die übrigen Riemenscheiben. Bei allen anderen Ausführungen ist die Spannrolle an der Lauffläche glatt. Beim Erneuern einer Spannrolle ist dies zu beachten.
Die Verlegung der einzelnen Antriebsriemen am Motor sind in Bildern 97 bis 99 gezeigt. Diese Bilder zeigen alle am Motor anzutreffende Aggregate und die Verlegung des Riemens ist entspre-

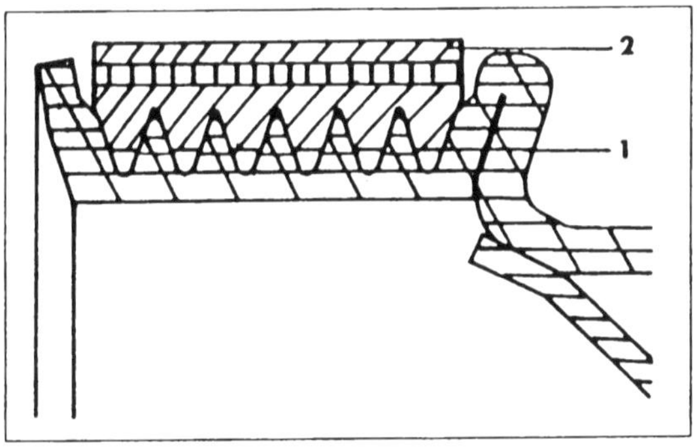

Bild 95
Eingriff des Rippenriemens in die Riemenscheibe.
1 Riemenscheibe
2 Rippenriemen

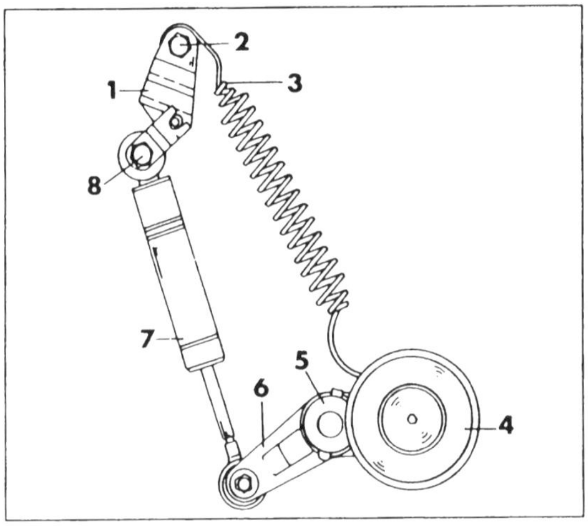

Bild 96
Die Teile der Spannvorrichtung des Antriebsriemens.
1 Spannhebel
2 Mutter
3 Rückzugfeder
4 Spannrolle
5 Verschlussdeckel
6 Spannrollenhebel
7 Stossdämpfer
8 Obere Stossdämpferbefestigung

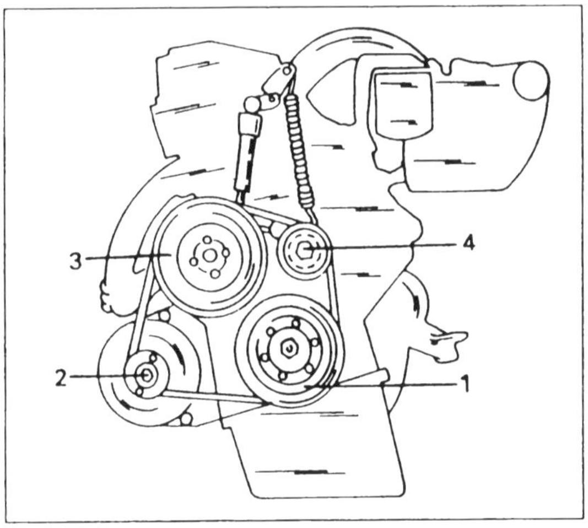

Bild 97
Verlegung des Antriebsriemens bei der Grundausführung (Vierzylindermotor). Der Riemen hat eine Länge von 1015 mm.
1 Kurbelwellenriemenscheibe
2 Riemenscheibe der Drehstromlichtmaschine
3 Wasserpumpenriemenscheibe
4 Spannrolle

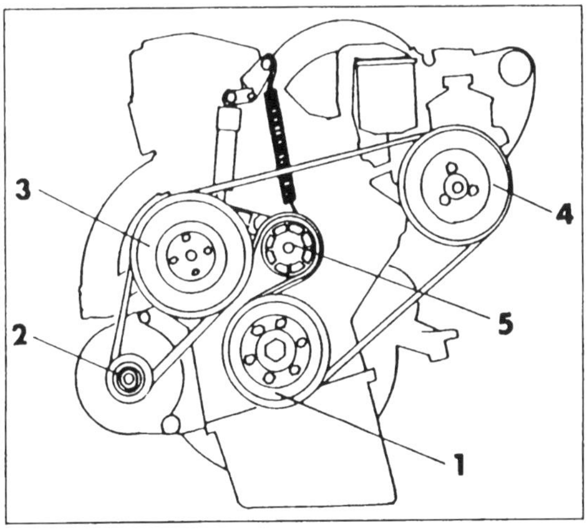

Bild 98
Verlegung des Antriebsriemens bei Grundausführung (Fünfzylindermotor, Vierzylinder mit Servolenkung). Der Riemen hat eine Länge von 2050 mm beim Vierzylindermotor und 2030 mm beim Fünfzylindermotor.
1 Kurbelwellenriemenscheibe
2 Riemenscheibe der Drehstromlichtmaschine
3 Riemenscheibe der Wasserpumpe
4 Riemenscheibe der Lenkhilfspumpe
5 Spannrolle

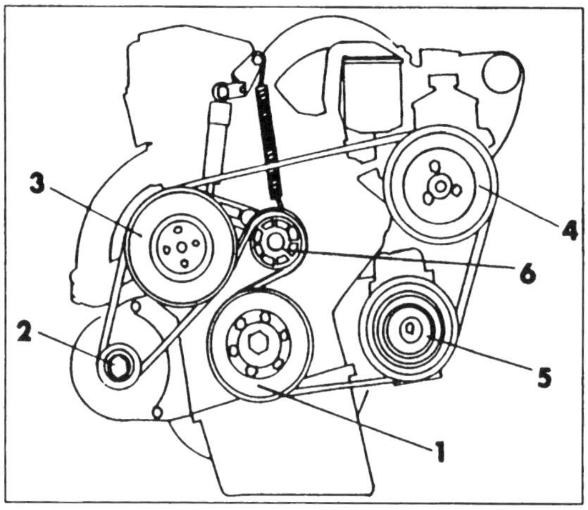

Bild 99
Verlegung des Antriebsriemens bei Fahrzeugen mit Servolenkung und Klimaanlage. Der Riemen hat eine Länge von 2120 mm beim Vierzylindermotor und 2100 beim Fünfzylindermotor.
1 Kurbelwellenriemenscheibe
2 Riemenscheibe der Drehstromlichtmaschine
3 Riemenscheibe der Wasserpumpe
4 Riemenscheibe der Lenkhilfspumpe
5 Riemenscheibe des Kompressors
6 Spannrolle

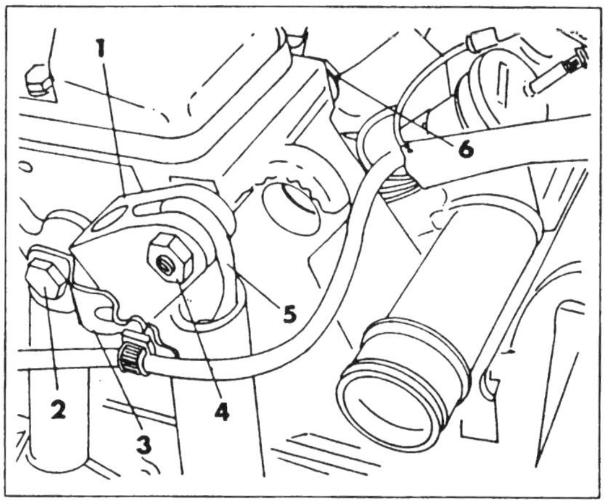

Bild 100
Zum Ausbau der Spannvorrichtung für den Antriebsriemen.
1 Federspannhebel
2 Befestigungsschraube
3 Haltebügel
4 Befestigungsmutter
5 Verlängerungsfeder
6 Befestigungsschraube

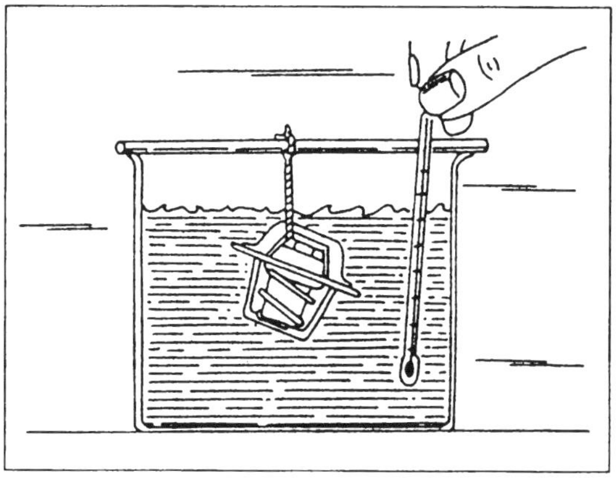

Bild 101
Kontrolle eines Thermostats.

chend des einzelnen Motors vorzunehmen.
Alle 20 000 km ist der Riementrieb zu überprüfen. Dazu den Riemen an einer leicht zugängigen Stelle mit Kreide anzeichnen. Der Motor muss jetzt mit dem Anlasser um mindestens eine Umdrehung durchgedreht werden. Um dabei aber zu verhindern, dass der Motor anspringt, drückt man den Abstellhebel an der Einspritzpumpe mit einem Schraubenzieher nach unten. Anlasser jetzt ruckweise betätigen lassen, bis man die gesamte Riemenlänge gesehen hat, d.h. der Kreidestrich ist wieder sichtbar. Rissige, ausgefranste oder verbrannte Stellen bedeuten den Einbau eines neuen Riemens.

Beim Aus- und Einbau eines Antriebsriemens folgendermassen vorgehen:
- Unter Bezug auf Bild 100 die Flanschmutter (4) lockern und einen Dorn in den Federspannhebel (1) einsetzen. Dazu kann zum Beispiel der Radmutternschlüssel aus dem Bordwerkzeugsatz benutzt werden.
- Den Dorn leicht nach links drücken, bis die Schraube (6) zurückgedrückt werden kann.
- Den Dorn leicht nach rechts drücken, um die Verlängerungsfeder zu lockern.
- Die Spannrolle nach unten drücken, bis der Riemen abgenommen werden kann.

Der Einbau des Riemens geschieht in umgekehrter Reihenfolge wie der Ausbau. Den Riemen zuerst über die Spannrolle legen und danach der Reihe nach über die anderen Riemenscheiben anordnen. Der Riemen wird zuletzt über die Riemenscheibe der Wasserpumpe gelegt. Wenn die Arbeiten einwandfrei durchgeführt wurden, ist der Keilriemen richtig gespannt.

4.5 Thermostat

Der Thermostat ist in ein Gehäuse an der Oberseite des Wasserpumpengehäuses eingesetzt und kann in Bild 93 gesehen werden. Eine selbstentlüftende Leitung ist zwischen dem Zylinderkopfauslass und dem Dehngefäss der Kühlanlage eingesetzt. Diese Leitung übernimmt das automatische Entlüften der Kühlanlage während des Auffüllens der Anlage, d.h. ein Entlüften erübrigt sich.
Beim Ausbau des Thermostats folgendermassen vorgehen:
- Kühlanlage ablassen. Wenn der Motor soeben gelaufen ist, muss man abwarten bis die Wassertemperatur mindestens auf 90° C abgesunken ist. Auch dann den Verschlussdeckel des Dehngefässes nur stufenweise öffnen, damit der Dampf entweichen kann. Einen dicken Lappen beim Aufschrauben des Deckels benutzen und diesen unbedingt nur auf die erste Raste drehen.
- Geräuschkapselung an der Unterseite abschrauben und die Kühlanlage ablassen. Dies ist nur bis zur Höhe des Thermostats notwendig.
- Den Deckel des Thermostats abschrauben und vom Wasserpumpengehäuse abziehen. Der Schlauch kann am Deckel gelassen werden.
- Die Dichtung vom Thermostatgehäuse abnehmen.

Ein Thermostat kann nicht repariert werden und ist im Schadensfalle zu erneuern. Eine einfache Prüfung lässt sich folgendermassen durchführen:
- Thermostat an einem Stück Draht in einen Behälter mit kaltem Wasser einhängen (Bild 101).
- Ein Thermometer in ähnlicher Weise einhängen.

● Wasser allmählich erhitzen und kontrollieren, ob sich der Thermostat bei ca. 87° C zu öffnen beginnt. Bei 105° C muss der Thermostat vollkommen geöffnet sein.

● Der Thermostatstift muss bei dieser Kontrolle mindestens 7 mm aus dem Thermostat heraustreten. Falls der Thermostat diese Prüfungen nicht besteht, muss er erneuert werden.

Beim Einbau des Thermostats eine neue Dichtung verwenden. Den Thermostat mit dem Dichtring so einsetzen, dass sich die Aussparung im Thermostat mit der Rippe in der Innenseite des Thermostatdeckels deckt, wie es aus Bild 102 ersichtlich ist. Die Deckelschrauben mit 10 Nm anziehen. Alle anderen Arbeiten in umgekehrter Reihenfolge durchführen. Abschliessend die Kühlanlage mit einer Druckpumpe auf Leckstellen kontrollieren, wie es in Kapitel 4.2.1 beschrieben wurde.

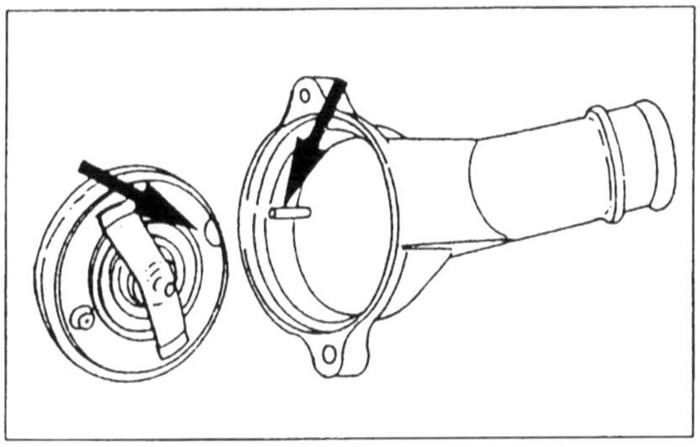

Bild 102
Beim Einbau die Aussparung des Thermostats über die Rippe im Thermostatstecker setzen (Pfeil).

Bild 103
Die Anordnung der Heizungsanlage im Fahrzeug. Die Pfeile gegen die Strömungsrichtung an.

4.6 Heizung und Belüftung

Die Auslegung der Heizung ist in Bild 103 gezeigt. Das Heizungsgebläse wird in vier Stufen mit Hilfe eines Luftmengenschalters geschaltet. Die Hauptluftklappe und das Radialgebläse werden mit Hilfe eines Schiebereglers betätigt. Während des Betriebs des Heizungs- und Belüftungssystems muss der Schieberegler mindestens in die erste Stellung gesetzt werden (Hauptluftklappe geöffnet) oder das Gebläse muss mit einer der vier Stufen laufen.

Der Gebläsemotor ist unter dem Lufteinlassgitter an der Stirnwand montiert. Um den Gebläsemotor zu erneuern, folgende Arbeiten durchführen:

● Die Abdeckung über dem Lufteintritt im Motorraum ausbauen.

● Die quer verlegte Unterdruckleitung zum Heizungsventil abziehen.

● Die beiden Schrauben in der Kunststoffabdeckung vor dem Gebläse entfernen.

● Das Gummiprofil von der Oberkante der Trennwand abziehen.

● Das Mittelteil der Trennwand seitlich abschrauben und etwas nach oben herausziehen.

● Kunststoffabdeckung vor dem Gebläse abnehmen.

● Leitungen und Kabelstecker vom Gebläsemotor lösen.

● Motor vom Gebläsegehäuse abschrauben und zwei seitliche Schrauben an der Abdeckung entfernen.

Das gesamte Heizungsgebläse muss ausgebaut werden, wenn man zum Beispiel ständig Wassertropfen im Wageninneren feststellen kann. Die-

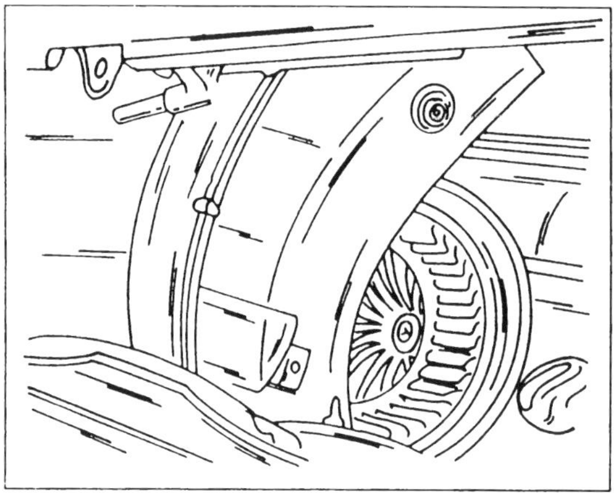

Bild 104
Die Lage des Heizungsgebläses.

se kommen aus dem Wärmeaustauscher, da dieser undicht geworden ist. Zum Ausbau der Teile ist der komplizierte Ausbau des gesamten Armaturenbretts erforderlich, da das Gebläse in der Mitte unter dem Brett sitzt. Diese Arbeit sollte man einer Werkstatt überlassen. Fehler an der Heizung treten nur selten auf, und wenn, dann meisten von elektrischem Ursprung. Falls z.B. das Gebläse nicht läuft, lässt man die Anlage in einer Werkstatt prüfen.

Ein Heizungsventil ist in die Anlage eingebaut. Dieses wird durch Unterdruck betätigt und hat zwei Stellungen, d.h. "zu" oder "offen". Jeder Heizungsregler besitzt einen Unterdruckschalter, welcher öffnet, wenn die Heizung abgeschaltet ist. Der Unterdruck gelangt dabei zum Heizungsventil, welches dabei geschlossen wird und den Kühlmittelzulauf zum Heizungskörper unterbricht. Eine im Ventil eingebaute Feder öffnet das Ventil, wenn der Heizungsregler in die entsprechende Lage gebracht wird. Das Ventil könnte schon mal hängen, so dass man es erneuern muss:

- Abdeckung vor dem Lufteinlass im Motorraum ausbauen.
- Unterdruckschlauch von der Oberseite des Heizungsventils abziehen.
- Die Schlauchschellen lockern, die Schläuche abziehen und das Ventil abnehmen. Das Kühlwasser muss entsprechend abgelassen werden, um Verschmutzung zu vermeiden.
- Neues Ventil einbauen. Eine Seite des Ventils ist mit "Wassereintritt" gezeichnet. Diese Seite muss zum Wageninneren zu stehen. Nach dem Ausbau die Kühlanlage wieder auf den richtigen Stand bringen.

Der folgende Text führt einige Störungen, deren möglichen Ursachen und Abhilfen an:

- Falls die Heizung nicht warm wird, könnte es sein, dass das Heizungsventil nicht öffnet. Dieses erneuern. Lassen sich die Heizungsregler schwerlos drehen, ist es möglich, dass die Bedienungsteile zum Heizungsgehäuse lose sind. Eine weitere Ursache könnte fehlendes Kühlmittel sein, welches den Wärmeaustauscher nicht mehr erreicht.
- Falls sich die Heizung nicht abstellen lässt, d.h. es kommt nur Warmluft aus den Auslässen, ist es möglich, dass die Mischluftklappen ihre Einstellung verloren haben. Dies erfordert den Ausbau der Luftdüsen in der Mitte des Armaturenbretts, eine Arbeit, die man einer Werkstatt überlassen sollte.

5 Die Einspritzanlage

Änlich wie bei der Benzineinspritzung sind bei der Dieseleinspritzung Einspritzpumpe und Einspritzdüsen die wesentlichen Bestandteile. Die bei diesen Motoren eingebaute Einspritzanlage ist im wesentlichen gleich, jedoch wurden während der Jahre bestimmte Verbesserungen vorgenommen, auf die im folgenden Text, wo notwendig, eingegangen wird.
Der Motor ist mit einer pneumatischen Leerlaufanhebung ausgerüstet; die Vier- und Fünfzylindermotoren mit automatischem Getriebe und Klimaanlage sind mit elektronischer Leerlaufregulierung versehen. Weitere Einzelheiten darüber werden in diesem Abschnitt erläutert.
Eine Kraftstoffpumpe saugt den Dieselkraftstoff aus dem Tank an und drückt ihn über einen Kraftstoffilter mit einem geringen Überdruck in den Saugraum der Einspritzpumpe. Die Einspritzpumpe drückt dann den Kraftstoff über die Hochdruckleitungen zu den Einspritzdüsen. Man unterscheidet zwischen direkter und indirekter Einspritzung (Vorkammereinspritzung). Für diesen Dieselmotor wird die Vorkammereinspritzung verwendet.
Bei diesem Verfahren wird der Kraftstoff in eine im Zylinderkopf befindliche Vorkammer eingespritzt, die mit dem Hauptverbrennungsraum verbunden ist. Die Verbrennung des Kraftstoffs wird in dieser Vorkammer eingeleitet. Durch den hierbei entstehenden Druckanstieg werden die brennenden Kraftstoffteilchen in den Hauptverbrennungsraum gedrückt, in dem der Verbrennungsvorgang zu Ende geführt wird.
Die Einspritzpumpe ist eine Kolbenpumpe und ist seitlich links am Zylinderblock angeordnet. Sie wird von der Steuerkette aus angetrieben. Für jeden Zylinder des Motors enthält sie ein Pumpenelement, das aus Zylinder und Kolben besteht. Der Kolben dieses Elements wird durch einen Nocken gehoben und durch eine Feder wieder zurückgedrückt. Der Kolben ist so genau eingepasst, der er selbst bei hohen Drücken abdichtet. Die Einspritzpumpe wird durch eine Ölbohrung mit dem Schmierkreis des Motors verbunden. Ein "O"-Dichtring dichtet die Gegend der Antriebswellenkupplung zwischen dem Einspritzpumpenflansch und dem Kurbelgehäuse ab.
Die Dosierung der Kraftstoffmenge erfolgt durch eine Steuerkante (Schrägkantennut) am Kolbenschaft. Je nach Drehung des Kolbens wird mehr oder weniger Kraftstoff gefördert. Durch die Einspritzdüse wird der Kraftstoff fein zerstäubt in den Zylinder, bzw. die Vorkammer eingespritzt. Der in der Einspritzpumpe erzeugte Kraftstoffdruck hebt die Düsennadel aus ihrem konischen Sitz und gibt die Einspritzöffnung frei. In dem Moment, wo durch die Schrägkantennut des Pumpenkolbens die Verbindung zur Rückflussleitung hergestellt wird, fällt der Druck ab und die Düsennadel wird durch Federkraft in ihren Sitz zurückgedrückt.
An der Rückseite der Einspritzpumpe ist der Regler der Einspritzpumpe angebracht. Dieser besteht aus einem System aus Hebeln und Federn und einem Fliehkraftregler auf dem hinteren Ende der Einspritzpumpen-Nockenwelle. Eine Unterdruckdose zum Abstellen des Motors, eine Unterdruckdose zur Leerlaufanhebung (falls zutreffend) und ein Abstellhebel an der Seite des Reglers wirken alle entsprechend ihrer Funktion auf den Regler ein. Die Stellung der Regelstange der Einspritzpumpe wird durch den Regler gesteuert, d.h. die geförderte Kraftstoffmenge und somit die Motordrehzahl reguliert.
Zur Förderung des Kraftstoffs vom Tank zur Einspritzpumpe wird eine Kolbenpumpe verwendet. Der Antrieb dieser Pumpe erfolgt mechanisch. Die Kraftstoffpumpe besitzt keine Handpumpe wie dies bei früheren Dieselmotoren der Fall war.

5.1 Aus- und Einbau der Einspritzpumpe

Ein Spezialwerkzeug ist zum Einbau der Einspritzpumpe erforderlich. Dieses Werkzeug (siehe Text) muss man sich besorgen, ehe man die Pumpe ausbauen kann. Ausserdem sind eine 27 mm-Stecknuss zum Durchdrehen der Kurbelwelle, ein 14 mm-Ringschlüssel mit einem eingesägten Schlitz zum Lösen der Einspritzleitungen und ein verzahnter Schlüssel zum Durchdrehen der Einspritzpumpe erforderlich.

- Kühler ausbauen (Kapitel 4.2.2) oder die Ventilatorverkleidung ausbauen und den Ventilatorflügel abschrauben.
- Luftfilter ausbauen (Kapitel 5.8).

● Kurbelwelle in Drehrichtung durchdrehen, bis der Kolben des ersten Zylinders im Verdichtungshub und 15° nach dem oberen Totpunkt steht (Einstellzeiger am Steuerdeckel und Gradeinteilung an der Kurbelwellenriemenscheibe).
● Antriebsriemen und die Spannvorrichtung ausbauen, wie es in Kapitel 4.4.2 beschrieben wurde.

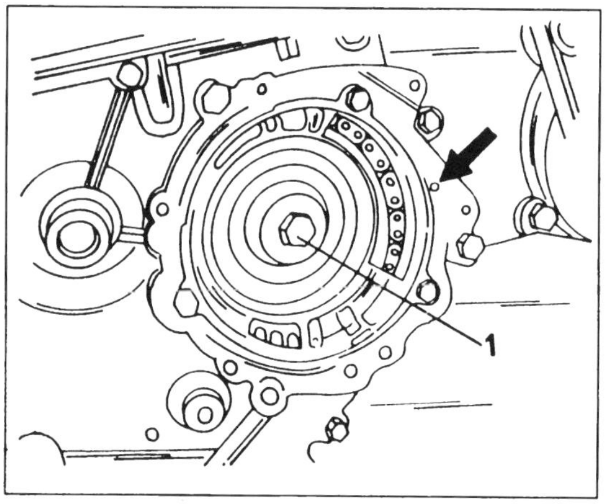

Bild 105
Die Schraube (1) hält den Einspritzversteller an der Vorderseite der Einspritzpumpe.

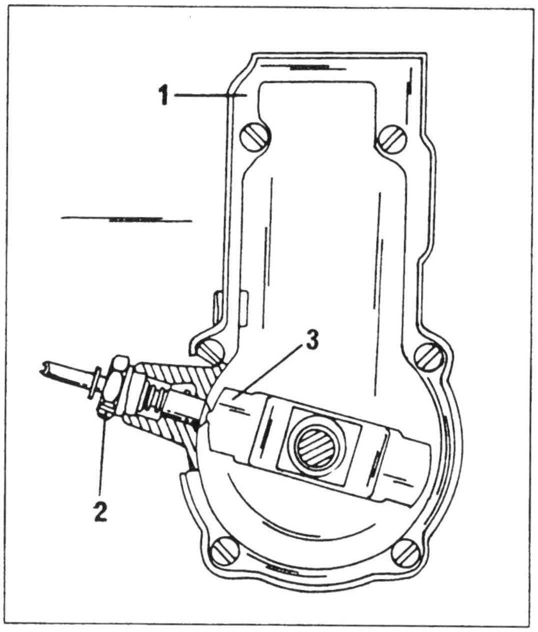

Bild 106
Sperren des Reglers in der Innenseite der Einspritzpumpe mit der Arretierschraube.
1 Einspritzpumpe
2 Arretierschraube
3 Regler mit Ansatz

● Kettenspanner ausbauen (Kapitel 2.11.1).
● Einspritzleitungen und Kraftstoffleitungen von der Einspritzpumpe abschrauben und zur Seite drücken.
● Die Unterdruckleitungen von der Unterdruckdose für den Leerlaufanstieg, die Abstellvorrichtung von der Unterdrucksteuerung abschliessen.
● Das Beschleunigungsgestänge vom Hebel an der Einspritzpumpe abschliessen.
● Die Unterdruckpumpe für die Bremsanlage ausbauen.
● Die Schraube (1) in der Mitte des Spritzverstellers entfernen (Bild 105). Die Kurbelwelle muss dabei in geeigneter Weise gegen Mitdrehen gesichert werden. Die Schraube hat **Linksgewinde**, muss also gelöst werden wie man eine normale Schraube anziehen würde, d.h. nach rechts herum.
● Befestigungsschrauben der Pumpe und die Schraube des Stützbügels entfernen und die Pumpe nach hinten herausziehen.
Beim Einbau der Pumpe folgendermassen vorgehen. Falls man die erwähnten Spezialwerkzeuge nicht besorgen kann, muss man den Förderbeginn in einer Werkstatt einstellen lassen:
● Kontrollieren, dass der Motor immer noch auf 15° nach dem oberen Totpunkt für den ersten Zylinder steht. Andernfalls den Motor durch Ansetzen der Stecknuss auf der Schraube der Kurbelwellenriemenscheibe durchdrehen, bis die Gradmarkierung stimmt.
● Den Stopfen aus der Seite der Einspritzpumpe herausschrauben. Die Einspritzpumpe mit dem verzahnten Schlüssel 601 589 00 08 00 durchdrehen, bis der Ansatz des Reglers in der Stopfenöffnung erscheint. Die Arretierschraube 601 589 05 21 00 in die Öffnung einschrauben und das Sechskant festziehen, sobald man fühlen kann, dass die Schraube in den Ansatz des Reglers eingegriffen hat. Bild 106 zeigt wie der Regler in der Innenseite steht und durch die Arretierschraube gesperrt wird.

Die Einspritzpumpe kann leicht beschädigt werden. Sobald die Pumpe eingebaut und festgezogen ist, die Arretierschraube wieder entfernen.

● Die Einspritzpumpe kann jetzt wieder eingebaut werden. Die Schrauben des Pumpenflansches mit 20 - 25 Nm anziehen. Sofort die Arretierschraube herausdrehen und die Bohrung wieder mit dem Stopfen verschliessen. Das Anzugsdrehmoment für den Stopfen beträgt 30 - 35 Nm.
● Einspritzleitungen der Reihe nach anschliessen. Die Gewinde müssen gut anfädeln ehe die Überwurfmuttern angezogen werden. Das Anzugsdrehmoment beträgt 10 - 20 Nm.
● Alle anderen Arbeiten in umgekehrter Reihenfolge durchführen.

5.1.1 Kontrolle des Einspritzbeginns (Einspritzsteuerung)

Der Einspritzbeginn kann in unterschiedlicher Weise kontrolliert werden, jedoch sind bei beiden Methoden Spezialwerkzeuge erforderlich, so dass man diese Arbeit in einer Werkstatt durchführen lassen sollte. Bei einer Methode ist eine Pumpe erforderlich, mit deren Hilfe der genaue Moment des Einspritzpunktes durch Druck ermittelt wird. Bei der zweiten Methode wird eine Prüflehre verwendet, welche in das in Bild 106 gezeigte Loch in der Seite des Einspritzpumpe hineingeschraubt wird.

Mit Hilfe eines Anzeigeinstruments mit zwei Prüflampen, wird die genaue Stellung des Einspritzbeginns an der Kurbelwellenriemenscheibe angezeigt.
Bei einer dritten Methode verwenden Mercedes-Werkstätten ein Prüfgerät mit einer Digitalanzeige.
Es soll noch gesagt werden, dass man den Einspritzbeginn der Pumpe bei laufendem Motor verstellen kann. Dazu ist eine Einstellvorrichtung am Einspritzpumpenflansch angeordnet, welches in der in Bild 107 gezeigten Lage befestigt ist. Wird diese Schraube nach rechts gedreht, verzögert man den Einspritzbeginn, wird die Schraube nach links gedreht, bringt man den Einspritzbeginn früher. Wenn man Erfahrungen mit Dieselmotoren hat, wird man durchaus in der Lage sein kleine Korrketuren durch Verstellen der Schraube vorzunehmen.

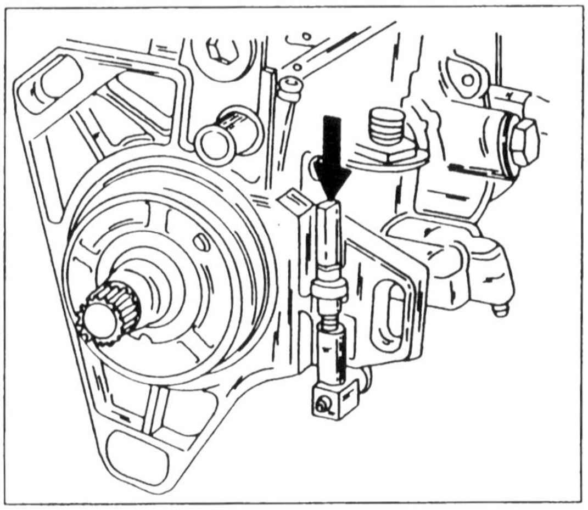

Bild 107
Der Pfeil weist auf die Einstellschraube zur Verstellung des Einspritzbeginns.

5.2 Düsenhalter und Einspritzdüsen

5.2.1 Aus- und Einbau

- Kraftstoffleitungen abschrauben.
- Leckölleitungen vom Düsenhalter abziehen (Schlauchschellen lockern).
- Überwurfmutter der Einspritzleitung mit einem aufgesägten Ringschlüssel lockern. Ein Gabelschlüssel kann ebenfalls verwendet werden, jedoch darf man nicht an den Schlüsselflächen abrutschen.
- Den Düsenhalter herausdrehen (Steckschlüssel, 27 mm Schlüsselweite), die Düsendichtung und das Düsenplättchen herausnehmen. Diese Teile beim Einbau immer erneuern.

Der Einbau erfolgt in umgekehrter Reihenfolge wie der Ausbau. Die Düsen mit einem Anzugsdrehmoment von 70 - 80 Nm anziehen, die Überwurfmuttern der Einspritzleitungen mit 10 - 15 Nm. Beim Anziehen der Überwurfmuttern nicht die Kanten der Sechskante beschädigen.

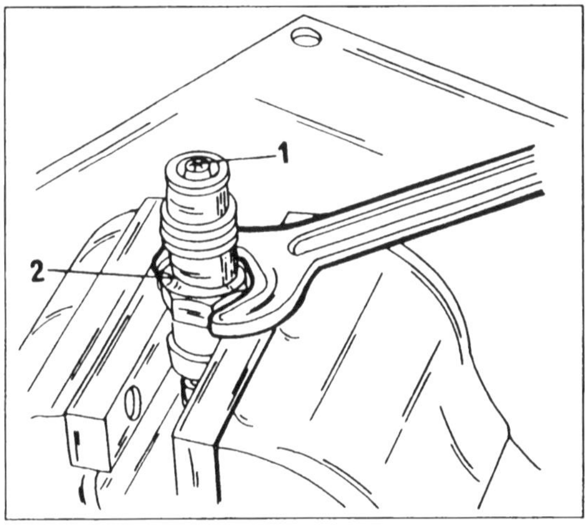

Bild 108
Düsenhalter wie gezeigt in einen Schraubstock einspannen und die Überwurfmutter des Düsenkörpers (2) lösen. Die Einspritzdüse (1) kann danach herausgenommen werden.

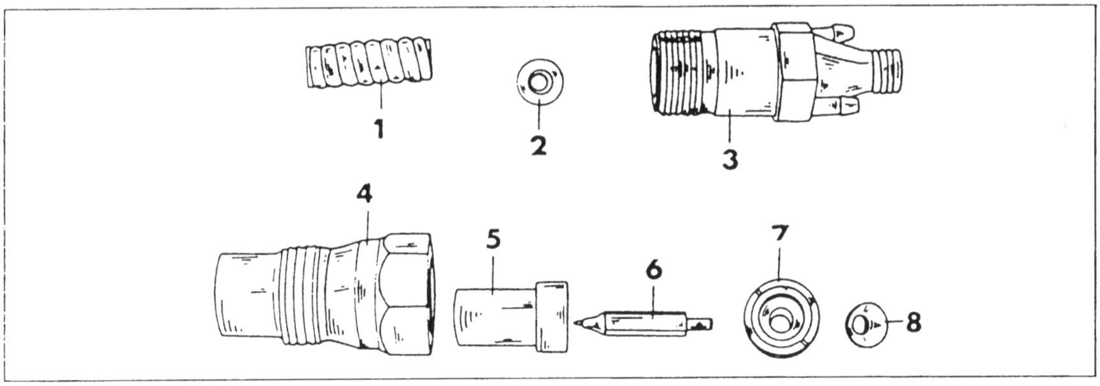

Bild 109
Montagebild einer Einspritzdüse.
1 Druckfeder
2 Stahlscheibe
3 Einspritzdüsenhalter
4 Unterteil der Düse
5 Düsenkörper
6 Düsennadel
7 Düsenhaltereinsatz
8 Druckbolzen

5.2.2 Reparatur von Einspritzdüsen

Zum Ausbau der Einspritzdüse muss der Düsenhalter zerlegt werden.

- Düsenhalter so in einen Schraubstock einspannen, dass die Lecköleitungsanschlüsse nicht beschädigt werden und die Überwurfmutter abschrauben (Bild 108).
- Düsenkörper mit Düsennadel herausnehmen sowie den Düsenhaltereinsatz, den Druckbolzen, die Druckfeder und das Stahlplättchen. Die Teile einer Einspritzdüse sind in Bild 109 gezeigt.
- Sämtliche Teile in Dieselkraftstoff legen, da-

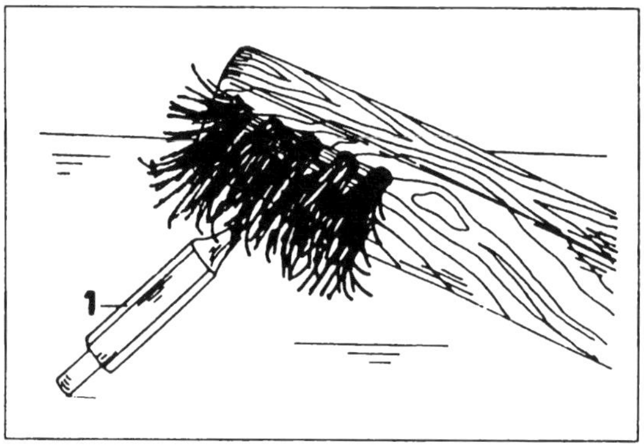

Bild 110
Reinigen einer Düsennadel mit einer Messingdrahtbürste.

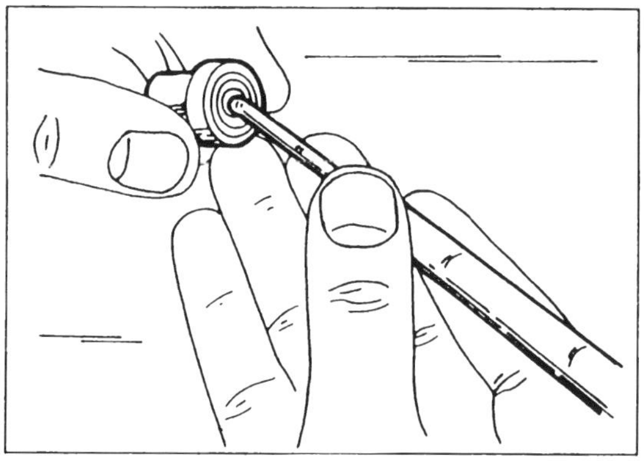

Bild 111
Das Innere des Düsenkörpers mit dem Ringnutschaber reinigen.

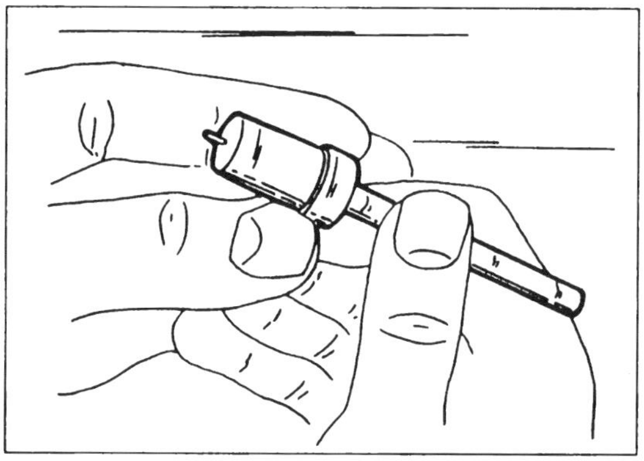

Bild 112
Reinigung des Spritzlochs von innen nach aussen mit dem Spritzlochreiniger.

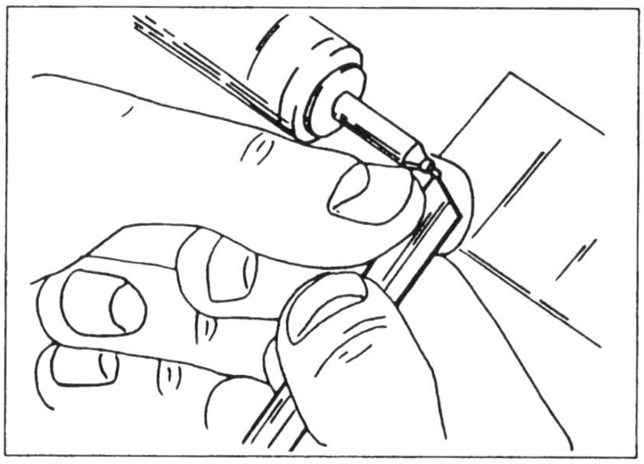

Bild 113
Düsennadel mit Hartholzstäbchen reinigen.

mit sich die Kohleablagerungen lösen. Falls erforderlich Teile mit einem Pinsel reinigen.

● Darauf achten, dass eine Verwechslung der Einzelteile mit denen einer anderen Düse unmöglich ist, da sich die einzelnen Teile jeder Düse eingelaufen haben, d.h. das Laufbild aller Düsen ist unterschiedlich.

Düsenreinigung

Zum Reinigen der Düsen dürfen auf keinen Fall Schmirgelleinen, Schaber oder ähnliche ungeeignete Werkzeuge verwendet werden. Ausser dem von Werkstätten verwendeten Reinigungsgerätesatz dürfen nur Hartholzstäbchen, Benzin oder Dieselkraftstoff verwendet werden. Die Düsennadel ist nur an ihrem Druckzapfen anzufassen, da die geläppte Fläche infolge feuchter oder schweissiger Fingerabdrücke korrodieren kann. Rückstände aussen an der Stirnseite des Düsenkörpers mit einer Messingdrahtbürste reinigen. Ebenso gereinigt werden können die Spitzen einer Düsennadel, wie es in Bild 110 gezeigt ist.

Eventuell den Düsenmund auf einem mit einer Rille für den Spritzzapfen versehenen in Dieselkraftstoff getauchten Hartholz abreiben. Mit dem Ringnutschaber aus dem Reinigungsgerät oder mit dem Hartholzstäbchen und Kraftstoff das Innere des Düsenkörpers reinigen (Bild 111). Den Nadelsitz im Düsenkörper mit der Reinigungsnadel und das Spritzloch mit dem Spezialreiniger von innen nach aussen vorsichtig säubern (Bild 112).

Ist das Profil der Düsennadel verkokt, so ist die Nadel an ihrem Druckzapfen in das Futter einer Drehbank oder Bohrmaschine zu spannen und mit einem in Kraftstoff getauchten, kantigen Hartholzstab zu reinigen (Bild 113). Nach dem Reinigen sind die gebrauchten Düsen auf eingeschlagenen oder rauhen Nadelsitz und auf beschädigte Spritzzapfen zu untersuchen sowie der Düsenkörpersitz und das Spritzloch. Beschädigte Düsen müssen erneuert werden.

Nach der Sichtprüfung ist eine Gleitprüfung durchzuführen. Den Düsenkörper und die Düsennadel einzeln in gefilterten Dieselkraftstoff tauchen und die Düsennadel in den Düsenkörper einsetzen. Den Düsenkörper senkrecht halten und die Düsennadel ungefähr ein Drittel herausziehen. Die Nadel muss durch ihr Gewicht bis auf ihren Sitz zurückgleiten. Die Düsennadel ein Stück drehen und den Vorgang wiederholen. Gleitet die Nadel nicht zurück, muss die Düsennadel mit dem Düsenkörper erneuert werden.

Der Zusammenbau der Düse erfolgt in umgekehrter Reihenfolge wie das Zerlegen. Mit der Bosch-Düsen-Prüfvorrichtung EFEP 60H eine Strahl- und Schnarrprüfung durchführen lassen, sowie den Öffnungsdruck bzw. Abspritzdruck der Einspritzdüsen überprüfen lassen.

Zu beachten ist der Einbau von unterschiedlichen Einspritzdüsen. Beim Vierzylindermotor werden die bereits in früheren 601-Motoren verwendeten Düsen eingebaut, die in Bild 114 in einer Schnittansicht gezeigt ist. Die Düsen haben die Bezeichnung DN 0 SD 261. Im Fünfzylindermotor werden Einspritzdüsen mit der Bezeichnung DN 0 SD 265 verwendet. Die Düsennadel dieser Düsen hat eine flache Nadelspitze, wie es aus Bild 115 ersichtlich ist.

Düsenprüfung mit Düsenprüfgerät

Nur sauberes Prüföl oder gefilterten Dieselkraftstoff benützen. Beim Prüfen der Düsen darf der Sprühstrahl nie auf die Hände kommen. Der Strahl dringt tief in die Haut ein und zerstört das Gewebe. Ausserdem besteht die Gefahr einer Blutvergiftung.

Einspritzdüse mit Düsenhalter am Gerät anschliessen. Bei den Prüfungen ist darauf zu achten, dass die vorgeschriebene Hebel-Abwärtsbewegungen pro Sekunde genau eingehalten werden, da sonst leicht Fehldiagnosen in der Beurteilung der Düsen vorkommen können. Die Strahl- und Schnarrprüfung ist bei abgeschaltetem Manometer durchzuführen.

Strahlprüfung

Der Strahl sollte bei ca. zwei Huben pro Sekunde möglichst abgeschlossen sein und gut abreissen.

Schnarrprüfung

Handhebel des Prüfgerätes langsam voll durchdrücken, ca. einen Hub pro Sekunde. Die Düse soll dabei gedämpft hörbar schnarren. Schnarrt die Düse nicht oder nur wenig, so ist sie zu reinigen und die Prüfung zu wiederholen. War die Schnarrprüfung nicht befriedigend, so ist die Düse etwa 10 Sekunden lang mit 2 bis 3 Vorhüben pro Sekunde durchzuspritzen. Der Strahl muss dabei geschlossen sein und mit einem hörbarem Pfeifen ausspritzen. Sollte das nicht der Fall sein, die Düse nochmals reinigen und die Prüfung wiederholen. Gegebenenfalls ist die Düse zu ersetzen.

Prüfen des Öffnungs- und Abspritzdruckes

Kontrollventil öffnen und den Handpumpenhebel langsam 1 Hub pro Sekunde herunterdrücken. Beim Beginn des Abspritzens der Düse den Öffnungsdruck ablesen. Die Düse muss dabei deutlich schnarren. Durch geschliffene Stahlscheiben ("2", Bild 109), die auf der Oberfläche zwischen der Druckfeder und dem Düsenhalter beigelegt werden, kann der Öffnungsdruck auf den richtigen Wert eingestellt werden.

Stahlplättchen in der Stärke von 1,0 - 1,8 mm in Stufen von 0,05 mm sind erhältlich. Die Erhöhung der Federvorspannung um 0,05 mm erhöht den Öffnungsdruck um ca. 3,0 bar Überdruck.

Einspritzdüse auf Dichtheit prüfen

Den Pumpenhebel langsam nach unten bewegen, bis der Druck am Manometer gerade unterhalb des Abspritzdruckes anzeigt. Eine leichte Feuchtigkeit ist zulässig, aber Tropfenbildung oder Tropfen zeigen einen schlechten Sitz an. Ist durch sorgfältiges Reinigen der Sitzfläche am Düsenkörper und an der Düsennadel eine Undichtheit nicht zu beseitigen, dann ist die Düse zu erneuern.

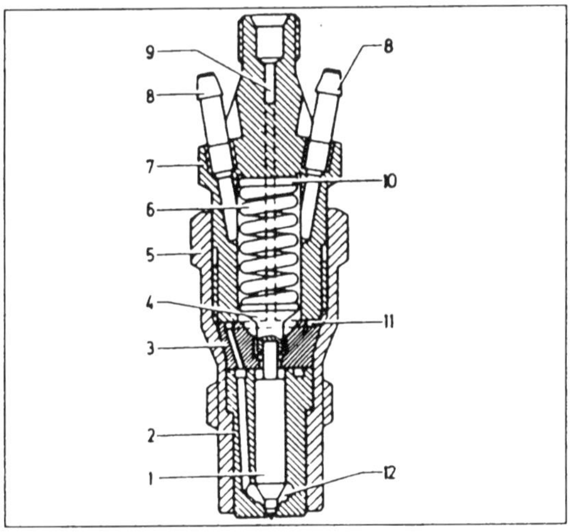

Bild 114
Schnittbild von Düsenhalter und Einspritzdüse (Vierzylindermotor).
1 Düsennadel
2 Düsenkörper
3 Düsenhaltereinsatz
4 Druckbolzen
5 Überwurfmutter
6 Druckfeder
7 Düsenhalter
8 Leckölabfluss
9 Kraftstoffzulauf
10 Stahlscheibe
11 Ringnut und Zulaufbohrung
12 Druckkammer und Düsenkörper

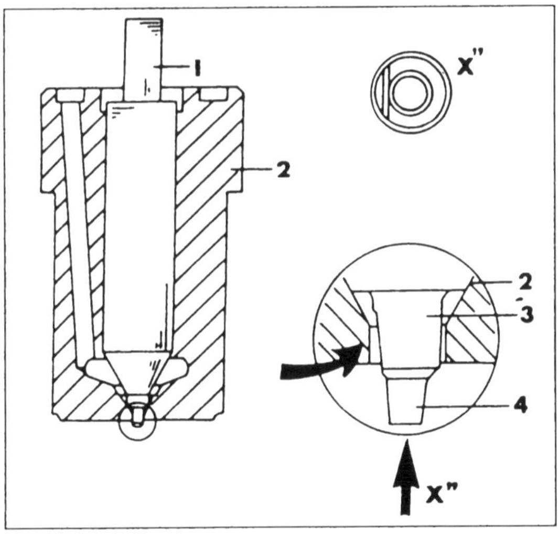

Bild 115
Ansicht einer Einspritzdüse, wie sie im Fünfzylindermotor eingebaut sind.
1 Düsennadel
2 Düsenkörper
3 Nadelschaft
4 Spritzzapfen

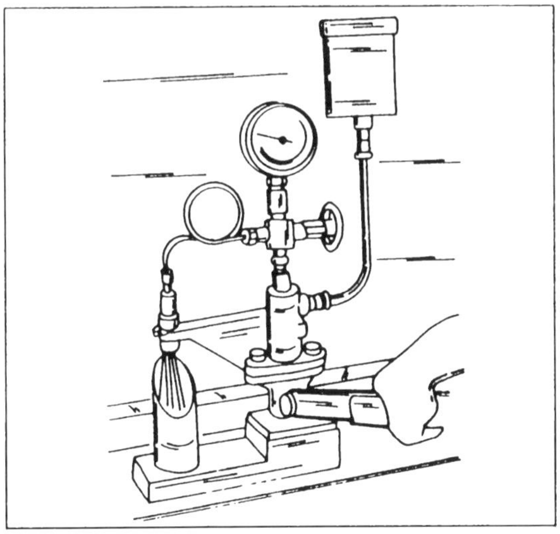

Bild 116
Abspritzdruck der Einspritzdüsen prüfen.

5.3 Glühkerzen

Wie aus dem Schaltplan in Bild 117 gesehen werden kann, besteht die Vorglühanlage aus den Glühkerzen, dem Vorglühzeitrelais und der Warnleuchte im Armaturenbrett. Beim Einschalten der Zündung wird das Glühzeitrelais über die Klemme 15 unter Strom gesetzt. Das Relais "a" schaltet den Strom von der Plusklemme "30" über eine Sicherung (80 A) zu den Glühkerzen. Die Kerzen erhalten eine Spannung von mindestens 11,5 Volt und nehmen eine Stromstärke von ca. 30 A. auf, welche jedoch durch einen eingebauten Regler auf 8 - 15 A. verringert wird, so dass ein Durchbrennen der Glühkerzen vermieden werden kann. Die Kerzen erwärmen sich innerhalb 10 Sekunden auf ca. 900° C, und können sich nach 30 Sekunden bis auf 1180° C erhitzen.

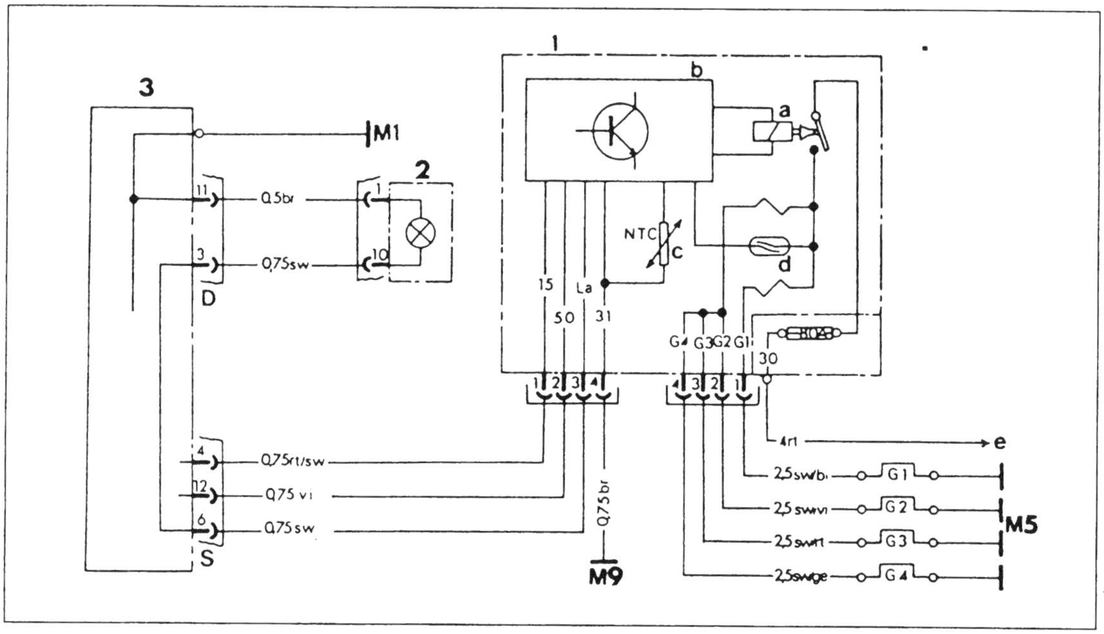

Bild 117
Schaltplan der Vorglühanlage.
1 Vorglühzeitrelais
2 Warnleuchte im Kombiinstrument
3 Zentralelektrik
a Leistungsrelais
b Elektronikeinheit
c Temperaturfühler
d Reed-Relais
G Glühkerzen
M Massestellen

Das Vorglühzeitrelais bestimmt die Betriebszeit, d.h. die Glühzeit der Glühkerzen. Dieses Relais arbeitet durch einen Temperaturfühler, welcher die Aussentemperatur "erfühlt". Je tiefer die Temperatur ist, je länger "beauftragt" das Relais die Kerzen vorzuglühen. Dies kann zum Beispiel 25 Sekunden bei —30° C oder nur 2 Sekunden im Sommer betragen. Ist die Vorglühzeit erreicht, erlöscht die Warnleuchte im Armaturenbrett. Wird der Motor nicht sofort angelassen, schaltet sich der Strom zu den Kerzen durch eine Sicherheitsschaltung wieder ab. Erfolgt ein Anlassen nach dieser Zeit, schaltet sich die Vorglühanlage wieder zu. Dies geschieht über die Klemme "50" des Anlassers.

Das Vorglührelais befindet sich am linken Radlauf und ist mit einer Schutzkappe versehen. Beim Abnehmen der Kappe hat man Zugang zu den Steckverbindungen und zu der 80 A-Sicherung. Die Schaltung für die Warnleuchte, für den Betrieb des Leistungsrelais "a" in Bild 117 und die Sicherheitsschaltung werden vom Relais übernommen.

Bei Motoren in Fahrzeugen des Baujahres 1989 wird anstelle der 80 A-Sicherung eine elektronische Kurzschlussicherung verwendet, wenn das Fahrzeug für die Schweiz oder Österreich bestimmt ist. Tritt ein Kurzschluss auf, wird der Stromkreis unterbrochen.

Durch die hohen Temperaturen ist es schon mal möglich, dass eine Glühkerze durchbrennt. Ebenfalls ist es möglich, das Kerzen durch Störungen an den Einspritzdüsen, falsche Einspritzzeiten oder zu niedrigen Einspritzdruck ausfallen. In diesem Fall können sie leicht ausgebaut und erneuert werden. Die Kerzen der meisten Motoren tragen die Bezeichnung 0 250 201 001 und sind von Bosch hergestellt, jedoch wurden bestimmte Motoren ab Baujahr 1988 mit Stabglühkerzen versehen, die ein kürzeres Heizelement haben. Diese sind in Fahrzeuge in der Schweiz und Österreich eingebaut. Beim Erneuern von Glühkerzen muss man sich deshalb von der Ausführung überzeugen. Bei diesen Modellen wurde die Vorglühanlage auch in anderen Aspekten geändert, z.B. durch den Einbau eines Temperaturschalters für das Kühlmittel, mit dessen Hilfe die Vorglühzeit entsprechend der Kühlmitteltemperatur gesteuert wird. Diese Motoren haben ausserdem eine Nachglühzeit, um die Warmlaufeigenschaften zu verbessern. Die Kerzen können bis zu 60 Sekunden nachglühen.

5.3.1 Aus- und Einbau der Glühkerzen

Die Kerzen sitzen ziemlich versteckt unter den Saugrohren und eine Stecknuss mit Verlängerung

und Ratsche sollte zum Ausschrauben vorhanden sein.
Die Muttern von den Glühkerzen abschrauben. Die Muttern können nicht abgenommen werden, da sie sich in den Kabelschuhen des Kabelstranges befinden. Die Glühkerzen danach herausdrehen.
Vor dem Einschrauben der Glühkerze können der Kerzenkanal und die Bohrung in der Vorkammer mit einer dem Durchmesser entsprechenden Reibahle von Ölkohle gereinigt werden, jedoch darf dazu nur die von Mercedes benutzte Reibahle verwendet werden. Die Nuten der Reibahle sind mit Fett zu füllen. Ein Bund an der Reibahle verhindert, dass der Kugelstift in der Vorkammer beschädigt werden kann. Es ist darauf zu achten, dass sie nicht zu tief eingeführt werden darf.
Vor dem Einschrauben der Glühkerze ist das Gewinde mit graphierten Fett einzustreichen. Der Einbau geschieht in umgekehrter Reihenfolge. Die Kerzen mit 20 Nm, die Mutter der Leitungsbefestigung mit 4 Nm anziehen.

5.3.2 Störungen an der Vorglühanlage

Falls der Motor schlecht anspringt, liegt die Störung in vielen Fällen in der Vorglühanlage. Leuchtet die Warnleuchte im Kombiinstrument nicht auf, kann man sowieso annehmen, dass ein Fehler in der Anlage vorliegt. Mit Hilfe einer einfachen Prüflampe kann man einige Arbeiten durchführen, um die Störungsquelle zu finden. Die Abdeckung des Vorglührelais abnehmen, um die Steckanschlüsse freizulegen.
Falls die Leuchte nicht aufleuchtet, der Motor aber anspringt, als erstes die Glühbirne auswechseln. Andernfalls mit einer Prüflampe prüfen:

- Den kleineren Stecker vom Vorglührelais abziehen und die Zündung einschalten.
- Die beiden Anschlussklemmen im Stecker miteinander verbinden. Die Leuchte sollte jetzt aufleuchten. Andernfalls die Leitungen prüfen oder die Birne erneuern. Dazu das Kombiinstrument ausbauen. Die obere Fussraumabdeckung auf der Fahrerseite, den Luftschlauch zur Seitendüse und die Tachometerspirale auf der Rückseite abschrauben. Das Kombiinstrument kann danach von hinten herausgedrückt werden, da es nur durch Federklammern gehalten wird.

Falls der Motor nicht anspringt und die Lampe leuchtet nicht auf, folgende Prüfungen durchführen:

- Kontrollieren, dass der Sicherungsstreifen nicht geschmolzen ist.
- Zündung einschalten und kontrollieren, dass die Klemme "15" Strom hat. Dazu am rot/schwarzen Kabel der kleineren Steckverbindung prüfen.
- Den grossen Steckverbinder mit den Kabeln zu den Glühkerzen am Vorglühzeitrelais abziehen.
- Die Prüflampe an Masse anklemmen und die andere Prüfspitze der Reihe nach an alle anderen Anschlussstifte des Relais halten. Wenn die Zündung eingeschaltet ist, muss während der Vorglühzeit an jedem Anschluss Strom vorhanden sein. Daran zu denken ist, dass man die Zündung immer wieder ein- und ausschalten lassen muss, um den Vorglühvorgang jedes Mal einzuleiten.
- Das Relais muss erneuert werden, falls man keinen Erfolg mit der Prüfung hat.

Auf eine defekte Glühkerze kann geschlossen werden, wenn der Motor anspringt, aber nicht sofort auf allen Zylindern läuft. Der nicht arbeitende Zylinder kommt später in Betrieb, da der Dieselkraftstoff durch Selbstzündung zündet.

5.4 Leerlaufeinstellung

Die vorschriftsmässige Einstellung des Leerlaufs kann nur mit dem Spezialgerät von Bosch und dem Impulsgeber 601 589 04 21 00 einwandfrei durchgeführt werden. Das Gerät wird in die Diagnosesteckdose eingesteckt und der Impulsgeber erhält seine Impulse vom o.T.-Anzeiger an der Oberseite des Schwungrades.
Falls man die Geräte nicht zur Verfügung hat, muss man mindestens einen Drehzahlmesser entsprechend den Anweisungen des Herstellers anschliessen, damit der genaue Drehzahlwert erhalten wird. Wird den Anweisungen genau gefolgt, kann man den Leerlauf ohne Schwierigkeiten einstellen. Bei Motoren mit elektronischer Leerlaufdrehzahlregelung braucht man den Leerlauf nicht weiter beachten. Dies sind Fahrzeuge ab Baujahr 1985 mit Getriebeautomatik und Klimaanlage.
Bei der Einstellung folgendermassen vorgehen:

- Kontrollieren, ob das Gasgestänge sich einwandfrei bewegen lässt und in keiner Stellung klemmt. Dies könnte manchmal zu erhöhtem Leerlauf führen.
- Motor anlassen und auf Betriebstemperatur bringen.
- Leerlaufanzeige kontrollieren. Falls der Motor nicht innerhalb 750 ± 50/min. (Vierzylindermotor) oder 700 ± 50/min. (Fünfzylindermotor) läuft, muss eine Einstellung durchgeführt werden.
- Unter Bezug auf Bild 118 das Verbindungsgestänge (2) vom Führungshebel (2) abschliessen.
- Der Leerlauf wird an der Unterdrucksteuerdose eingestellt, deren Lage in Bild 119 gezeigt ist. Falls Verstellungen erforderlich sind, die Kontermutter (1) lockern und die Dose verdrehen.

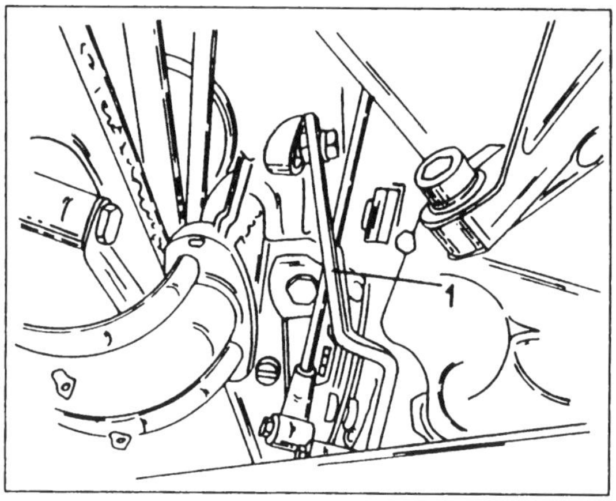

Bild 118
Abschliessen des Verbindungsgestänges (1) vom Führungshebel vor Einstellung des Leerlaufs.

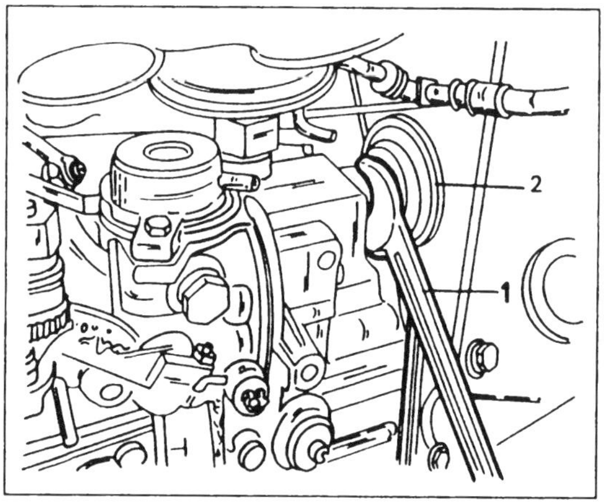

Bild 119
Zum Einstellen des Leerlaufs die Kontermutter (1) lockern und die Unterdruckdose (2) verdrehen.

Bild 120
Ansicht der Drosselklappenbetätigung.
1 Winkelhebel
2 Nippel
3 Druckfeder
4 Einstellschraube
5 Bowdenzug
6 Führungsstück

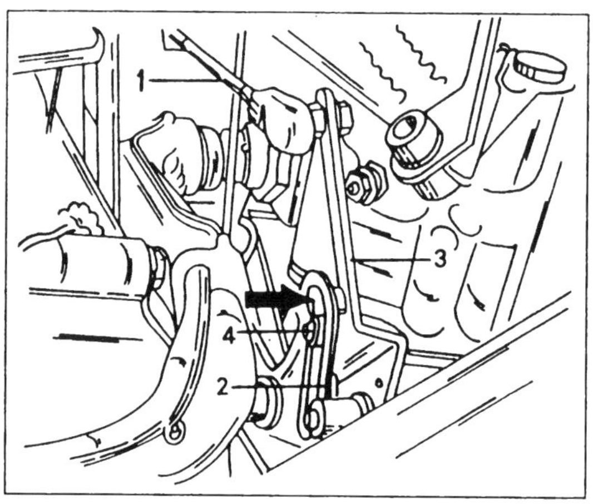

Bild 121
Einzelheiten zum Einstellen des Drosselklappengestänges bei eingebauter Getriebeautomatik.
1 Verbindungsgestänge
2 Geschlitzter Hebel
3 Führungshebel
4 Rolle

- Den Motor wieder anlassen und den Leerlauf erneut kontrollieren. Falls erforderlich weitere Nachstellungen vornehmen.

5.5 Einstellen der Drosselklappenbetätigung

Ehe irgendwelche Einstellungen vorgenommen werden überprüft man das Drosselklappengestänge auf Leichtgängigkeit und den Bowdenzug auf Leichtgängigkeit oder Schäden. Wie erforderlich beschädigte Teile erneuern. Alle Lagerstellen müssen einwandfrei mit graphitiertem Fett geschmiert sein. Bei der Einstellung folgendermassen vorgehen:

- Unter Bezug auf Bild 120 den Bowdenzug (5) aushängen. Dazu das geschlitzte Führungsstück (6) aus dem Winkelhebel (1) herausdrücken und den Bowdenzug herausziehen.
- Bei einem Fahrzeug mit automatischem Getriebe das verstellbare Verbindungsgestänge (1) in Bild 121 vom Übertragungshebel (3) aushängen. Kontrollieren, ob der Einstellhebel der Dieseleinspritzpumpe gegen den Drehzahlanschlag anliegt. Das Verbindungsgestänge dann ohne jegliche Spannung wieder anschliessen. Wie erforderlich das Gestänge entsprechend verstellen. Kontrollieren, ob die Rolle (4) im Führungsblock ohne Spannung gegen den Endanschlag anliegt, wie es durch den Pfeil im Bild gezeigt wird.
- Den Winkelhebel (1) in Bild 120 in die Volllaststellung ziehen, während der Einstellhebel an der Einspritzpumpe gegen den Vollastanschlag anliegt. Falls erforderlich den verstellbaren Kugelkopf (2) in Bild 122 im Schlitz des Übertragungshebels (3) versetzen und wieder festziehen.
- Bei einem Fahrzeug mit Schaltgetriebe kontrollieren, ob der Einstellhebel der Einspritzpumpe gegen den Drehzahlschlag anliegt und den Bowdenzug wieder anschliessen.
- Von der Innenseite des Fahrzeuges von einer zweiten Person das Gaspedal bis zum Anschlag durchtreten lassen, wenn ein Schaltgetriebe eingebaut ist oder bis zum Anschlag des Kick-down-Schalters bei eingebauter Getriebeautomatik und kontrollieren, dass der Hebel der Einspritzpumpe vollkommen gegen den Anschlag anliegt. Falls dies nicht der Fall ist, die Einstellmutter (4) am Bowdenzug in Bild 120 verstellen.
- Gaspedal langsam entlasten, damit die Betätigung in die Leerlaufstellung zurückkehrt.
- In Leerlaufstellung kontrollieren, ob der Nippel (2) in Bild 120 des Bowdenzuges frei von Spannung gegen die Druckfeder (3) anliegt. Falls erforderlich, d.h., falls Spannung festgestellt werden kann, den Bowdenzug von der Innenseite des Fahrzeuges einstellen.

5.6 Pneumatische Leerlaufanhebung

Beide Motoren arbeiten mit dieser Einrichtung. Diese Einrichtung wirkt über eine Unterdruckdose auf den Leerlaufanschlag im Regler. Falls der Motor eine Temperatur von weniger als +30° C (Schaltgetriebe) oder +17° C (Getriebeautomatik) hat, wird die Drehzahl um ca. 100/min. erhöht. Bilder 124 und 125 zeigen im Diagramm, wie die Unterdruckdose am Reglergehäuse über Thermoventile gesteuert wird. Die folgende Beschreibung bezieht sich auf Bild 124, d.h. bei einem Fahrzeug mit Schaltgetriebe:

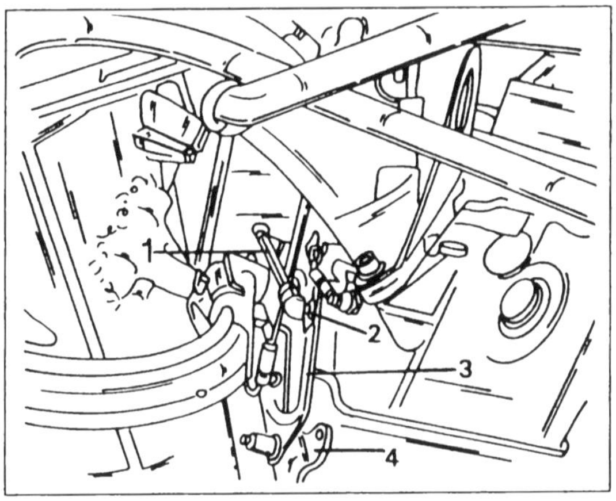

Bild 122
Einzelheiten zum Einstellen des Drosselklappengestänges bei eingebautem Schaltgetriebe.
1 Verbindungsgestänge
2 Kugelkopf
3 Führungshebel
4 Haltebügel

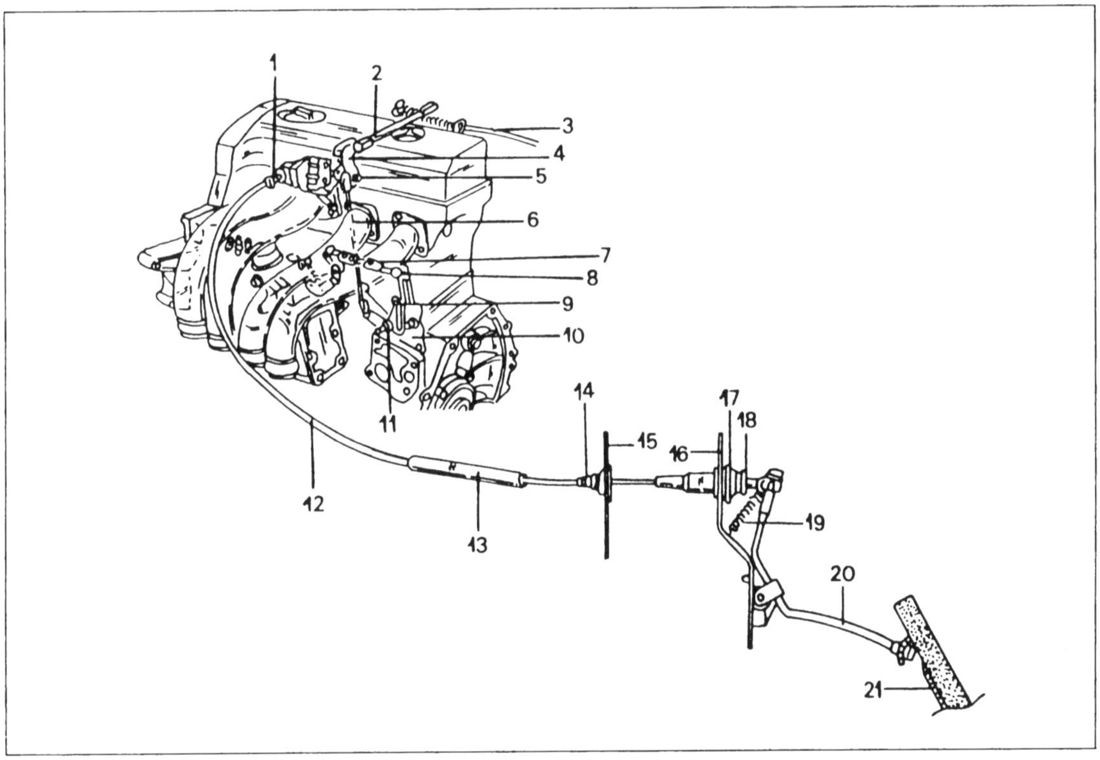

Bild 123
Die zur Gasbetätigung gehörenden Teile.
1 Einstellschraube am Gaszugseil
2 Verbindungsgestänge (Automatik)
3 Steuerdruckzug für Getriebeautomatik
4 Winkelhebel
5 Sicherungsring
6 Verbindungsstange
7 Verbindungsstange
8 Kugelkopf
9 Rolle in Kulissenbahn
10 Halter
11 Kulissenhebel
12 Gasbetätigungszug
13 Scheuerschutzgummi
14 Dichtmanschette
15 Trennwand
16 Stirnwand, Motorraum
17 Gummitülle
18 Einstellmutter
19 Rückzugfeder
20 Hebel
21 Gaspedal

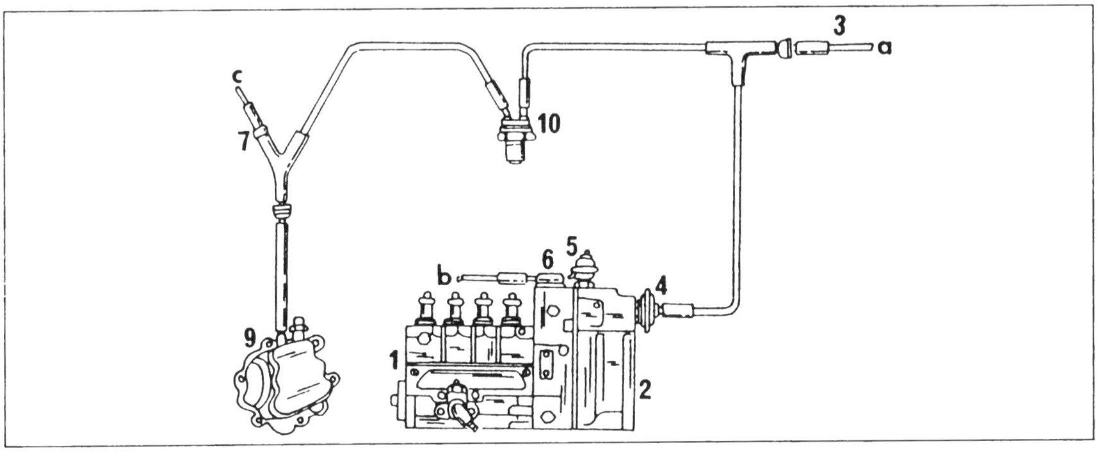

Bild 124
Funktionsdiagramm der Leerlaufanhebung mit Schaltgetriebe, gezeigt beim Vierzylindermotor. Die Unterdruckschläuche haben unterschiedliche Farben. Beim Abziehen und Aufstecken deshalb darauf achten.
1 Einspritzpumpe
2 Regler
3 Belüftungsfilter
4 Unterdruckdose für Leerlaufanhebung
5 Höhenausgleichskapsel
6 Unterdruckabstellmembrane
7 Drosselstelle, 0,5 mm
8 Belüftungsfilter
9 Unterdruckpumpe
10 Thermoventil
a Belüftungsleitung zum Fahrerraum
b Schlüssel, Motorabstellung
c Verbleibende Abnehmer

Wenn das Thermoventil (10) in der Unterdruckleitung zur Unterdruckpumpe (9) geöffnet wird, wirkt der Unterdruck in der Unterdruckdose (4) und die Leerlaufanhebung findet statt. Sobald sich das Ventil (10) schliesst, werden die Unterdruckdose (4) und eine Belüftungsleitung belüftet und die Leerlaufanhebung wird unterbrochen. Falls die Leerlaufanhebung nicht zufriedenstel-

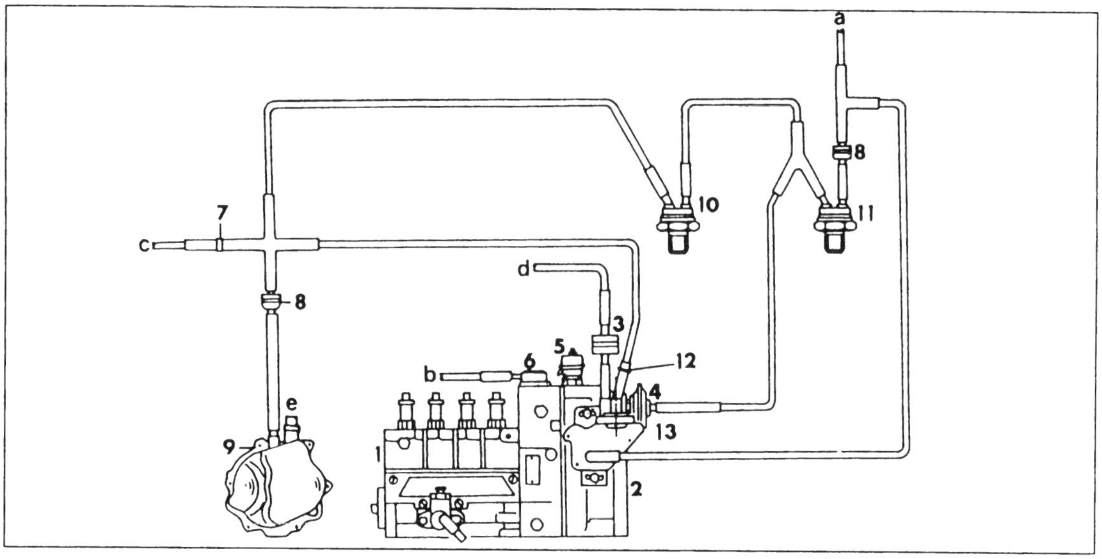

Bild 125
Funktionsdiagramm der Leerlaufanhebung mit automatischem Getriebe, gezeigt beim Vierzylindermotor. Die Unterdruckschläuche haben unterschiedliche Farben. Beim Abziehen und Aufstecken beachten.
1 Einspritzpumpe
2 Regler
3 Dämpfer
4 Unterdruckdose
5 Höhenausgleichskapsel (falls eingebaut)
6 Unterdruckabstellmembrane
7 Drosselstelle, 0,5 mm
8 Belüftungsfilter
9 Unterdruckpumpe
10 Thermoventil
11 Thermoventil
12 Drosselstelle
13 Unterdruckregelventil
a Belüftungsleitung zum Fahrerraum
b Schlüssel, Motorabstellung
c Verbleibende Abnehmer
d Unterdruckdose, Getriebeautomatik

lend ist, muss in den meisten Fällen eine neue Unterdruckdose eingebaut werden. Diese Arbeit muss in einer Werkstatt oder beim Bosch-Dienst durchgeführt werden, da die Einspritzpumpe teilweise zerlegt werden muss.

5.7 Luftfilter

Der Luftfilter ist aus Kunststoff hergestellt und besteht aus drei Hauptteilen, d.h. dem Luftfiltergehäuse, dem Luftfilterdeckel an welchem der grosse Luftschlauch angeschlossen ist und dem dazwischen eingesetzten Luftfiltereinsatz. Das Luftfiltergehäuse ist über Gummistutzen mit den Saugrohren verbunden. Der Luftfiltereinsatz ist durch Verwendung von durchlöchertem Blech verstärkt.

Eine Luftansaughutze am Ende des grossen Luftschlauchs vervollständigt die Luftfilteranlage.
Der Aus- und Einbau des Luftfilters bringt keinerlei Schwierigkeiten mit sich, da die Befestigungsstellen leicht auffindbar sind, jedoch sind einige Vorarbeiten durchzuführen:

- Luftführungsschlauch zwischen der Ansaughutze und dem Luftfilterdeckel ausbauen.
- Die Kraftstoffleitung aus dem Eingriff mit dem Deckel bringen.
- Die Federspange des Deckels öffnen und den Deckel abnehmen.
- Der Filtereinsatz kann jetzt zur Reinigung oder zum Auswechseln herausgenommen werden. Den Filtereinsatz nicht mit Flüssigkeiten reinigen, sondern nur mit Pressluft durchblasen. Den Schlauch dabei an den seitlichen Lamellen ansetzen. Das Filtergehäuse gut auswischen, ehe der

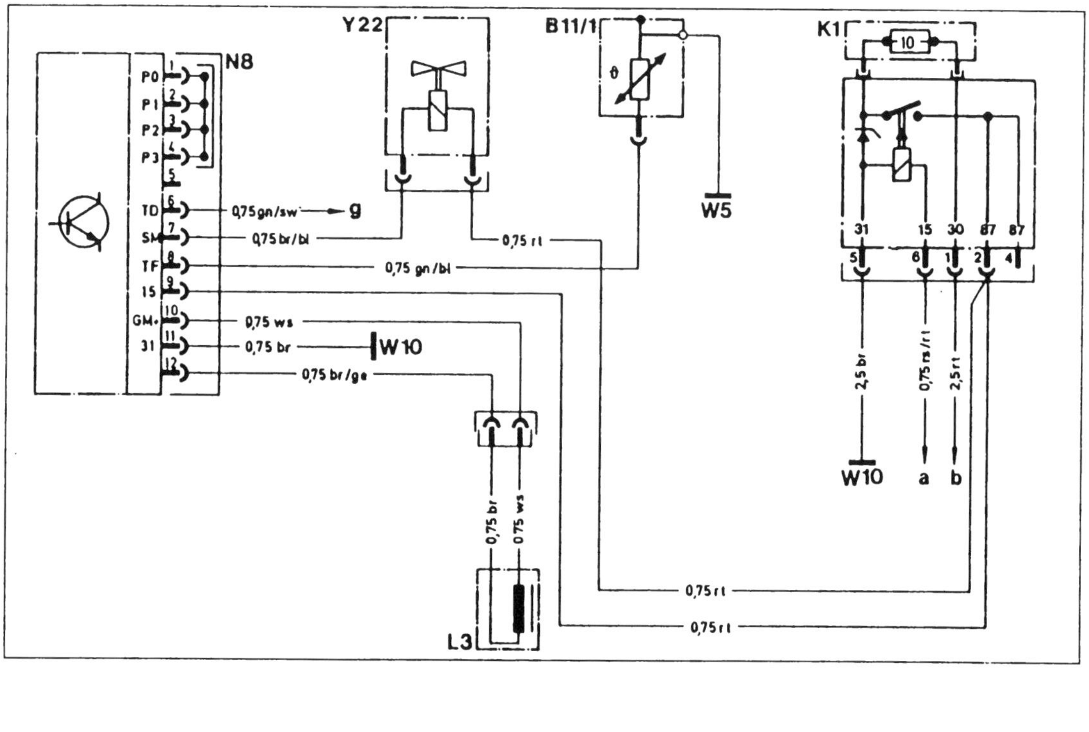

Bild 126
Schaltplan für elektronische Leerlaufregulierung für Fahrzeuge ohne Klimaanlage. Die Buchstaben weisen auf die Kabelfarben hin (siehe Schaltplan).
B11/1 Temperaturfühler
K1 Relais, Überspannungsschutz
L3 Drehzahlgeber, Zahnkranz
N8 Steuergerät, Leerlaufregulierung
W5 Masse, Motor
W10 Masse, Batterie
Y22 Stellmagnet an Einspritzpumpe
a = X26, Steckeranschluss, Motorraumkabelstrang, 12-Pol-Steckdose 1, Klemme 15
b = X7, Leitungsanschluss, Motor, Klemme 30
c = N15, Relais, Kick-down-Ausschaltung, Steckdose 2

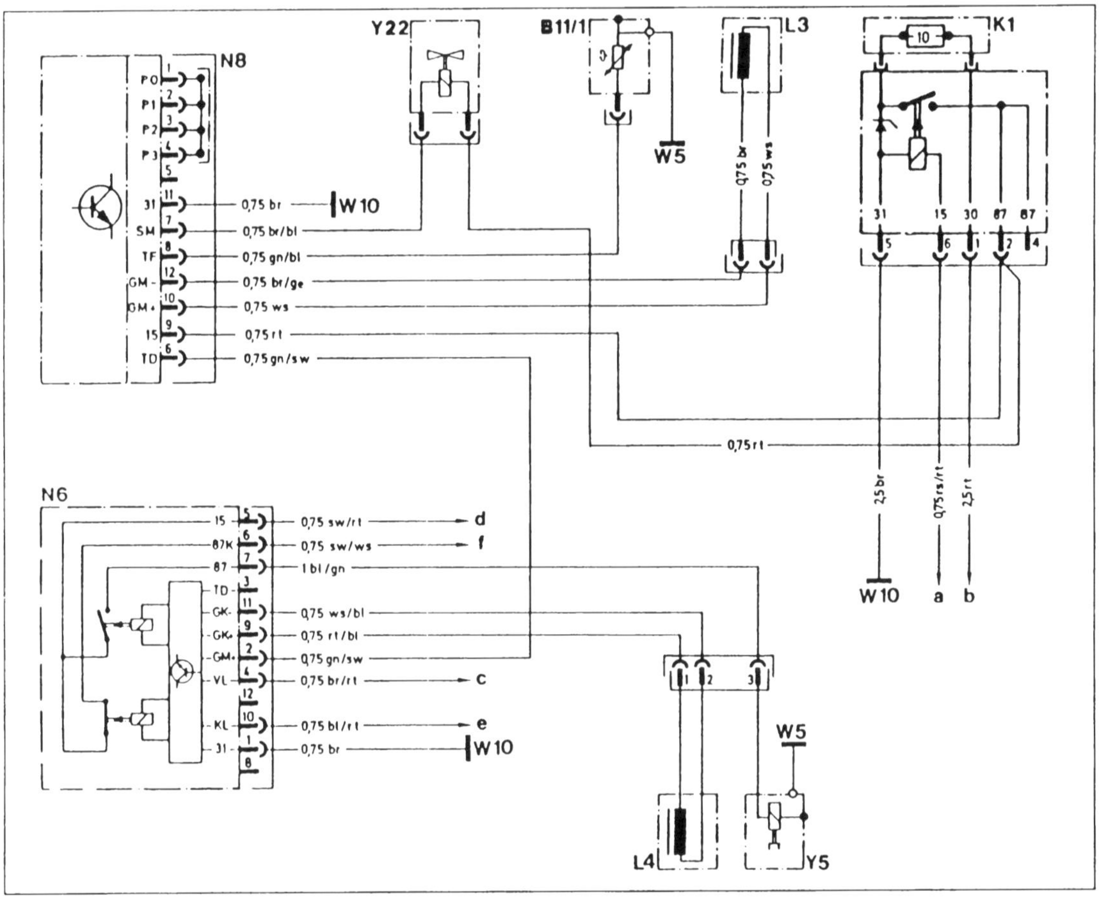

Bild 127
Schaltplan für elektronische Drehzahlregulierung für Fahrzeuge mit automatischem Getriebe und Klimaanlage.

B11/1	Temperaturfühler, Kühlmittel
K1	Relais, Überspannungsschutz
L3	Drehzahlgeber, Zahnkranz
L4	Drehzahlgeber, Kompressor
N6	Steuergerät, Kompressorausschaltung
N8	Steuergerät, Leerlaufregulierung
W5	Masse, Motor
W10	Masse, Batterie
Y5	Elektro-magnetische Kupplung, Kompressor
Y22	Stellmagnet an Einspritzpumpe
a =	X26, Steckeranschluss, Motor, 12-Polsteckdose 1 (Klemme 15)
b =	X7, Leitungsstecker, Motor, Klemme 30
c =	S27, Mikroschalter, Steckdose 3
d =	K8, Doppelkontaktrelais, Zusatzlüfter, Vorwiderstand, Steckdose 4, Klemme 86
e =	S32, Druckschalter, Kompressor
f =	X26, Steckeranschluss, Motorraumkabelstrang, 12-Pol-Steckdose 9

Einsatz wieder eingebaut wird. Beim Kauf eines neuen Filtereinsatzes unbedingt den richtigen Einsatz beziehen. Filtereinsätze für die einzelnen Motoren sind unterschiedlich.
Filtereinsätze werden von den Firmen Bosch, Knecht, Mann und Purolator geliefert.

5.8 Elektronische Leerlaufdrehzahlregelung

Diese Einrichtung wird beim Vier- und Fünfzylindermotor mit Klimaanlage und automatischem Getriebe vorgefunden. Sie besteht aus einem Drehzahlgeber am Starterzahnkranz und einem elektronischen Steuergerät. Ein Stellmagnet ist anstelle der Unterdruckdose am Ende der Einspritzpumpe angebracht. Bilder 126 und 127 zeigen die Schaltpläne von zwei in Frage kommenden Ausführungen. In kurzen Worten findet beim Betrieb folgendes statt:
Der Drehzahlgeber (L3) nimmt die Motordrehzahl auf und überträgt sie durch Wechselstrom zum Steuergerät (N8). Das Steuergerät wertet das Drehzahlsignal aus und nimmt einen Vergleich zwischen dem Nominal-Drehzahlwert und dem eigentlichen Drehzahlwert vor. Die Motordrehzahl wird unabhängig von der Motorbelastung durch

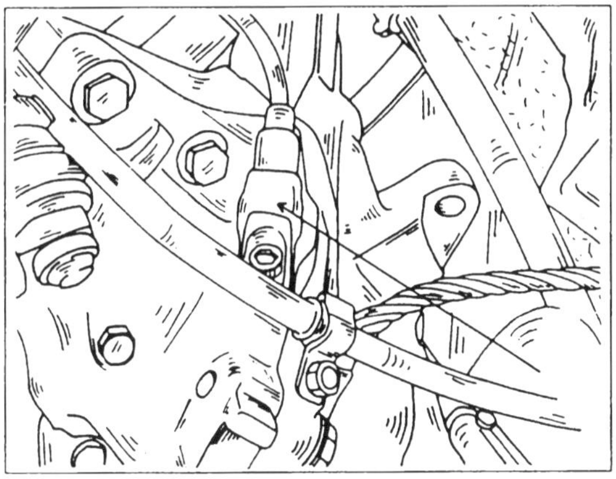

Bild 128
Lage des Drehzahlgebers am Getriebe.

den Stellmagnet (Y22) konstant gehalten.
Bei Kühlmitteltemperaturen von weniger als 60° C wird der Leerlauf durch Wirkung des Temperaturgebers (B11/1) auf einen vorbestimmten Wert erhöht.
Die Einzelteile der Einrichtung sind an den folgenden Stellen zu finden:

- Der Stellmagnet ist am Regler der Einspritzpumpe angebracht und erhält eine Gleichstromspannung vom Steuergerät.
- Der Drehzahlgeber (L3) ist an der in Bild 128 gezeigten Stelle am Flansch des Getriebes verschraubt.
- Der Kühlmittel-Temperaturfühler (B11/1) ist in den Zylinderkopf eingesetzt (in der Nähe der

Einspritzleitungen).

- Das Steuergerät liegt hinter der Batterie. Neben dem Steuergerät ist ein kleineres Gerät (K1), bei welchem es sich um ein Spannungsschutzrelais handelt.

Zur Kontrolle der elektronischen Leerlaufregulierung kann man den Zweistift-Stecker vom Stellmagnet abziehen (Bild 129) und den Motor anlassen. Ein genauer Drehzahlmesser muss entsprechend den Anweisungen des Herstellers angeschlossen werden. Den Motor anlassen und kontrollieren, ob die folgenden Drehzahlen erhalten werden:

Vierzylindermotor = 660 ± 40/min.
Fünfzylindermotor = 620 ± 40/min.

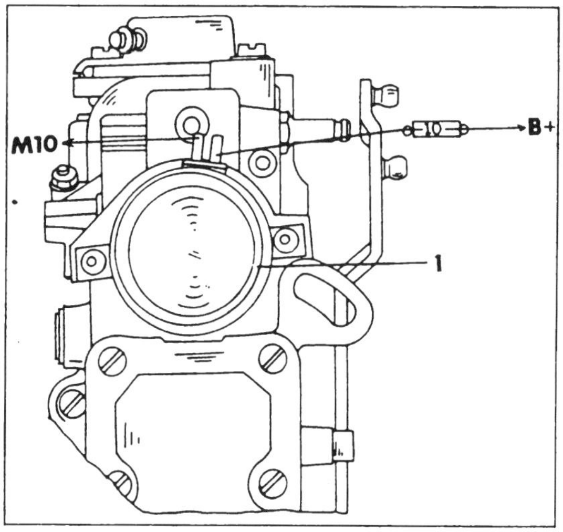

Bild 129
Die beiden Anschlüsse am Stellmagnet an der Rückseite der Einspritzpumpe.

Um den Leerlauf einzustellen, die Kontermutter an der in Bild 130 gezeigten Stelle lockern (unmittelbar über dem Stellmagnet) und die Schraube verstellen. Die Kontermutter wieder anziehen.

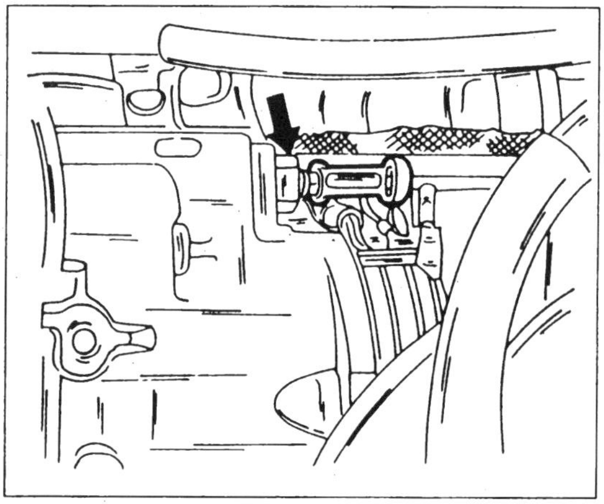

Bild 130
Zum Verstellen des Leerlaufs die mit dem Pfeil gezeigte Kontermutter lockern.

5.9 Kraftstofförderpumpe

Die Kraftstofförderpumpe ist an der Seite der Einspritzpumpe angeschraubt und wird durch eine Dichtung abgedichtet. Beim Ausbau der Pumpe wird die Öffnung der Einspritzpumpe freigelegt. Da diese mit Öl gefüllt ist, muss dieses beim Abnehmen der Pumpe aufgefangen werden.

Die Druckleitung zur Einspritzpumpe (an der Oberseite) ist mit einer Überwurfmutter angeschlossen; der Zufuhrschlauch an der Seite wird mit einer Schlauchschelle gehalten. Zum Ausbau die beiden Leitungen abschliessen und die Pumpe abschrauben.

Beim Einbau die Pumpendichtung erneuern.

5.10 Kraftstoffilter

Die Einspritzpumpe und die Einspritzdüsen sind gegen Verunreinigung empfindlich. Ein eingebauter Kraftstoffilter übernimmt die Reinigung des Dieselkraftstoffs, um diesen so sauber wie möglich zu halten. Alle 60 000 km sollte die Filterpatrone erneuert werden. Vor der Kraftstoffpumpe sitzt ein weiterer Filter, welcher ebenfalls kei dieser Gelegenheit zu erneuern ist.

Der Kraftstoffilter kann nach Lösen der Befestigungsschraube in der Mitte nach unten abgenommen werden. Die Unterdruckleitung für den Bremskraftverstärker vor dem Ausbau vom Filtersockel lösen.

5.11 Abstellung des Motors

Der Motor kann durch Drehen des Zündschlüssels abgestellt werden. Zum Abstellen wird der Unterdruck in der Anlage ausgenutzt. Der Unterdruck wird über einen Schlauch zu einem Ventil an der Rückseite des Zündschlosses geführt. Durch das Drehen des Zündschlüssels wird eine Nockenscheibe verdreht und betätigt dabei das Ventil. Der Unterdruck kann dann durch einen Schlauch zur Unterdruckdose an der Einspritzpumpe gelangen. Dadurch wird die Membrane in der Unterdruckdose nach oben gezogen und bewegt dabei über einen Hebel die Regelstange der Einspritzpumpe, um sie auf Nullförderung zu stellen. Da der Motor keinen weiteren Kraftstoff erhält, stellt er ab.

Ausser der Unterdruckabstellung ist es auch möglich den Motor von Hand abzustellen, indem man den Hebel an der Aussenseite der Einspritzpumpe auf Nullförderung stellt.

Falls sich der Motor nicht mehr mit dem Zündschlüssel abstellen lässt, kann man auf eine Störung in der Unterdruckanlage schliessen:

- Als erstes alle Anschlüsse der Unterdruckschläuche kontrollieren.
- Danach die Zündung einschalten und die braun/blaue Leitung von der Unterdruckdose ab-

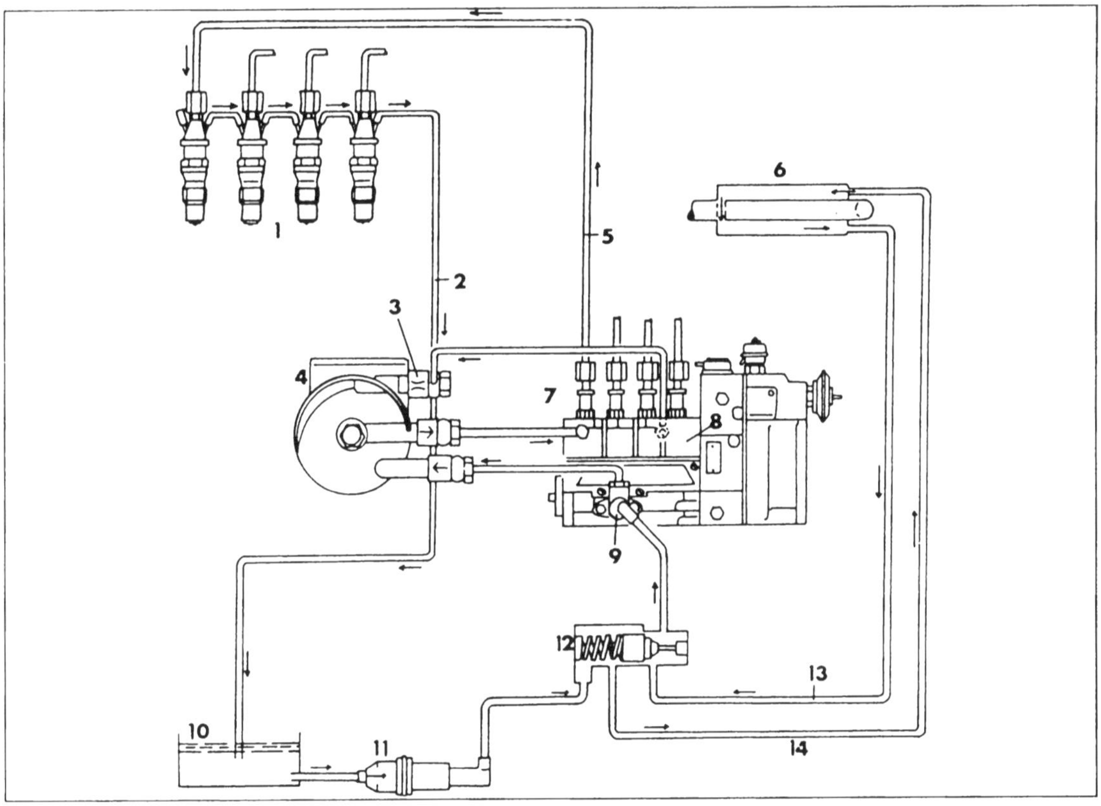

Bild 131
Funktionsdiagramm des Kraftstoffkreises. Die Pfeile weisen auf die Strömungsrichtung des Kraftstoffs.
1 Einspritzdüsen
2 Lecköleitung
3 Kraftstofffilteranschluss
4 Kraftstofffilteroberseite
5 Einspritzleitung zum 1. Zylinder
6 Heizungsvorlauf mit Wärmeaustauscher
7 Einspritzpumpe
8 Überlaufventil
9 Kraftstoffpumpe
10 Kraftstofftank
11 Kraftstoffvorfilter
12 Kraftstoffthermostatregler
13 Rücklaufleitung, vorgewärmter Kraftstoff
14 Förderleitung, kalter Kraftstoff

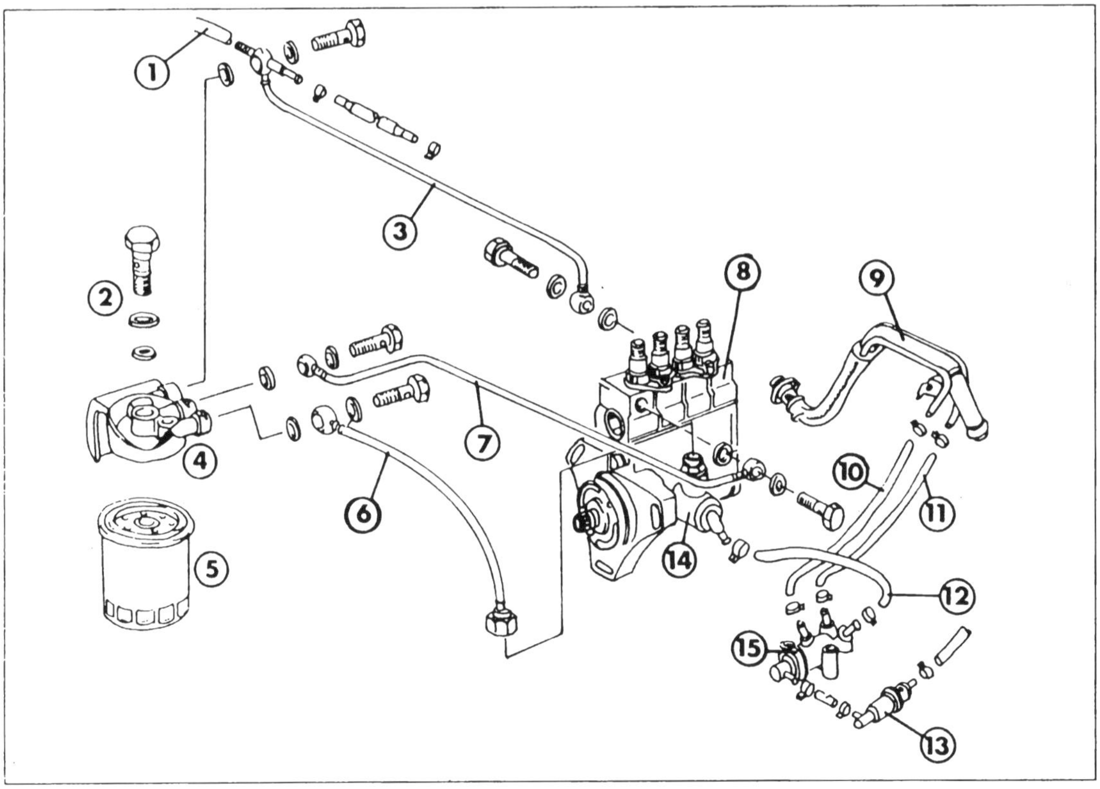

Bild 132
Die verschiedenen Teile der Kraftstoffaufbereitung.
1 Lecköleitung der Einspritzdüsen
2 Filteranschlussschraube
3 Rücklaufleitung der Pumpe
4 Filteroberteil
5 Filterunterteil
6 Leitung zum Kraftstofffilter
7 Förderleitung zur Einspritzpumpe
8 Einspritzpumpe
9 Wärmeaustauscher, Kraftstoffvorwärmung
10 Förderschlauch
11 Rücklaufschlauch
12 Saugleitung der Kraftstoffpumpe
13 Kraftstoffvorfilter
14 Kraftstoffpumpe
15 Thermostatregler, Kraftstoffvorwärmung

ziehen. Mit dem Mund durch den Schlauch blasen und daran saugen. Die Luftdurchströmung muss in beiden Richtungen möglich sein.

● Zündung jetzt ausschalten und die obige Prüfung erneut durchführen. Es darf jetzt nur noch möglich sein durchzublasen. Falls beide Prüfungen einwandfrei ausfallen ist das Ventil in Ordnung.

● Falls sich das Ventil beim Drehen des Schlüssels nicht dreht, kann der Unterdruck in der Dose verbleiben und der Motor kann nicht anspringen. In diesem Fall den Schlauch an der Unterdruckdose abziehen. Der Motor muss zwar danach mit dem Abstellhebel abgestellt werden, jedoch kann das Fahrzeug gefahren werden, bis man entweder das Ventil oder den Zündschalter erneuern lässt.

5.12 Kraftstoffvorwärmung

Ein Wärmeaustauscher ist in die Vorlaufleitung der Heizung eingesetzt, um den Kraftstoff vorzuwärmen. Bild 131 zeigt wie die Kraftstoffanlage ausgelegt ist. Aus diesem Bild kann ersehen werden, dass ein Thermostatregler eingebaut ist, welcher den Kraftstoff je nach Temperatur entsprechend

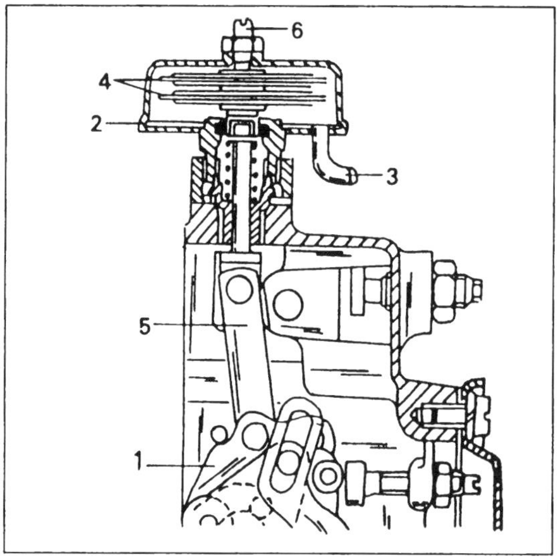

Bild 133
Schnitt durch die Einspritzpumpe mit Lage des atmosphärendruckabhängigen Vollastanschlags.
1 Kulissenplatte
2 Druckdose
3 Anschluss für Verbindungsleitung ins Freie (Aufnahme des Atmosphärendrucks)
4 Barometerdosen
5 Korrekturgestänge
6 Werkseitig eingestellte Schraube

leitet. Bis zu einer Kraftstofftemperatur von +8° C fliesst der Kraftstoff durch diesen Wärmeaustauscher und wird dabei angewärmt. Zwischen einer Temperatur von +8 und +25° C arbeitet der Wärmeaustauscher im Mischbetrieb, d.h. der erforderliche Kraftstoff läuft nur teilweise durch den Wärmeaustauscher. Steigt die Temperatur des Kraftstoffs über +25° C an, stellt sich der Betrieb der Vorwärmung ein, d.h. der Kraftstoff fliesst nicht länger durch den Wärmeaustauscher.
Falls der Motor bei kaltem Wetter schlecht anspringt, kann man vermuten, dass die Vorwärmung nicht mehr einwandfrei arbeitet. Dies kann folgendermassen kontrolliert werden:

- Wenn die Temperaturen unter +8° C liegen, den Schlauch vom Thermostatregler abziehen und ein Auffanggefäss unter den Schlauch halten. Der Thermostatregler befindet sich unterhalb der Kraftstoffpumpe. Den Abstellhebel an der Einspritzpumpe nach unten drücken und den Anlasser von einem Helfer betätigen lassen.
- Falls kein Kraftstoff aus der Leitung kommt (bei dieser Temperatur fliesst aller Kraftstoff durch den Wärmeaustauscher), alle Leitungen am Thermostatregler abschliessen und in geeigneter Weise miteinander verbinden, dass aller Kraftstoff durch den Wärmeaustauscher fliesst. Das Diagramm (Bild 131) dazu zur Hilfe nehmen. Die Schlauchenden sind jeweils mit kleinen Rohrstücken miteinander zu verbinden.
- Falls die Temperaturen über +25° C liegen, darf kein Kraftstoff aus der abgezogenen Leitung heraustropfen.
- Den Thermostenregler bei der nächsten Gelegenheit erneuern.

5.13 Einspritzanlage in Fahrzeugen für Schweiz und Österreich

Ab Baujahr 1988 (2 Liter-Motor) und Baujahr 1989 (2,5 Liter-Motor) wurden viele Änderungen an der Einspritzanlage durchgeführt. Einige fanden in der Innenseite der Einspritzpumpe statt, die nicht von weiterer Wichtigkeit sind, jedoch wurden einige Vorrichtungen neu hinzugesetzt, auf die kurz eingegangen werden soll.
Als erstes soll dabei der atmosphärendruckabhängige Vollastanschlag genannt werden. Diese Vorrichtung besteht aus senkrecht in einem Gehäuse eingebauten Barometerdosen, welche werkseitig mit einer Einstellschraube auf einen bestimmten Barometerstand eingestellt werden können. Im Wirkungsbereich der Barometerdosen findet eine Ausdehnung der Dosen bei abnehmendem Luftdruck statt. Über eine mechanische Hebelvorrichtung wird diese Bewegung auf die Regelstange der Einspritzpumpe übertragen.
Durch die Ausdehnung der Barometerdosen wird die Regelstange in Abstellrichtung gezogen und die Fördermenge wird verringert. Erhöht sich der Luftdruck, bewegt sich die Regelstange wieder in die andere Richtung. Bild 133 zeigt die zu dieser Vorrichtung gehörenden Neuteile.
Die Einspritzleitungen dieser Motoren sind in ihrem Biegungsradius abgeändert und sind dem betreffenden Motor angepasst.
Eine weitere Neuerung ist der Einbau einer sogenannten Antiruckelaufschaltung bei eingebautem 2,5 Liter-Motor und mechanischem Getriebe. Um die Ruckelneigung bei Fahrzeugen mit mechanischem Getriebe zu dämpfen, ist am Einspritzpumpenregler ein Stellmagnet angebracht, der die Einspritzmenge verringern kann. Der Stellmagnet wird durch ein elektronisches Steuergerät angesteuert. Die Motordrehzahl wird durch einen Drehzahlgeber erfasst und dem Steuergerät elektrisch weitergeleitet. Durch kurzes Verringern der Einspritzmenge wird die Ruckelneigung gedämpft. Bild 134 zeigt wie eine Einspritzpumpe mit eingebauter Antiruckelaufschaltung und elektronischer Leerlaufdrehzahlregulierung aussieht.

Die beiden Stellmagneten haben äusserlich eine ähnliche Form. Der Stellmagnet für die elektronische Leerlaufdrehzahlregelung ist rot gezeichnet und hat eine feste Hubstange; der Stellmagnet für die Antiruckelaufschaltung ist schwarz oder grau und hat eine lose Hubstange. Bild 135 zeigt die beiden Stellmagneten.

5.14 Abgasrückführungsanlage

Mehrmals erwähnt wurde bereits die Abgasrückführung. Diese erfolgt, wenn die folgenden Kriterien erfüllt sind:

- Die Motordrehzahl liegt zwischen 1000 ± 50/min und 2950 ± 50/min.
- Die Temperatur des Kühlmittels liegt zwischen 25° C und 100° C beim 2 Liter-Motor oder zwischen 25° C und 97° C beim 2,5 Liter-Motor.
- Die Fahrtgeschwindigkeit beträgt weniger als 85 km/h (nur mechanisches Fünfganggetriebe).
- Das Gaspedal steht nicht in der Vollaststellung (das Abgasrückführungsventil wird durch einen Mikroschalter kurz vor der Vollaststellung geschlossen).
- Die Drucksteuerklappe ist zwischen 1000 ± 50/min und 2500 ± 50/min geschlossen.

Das von vorn gesehen in der linken, hinteren Ecke des Motorraums befindliche Steuergerät nimmt die Signale über Motordrehzahl, Fahrtgeschwindigkeit (nur mechanisches Getriebe), Temperatur und Motorbelastung (Gaspedalstellung) auf und gibt ein Spannungssignal an zwei Umschaltventile weiter. Am Unterdrucksteuerventil (7) in Bild 134 und an einem Druckwandler liegt Versorgungsunterdruck an. Das Unterdrucksteuerventil gibt einen modulierten Unterdruck an den im Motorraum befindlichen Druckwandler weiter. Dieser regelt den Unterdruck vom Unterdrucksteuerventil (7) entsprechend dem Belastungszustand des Motors. Dieser geregelte Unterdruck wirkt auf das Abgasrückführungsventil und die Drucksteuerklappe. Die letztgenannte ist zwischen 1000 ± 50/min und 2500 ± 50/min entsprechend dem Belastungszustand des Motors geschlossen und erhöht dadurch die Abgasrückführungsrate. Bei einem Fahrzeug mit mechanischem Getriebe ist der Druckwandler nicht eingebaut. Das Abgasrückführungsventil wird direkt durch das Unterdrucksteuerventil an der Einspritzpumpe gesteuert.
Die Funktion der einzelnen Bauteile soll kurz umrissen werden.

Das *Unterdrucksteuerventil*, an der Seite der Einspritzpumpe montiert, ist über einen Mitnehmer mit dem Verstellhebel verbunden. Es moduliert den anfallenden Vorsorgungsunterdruck.

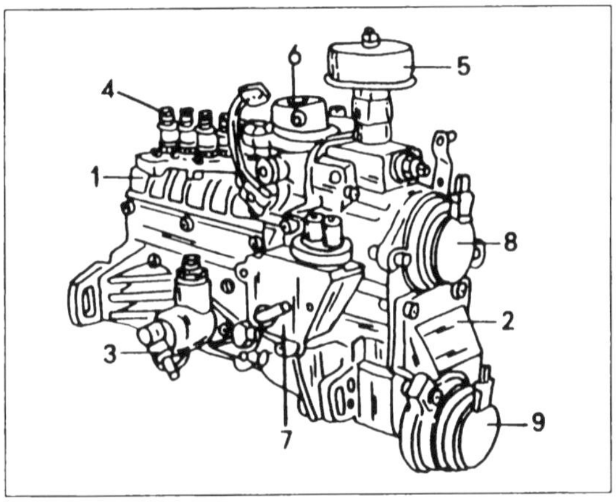

Bild 134
Ansicht der Einspritzpumpe mit den zusätzlichen Vorrichtungen.
1 Einspritzpumpe
2 Regler
3 Kraftstoffpumpe
4 Anschlussstellen für Einspritzleitungen
5 Unterdruckdose für atmosphärendruckabhängigen Vollastanschlag
6 Unterdruckdose für Motorabstellung
7 Unterdrucksteuerventil
8 Stellmagnet für elektronische Leerlaufdrehzahlregelung
9 Stellmagnet für Antiruckelaufschaltung

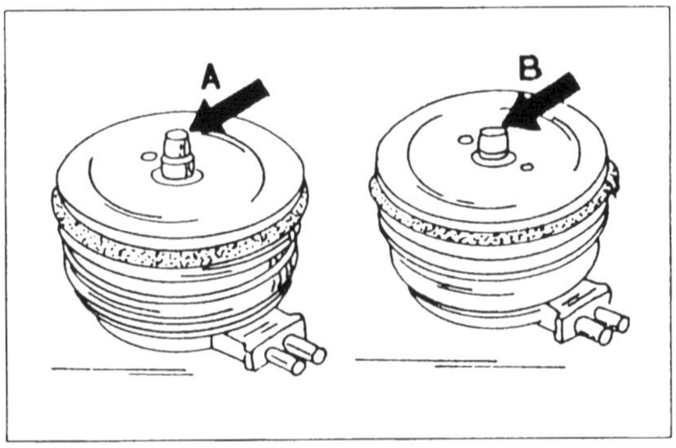

Bild 135
Ansicht der Stellmagneten. Die Hubstange ist entweder fest oder lose (siehe Text).
A Für elektronische Leerlaufregulierung
B Für Antiruckelaufschaltung

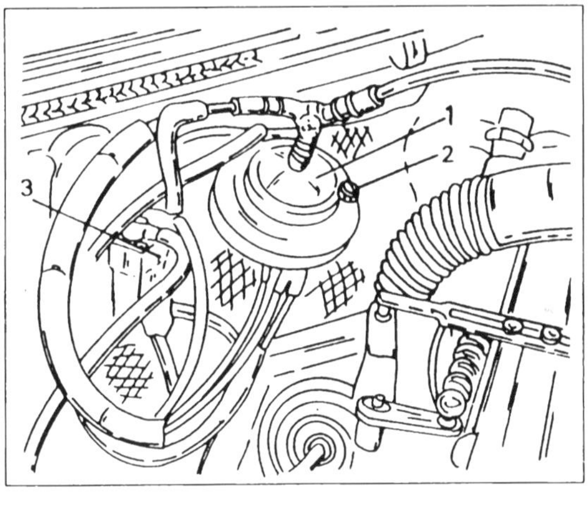

Bild 136
Lage einiger Teile der Abgasrückführung im Motorraum.
1 Druckwandler
2 Einstellschraube des Druckwandlers
3 Umschaltventil

Die Unterdrucksteuerventile sind bei mechanischem und automatischem Getriebe unterschiedlich; grüne Verschlusskappe für mechanisches Getriebe, schwarze Verschlusskappe für automatisches Getriebe.
Der *Druckwandler* sitzt an der in Bild 136 gezeigten Stelle an der Aggregatewand im Motorraum. Der vom Unterdrucksteuerventil modulierte Druck wird im Druckwandler für die Abgasrückführungsanlage umgesetzt. Über das Umschaltventil (3) wird das Abgasrückführungsventil und die Drucksteuerklappe angesteuert. Der modulierte Druck kann durch die Einstellschraube (2) verändert werden.
Zur Unterdruckanhebung im Saugrohr ist das Luftführungsgehäuse mit einer pneumatisch betätigten *Drucksteuerklappe* versehen. Die

Klappe verschliesst beim Motorbetrieb mit Abgasrückführung den Frischluftkanal. Eine Mindestöffnung an den Pfeilstellen in Bild 137 zwischen der Drucksteuerklappe und dem Luftführungsgehäuse bleibt im geschlossenen Zustand erhalten.

Das *Abgasrückführungsventil* ist seitlich am Zylinderkopf angeschraubt. Es wird durch die Abgasrückführungsleitung mit dem Auspuffkrümmer und dem Ansaugkrümmer verbunden. Durch den Unterdruck vom Unterdrucksteuerventil wird das Abgasrückführungsventil angesteuert und öffnet je nach Belastungszustand des Motors.

Das *Umschaltventil* (3) in Bild 136 gibt den Unterdruck für das Abgasrückführungsventil unter bestimmten Betriebszuständen frei. Es wird durch das Steuergerät der Abgasrückführung in Abhängigkeit von Kühlmitteltemperatur und Motordrehzahl gesteuert, erhält aber weitere Daten über Fahrtgeschwindigkeit (mit mechanischem Getriebe) und Belastung über einen Mikroschalter.

Ein weiteres *Umschaltventil* befindet sich auf der Oberseite des Motors, neben dem Luftfiltergehäuse. Es verrichtet den gleichen Zweck wie das in Bild 136 gezeigte Ventil.

Zwei *Mikroschalter* sitzen unterhalb der Kugelbolzenverbindung für das Gasgestänge, zwischen zwei der Rohre. Der eine Schalter schaltet vor Vollast die Abgasrückführung und die Drucksteuerklappe ab; der andere Schalter nur die Drucksteuerklappe.

Der *Temperaturschalter* an der in Bild 138 gezeigten Stelle dient zum thermischen Schutz des Motors. Über das Steuergerät wird die Abgasrückführung abgeschaltet, wenn die Temperatur beim 2 Liter-Motor 100° C oder beim 2,5 Liter-Motor 97° C erreicht.

Ein zweiter *Temperaturschalter* versichert, dass die Abgasrückführung bei einer Temperatur von 25° C abgeschaltet wird. Dieser Schalter befindet sich unter dem Schlauchstutzenanschluss unterhalb des Krümmers.

Das *Steuergerät* für die Abgasrückführung liegt hinter der Batterie. Es ist der mit "EGR" gekennzeichnete Kasten.

Der bereits erwähnte *Drehzahlgeber* ist am hinteren Teil der Ölwanne an der in Bild 139 gezeigten Stelle montiert und besteht aus einem Magnetkern und einer Spule. Er erfasst die Motordrehzahl und gibt sie in Form einer Wechselspannung an das Steuergerät weiter.

Bei eingebautem mechanischem Getriebe wird die Fahrtgeschwindigkeit von einem Hall-Geber am Tachometer wahrgenommen. Bei einer Geschwindigkeit von 87 km/h wird vom Steuergerät die Abgasrückführung ausgeschaltet.

Die im Text genannten Teile lassen sich im Grossen und Ganzen ohne viele Schwierigkeiten aus- und einbauen, falls sich Fehler in der Anlage entwickelt haben. Wichtig ist das richtige Anschliessen der

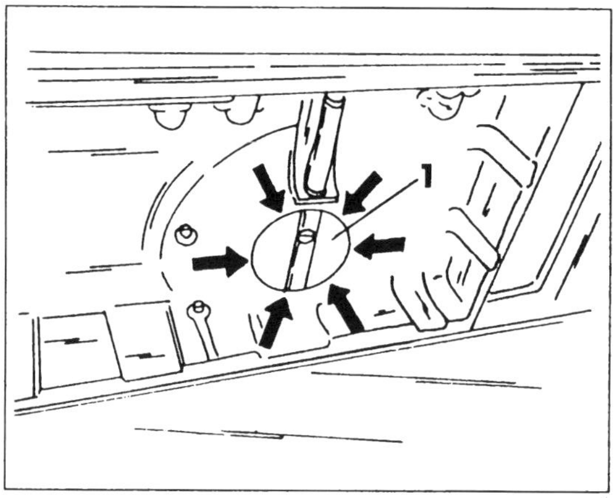

Bild 137
Die Steuerdruckklappe (1) hat an den Pfeilstellen einen Spalt zum Luftführungsgehäuse, wenn sie vollkommen geschlossen ist.

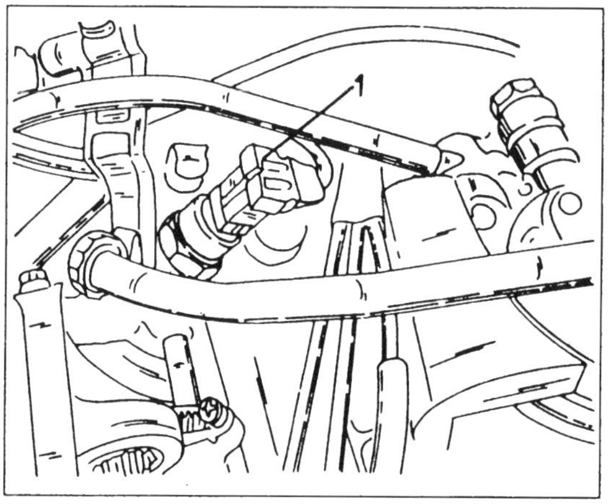

Bild 138
Die Lage des Temperaturschalters (1) für das Kühlmittel.

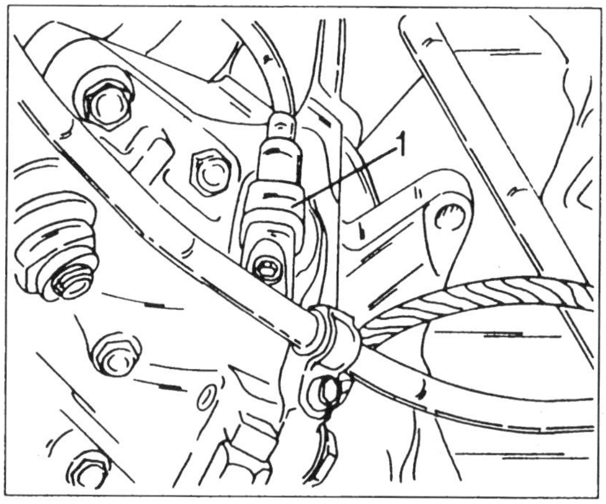

Bild 139
Einbaulage des Drehzahlgebers (1) an der Rückseite der Ölwanne.

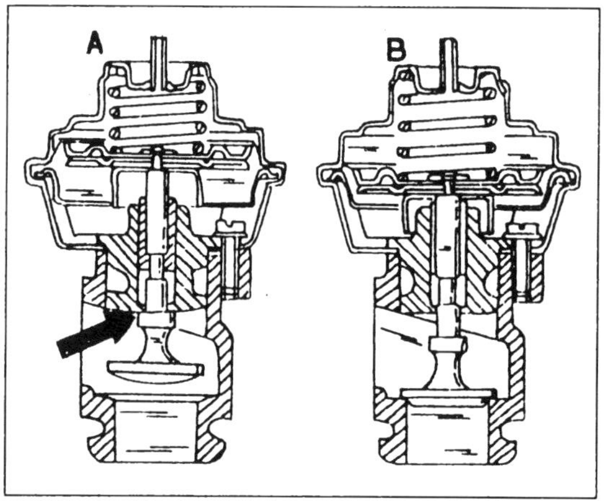

Bild 140
Schnittansicht des Abgasrückführungsventils. (A) im geöffneten Zustand, (B) im geschlossenen Zustand.

Unterdruckschläuche, da man diese nicht verwechseln darf. Vor dem Abziehen eines Schlauchs diesen mit einem Anhänger versehen und das Anschlussstück in gleicher Weise kennzeichnen. Die beiden auf dieser Seite gezeigten Schemen sind zwei Beispiele wie die Teile der Abgasrückführung miteinander verbunden sind (mit Schaltgetriebe und Getriebeautomatik).

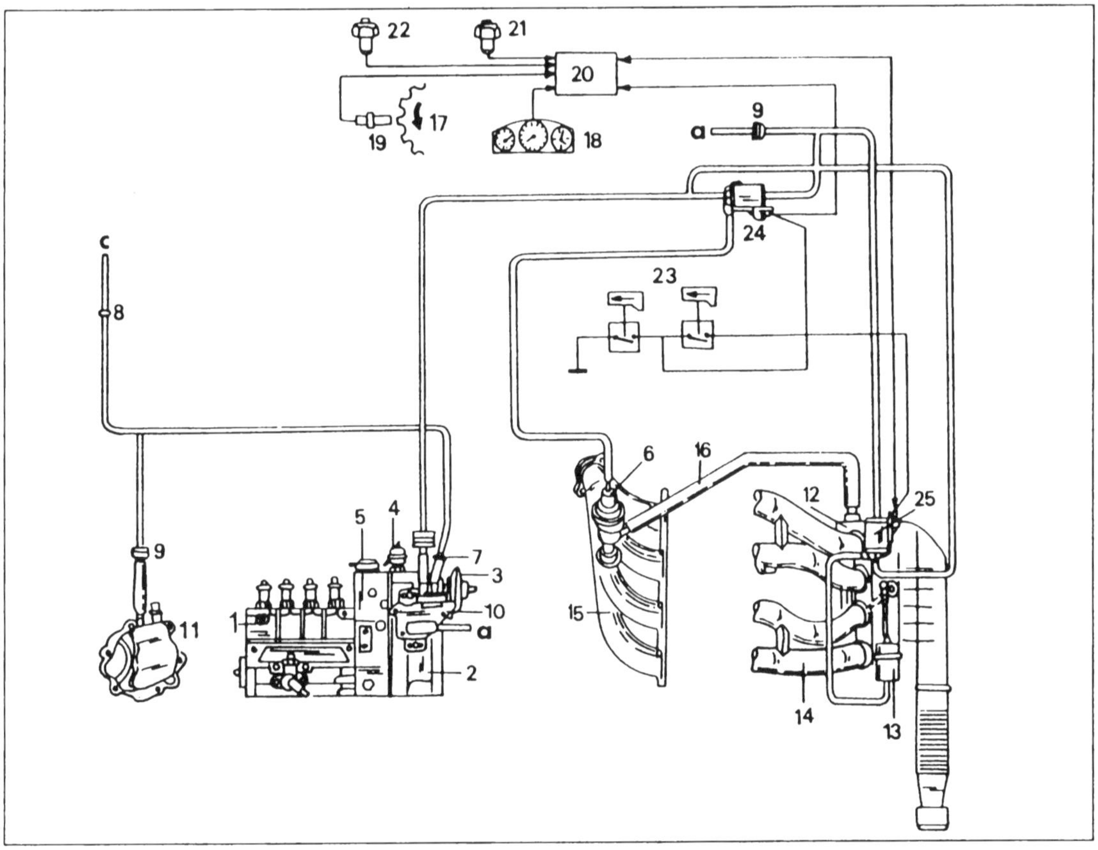

Bild 141
Funktionsschema der Abgasrückführung, 601-Motor mit mechanischem Getriebe.
1 Einspritzpumpe
2 Regler
3 Unterdruckdose, pneumatische Leerlaufanhebung
4 Unterdruckdose, atmosphärendruckabhängiger Volllastanschlag
5 Unterdruckdose, Motorabstellung
6 Abgasrückführungsventil
7 Drossel, blau
8 Drossel
9 Filter
10 Unterdrucksteuerventil
11 Unterdruckpumpe
12 Luftführungsgehäuse
13 Unterdruckdose für Drucksteuerklappe
14 Saugrohr
15 Auspuffkrümmer
16 Abgasrückführungsleitung
17 Starterzahnkranz
18 Hall-Geber, Geschwindigkeit
19 Drehzahlgeber
20 Steuergerät, Abgasrückführung
21 Temperaturschalter, 100°
22 Temperaturschalter, 25°
23 Mikroschalter
24 Umschaltventil, Abgasrückführung
25 Umschaltventil, Drucksteuerklappe
a Belüftung zum Fahrzeuginnenraum
b Übrige Verbraucher

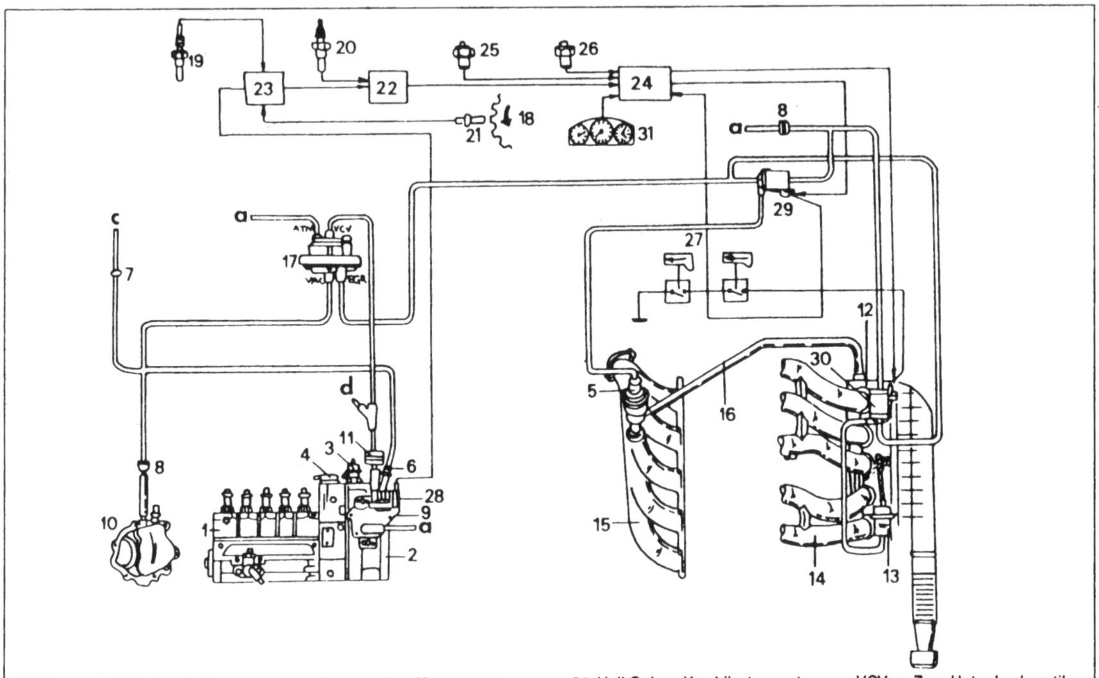

23 Steuergerät für Leerlaufdrehzahlregelung
24 Steuergerät für Abgasrückführung
25 Temperaturschalter, 25°
26 Temperaturschalter, 97°
27 Mikroschalter, Kompressorabschaltung
28 Stellmagnet, elektronische Leerlaufregelung
29 Umschaltventil, Abgas
30 Umschaltventil, Druckklappe
31 Hall-Geber, Kombiinstrument
a Belüftung zum Innenraum
c Übrige Verbraucher
d Unterdruckdose, Getriebeautomatik
VAC = Unterdruck von Unterdruckpumpe
VCV = Zum Unterdruckventil
ATM = Belüftung zum Fahrzeuginnenraum
EGR = Abgasrückführung zum Abgasrückführungsventil

Bild 142
Funktionsschema der Abgasrückführung, 602-Motor mit automatischem Getriebe und Klimaanlage.
1 Einspritzpumpe
2 Regler
3 Unterdruckdose, atmostphärendruckabhängiger Vollastanschlag
4 Unterdruckdose, Motorabstellung
5 Abgasrückführungsventil
6 Drossel, blau
7 Drossel
8 Filter
9 Unterdrucksteuerventil
10 Unterdruckpumpe
11 Dämpfer
12 Luftführungsgehäuse
13 Unterdruckdose für Drucksteuerklappe
14 Saugrohr
15 Auspuffkrümmer
16 Abgasrückführungsleitung
17 Druckwandler
18 Starterzahnkranz
19 Temperaturfühler für Kühlmittel, elektronische Leerlaufanhebung
20 Temperaturfühler für Klimatisierungsautomatik
21 Steuergerät, Kompressorabschaltung
22 Steuergerät für Kompressorabschaltung

6 Die Kupplung

Die Kupplung ist eine Einscheibentrockenkupplung mit einer Tellerfederdruckplatte. Die Kupplung hat einen Durchmesser von 200 mm bei eingebautem 2,0 Liter-Motor oder 215 mm bei eingebautem 2,5 Liter-Motor.
Die Betätigung der Kupplung erfolgt über einen Geber- und einen Nehmerzylinder mit Hilfe einer hydraulischen Anlage.
Druckplatte und Tellerfeder können nicht zerlegt werden und sind bei Beschädigung zusammen zu erneuern.

Mit einem Lappen sofort die Innenseite des Schwungrades auswischen und die Reibfläche des Schwungrades überprüfen. Falls die Mitnehmerscheibe bis auf die Nietenköpfe abgenutzt ist, könnte es sein, dass sich die Niete in die Schwungradfläche oder die Kupplungsdruckplatte eingearbeitet haben.
Falls der Motor oder das Getriebe ausgebaut werden müssen, sollte die Kupplung immer abgeschraubt werden, so dass man sie kontrollieren kann.

6.1 Kupplung ausbauen

Die Kupplung kann ohne Ausbau des Motors aus dem Fahrzeug ausgebaut werden.

- Getriebe ausbauen (Kapitel 7.1).
- Einbaulage der Kupplung im Verhältnis zum Schwungrad kennzeichnen. Dazu verwendet man einen Körner, mit welchem man in das Schwungrad und die Kupplung schlägt.
- Die sechs Schrauben der Kupplung gleichmässig über Kreuz lösen, bis der Federdruck entlastet ist.
- Schwungrad abnehmen und die Mitnehmerscheibe herausnehmen.

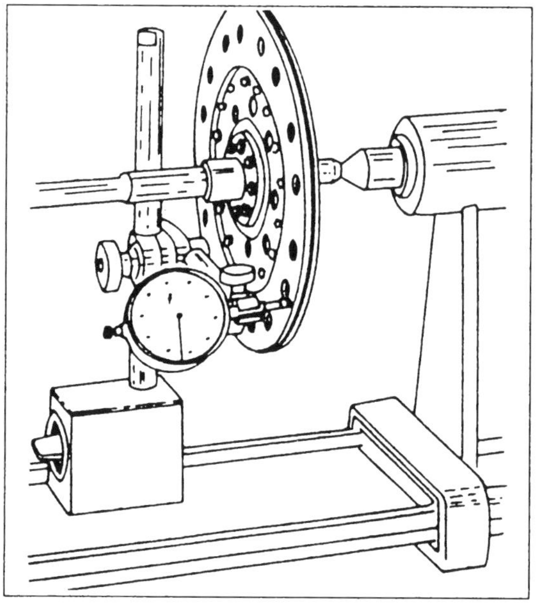

Bild 143
Ausmessen einer Mitnehmerscheibe auf Schlag.

6.2 Reparatur

- Druckplatte und Deckel auf Beschädigung oder Verzug kontrollieren. Bei Schäden beide Teile im Satz erneuern.
- Kontrollieren, ob die Federn der Mitnehmerscheibe noch einwandfrei sind und dass die Keilverzahnungen der Scheibe nicht übermässig ausgeschlagen sind. Da verölte Kupplungsbeläge nicht gereinigt werden können, ist die Mitnehmerscheibe in derartigen Fällen zu erneuern.
- Kupplungsbeläge auf Wiederverwendbarkeit kontrollieren, indem man mit einer Tiefenlehre von der Oberfläche der Beläge bis auf die Oberseite der Nietenköpfe ausmisst. Falls das Mass weniger als 0,30 mm beträgt, muss die Scheibe erneuert werden. Die Scheibe ebenfalls erneuern, falls das Mass bald erreicht ist.
- Um Mitnehmerscheiben auf Schlag zu kontrollieren, spannt man sie auf einem passenden Dorn oder einer Kupplungswelle zwischen die Spitzen einer Drehbank. Eine Messuhr mit einem geeigneten Halter neben der Scheibe so aufsetzen, dass der Messfinger gegen den Rand der Scheibe anliegt und zwar an der Aussenkante der Scheibe (Bild 143). Die Scheibe langsam durchdrehen und die Anzeige der Messuhr ablesen. Falls die Anzeige grösser als 0,5 mm ist, kann man die Scheibe, falls erwünscht, vorsichtig mit einer Zange richten. Andernfalls die Scheibe erneuern.
- Die Gleitpassung der Mitnehmerscheibennabe auf den Keilverzahnungen der Kupplungswelle kontrollieren. Dazu die Scheibe aufstecken und an der Aussenkante zwischen Daumen und

Zeigefinger erfassen. Die Scheibe im Drehsinn hin- und herbewegen. Falls ein Spiel von mehr als 0,4 mm festgestellt werden kann, liegt Verschleiss in den Keilverzahnungen vor. Die Ursache dafür ist meistens bei der Mitnehmerscheibe zu finden.

- Die inneren Enden der Tellerfeder auf Abnutzung hin kontrollieren. Falls tiefe Einlaufstellen festgestellt werden, muss man die komplette Kupplung erneuern.
- Die Spitzen der Tellerfeder müssen alle innerhalb 0,5 mm auf der gleichen Höhe liegen. Verbogene Spitzen können wieder geradegebogen werden. Dazu wird normalerweise ein Spezialwerkzeug verwendet, jedoch kann man einen Stahlstreifen mit einem Schlitz versehen und die Enden biegen. Falls man Verschleissabnutzungen an den Spitzen feststellen kann, die bereits eine Tiefe von 0,3 mm erreicht haben, muss die Kupplung ebenfalls erneuert werden.
- Ein Messlineal über die Reibfläche der Druckplatte auflegen, wie es in Bild 144 gezeigt ist, und mit Fühlerlehren den Spalt ausmessen. Falls der Spalt innen mehr als 0,3 mm beträgt, muss die Kupplung erneuert werden.

6.3 Einbau

Der Einbau der Kupplung geschieht in umgekehrter Reihenfolge wie der Ausbau. Die Kupplung entsprechend der Körnerkennzeichnung am Schwungrad ansetzen, falls die ursprüngliche Kupplung wieder eingebaut wird. Die Mitnehmerscheibe ist unter Verwendung des Spezialzentrierdorns 116 589 11 15 00 oder einer alten Kupplungswelle in der Innenseite des Schwungrades auszurichten, indem man den Dorn durch die Nabe der Mitnehmerscheibe und das Ende des Führungslagers einschiebt.
Die Befestigungsschrauben gleichmässig über Kreuz auf ein Anzugsdrehmoment von 20 Nm anziehen. Das Getriebe abschliessend wieder einbauen.

6.4 Kupplungs-Ausrückung

Das Aus- bzw. Einrücken der Tellerfederkupplung erfolgt über eine von der Druckstange des Nehmerzylinders bewegte Schwinge (Ausrückgabel) und dem in der Schwinge und auf dem Führungsrohr am vorderen Getriebedeckel geführten Ausrücklager. Das System ist demnach spielfrei und stellt sich, dem Verschleiss der Mitnehmerscheibe entsprechend, der schwachen Feder im Nehmerzylinder entgegenwirkend automatisch nach.

6.4.1 Aus- und Einbau der Kupplungsschwinge und des Ausrücklagers

Das Getriebe muss zur Erneuerung des Ausrücklagers ausgebaut sein.

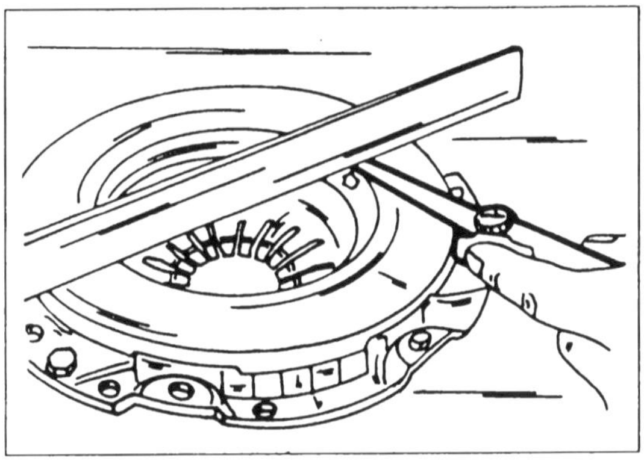

Bild 144
Kontrolle der Kupplungsdruckplatte auf Verschleiss an der Innenkante.

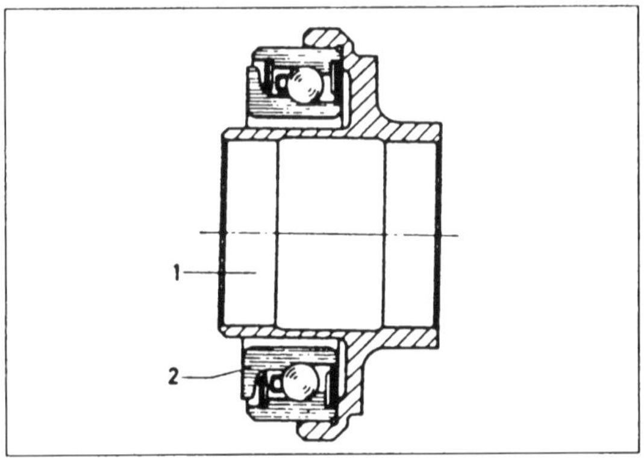

Bild 145
Schnitt durch das Ausrücklager.
1 Lagermuffe
2 Lager

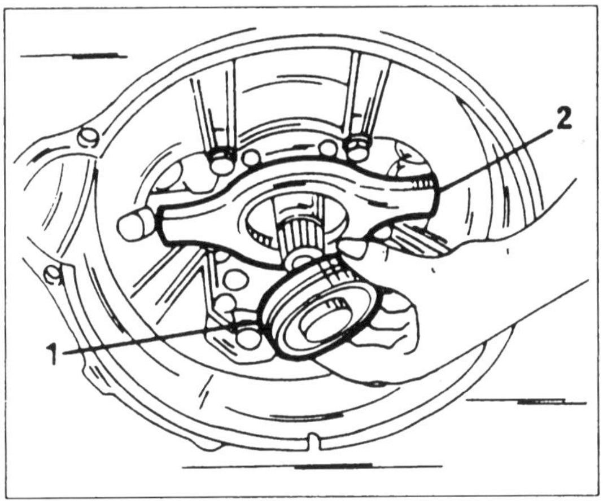

Bild 146
Ausrücklager der Kupplung aus- bzw. einbauen.
1 Ausrücklager
2 Ausrückschwinge

- Ausrücklager vom vorderen Getriebedeckel abziehen (Bild 146)).
- Ausrückschwinge in Richtung des Pfeiles "a" in Bild 147 bewegen und dann in Pfeilrichtung "b" vom Kugelbolzen am Kupplungsgehäuse abziehen und abnehmen.
- Lagerrohr am vorderen Getriebedeckel, den Kugelbolzen am Kupplungsgehäuse und alle Stellen an der Ausrückschwinge, die mit dem Ausrücklager in Berührung kommen, mit einem geeigneten Schmiermittel sorgfältig einfetten. Hierzu muss ein Dauerfett verwendet werden.

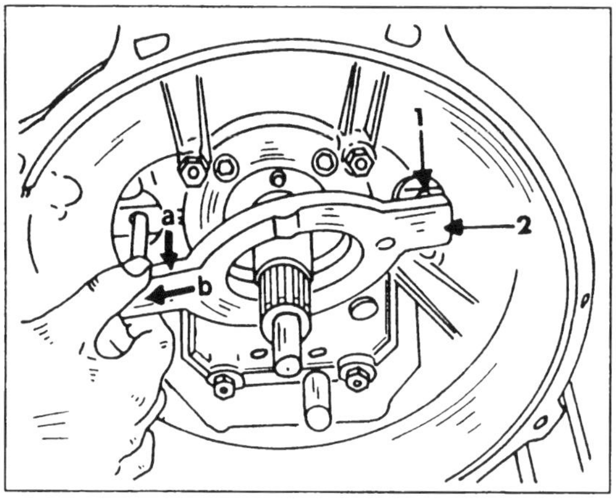

Bild 147
Ausrückschwinge aus- und einbauen.
1 Kugelbolzen
2 Ausrückschwinge

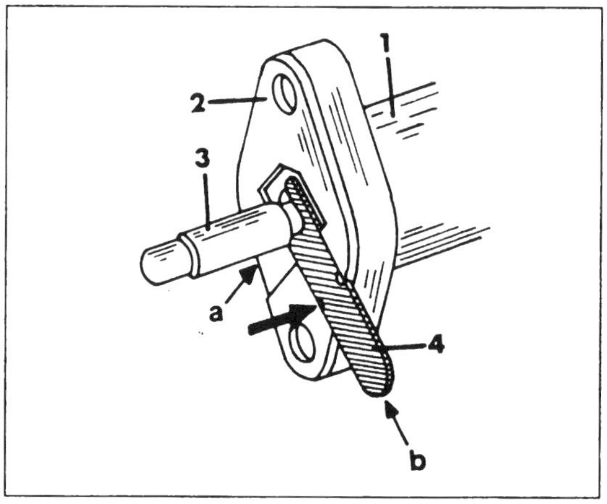

Bild 148
Kupplungsmitnehmerscheibe mit Schablone auf Verschleiss prüfen.
1 Kupplungsnehmerzylinder
2 Beilage (Kunststoff)
3 Druckstange
4 Messschablone 115 589 07 23 00
a Messrichtung bei Linkslenker
b Messrichtung bei Rechtslenker

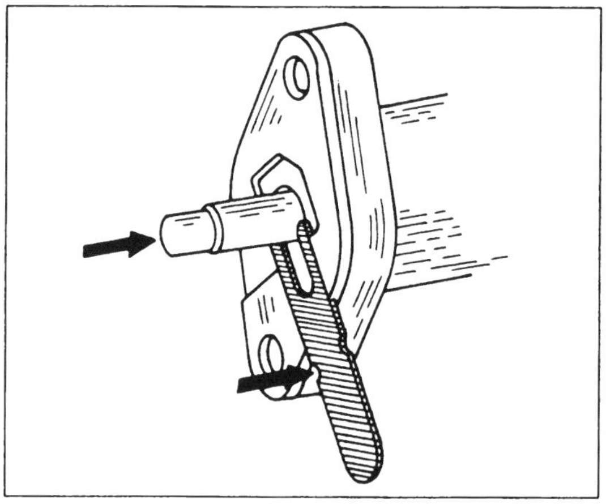

Bild 149
Die Abnützungsgrenze ist erreicht.

- Ausrückschwinge in umgekehrter Richtung des Pfeiles "b" in Bild 147 auf den Kugelbolzen drücken, bis der Federbügel der Schwinge auf dem Kugelbolzen einrastet.
- Schwinge in umgekehrter Richtung des Pfeiles "'a" bewegen.
- Ausrücklagerkörper innen und an den beiden seitlichen Anfräsungen am hinteren Hülsenteil einfetten.
- Ausrücklager auf das Führungsrohr am vorderen Getriebedeckel aufschieben und solange durchdrehen, bis es mit den seitlichen Anfräsungen in die Schwinge einschnappt.
- Getriebe wieder einbauen.

6.4.2 Kupplungsmitnehmerscheibe auf Verschleiss prüfen (im eingebauten Zustand)

Infolge der geschlossenen Bauweise des Kupplungsgehäuses ist kein Teil der Ausrückvorrichtung von aussen zugänglich. Darum wird der Verschleiss der Mitnehmerscheibe indirekt am Nehmerzylinder mit Hilfe einer Messschablone, die vorhanden sein muss, kontrolliert.
In der Kunststoffbeilage zwischen dem Kupplungsgehäuse und dem Nehmerzylinder sind zwei schräg von unten nach oben gehende Nuten eingefräst. Im eingebauten Zustand sind diese Nuten nur als Schlitze zu sehen, die zum Einschieben der Messschablone dienen. Die Druckstange des Nehmerzylinders hat zwei verschieden starke Durchmesser. Auf den dünnen Durchmesser wird die Öffnung der Messschablone aufgeschoben, wie es aus Bild 148 ersichtlich ist. Verschwinden dabei die Kerben am Rand der Schablone zwischen Beilage und Kupplungsgehäuse, so sitzt die Öffnung der Messschablone auf dem schwächeren Durchmesser der Nehmerzylinderdruckstange auf. Das besagt, dass die Mitnehmerscheibe noch gut betriebsfähig ist. Lässt sich die Öffnung der Messschablone nicht aufschieben, so steht nur noch der stärkere Durchmesser der Nehmerzylinderdruckstange vor. Infolge der abgenützten Beläge wird die Druckstange gegen die Feder im Nehmerzylinder gedrückt und der schwächere Durchmesser der Druckstange ist im Nehmerzylinder verschwunden (Bild 149). In diesem Fall ist die Mitnehmerscheibe zu ersetzen.

6.5 Geberzylinder aus- und einbauen

Bild 150 zeigt die Befestigungsweise des Kupplungsgeberzylinders in der Nähe des Kupplungspedals. Beim Ausbau folgendermassen vorgehen:

- Die Abdeckung unter der Instrumententafel auf der linken Seite ausbauen.
- Bodenmatte auf der linken Seite ausbauen.
- Bremsflüssigkeit über die Entlüftungsschraube des Nehmerzylinders und einen Entlüftungsschlauch durch Betätigung des Kupplungsfusshebels aus dem kombinierten Brems- und Kupplungsvorratsbehälter in ein Gefäss pumpen.
- Flüssigkeitsleitung vom Geberzylinder abschrauben.
- Stecker vom Bremslichtschalter abziehen.
- Den Geberzylinder vom Pedalträger abschrauben.
- Kupplungspedal zurückziehen und die Federsicherung, die Feder und die Scheibe von der Druckstange entfernen.

● Mit Hilfe einer Sprengringzange den Sprengring der Druckstangenbefestigung entfernen (an der Oberseite des Kupplungspedals).
● Den Verbindungsschlauch mit dem Steckstutzen aus dem Geberzylinder herausziehen und den Zylinder herausnehmen.
Der Einbau des Geberzylinders geschieht in umgekehrter Reihenfolge wie der Ausbau. Unbedingt darauf achten, dass der Einsteckstutzen für den Verbindungsschlauch einwandfrei sitzt. Beim Anschliessen der Druckstange muss die Seite mit dem Flansch gegen das Kupplungspedal gerichtet sein. Kontrollieren, dass der Sprengring einwandfrei in die Rille des Bolzens eingreift. Die Kupplungsanlage abschliessend entlüften (siehe Kapitel 6.7).

6.6 Kupplungsnehmerzylinder aus- und einbauen

● Die Flüssigkeitsleitung mit einem Gabelschlüssel vom Nehmerzylinder abschrauben. Das Leitungsende in geeigneter Weise verschliessen, um ein Auslaufen der Flüssigkeit zu vermeiden.
● Die beiden Befestigungsschrauben des Zylinders am Kupplungsgehäuse abschrauben und den Zylinder herausziehen. Dabei auf die eingelegte Beilagscheibe achten.
● Beim Einbau die Beilagscheibe mit der Rillenseite gegen das Kupplungsgehäuse anlegen und in ihrer Lage halten.
● Nehmerzylinder zusammen mit der Druckstange so einführen, dass die Druckstange in der kugelförmigen Aussparung der Ausrückschwinge zu sitzen kommt und die beiden Schrauben eindrehen und festziehen.
● Leitung am Zylinder anschrauben und die Kupplungsanlage entlüften, wie es in Kapitel 6.7 beschrieben ist.

6.7 Hydraulische Anlage entlüften

Werkstätten verwenden ein Entlüftungsgerät zum Entlüften der Kupplungsanlage. Bei der folgenden Beschreibung wird davon ausgegangen, dass die Anlage in normaler Weise entlüftet wird, d.h. die Bremsanlage wird zur Entlüftungshilfe verwendet. Ein ca. 1 m langer, durchsichtiger Schlauch wird zum Entlüften benötigt.
● Bremsflüssigkeitsstand im Vorratsbehälter kontrollieren, wenn nötig nachfüllen.
● Den genannten Schlauch auf die Entlüftungsschraube des rechten vorderen Bremssattels aufstecken und die Entlüftungsschraube öffnen.
● Durch eine zweite Person das Bremspedal vorsichtig betätigen lassen, bis sich der Schlauch mit Bremsflüssigkeit gefüllt hat und keine Luftblasen mehr vorhanden sind. Ein Auslaufen von Flüssigkeit ist durch Zuhalten des Schlauches zu verhindern.

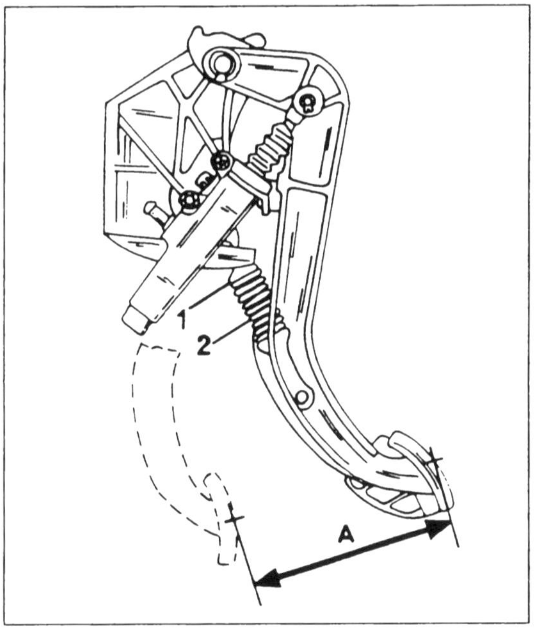

Bild 150
Ansicht des eingebauten Geberzylinders zusammen mit dem Kupplungspedal. Das Mass "A" entspricht dem Pedalweg von 145 mm.
1 Übertotpunktfeder
2 Federteller

● Freies Schlauchende auf die Entlüfterschraube des Nehmerzylinders stecken und die Entlüftungsschraube öffnen.
● Im stetigen Wechsel das Bremspedal durchtreten, die Entlüfterschraube der Bremszange schliessen, das Bremspedal in Losstellung bringen, die Entlüftungsschraube öffnen, usw. bis im Vorratsbehälter keine Luftblasen mehr sichtbar sind.
● Entlüftungsschrauben am Bremssattel und am Nehmerzylinder schliessen und den Schlauch abziehen.
● Kupplungsbetätigung durch Einlegen des Rückwärtsganges bei laufendem Motor auf Funktion und Dichtheit prüfen.
● Bremsflüssigkeit im Vorratsbehälter nachfüllen, bis diese an der "Max"-Marke steht. Den Behälter nicht überfüllen.

7 Die Schaltgetriebe

Die in dieser Ausgabe behandelten Fahrzeuge sind entweder mit einem Vierganggetriebe oder einem Fünfganggetriebe ausgestattet. Je nach Baujahr und Fahrzeugausführung werden geänderte Getriebe eingebaut, die jedoch alle auf der Grundausführung GL 68/20 aufgebaut sind.

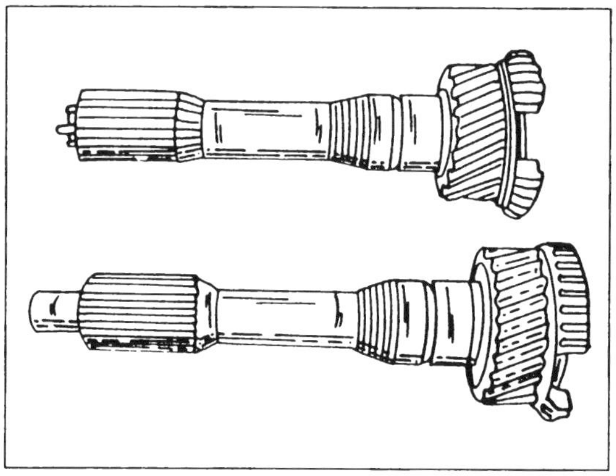

Bild 151
Ansicht der Hauptantriebswelle (Kupplungswelle). Oben für das Getriebe eines Benzinmotors, unten für einen Dieselmotor. Der Unterschied liegt in der Verzahnung.

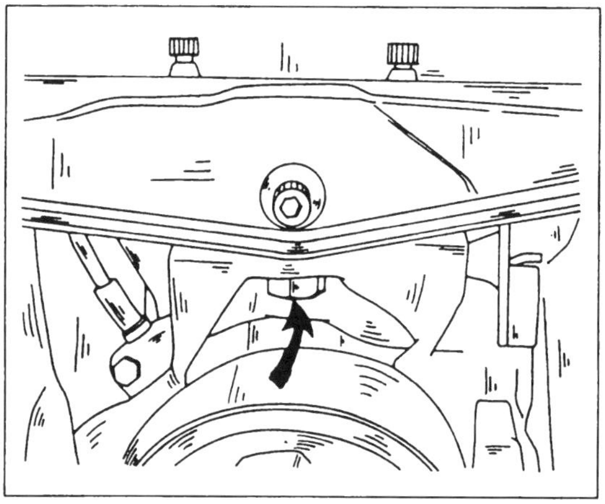

Bild 152
Nach Lösen der gezeigten Mutter wird das hintere Aufhängungslager frei.

Das Getriebe ist mit vier oder fünf synchronisierten Vorwärtsgängen und einen durch ein Schieberad eingeschalteten Rückwärtsgang versehen. Das Getriebe- und das Kupplungsgehäuse sind aus Leichtmetallegierung hergestellt und sind durch Querrippen verstärkt. Für Modelle mit Benzinmotor und Dieselmotor verwendete Getriebe sind nicht gleich, da die Kupplungsantriebswelle mit unterschiedlichen Keilverzahnungen (Kerbverzahnungen) versehen ist. Bild 151 zeigt den Unterschied zwischen den beiden Wellen, oben für Benzinmotor, unten für Dieselmotor.

7.1 Aus- und Einbau des Getriebes

Die folgende Beschreibung bezieht sich auf den Aus- und Einbau beider Getriebeausführungen.

- Massekabel der Batterie abklemmen.
- Um eine Beschädigung der Isolierungseinlage an der Stirnwand des Motors beim späteren Absenken des Getriebes zu vermeiden, eine Hartpappetafel zwischen dem Motor und der Stirnwand einschieben.
- Falls das Fahrzeug mit einer Zusatzheizung ausgerüstet ist, muss man darauf achten, dass der Wasserschlauch beim Senken des Getriebes nicht beschädigt wird.
- Fahrzeug an der Vorderseite auf Böcke aufsetzen.
- Einen Wagenheber unter das Getriebe unterfahren. Einen Holzklotz zwischen Wagenheberteller und Getriebe einlegen und das Getriebe etwas anheben.
- Die Motoraufhängung am hinteren Getriebedeckel abschrauben. Dazu die in Bild 152 mit dem Pfeil gezeigte Mutter lösen.
- Die beiden in Bild 153 gezeigten Schrauben herausdrehen und den Getriebeträger vom Wagenboden und Getriebe abnehmen. Unbedingt kontrollieren, ob das Getriebe einwandfrei mit dem Wagenheber abgestützt ist.
- Auspuffbefestigung vom Getriebe abschrauben. Auf die untergelegten Scheiben achten.
- Muttern der Befestigungsbride entfernen und die Auspuffbefestigung abnehmen.
- Die Abdeckplatte über dem Zwischenlager der Gelenkwelle abschrauben.
- Die Klemmutter der Gelenkwelle entfernen.
- Die Befestigungsschrauben des Zwischenlagers der Gelenkwelle lockern, ohne sie jedoch vollkommen auszuschrauben.
- Die Gelenkwelle vom Getriebe abschrauben so dass der Antriebsflansch an der Welle verbleibt.
- Die Gelenkwelle so weit wie möglich nach hinten schieben, wie dies durch das lose Zwischenlager und das Klemmstück zulässig ist.
- Die Auspuffanlage an der Hinterradaufhängung lösen, so weit wie möglich nach unten senken und in dieser Lage mit einem Stück Schweissdraht festbinden.
- Die Kordelmutter der Tachospirale am hinteren

Getriebedeckel abschrauben und die Spirale herausziehen. Die Befestigungsschelle der Tachospirale aus der Halterung befreien.

● Die Befestigungsschraube der Hydraulikleitung am Kupplungsgehäuse entfernen.

● Kupplungsnehmerzylinder abschrauben und mit der angeschlossenen Leitung nach hinten ziehen, bis die Druckstange aus dem Kupplungsgehäuse frei ist.

● Die Spangensicherungen von den Schalthebeln an der Seite des Getriebes entfernen und alle Schaltstangen abschliessen. Bild 154 zeigt wo die Schaltstangen angeschlossen sind.

● Kabel des Anlassers abklemmen, die Schrauben des Anlassers herausdrehen und den Anlasser herausheben. Alle Schrauben greifen in den Anlasserflansch ein.

● Alle Verbindungsschrauben zwischen dem Getriebe und dem Zwischenflansch lösen. Die beiden oberen Schrauben werden zuletzt gelöst. Darauf achten, unter welcher Schraube sich das Masseband befindet.

● Getriebe nach links verdrehen und waagerecht nach hinten aus dem Passstift und vom Kupplungsgehäuse abziehen, ehe es nach unten abgesenkt wird. Unbedingt darauf achten, dass die Kupplungswelle aus dem Eingriff mit der Mitnehmerscheibe gekommen ist, ehe man das Getriebe heraushebt, da man sonst die Kupplungswelle verbiegen oder die Mitnehmerscheibe beschädigen kann.

Der Einbau des Getriebes geschieht folgendermassen:

● Den Passstift und die Verzahnungen der Kupplungswelle mit Dauerfett einschmieren und das Getriebe waagerecht gegen den Motor ansetzen. Der Kupplungsnehmerzylinder mit der Leitung ist vorher über das Getriebe zu legen.

● Einen Gang einlegen, das Getriebe etwas nach links verdrehen und den Antriebsflansch am Ende des Getriebes hin- und herbewegen, bis die Verzahnungen der Kupplungswelle mit der Mitnehmerscheibe in Eingriff kommen. Nur dann das Getriebe vollkommen gegen die Verbindung schieben.

● Getriebe am Zwischenflansch verschrauben. Das Masseband unter die eine Schraube unterlegen.

● Anlasser einbauen und anschrauben.

● Kupplungsnehmerzylinder einschieben und festschrauben. Darauf achten, dass die Kunststoffbeilage einwandfrei sitzt. Die Flüssigkeitsleitung wieder mit der Schelle und Schraube befestigen.

● Die Schaltstangen an den Wählhebeln anschliessen und mit den Sicherungsspangen befestigen.

● Tachometerspirale anschliessen und die Spirale in die Halterung eindrücken.

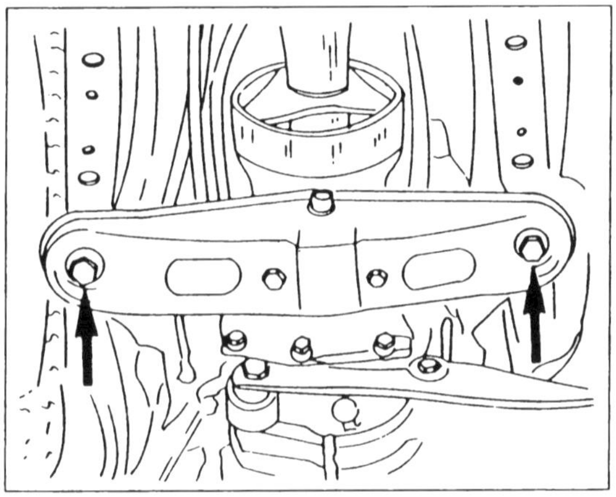

Bild 153
Die beiden Pfeile weisen auf die Befestigungsschrauben des hinteren Getriebeträgers am Wagenboden.

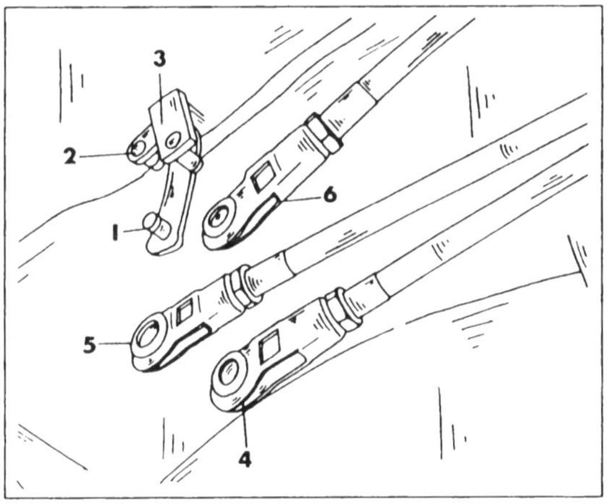

Bild 154
Die Lage der Schaltstangen an der Seite des Getriebes.
1 Schraube, M10
2 Plastikscheibe
3 Schalthebel
4 Schaltstange, 3./4. Gang
5 Schaltstange, 1./2. Gang
6 Schaltstange, 5. Gang/ Rückwärtsgang

● Gelenkwelle im Schiebestück so weit wie möglich auseinanderziehen und am Getriebe anflanschen. Dazu den Motor und das Getriebe mit einem Wagenheber etwas anheben, um den Anschluss in Flucht zu bringen.

● Hintere Quertraverse am Getriebe anschrauben und danach die Aussenseite der Traverse am Wagenboden befestigen.

● Auspuffanlage wieder montieren.

● Schrauben des Zwischenlagers der Gelenkwelle anziehen.

● Klemmutter der Gelenkwelle mit 30 - 40 Nm anziehen.

● Abdeckblech über dem Zwischenlager der Gelenkwelle anschrauben.

● Alle anderen Arbeiten in umgekehrter Reihenfolge wie beim Ausbau durchführen.

7.2 Getriebereparaturen

Da viele der Arbeiten durchgeführt werden können ohne dass man das gesamte Getriebe zerlegt, werden die möglichen Arbeiten in den nächsten Kapiteln getrennt beschrieben. Beschrieben werden nur die Arbeiten, welche ohne Verwendung von aufwendigen Spezialwerkzeugen durchgeführt werden können.

7.2.1 Vorderen Getriebedeckel ab- und anschrauben

- Kupplungsausrücklager vom Lagerrohr am Getriebedeckel abnehmen.
- Kupplungsausrückhebel am gegenüberliegenden Ende der Kugelbolzenbefestigung erfassen und hin- und herbewegen, bis die andere Seite vom Kugelbolzen frei wird (Bild 155).

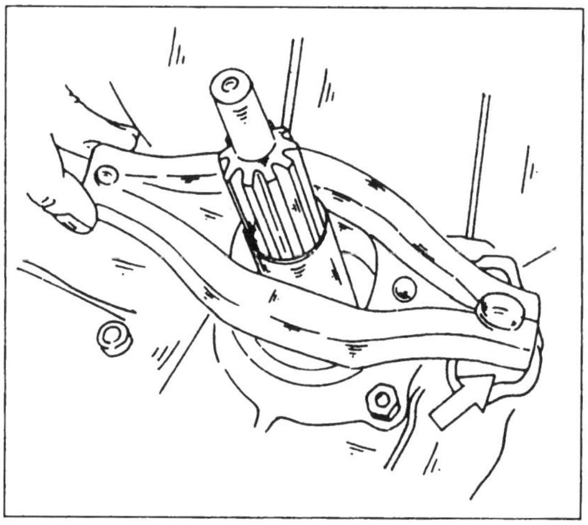

Bild 155
Ausbau der Kupplungsausrückgabel.

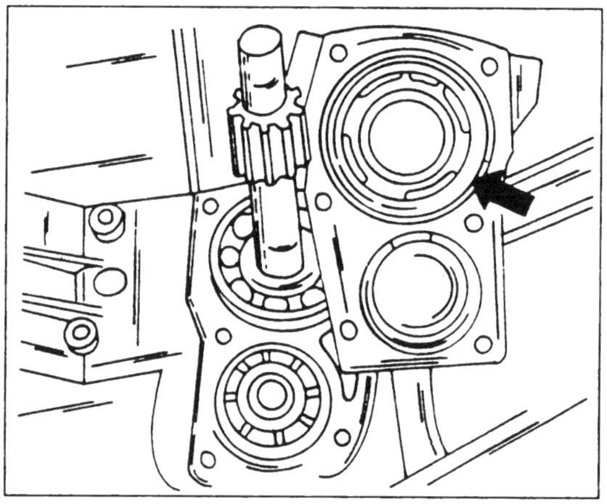

Bild 156
Eine Ausgleichsscheibe befindet sich in der grossen Bohrung des Deckels und muss aufbewahrt werden.

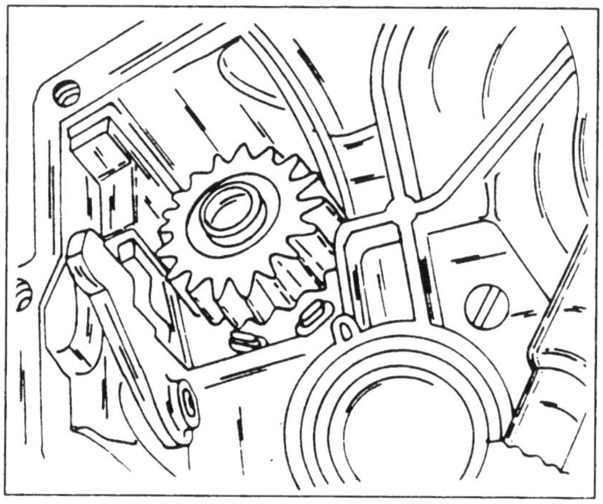

Bild 157
Die Lage des Schieberades für den Rückwärtsgang im hinteren Deckel. Darauf achten, dass das Rad nicht herausfallen kann.

- Befestigungsschrauben des Deckel in der Innenseite des Getriebes lösen.
- Den Getriebedeckel vorsichtig über die Kupplungswelle ziehen. Dabei auf die Ausgleichsscheibe in der grossen Deckelbohrung achten, welche auch am Lager festkleben könnte (siehe Bild 156).
- Den Deckel mit Blechbacken in einen Schraubstock einspannen, mit der Innenseite nach oben, und mit einem Schraubenzieher vorsichtig den Radialdichtring aus der Öffnung herausdrücken.
- Neuen Radialdichtring vorsichtig mit einem passenden Dorn von der Innenseite in den Deckel einschlagen.
- Die Ausgleichsscheibe in Bild 156 in der gezeigten Lage mit Fett am Deckel ankleben. Eine neue Deckeldichtung ebenfalls mit Fett ankleben.
- Den Radialdichtring an der Dichtlippe und die Lauffläche für den Ring an der Kupplungswelle mit Fett einschmieren und den Deckel vorsichtig auf die Kupplungswelle und gegen die Trennfläche des Getriebes drücken.
- Deckelschrauben und die Gewinde im Getriebe von Fett reinigen und die Schraubengewinde mit Dichtungsmasse einschmieren. Die Deckelschrauben gleichmässig über Kreuz mit einem Anzugsdrehmoment von 20 Nm anziehen.

7.2.2 Hinteren Getriebedeckel ab- und anbauen

Der Abtriebsflansch kann entweder mit einer Nutmutter oder einer Sechskantmutter befestigt sein. Zum Lösen der Nutmutter wird ein Spezialschlüssel benutzt (Nr. 115 589 01 07 00); zum Lösen der Sechskantmutter eine 30 mm-Stecknuss. Der hintere Deckel kann ebenfalls bei eingebautem Getriebe aus- und eingebaut werden. Zur Erneuerung des Radialdichtringes braucht der Deckel nicht ausgebaut zu werden.

- Die Nutmutter oder die Sechskantmutter des Gelenkflansches entsichern, lösen und abschrauben.
- Den Gelenkflansch herunterziehen. Sollte er ziemlich festsitzen, kann man einen Zweiarmabzieher benutzen.
- Deckelbefestigungsschrauben entfernen.
- Den hinteren Deckel abnehmen. Dabei auf das Schieberad für den Rückwärtsgang im Deckel achten (Bild 157). Das Zahnrad kann einfach abgezogen werden.
- Den Radialdichtring mit einem Rohrstück von 50 mm Aussendurchmesser von innen nach aussen ausschlagen und einen neuen Dichtring von aussen einschlagen, bis die Aussenfläche bündig mit der Deckelfläche abschneidet.
- Eine neue Dichtung mit Fett an der Zwischenplatte ankleben.
- Rückwärtsgangrad in den Deckel einsetzen, so dass der Schaltbolzen des Rückwärtsgangschalthebels in die Ringnut des Zahnrades

eingreift.

- Den Sperrhebel für den Rückwärtsgang so ausrichten, dass er gegen die untere Aussparung anliegt.
- Hinteren Deckel über die Hauptwelle und gegen die Trennfläche der Zwischenplatte aufschieben.
- Schrauben und Schraubengewinde von Fett reinigen, die Schraubengewinde mit Dichtungsmasse einschmieren und die Schrauben einsetzen und kreuzweise auf ein Anzugsdrehmoment von 20 Nm anziehen.
- Gelenkflansch auf die Welle schieben und die Nutmutter oder Sechskantmutter handfest anziehen.
- Gelenkflansch in geeigneter Weise gegenhalten und die Mutter entweder mit dem Spezialschlüssel (Nutmutter) oder der 30 mm-Stecknuss (Sechskantmutter) mit einem Anzugsdrehmoment von 160 Nm anziehen.
- Die Mutter sichern, indem man das Metall in die Nut einschlägt.

7.2.3 Tachometerantrieb aus- und einbauen

- Hinteren Getriebedeckel ausbauen (Kapitel 7.2.2) und das Schieberad für den Rückwärtsgang aus dem Deckel nehmen.
- Mit einem Dorn, wie in Bild 158 gezeigt, die Verschlusskappe aus dem Deckel ausschlagen.
- Tachometerantrieb aus dem hinteren Deckel herausziehen.
- Den Radialdichtring für den Antrieb aus dem Deckel herausziehen. Dazu eine M12-Schraube in den Dichtring schrauben und den Schraubenkopf in einen Schraubstock einspannen. Mit einem Gummihammer gegen den Deckel schlagen, so dass der Dichtring herauskommt.
- Neuen Dichtring unter einer Presse bis zum Anschlag in den Deckel pressen.
- Tachoantriebsritzel in den Deckel einsetzen. Die Verschlusskappe in den Deckel einschlagen, bis ein Spalt von 0,5 mm zwischen dem Antriebsritzel und dem Getriebedeckel verbleibt. Den Spalt wie in Bild 159 gezeigt, ausmessen. Diese Arbeit ist bei eingebautem Einzellager durchzuführen. Falls ein Doppellager eingebaut ist, muss die Messung wie in Bild 160 gezeigt, durchgeführt werden.
- Rücklaufrad so einsetzen, dass der Schaltbolzen des Schalthebels für den Rückwärtsgang in die Rille des Schieberades eingreift.
- Hinteren Deckel wieder montieren (Kapitel 7.2.2).

Eine weitere Zerlegung des Getriebes sollte nicht durchgeführt werden.

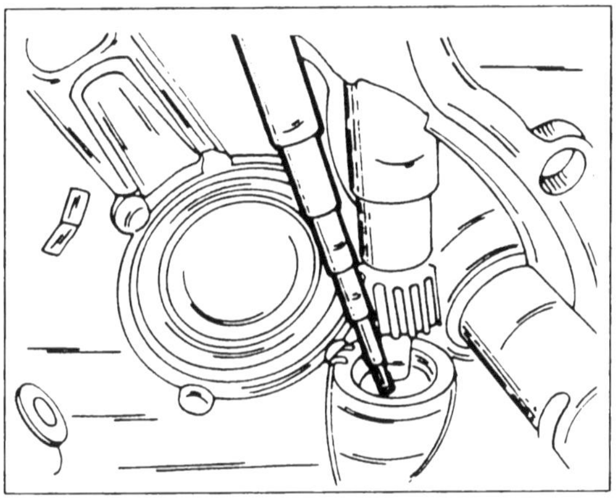

Bild 158
Ausschlagen der Verschlusskappe aus dem hinteren Deckel um den Tachometerantrieb freizulegen.

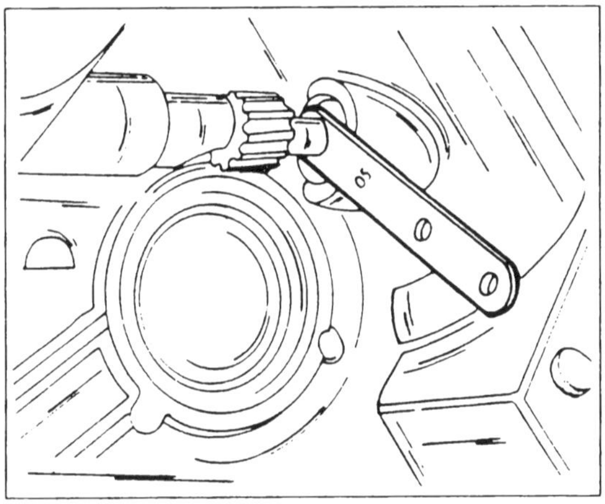

Bild 159
Ausmessen des Spalts zwischen dem Antriebsritzel und dem Getriebedeckel mit einer Blattfühlerlehre (bei Einzellager).

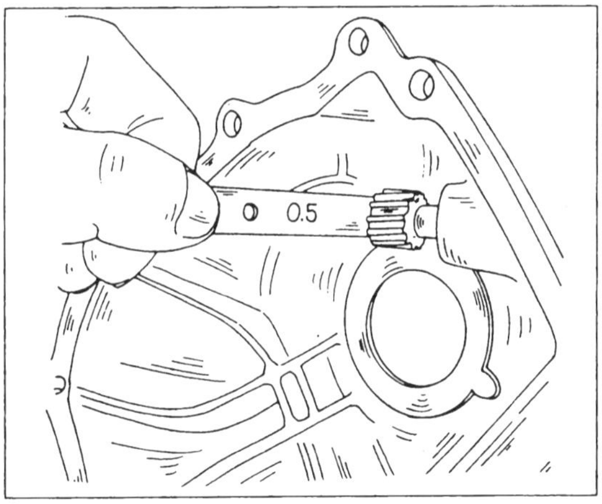

Bild 160
Ausmessen des Spalts zwischen dem Antriebsritzel und dem Getriebedeckel mit einer Blattfühlerlehre (bei Doppellager).

7.3 Schaltung — Einstellung

Ein Zylinderschaftdorn von 5,9 mm Durchmesser und 40 mm Länge muss zur Kontrolle der Schaltungseinstellung vorhanden sein. Zur Kontrolle der Einstellung die Schaltung in den Leergang schalten und danach die Schaltstangen von ihren Hebeln an der Halterung der Schaltung am Wagenboden abschliessen, nachdem die Federspangen herausgezogen wurden.
Die drei Schalthebel ausfindig machen und den oben erwähnten Dorn durch die dafür vorgese-

henen Bohrungen schieben. Die Schaltstangen jetzt in ihrer Länge verstellen (falls erforderlich), bis sie ohne Spannung über die Stifte der Schalthebel geschoben werden können. Schaltstangen mit den Federspangen sichern.

Kontrollieren, dass die Hebel am Getriebe sich nicht bewegen können, während man die Schaltstangen anschliesst. Dorn wieder aus den Hebeln herausziehen.

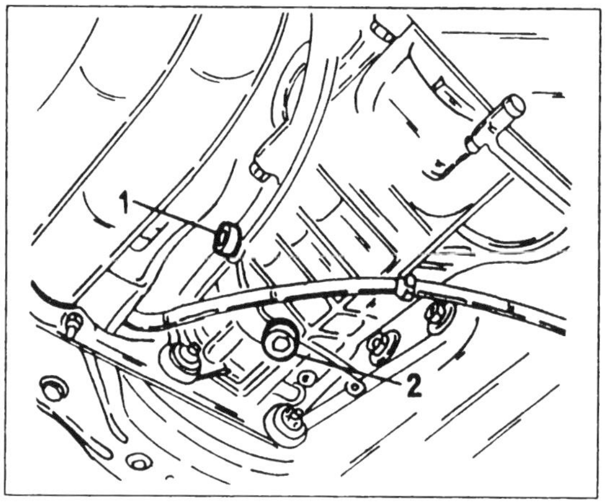

Bild 161
Die Lage des Öleinfüllstopfens (1) und des Ölablassstopfens (2).

Fahrzeug probefahren und kontrollieren, dass sich alle Gänge einwandfrei durchschalten lassen.

7.4 Getriebeölstand

Das Getriebeöl wird nur nach den ersten 10 000 km gewechselt. Diese Arbeit wird wohl Ihre Vertragswerkstatt im Rahmen der Inspektion durchführen oder durchgeführt haben. Eingefüllt werden entweder 1,3 Liter (Vierganggetriebe) oder 1,5 Liter (Fünfganggetriebe); verwendet wird die gleiche Flüssigkeit wie sie in automatischen Getrieben eingefüllt ist. Getriebeöl kann nur durch Leckstellen verlorengehen. Zur Kontrolle des Ölstandes den Stopfen aus der Seite des Getriebes herausschrauben (Innensechskantschlüssel) und mit dem eingesetzten Zeigefinger kontrollieren, ob das Öl bis zur Unterkante der Einfüllbohrung steht. Falls erforderlich, Getriebeöl mit einer Handpumpe einfüllen. Falls diese nicht zur Verfügung steht, kann man eine Ölkanne mit der genannten Flüssigkeit füllen und die Flüssigkeit in die Öffnung einspritzen. Die Arbeit dauert natürlich länger. Bild 161 zeigt eine Ansicht des Getriebes von unten mit der Lage der beiden Stopfen im Getriebe.

8 Das automatische Getriebe

Die Fahrzeuge der einzelnen Typen können auf Sonderwunsch mit dem automatischen Getriebe W4 A 020 ausgerüstet sein. Es handelt sich hierbei um ein 4-Gang-Getriebe mit Drehmomentwandler.
Zerlegung, Zusammenbau und Einstellung des automatischen Getriebes sind Arbeiten für die Spezialwerkstätten, die mit den vorschriftsmässigen Werkzeugen und Geräten ausgerüstet sind. Auch Ihr Mercedes-Händler ist oft nicht in der Lage, eine Überholung von automatischen Getrieben vorzunehmen. So wird in den meisten Fällen ein Austauschgetriebe eingebaut. Das Getriebe kann ausgebaut und dann als Gesamtaggregat zum Händler gebracht werden, um es gegen ein Austauschgetriebe einzutauschen.
Das Getriebe schaltet in allen Vorwärtsgängen beim Anfahren in den 1. Gang. Beim Anhalten bleibt der 2. Gang in der Leerlaufstellung eingeschaltet, um das Vorwärtskriechen des Fahrzeuges so niedrig wie möglich zu halten. Das Getriebe wird beim Anfahren wieder in den 1. Gang zurückgeschaltet, nachdem man das Fahrpedal kurz berührt hat.

8.1 Ausbau des Getriebes

Das automatische Getriebe kann getrennt ausgebaut werden. Es ist daran zu denken, dass die Automatik sehr schwer ist, demzufolge geeignete Möglichkeiten vorhanden sein müssen, um das Getriebe sicher von unten abstützen zu können. Es wird zusammen mit dem Drehmomentwandler ausgebaut.

- Minuskabel von der Batterie abklemmen.
- Getriebeöl ablassen, indem man das Einfüllrohr aus der Getriebeölwanne abschraubt und die Ölablassschraube vom Drehmomentwandlergehäuse herausschraubt.
- Zu- und Rückleitung für den Ölkühler von den Verbindungsleitungen trennen.
- Steuerdruckhebel von der Welle abmontieren, nachdem die Klemmschraube entfernt wurde.
- Kabel vom Kick-down-Magnetventil abschliessen.
- Unterdruckleitung von der Unterdruckdose abschliessen.
- Tachometerwelle vom Getriebe lösen.
- Stecker vom Anlasssperrschalter und Rückfahrlichtschalter abziehen.
- Schaltstange an der Kabelpfanne oben aushängen.
- Getriebe an der Oberseite abstützen und das hintere Gummilager mit dem Motorträger abbauen.
- Halter für das Auspuffrohr abschrauben.
- Gelenkwelle abflanschen.
- Nach dem Abnehmen des Abdeckbleches vom Kupplungsgehäuse den Drehmomentwandler von der Antriebsscheibe abschrauben. Dazu den Motor durchdrehen, bis die Schrauben der Reihe nach erscheinen.
- Befestigungsschrauben des Anlassers lösen.
- Befestigungsschrauben des Getriebegehäuses lösen.
- Das Getriebe mit dem Drehmomentwandler so weit nach hinten drücken, bis der Lagerzapfen des Drehmomentwandlers beim Ablassen nirgends anstossen kann.
- Getriebe langsam nach unten ablassen und nach vorne herausziehen.

8.2 Einbau

Der Einbau geschieht in umgekehrter Reihenfolge wie der Ausbau. Beim Einbau des Drehmomentwandlers ist das Getriebe senkrecht zu stellen und dann vorsichtig auf die Antriebswelle zu setzen. Ausserdem ist darauf zu achten, dass beim Einbau die Dichtlippe des Radialdichtringes im Primärpumpengehäuse nicht beschädigt wird und bei eingebautem Getriebe die Mitnehmerscheibe am Wandlergehäuse nicht streift.

8.3 Flüssigkeitswechsel

Alle 60 000 km müssen die Flüssigkeit im Getriebe und der Filter erneuert werden. Wird das Fahrzeug oft im Stadtverkehr, zum Ziehen eines

Wohnwagens oder in bergigen Gegenden gefahren, muss man die Intervalle zwischen den Flüssigkeitwechseln manchmal bis zur Hälfte kürzen. Beim Flüssigkeitswechsel folgendermassen vorgehen, wobei man ebenfalls den in der Ölwanne sitzenden Filter reinigen sollte:

● Fahrzeug eine kurze Strecke fahren, damit sich das Öl erwärmen kann.

● Motor abstellen und den Wählhebel in Stellung "P" (Parken) bringen.

● Fahrzeug vorn und hinten auf Böcke setzen. Noch besser ist es das Fahrzeug über eine Grube zu fahren.

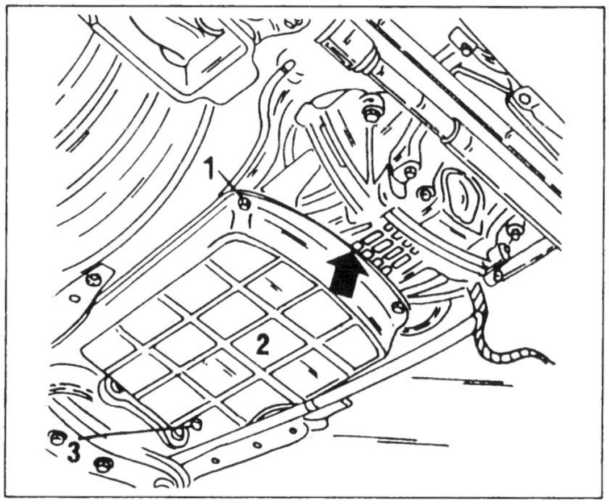

Bild 162
Die Lage des Ölablassstopfens (3) an der Unterseite des automatischen Getriebes. Der Wandlerstopfen, an der Pfeilstelle, wird durch das Kühlgitter erreicht.
1 Ölwannenschrauben
2 Ölwanne
3 Ablassstopfen

● Einen Auffangbehälter unter das Getriebe setzen und die in Bild 162 gezeigte Ablassschraube herausdrehen. Diese sitzt in der Ölwanne.

● Motor durchdrehen, bis der Ölablassstopfen des Drehmomentwandlers in der Öffnung an der Unterseite erscheint und den Stopfen herausschrauben.

● Die Befestigungsschrauben der flachen Ölwanne ringsherum lösen und den Ölfilter ausbauen. Einen neuen Ölfilter montieren.

● Ölwanne einwandfrei reinigen und wieder montieren. Die Schrauben ringsherum gleichmässig anziehen. Ein Drehmoment von 8 Nm sollte angestrebt werden.

● Die beiden Ablassstopfen wieder einschrauben und mit einem Anzugsdrehmoment von 15 Nm anziehen.

● Einen Trichter in das Einfüllrohr des Getriebes einsetzen und ca. 4,0 Liter Flüssigkeit, Sorte Dexron B, in das Getriebe füllen. Dies ist nicht die gesamte Füllmenge, jedoch verbleiben ca. 2 Liter im Getriebe, die man nicht ablassen kann.

● Handbremse anziehen, den Schalthebel in Stellung "P" lassen und den Motor anlassen. Motor im Leerlauf drehen lassen und die verbleibende Flüssigkeitsmenge einfüllen, bis der Flüssigkeitsstand am Messstab anzeigt, dass das Getriebe gefüllt ist. Dazu den Messstab herausziehen, mit einem flusenfreien Lappen abwischen und wieder einsetzen. Auf keinen Fall das Getriebe überfüllen. Als Richtlinie gilt, dass der Unterschied zwischen den beiden Marken am Messstab ca. 0,3 Liter beträgt.

● Motor anlassen und ca. 1 - 2 Minuten laufen lassen. Liegt die Temperatur der Getriebeflüssigkeit unterhalb 25° C, wie dies der Fall sein wird, wenn die Flüssigkeit gewechselt wurde, muss die Flüssigkeit etwa 10 mm unter der "Min."-Marke stehen.

● Fahrzeug fahren, bis das Getriebe warm ist und den Flüssigkeitsstand erneut kontrollieren. Das Niveau sollte jetzt zwischen der "Min."- und "Max."-Markierung stehen.

8.4 Abschleppen des Fahrzeuges

Oftmals ist man im Zweifel, ob man ein Fahrzeug mit einem automatischen Getriebe abschleppen kann, besonders, wenn man nicht mehr im Besitz der Betriebsanleitung ist. Das Fahrzeug kann mit einer Geschwindigkeit von nicht mehr als 50 km/h abgeschleppt werden, jedoch sollte die Strecke nicht länger als 120 km sein. Andernfalls muss man das Fahrzeug hinten auf einen Schleppschemel gesetzt, abschleppen lassen.

8.5 Starten des Motors durch Anschleppen

Das automatische Getriebe ist mit einer eigenen Ölpumpe versehen, die ein Starten des Motors durch Anschleppen erlaubt. Folgendermassen vorgehen:

● Zündschlüssel nach rechts in die Startstellung schalten und wieder zurücklassen.

● Wählhebel in Stellung "N" schalten und das Fahrzeug in Bewegung setzen lassen.

● Wählhebel in Stellung "2" schalten und das Fahrpedal betätigen, sobald man feststellt, dass sich der Motor mitdreht.

● Sobald der Motor angesprungen ist, den Wählhebel wieder in Stellung "N" schalten.

● Falls der Motor beim ersten Versuch nicht sofort anspringt, muss man den Startvorgang von vorn wiederholen, d.h. der Wählhebel muss wieder in Stellung "N" geschaltet werden. Auf keinen Fall den Wagen weiter schleppen lassen, solange der Hebel in der Stellung "2" steht.

Falls die Batterie entladen ist, können die Kerzen nicht vorglühen. In diesem Fall wird es sehr schwer sein einen kalten Motor durch Anschleppen anzulassen. Bei einem betriebswarmen Motor (wenn z.B. der Anlasser defekt ist), liegen die Chancen besser.

9 Die Gelenkwelle

Die Fahrzeuge sind mit einer zweiteiligen Gelenkwelle mit einem Schwingungsdämpfer an der vorderen Welle ausgerüstet. Der Wellendurchmesser der vorderen und hinteren Welle beträgt 60 mm, jedoch sind die Wellen an ihren Enden auf einen Durchmesser von 50 mm verringert. Die vordere und hintere Gelenkwelle sind im Verhältnis zueinander gekennzeichnet. Die beiden Wellen sind vorschriftsmässig zusammengebaut, wenn die Gabel mit den beiden Kennzeichnungen in Bild 163 in einer Linie mit der einzelnen Kennzeichnung an der hinten Welle liegt.
Unterschiedliche Gummikupplungen werden bei den verschiedenen Modellen verwendet. So werden bei bestimmten Modellen sogenannte zug- und schubweiche Kupplungen eingebaut, während bei anderen verdrehsteife Kupplungen verwendet werden.
Ein Schwingungsdämpfer, auch Schwingungstilger genannt, wird an der vorderen Gelenkwelle verwendet, jedoch ist dieser, wiederum je nach Fahrzeugmodell, unterschiedlich aufgebaut, d.h. bei eingebautem Schaltgetriebe sind Rollenhülsen eingebaut, während bei automatischem Getriebe keine Rollenhülsen verwendet werden. Bilder 164 und 165 zeigen die Unterschiede zwischen den beiden Ausführungen.

9.1 Aus- und Einbau der Gelenkwelle

9.1.1 Ausbau

- Abdeckblech über dem Auspuffschalldämpfer abschrauben (vier Schrauben in den Ecken) und herausziehen.
- Einen Wagenheber, mit einem Holzblock auf dem Hebeteller, unter das Getriebe ansetzen und dieses leicht anheben.
- Die Sechskantschrauben des hinteren Motorquerträgers vom Wagenboden lösen (links und rechts aussen) und herausnehmen.
- Mutter in der Mitte des Querträgers von der Motoraufhängung abschrauben und den kompletten Querträger herausheben.
- Gelenkwellenflansch am Getriebe abschliessen. Dazu ist ein kräftiger Innensechskantschlüssel erforderlich, auf welchen man eine Stecknuss und Ratsche aufsetzen kann.

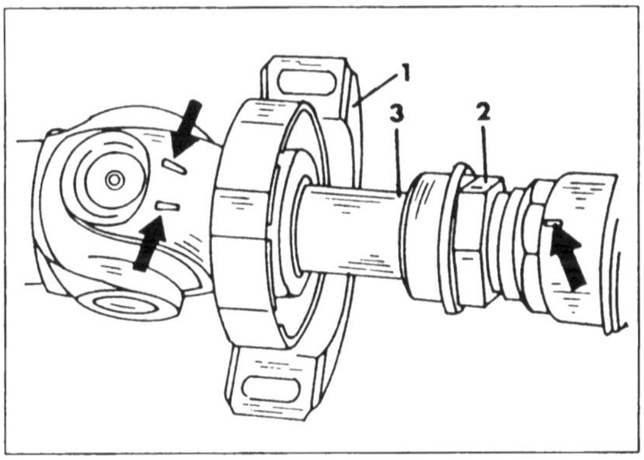

Bild 163
Kennzeichnung der Gelenkwelle. Die Kennzeichnung an der vorderen Welle muss zwischen den beiden Kennzeichnungen der hinteren Welle liegen (Pfeile). Die Welle nur so zusammensetzen.
1 Zwischenlager
2 Kontermutter
3 Gummimanschette

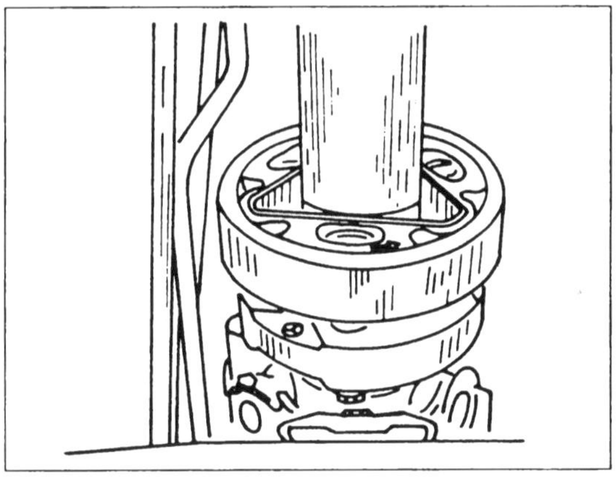

Bild 164
Anordnung des Schwingungstilgers bei Schaltgetriebe.

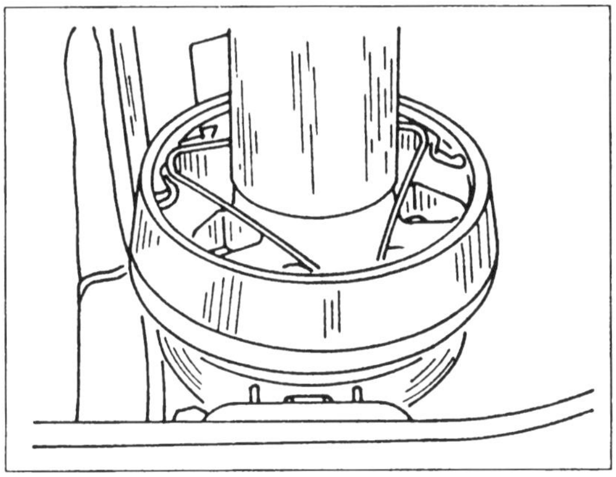

Bild 165
Anordnung des Schwingungstilgers bei automatischem Getriebe.

- Die Klemmutter der Gelenkwelle ca. um 2 Umdrehungen lockern ohne dabei die Gummimuffe zurückzuschieben (41 mm-Schlüssel).

● Ehe die Gelenkwelle nach hinten gezogen wird, muss man die Passhülsen im Gelenkflansch für die Gelenkscheibe mit einem 150 mm langen Dorn von 10 mm Durchmesser von hinten nach vorn herauschlagen. Diese Arbeit ist nicht bei allen Gelenkwellen erforderlich.

● Gelenkwelle vom Hinterachsflansch abschrauben.

● Befestigungsschrauben des Gelenkwellenzwischenlagers vom Wagenboden abschrauben.

● Gelenkwelle vom Zentrierzapfen der Hinterachse abdrücken und nach hinten abnehmen. Darauf achten, dass keine Trennung der Gelenkwelle erfolgt, falls man sie nur ausbauen muss. Andernfalls die Welle wieder entsprechend den Kennzeichnungen in Bild 163 zusammensetzen.

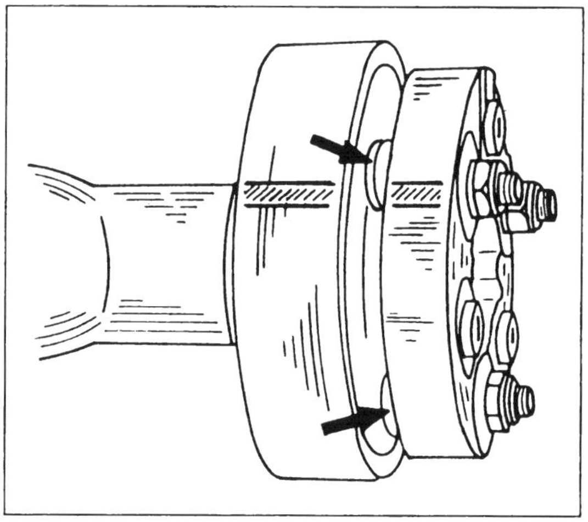

Bild 166
Die beiden Pfeile weisen auf die Büchsen des Gelenkflansches. Die beiden Teile vor dem Auseinanderschrauben mit Farbe kennzeichnen.

Alle Teile auf Beschädigung kontrollieren, ehe die Gelenkwelle wieder eingebaut wird. Falls die Gelenkscheibe beschädigt ist, muss sie erneuert werden. Dies ist besonders wichtig, wenn sie als Dämpfer beim Beschleunigen und Abbremsen des Fahrzeuges dient (mit zug-/schubweicher Scheibe).

Falls bei Erneuerung der Gelenkscheibe der Schwingungsdämpfer von der Gelenkwelle abgeschraubt wird, muss man den Schwingungsdämpfer und den Dreiarmflansch zueinander kennzeichnen, wie es aus Bild 166 ersichtlich ist.

9.1.2 Einbau

● Die Hohlräume der beiden Zentrierhülsen mit Dauerfett einschmieren (ca. 2 g pro Hülse).

● Gelenkwelle komplett mit Gelenkscheiben auf die Zentrierzapfen am Getriebe und der Hinterachse aufschieben.

● Gelenkwellenzwischenlager am Wagenboden befestigen, ohne die Schrauben jedoch vollkommen anzuziehen.

● Gelenkwelle am Getriebe und am Hinterachsflansch anschrauben. Die Schrauben sollten immer erneuert werden. Das Anzugsdrehmoment beträgt 45 Nm.

● Bei eingebautem Schaltgetriebe auf den richtigen Sitz der Rollen des Schwingungsdämpfers achten. Nach dem Anziehen der Gelenkwellenverbindung die Büchsen, falls erforderlich, hineindrücken. Bilder 164 und 165 zeigen den Unterschied zwischen den Ausführungen für ein Schaltgetriebe und ein automatisches Getriebe.

● Hinteren Motorträger am Rahmenboden anschrauben. Die Schrauben mit 45 Nm anziehen.

● Getriebeabstützung entfernen und hinteres Gummilager in Position schrauben. Das Anzugsdrehmoment beträgt 45 Nm.

● Fahrzeug im fahrfertigen Zustand einige Male hin- und herschieben und dann die Klemmutter an der Gelenkwelle anziehen (30 - 40 Nm).

● Das Zwischenlager der Gelenkwelle am Rahmenboden festziehen (25 Nm).

● Schutzblech für den Auspuffschalldämpfer wieder anschrauben.

9.2 Gelenkwellenzwischenlager aus- und einbauen

● Die einzelnen Wellenteile zueinander kennzeichnen, falls die in Bild 163 gezeigten Markierungen nicht einwandfrei gesehen werden können.

● Die Mutter (2) in Bild 163 vollkommen lockern, bis die vordere von der hinteren Gelenkwelle getrennt werden kann.

● Die Gummimanschette (3) über die Keilverzahnungen abziehen.

● Das Gummilager mit dem Rillenkugellager und der Schutzkappe mit einem Abzieher von der Gelenkgabel abziehen. Ein Zweiarmabzieher wird dabei mit den Klauen unter dem Zwischenlager angesetzt, so dass die mittlere Spindel gegen das Ende der Welle drücken kann.

● Die hintere Schutzkappe von der Gelenkgabel abnehmen.

● Um das Rillenkugellager zu erneuern, ist dieses unter einer Presse aus dem Gummilager auszupressen und wieder einzupressen. Beschädigte Teile sollten auf jeden Fall erneuert werden.

Der Einbau des Zwischenlagers erfolgt in umgekehrter Reihenfolge wie der Ausbau.

9.3 Erneuerung der Zentrierhülsen

● Die Zusammengehörigkeit des Schwingungsdämpfers, der Gelenkscheibe und der vorderen Gelenkwelle kennzeichnen, wie es aus Bild 166 ersichtlich ist.

- Die Innensechskantschrauben und Sechskantmuttern lösen und abnehmen.
- Falls erforderlich, die einvulkanisierten Rollenhülsen der Gelenkscheibe im Dreiarmflansch lösen. Dazu einen Dorn von 10 mm Durchmesser und 150 mm Länge in die Büchsen einschlagen und den Dorn hin- und herdrehen.
- Gelenkscheibe und Schwingungsdämpfer abnehmen.
- Gelenkwelle trennen, wie es bei Erneuerung des Zwischenlagers beschrieben wurde.
- Gelenkwelle in einen Schraubstock einspannen (Weichmetallbacken) und die Zentrierhülse mit einem Flachmeissel herausschlagen.
- Neue Zentrierhülse mit einem geeigneten Dorn einpressen. Dabei sind gewisse Masse zu beachten, die bei den beiden Wellen unterschiedlich sind:
  — Bei der vorderen Welle muss die Zentrierhülse genau um ein Mass von 31 mm herausstehen.
  — Bei der hinteren Welle muss die Zentrierhülse um genau 24 mm heraustehen.
- Hohlräume der beiden Zentrierhülsen mit 6 g Dauerfett füllen.
- Schwingungsdämpfer und Gelenkscheibe entsprechend den Kennzeichnungen anbringen und die Muttern mit 45 Nm anziehen.

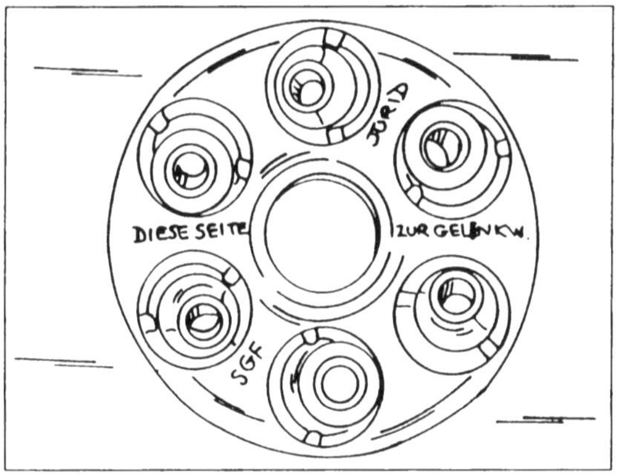

Bild 167
Richtiger Einbau der Gelenkwelle. Die gezeigte Seite muss immer zum Gelenkwellenflansch weisen.

- Bei einem Fahrzeug mit Fünfganggetriebe ist die Gelenkscheibe zu betrachten. Eine Seite der Scheibe ist mit "Diese Seite zur Gelenkw." gezeichnet und die Scheibe muss entsprechend montiert werden. Bild 167 zeigt wo die Kennzeichnung zu finden ist.

10 Die Vorderachse

Die Vorderachse ist mit zwei Stossdämpferbeinen anstelle von Federbeinen ausgerüstet. Im Fall von Reparaturen kann die komplette Achshälfte als Einheit ausgebaut werden, d.h. der Querlenker wird an der Innenseite und der Stossdämpfer an der Oberseite abgeschraubt.
Der Achsschenkel ist mit einem Traggelenk mit dem Querlenker verbunden und ist mit dem Stossdämpferrohr verschraubt. Das obere Dämpferlager ist in Gummi gelagert.
Stahlfedern und Stossdämpferbeine sind getrennt montiert. Federn und Stossdämpfer wurden ab Beginn des Baujahres 1985 abgeändert.
Ab Baujahr 1988 wurde das Fahrzeugniveau um 15 mm gesenkt. Damit wurden ebenfalls die Federn erneut geändert. Bild 168 zeigt einen Schnitt durch

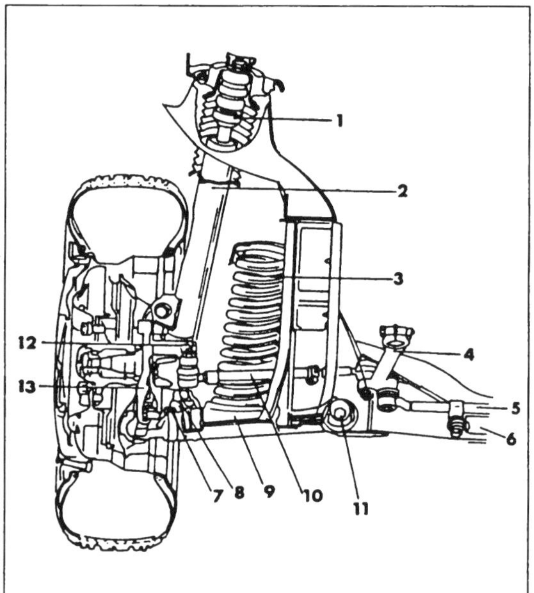

Bild 168
Schnitt durch eine Seite der Vorderradaufhängung.
1 Zusatzfeder
2 Dämpferbein
3 Schraubenfeder
4 Lenkstockhebel
5 Lenkschubstange
6 Lenkungsdämpfer
7 Torsionsstab
8 Torsionsstabbüchse im Querlenker
9 Querlenker
10 Spurstange
11 Exzenterschraube, hinten
12 Lenkhebel
13 Achsschenkel

eine Seite der Radaufhängung. Bild 169 zeigt die komplette Vorderachse mit Lage der einzelnen Teile.

10.1 Vorderachshälfte aus- und einbauen

Bild 170 zeigt eine Achshälfte ohne Vorderradnabe und Rad.

- Unterschutzschild (Geräuschkapsel) unter dem Vorderwagen ausbauen.
- Vorderseite des Fahrzeuges auf Böcke setzen und die Vorderräder abschrauben.
- Die Lagerung des Kurvenstabilisators vom Querlenker lösen. Dazu zwei Muttern entfernen und die Klemmschelle abnehmen. Bild 179 zeigt die Befestigung des Stabilisators.
- Vorderfeder ausbauen (Kapitel 10.2).
- Mutter des Kugelbolzens der Spurstange entfernen und die Kugelbolzenverbindung mit einem geeigneten Abzieher trennen.
- Den Verlauf des Bremsschlauchs verfolgen und die Verbindung zur Bremsleitung nach Lösen der Überwurfmutter trennen. Federblech aus dem Bremsschlauch herausschlagen und den Bremsschlauch lösen. Die offenen Anschlussenden mit Klebband umwickeln, um Eindringen von Schmutz zu vermeiden.
- Steckverbindung der Bremsklotz-Verschleissanzeige und, falls eingebaut, für den Geschwindigkeitsfühler der ABS-Anlage abziehen. Diese Anschlüsse befinden sich im Motorraum und die entsprechenden Kabel sind durch den Radkasten nach aussen zu ziehen.
- Einen Wagenheber unter den Querlenker untersetzen und die Achse leicht anheben.
- Befestigung des Stossdämpferbeins im Motorraum lösen. Dazu einen Ringschlüssel verwenden, während die Kolbenstange durch einen eingesetzten Innensechskantschlüssel gegengehalten wird. Der Querlenker muss unbedingt unter Spannung stehen ehe die Mutter gelöst wird.
- Den Blechteller (Rückprallbegrenzer) vom Ende der Kolbenstange abnehmen.
- Die Stellung der Exzenterbolzen im Verhältnis zum Rahmen am Lager des Querlenkers kennzeichnen, die Muttern der Exzenterbolzen entfernen und die beiden Bolzen herausschlagen.
- Die Vorderachshälfte herausheben.
- Die Gummilager der Querlenker und des Kurvenstabilisators kontrollieren und ggf. erneuern.

Die Büchsen der Querlenkers können erneuert werden, jedoch sollte man diese Arbeiten in einer Werkstatt durchführen lassen.
Beim Einbau der Vorderachshälfte folgendermassen vorgehen:

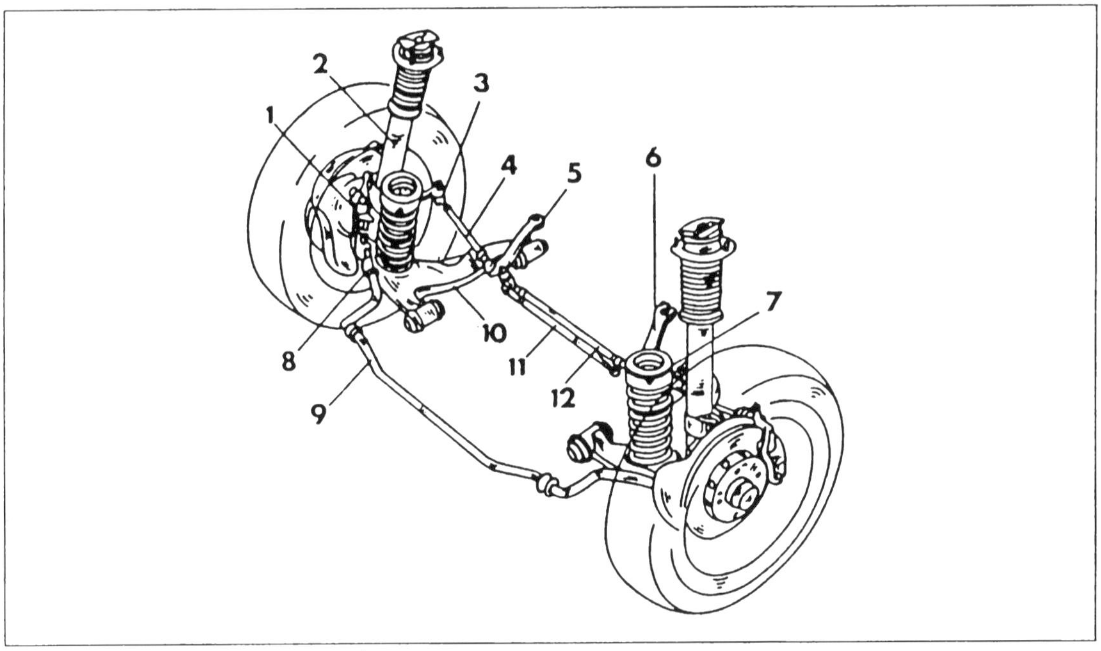

Bild 169
Ansicht der zusammengebauten Vorderradaufhängung.
1 Achsschenkel
2 Dämpferbein
3 Lenkhebel
4 Spurstange
5 Lenkzwischenhebel
6 Lenkstockhebel
7 Vorderfeder
8 Stabilisatorlagerung am Querlenker
9 Kurvenstabilisator
10 Querlenker
11 Lenkungsdämpfer
12 Lenkschubstange

- Achshälfte auf einen Wagenheber aufsetzen und langsam in die richtige Lage heben, so dass die Kolbenstange durch die Öffnung in der Lagerung im Motorraum kommt.
- Den Blechteller auf die Kolbenstange auflegen und die Mutter anbringen. Die Kolbenstange mit einem Innensechskantschlüssel gegenhalten und die Mutter mit einem Ringschlüssel auf 60 Nm festziehen.
- Die Lagerung des Querlenkers am Rahmenquerträger montieren. Dazu die Exzenterbolzen entsprechend der Kennzeichnung ausrichten und die Muttern fingerfest anziehen. Da die Exzenterbolzen die Einstellung des Sturzes (am vorderen Lager) und des Nachlaufs (am hinteren Lager) bestimmen, muss die Radeinstellung nach dem Einbau kontrolliert werden. Bild 171 zeigt Schnittansichten der Lagerungen, um die Lage der Exzenterschrauben zu zeigen.
- Lager des Kurvenstabilisators am Querlenker anschrauben. Die Muttern der Lagerschelle mit 20 Nm anziehen. Um den Einbau des Kurvenstabilisators zu erleichtern, kann man den gegenüberliegenden Querlenker mit einem Wagenheber anheben.
- Bremsschlauch wieder anschliessen. Die Lenkung aus einem Einschlag in den anderen drehen und kontrollieren, dass der Schlauch nirgends anschlagen kann. Andernfalls muss der Schlauch entsprechend versetzt werden, ehe die Mutter erneut festgezogen wird. Bild 172 zeigt den eingebauten Querlenker von der Unterseite.
- Elektrische Kabel wieder anschliessen.
- Kugelgelenk der Spurstange anschliessen und die Mutter mit 35 Nm festziehen. Falls sich der Kugelbolzen mitdrehen sollte, kann man einen Innensechskantschlüssel in die Mitte des Bol-

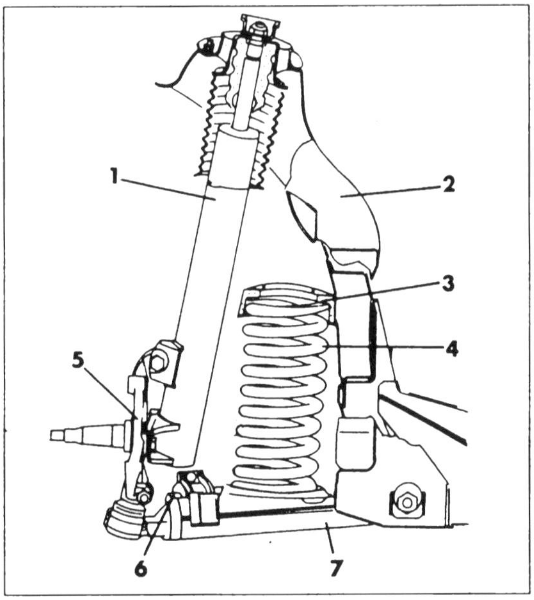

Bild 170
Schnitt durch eine Seite der Vorderradaufhängung.
1 Dämpferbein
2 Vorderbau
3 Gummilager der Vorderfeder
4 Schraubenfeder
5 Achsschenkel
6 Stabilisatorstange
7 Querlenker

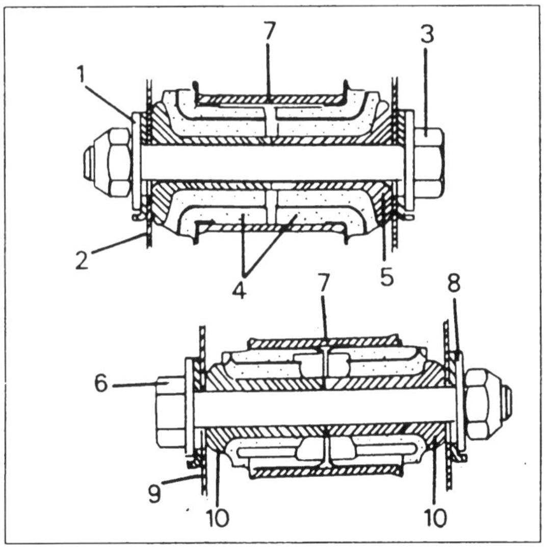

Bild 171
Schnitt durch das vordere (oben) und hintere (unten) Lager des Querlenkers.
1 Exzenterscheibe
2 Rahmenquerträger
3 Exzenterschraube (Sturzeinstellung)
4 Torsionsgummilagerung
5 Klemmhülse
6 Exzenterschraube (Nachlaufeinstellung)
7 Querlenker
8 Exzenterscheibe
9 Rahmenseitenträger
10 Torsionsgummilager

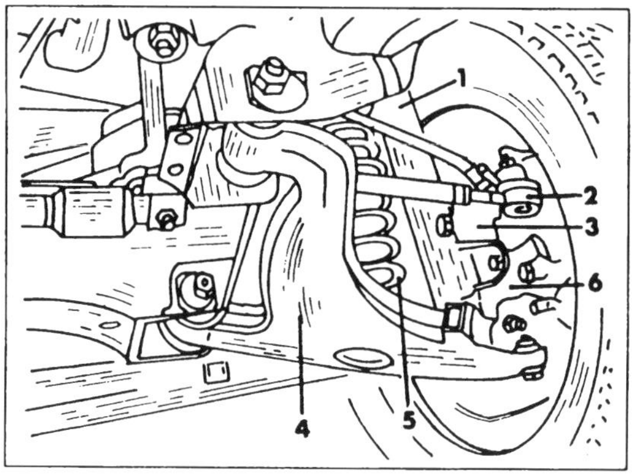

Bild 172
Ansicht des Querlenkers von unten.
1 Dämpferbein
2 Spurstange
3 Lenkhebel
4 Querlenker
5 Vorderfeder
6 Achsschenkel

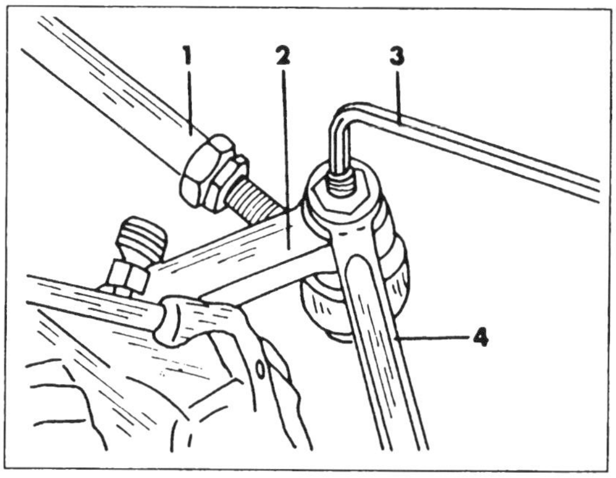

Bild 173
Lösen oder Anziehen des Spurstangenkugelgelenkbolzens. Den Kugelschaft dabei mit einem Inbusschlüssel gegenhalten.
1 Spurstange
2 Lenkhebel
3 Inbusschlüssel
4 Ringschlüssel

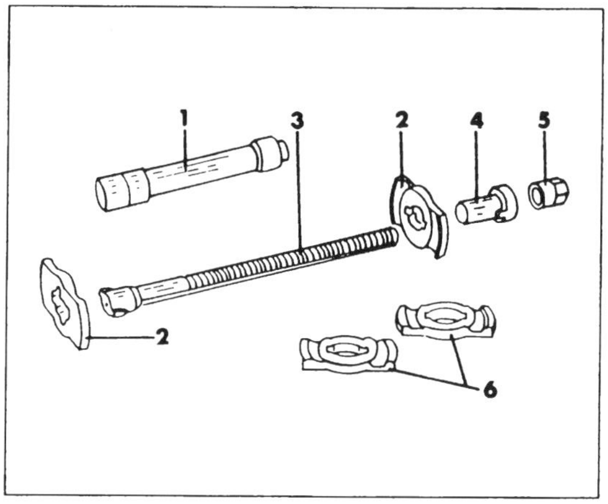

Bild 174
Spezialfederspannvorrichtung für die Vorder- und Hinterfedern.
1 Steckschlüssel
2 Spannplatten für Vorderfedern
3 Spannschraube
4 Führungshülse
5 Mutter
6 Spannplatten für Hinterfedern

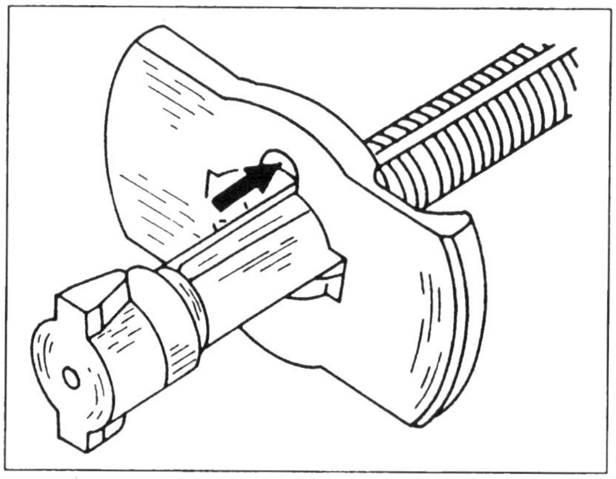

Bild 175
Beim Einsetzen der Spannplatten in die Spannschraube darauf achten, dass der Ansatz an der Schraube in die Aussparung (Pfeil) der Platte eingreift.

zens einsetzen, um ihn gegenzuhalten (siehe Bild 173)

- Fahrzeug auf die Räder ablassen, nochmals kontrollieren, dass die Exzenterbolzen entsprechend der Kennzeichnung ausgerichtet sind und die Muttern mit 180 Nm anziehen. Falls man die Kennzeichnung der Bolzen vergessen hat, stellt man die beiden Bolzen in die Mittelstellung.
- Fahrzeugniveau an der Vorderachse kontrollieren (Kapitel 10.10.4).
- Einstellung der Vorderräder prüfen und ggf. einstellen (Kapitel 10.10).
- Scheinwerfereinstellung prüfen.

10.2 Vorderfeder aus- und einbauen

Ein Federspanner wird zum Aus- und Einbau der Vorderfeder gebraucht. Falls das von Mercedes benutzte Werkzeug nicht zur Verfügung steht, kann man versuchen geeignete Spannhaken über drei oder vier Wicklungen der Feder zu legen, um diese zusammenzuspannen, bis sie sich von den Federsitzen abhebt. Die Spannhaken müssen jedoch kräftig genug sein, damit sie sich nicht aufbiegen können. Der folgende Text beschreibt die Verwendung des Spezialwerkzeuges. Eine 32 mm-Stecknuss mit einer langen Verlängerung ist ebenfalls erforderlich.

- Fahrzeug vorn aufbocken und die Räder abschrauben.
- Die Geräuschkapsel unter dem Vorderwagen abschrauben.
- Die beiden Spannplatten (2) in Bild 174 zwischen die Wicklungen der Feder einsetzen, so dass 7 ½ Wicklungen zwischen den beiden Platten liegen. Die Platten müssen gegeneinander um 90° versetzt sein.
- Die Spannschraube (3) durch die Öffnung im Querlenker einschieben. Die Führung der Spannschraube an der Oberseite muss in die Ausschnitte der oberen Spannplatte eingreifen, wie es aus Bild 175 ersichtlich ist. Dazu die Spannschraube durch das Loch der Spannplatte führen und danach um 90° verdrehen, bis die Sperre einrastet.
- Führungshülse (4) in Bild 174 auf die Spannschraube aufstecken und wiederum verdrehen, bis die Nasen in die Aussparungen, ähnlich wie in Bild 175 gezeigt, eingreifen.
- Mutter (5) aufschrauben und mit der Stecknuss und Verlängerung (1) anziehen, bis die Feder zusammengespannt ist.
- Wagenheber unter den Querlenker untersetzen und diesen leicht anheben. Der Querlenker darf auf keinen Fall unter eigener Last nach unten gedrückt werden.
- Einen 8 mm-Innensechskantschlüssel in die Oberseite der Kolbenstange einsetzen und die Mutter mit einem Ringschlüssel lösen (Bild 176).
- Wagenheber langsam ablassen, bis die Fe-

der frei ist und diese nach vorn herauskippen.

- Um den Federspanner abzunehmen, eine der Spannplatten in einen Schraubstock einspannen und die Mutter langsam abschrauben, bis die Spannplatten frei sind.

Der Einbau geschieht in umgekehrter Reihenfolge wie der Ausbau, wobei auf richtigen Sitz des Gummilagers im Rahmenboden und des Windungsauslaufs der Feder im Federteller am Querlenker zu achten ist. Die Mutter an der Oberseite des Dämpferbeins mit 60 Nm anziehen, während die Kolbenstange wie in Bild 176 gezeigt, gegengehalten wird. Beim Zurücklassen der gespannten Feder sorgfältig beobachten, dass die Feder oben und unten einwandfrei eingreift.

Das Fahrzeugniveau an der Vorderachse und die Scheinwerfereinstellung müssen nach fertigem Einbau kontrolliert werden.

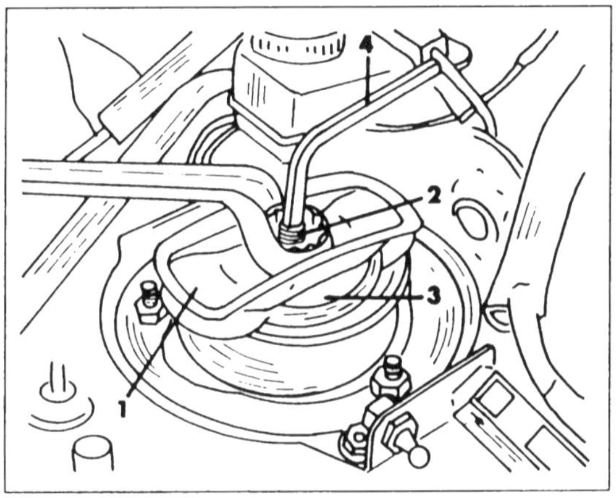

Bild 176
Lösen des oberen Dämpferlagers.
1 Rückprallblech
2 Kolbenstange
3 Gummilager
4 Inbusschlüssel

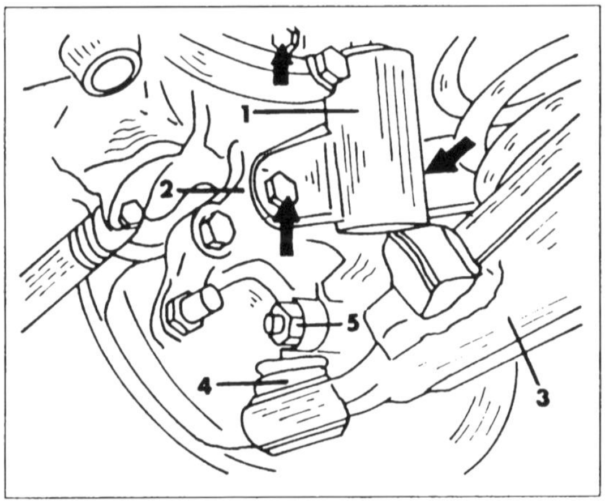

Bild 177
Einzelheiten zum Aus- und Einbau eines vorderen Stossdämpfers.
1 Dämpferbein
2 Lage einer Schraube
3 Querlenker
4 Aufhängungstraggelenk
5 Klemmschraube und Mutter

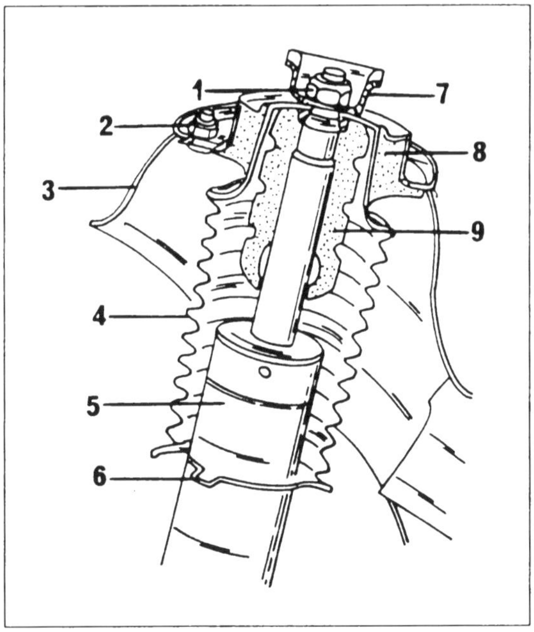

Bild 178
Schnitt durch die Stossdämpferbefestigung an der Oberseite.
1 Sechskantmutter
2 Sechskantmuttern
3 Vorderbau
4 Gummimanschette
5 Dämpferbein
6 Anschlagring
7 Rückprallblech
8 Gummilager
9 Zusatzgummifeder

10.3 Vorderen Stossdämpfer aus- und einbauen

Der im letzten Kapitel beschriebene Federspanner muss ebenfalls zum Austausch eines Stossdämpfers benutzt werden. Andernfalls kann man die Schraubenfeder mit geeigneten Federspannhaken zusammenspannen, die jedoch kräftig genug sein müssen, damit sie sich nicht aufbiegen können.

- Vorderseite des Fahrzeuges auf Böcke setzen und das Vorderrad abnehmen.
- Den Federspanner anbringen, wie es in Kapitel 10.2 beschrieben wurde. Den Anweisungen unbedingt genau folgen, damit die Feder nicht von den Spannplatten springen kann.
- Befestigung der Kolbenstange entsprechend Bild 176 lösen. Dabei die in Kapitel 10.2 angeführten Anweisungen hinsichtlich des Anhebens des Querlenkers, usw. beachten.
- Unter Bezug auf Bild 177 die an den Pfeilstellen liegenden Schrauben und eine Mutter an der Unterseite (am Achsschenkel) entfernen und den Stossdämpfer nach unten und vorn zu herausziehen.
- Den Achsschenkel mit einem Stück Draht in angehobener Lage festbinden, damit der Bremsschlauch und angeschlossene elektrische Kabel nicht unter Spannung kommen.
- Gummifeder (Hilfsfeder) und den Anschlagring vom Stossdämpfer abnehmen. Bild 178 zeigt einen Schnitt durch die Stossdämpferbefestigung mit der Lage der einzelnen Teile.

Die Kolbenstange an der Oberfläche sorgfältig auf Schäden oder Verbiegung kontrollieren. Eine verbogene Kolbenstange zeigt sich durch Klemmstellen, wenn man sie hineinschiebt und herauszieht. Die Kolbenstange muss sich bei gleichbleibendem Widerstand herausziehen und wieder hineinschieben lassen, ohne dass dabei tote Stellen festgestellt werden. Falls angenommen wird, dass Flüssigkeit fehlt, kann man das Dämpferbein in eine Werkstatt bringen. Diese besitzt Messwerte zum Auswiegen des Stossdämpfers, wodurch feststellbar ist, ob noch genügend Öl

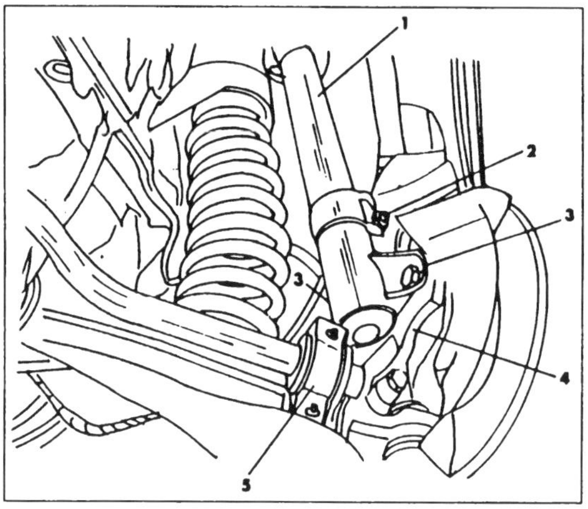

Bild 179
Zum Einbau der Dämpferbeine. Die Anzugsreihenfolge der Befestigung beachten.
1 Dämpferbein
2 Klemmschraube und Mutter
3 Dämpferbeinschrauben
4 Achsschenkel
5 Stabilisatorlager

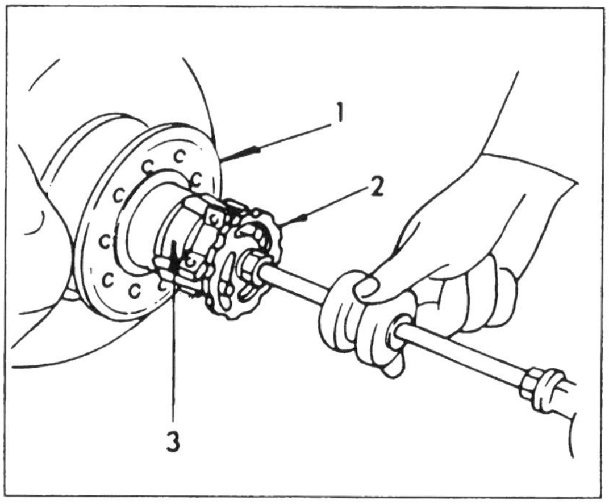

Bild 180
Abziehen der Nabenfettkappe mit dem Spezialwerkzeug.
1 Vorderradnabe
2 Abzieh- und Andrückvorrichtung
3 Nabenkappe

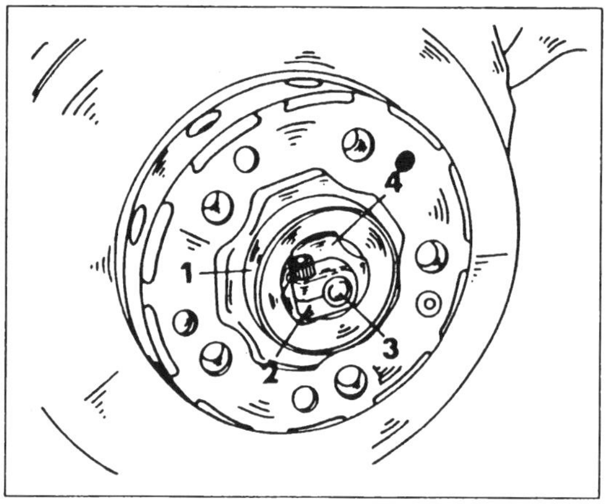

Bild 181
Einzelheiten zum Einstellen des Radlageraxialspiels.
1 Vorderradnabe
2 Klemmutter
3 Achsstump
4 Anlaufscheibe

vorhanden ist.
Der Einbau geschieht in umgekehrter Reihenfolge, unter Beachtung der folgenden Punkte:

- Falls das Gummilager (8) in Bild 178 erneuert wurde, ist dieses wieder mit neuen, selbstsichernden Muttern (2) mit 20 Nm anzuziehen.
- Den Anschlagring (6) über das Dämpferbeinrohr schieben, miteinander einhaken und bis zum breiteren Querschnitt in die Ringwulst eindrücken.
- Die Hilfsfeder (9) auf die Kolbenstange schieben.
- Zwei neue, untere, selbstsichernde Schrauben einsetzen und festziehen, bis der Stossdämpfer anliegt.
- Das Dämpferbein an der Oberseite in Anschlag mit dem Achsschenkel bringen, die obere Sechskantschraube mit Scheibe und neuer, selbstsichernder Mutter anbringen und leicht anziehen. Die Fläche des Achsschenkels muss an der Innenseite gegen das Dämpferbein anliegen.
- Nachdem alle Schrauben eingesetzt sind, die beiden unteren Schrauben zuerst auf 100 Nm und danach nur die Sechskantschraube der oberen Klemmverbindung auf 75 Nm anziehen. Bild 179 sollte betrachtet werden, um keine Fehler zu machen. Fehler in der Anzugsreihenfolge beeinträchtigen die Sturzeinstellungstoleranzen.
- Oberes Dämpferlager wie in Kapitel 10.2 beschrieben mit 60 Nm anziehen.
- Sturzeinstellung kontrollieren und ggf. einstellen.

10.4 Radlager-Axialspiel einstellen

- Fahrzeug vorn auf Böcke setzen.
- Vorderrad abschrauben.
- Bremsscheibe an der Nabe festschrauben, indem man zwei der Radbolzen verwendet.
- Bremsklötze von der Bremsscheibe wegdrücken. Falls erforderlich die Bremszange an der oberen Schraube lösen und die Zange zur Seite schwingen.
- Die Nabenfettkappe abziehen. Dazu wird normalerweise ein Abzieher mit einem Schlaghammer verwendet, wie es in Bild 180 gezeigt ist.
- In der Mitte der Nabe die Kontaktfeder für die Radioentstörung entfernen.
- Unter Bezug auf Bild 181 die Innensechskantschraube der Klemmutter (2) lockern und unter gleichzeitigem Drehen der Nabe die Klemmutter anziehen, bis sich die Nabe noch soeben durchdrehen lässt.
- Aus dieser Stellung die Mutter wieder um eine 1/3 Umdrehung lockern und die Spannung entlasten, indem man mit einem Kunststoffhammer gegen das Ende des Achsstumpfes (3) schlägt.
- Eine Messuhr an der Vorderadnabe montieren, wie es in Bild 182 gezeigt ist und die Messuhr auf ca. 2 mm vorspannen.
- Axialspiel der Radnabe durch kräftiges Ziehen und Drücken am Flansch kontrollieren. Vor jeder Messung die Radnabe einige Male durchdrehen, jedoch nicht bei der eigentlichen Messung.
- Die Innensechskantschraube der Klemmutter mit 12 Nm festziehen und das Radlagerspiel erneut ausmessen. Wenn das Radlager-Axialspiel richtig eingestellt ist, muss sich die zwischen dem äusseren Kegelrollenlager und der Klemmutter eingesetzte Scheibe mit dem Finger gerade noch drehen lassen.

● Nabenfettkappe etwa bis zum Bördelrand mit vorgeschriebenem Fett füllen und mit Vorrichtung aufdrücken.
● Vorderrad montieren und Fahrzeug auf die Räder ablassen.

10.5 Vorderradnabe

10.5.1 Aus- und Einbau einer Radnabe

● Fahrzeug vorn aufbocken und das Vorderrad abnehmen.
● Nabenfettkappe mit der in Bild 180 gezeigten Vorrichtung von der Nabe abziehen.
● Radioentstörungskontaktfeder entfernen.
● Bremszange vom Achsschenkel abschrauben und mit einem Stück Draht an geeigneter Stelle am Radkasten festbinden.
● Bremsscheibe von der Radnabe herunternehmen.
● Klemmutter (2) in Bild 181 lockern und die Klemmutter abschrauben. Die darunterliegende Scheibe entfernen.
● Die Vorderradnabe herunterziehen. Falls sie festsitzen sollte, muss ein Schlaghammer benutzt werden, welchen man an der Radnabe anschraubt, ähnlich wie es in Bild 180 gezeigt ist.
● Falls der innere Lagerring des Schrägrollenlagers auf dem Achsstumpf verbleiben sollte, muss er mit einem passenden Abzieher heruntergezogen werden. Abschliessend den Öldichtring vom Achsstumpf entfernen.

Falls die Lager nicht erneuert werden müssen, kann man die Radnabe wie unten beschrieben wieder montieren. Andernfalls in Kapitel 10.5.2 über die Erneuerung der Radlager nachlesen. Falls der innere Lagerring auf dem Achsstumpf gesessen hat, muss er zusammen mit dem Öldichtring zuerst in die Nabe eingesetzt werden.

● Die Lauffläche für den Öldichtring auf dem Achsstumpf leicht mit Heisslagerfett einschmieren.
● Radnabe auf den Achsstumpf aufstecken und mit einem Gummihammer aufschlagen.
● Das äussere, gut eingefettete Radlager in die Aussenseite der Radnabe und über den Achsstumpf setzen und leicht einschlagen.
● Anlaufscheibe aufstecken und die Klemmutter aufschrauben.
● Radlagerspiel einstellen, wie es in Kapitel 10.4 beschrieben ist.
● Bremsscheibe auf die Radnabe stecken und den Bremssattel mit neuen, selbstsichernden Sechskantschrauben am Achsschenkel befestigen. Die Schrauben mit 115 Nm anziehen.
● Kontaktfeder für den Radioentstörkondensator anbringen, die Nabenfettkappe mit etwas Heisslagerfett füllen und die Kappe mit einem Gummihammer aufschlagen.
● Rad anschrauben, Radbolzen festziehen und das Fahrzeug abbocken.

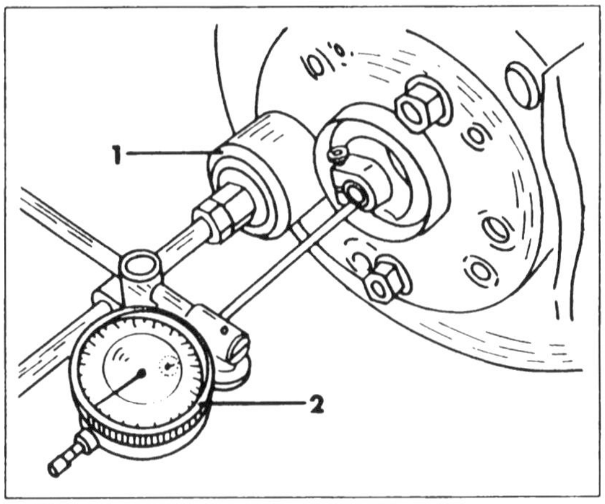

Bild 182
Ausmessen des Axialspiels der Vorderradnaben. Eine Messuhr (2) mit einem Magnetfusshalter (1) an der Radnabe ansetzen, mit dem Messstift auf der Aussenseite der Achsmutter ansetzen.

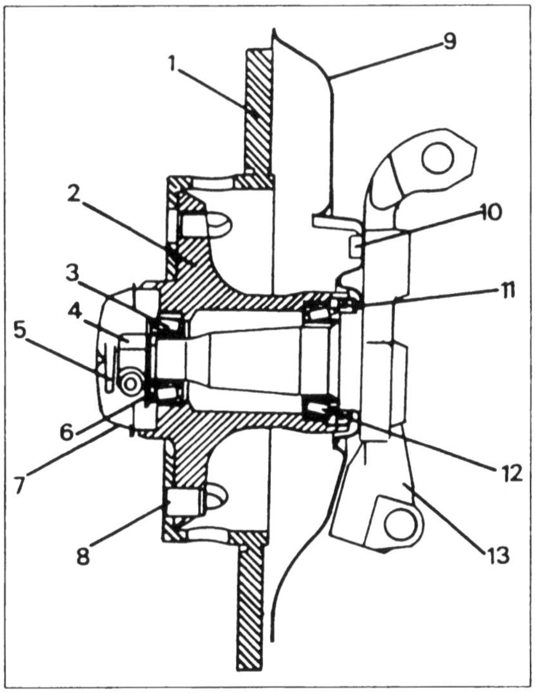

Bild 183
Schnitt durch die Vorderradnabe.
1 Bremsscheibe
2 Vorderradnabe
3 Äusseres Schrägrollenlager
4 Klemmutter
5 Kontaktfeder
6 Scheibe
7 Nabenfettkappe
8 Klemmhülse
9 Spritzblech
10 Sechskantschrauben
11 Radialdichtring
12 Inneres Schrägrollenlager
13 Achsschenkel

10.5.2 Radlager erneuern

Unter Bezug auf Bild 183:
● Innenring mit Rollenkäfig des äusseren Kegelrollenlagers (3) aus der Nabe herausnehmen.
● Radialdichtring (11) ausbauen und den Innenring mit Rollenkäfig des inneren Kegelrollenlagers (12) aus der Nabe herausnehmen.
● Aussenring (12) des inneren Kegelrollenlagers aus der Nabe ausschlagen oder mit einem passenden Abzieher herausziehen.
● Aussenring des äusseren Kegelradlagers (3) mit einem geeigneten Messing- oder Aluminiumdorn gleichmässig und vorsichtig herausschlagen.

Den Flansch der Nabe auf Schlag prüfen. Die Gewindelöcher für die Radbefestigung, Kegelrollenlager und Lagersitze in der Nabe kontrollieren. Die Lager können nicht wieder eingebaut werden, wenn man die folgenden Schäden feststellen kann:

- Die Schrägrollen im äusseren Lagerkäfig zeigen Druckstellen auf, welche durch Chromabblätterung des inneren Ringes verursacht wurden.

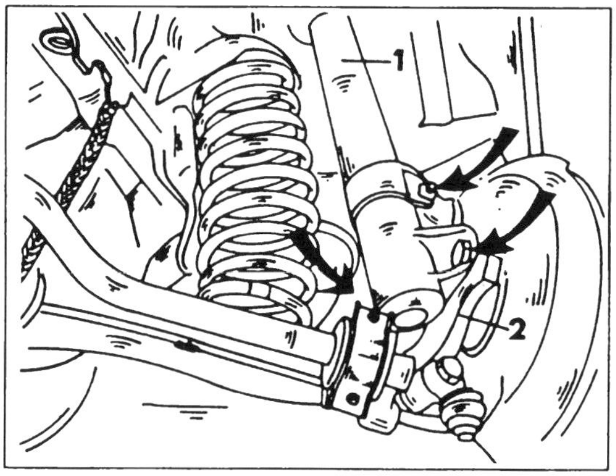

Bild 184
Die Befestigung des Dämpferbeins am Achsschenkel. Die Pfeile weisen auf die Lage der Befestigungsschrauben.
1 Dämpferbein
2 Achsschenkel

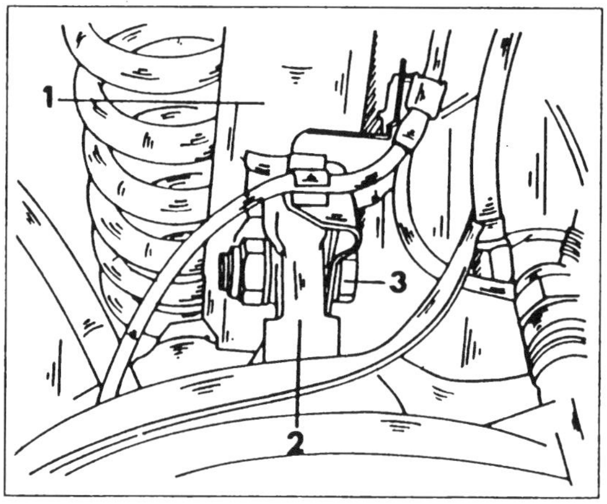

Bild 185
Zum Aus- und Einbau eines Achsschenkels.
1 Dämpferbein
2 Achsschenkel
3 Schraube und Mutter

- Roststellen sind an den Lagerrollen zu sehen (verursacht durch Wassereindringen aufgrund eines defekten Öldichtringes).
- Der äussere Lagerring ist hellbraun oder blau angelaufen, aufgrund von Überhitzung.

Falls ein Schrägrollenlager erneuert werden muss, ersetzt man das zweite Lager ebenfalls. Immer nur Lager des gleichen Herstellers verwenden. Falls die gebrauchten Lager wieder eingebaut werden, nicht die Lagerlaufringe mit den Lagerkäfigen untereinander verwechseln.

Beim Einbau der Radlager folgendermassen vorgehen:

- Aussenringe der Kegelrollenlager einzeln in die Vorderradnabe einpressen.
- Vorgeschriebene Fettmenge von ca. 50 g für Lager und Nabe abwiegen.
- Rollenkäfig des inneren Kegelrollenlagers gut mit Fett füllen.
- Innenring mit Rollenkäfig in die Nabe einsetzen und die Stirnflächen der Rollen mit Fett versehen.
- Radialdichtring zwischen Dichtlippe und Staublippe mit Fett füllen und vorsichtig in die Nabe einschlagen, ohne dabei den Ring zu beschädigen.
- Vorderadnabe mit dem restlichen Fett füllen. Falls zu viel Fett eingeschmiert wird, kann dies wandern und verliert seine Schmierkraft. Bei zu wenig Fett, wird die Schmierung nicht gewährleistet.
- Die Radnabe jetzt wieder montieren, wie es im letzten Kapitel beschrieben wurde.

10.6 Achsschenkel aus- und einbauen

- Vorderseite des Fahrzeuges auf Böcke setzen und das Rad abnehmen.
- Bremszange abschrauben und mit einem Stück Draht an der Vorderradaufhängung befestigen, damit sie nicht am Schlauch herunterhängen kann.
- Bremsscheibe abnehmen.
- Vorderradnabe ausbauen (Kapitel 10.2).
- Bei einem Fahrzeug mit ABS-Anlage den Geschwindigkeitsfühler nach Lösen der Innensechskantschrauben vom Achsschenkel abnehmen.
- Drei Sechskantschrauben in der Mitte des Achsstumpfes entfernen und das Spritzblech für die Bremsscheibe abnehmen.
- Vorderfeder zusammenspannen, wie es in Kapitel 10.2 beschrieben wurde, bis die Last vom Querlenker entfernt ist.
- Die Befestigungsschraube des Lenkhebels am Achsschenkel lösen und den Hebel abnehmen.
- Die in Bild 184 mit den Pfeilen gezeigten Schrauben des Dämpferbeins vom Achsschenkel lösen. Eine Schraube liegt versteckt auf der anderen Seite (linker Pfeil).
- Die Schraube und Mutter (3) in Bild 185 entfernen. Diese hält das Dämpferbein am Achsschenkel.
- Die Schraube und Mutter (5) in Bild 177 des Traggelenks (4) entfernen und den Achsschenkel nach oben herausziehen. Falls die Verbindung sehr fest ist, muss der Klemmschlitz mit einem Schraubenzieher geöffnet werden.

Das Traggelenk kontrollieren und ggf. erneuern, wie es in Kapitel 10.7 beschrieben ist.

Der Einbau des Achsschenkels muss sorgfältig durchgeführt werden, damit die Einstellung des Sturzwinkels nicht beeinträchtigt wird.

- Den Achsschenkel in das Traggelenk einsetzen. Die Sechskantschraube mit einer neuen, selbstsichernden Mutter einsetzen und mit einem

Anzugsdrehmoment von 125 Nm anziehen.

- Lenkhebel mit neuen Spezialschrauben befestigen und auf 80 Nm anziehen.
- Dämpferbein mit dem Achsschenkel verbinden. Zwei neue Spezialschrauben (2) links und rechts in Bild 177 einsetzen, ohne sie jedoch anzuziehen.
- Achsschenkel nach oben und gegen das Dämpferbein drücken, die obere Schraube (3) in Bild 185 mit Scheiben und selbstsichernder Mutter einsetzen und leicht anziehen. Kontrollieren, dass die Fläche des Achsschenkels das Dämpferbein an der Innenseite berührt.
- Zuerst die beiden unteren Schrauben (3) in Bild 179 auf 100 Nm anziehen und danach die obere Schraube (3) in Bild 185 auf 75 Nm anziehen. Diese Reihenfolge unbedingt einhalten.
- Feder entlasten und den Federspanner herausnehmen.
- Spritzblech der Bremsscheibe montieren. Neue Schrauben mit 10 Nm anziehen. Falls eingebaut, den Geschwindigkeitsfühler (ABS-Anlage) mit neuen Sechskantschrauben auf 22 Nm anziehen.
- Vorderradnabe montieren und das Radlagerspiel einstellen, wie es bereits beschrieben wurde.
- Vorderradeinstellung kontrollieren und ggf. einstellen (siehe Kapitel 10.9).
- Scheinwerfer einstellen.

10.7 Aufhängungstraggelenk erneuern

Falls die Gummimanschette des Traggelenks eingerissen ist, sollte man das Gelenk immer erneuern, da höchstwahrscheinlich Schmutz eingedrungen ist. Da das Gelenk in den Querlenker eingepresst ist, sollte man die Arbeit in einer Werkstatt durchführen lassen. Abgesehen von der erforderlichen Presse ist es nicht immer einfach das Kugelgelenk genau ausgerichtet in den Querlenker einzupressen und ausserdem besteht die Gefahr des Verzugs beim Pressen. Man kann jedoch den Querlenker ausbauen (Kapitel 10.8) und das Gelenk vielleicht erneuern lassen.

10.8 Querlenker aus- und einbauen

Der Exzenterbolzen der Querlenkerlagerung darf nur angezogen werden, wenn das Gewicht des Fahrzeuges auf den Rädern ruht. Alle selbstsichernden Schrauben und Muttern müssen immer erneuert werden.

- Geräuschkapsel unter dem Vorderwagen abschrauben.
- Vorderwagen aufbocken und Rad abnehmen.
- Montageschelle für den Kurvenstabilisator am Querlenker abschrauben.
- Vorderfeder ausbauen (Kapitel 10.2).
- Die Lage der Exzenterbolzen im Verhältnis zum Rahmen an den Querlenkerlagern kennzeichnen.
- Muttern der Exzenterbolzen entfernen, die Bolzen herausschlagen und den Querlenker abnehmen.
- Die Schraube von der Klemmverbindung des Traggelenks ("5" in Bild 177) entfernen und den Querlenker nach unten herausziehen.

Das Traggelenk kontrollieren und, falls erforderlich, erneuern lassen. Falls die Gummimanschette beim Ausbau des Querlenkers beschädigt wurde, kann man diese einfach erneuern. War sie bereits beschädigt, muss man das Gelenk erneuern lassen.

Beim Einbau folgendermassen vorgehen:

- Querlenker in die Klemmverbindung einsetzen und die Mutter der Klemmschraube mit 125 Nm anziehen.
- Exzenterbolzen der Querlenkerlager einsetzen. Die Muttern noch nicht anziehen.
- Stabilisator wieder am Querlenker montieren. Die beiden Muttern mit 20 Nm anziehen. Um den Einbau zu erleichtern, kann man den Querlenker auf der gegenüberliegenden Seite etwas mit einem Wagenheber anheben.
- Die Exzenterbolzen für die Sturz- und Nachlaufeinstellung in die vor dem Einbau vorgefundene Lage bringen (entsprechend der eingezeichneten Markierungen) und das Fahrzeug auf die Räder ablassen.
- Die Muttern der Exzenterbolzen mit 180 Nm anziehen.
- Nach fertigem Einbau die Niveauhöhe der Vorderachse und die Vorderadeinstellung kontrollieren, wie es im betreffenden Kapitel beschrieben wird.

10.9 Kurvenstabilisator aus- und einbauen

Der vor der Vorderachse montierte Kurvenstabilisator wird an der Vorderseite durch Federblattgestänge und an den Querlenkern durch Gummilager befestigt.

- Geräuschkapsel unter dem Vorderwagen ausbauen.
- Unter Bezug auf Bild 186 die Montageschelle (5) des Gummilagers vom linken und rechten Querlenker abschrauben.

● Die Befestigung des Blattfedergestänges an der Oberseite lösen und den Stabilisator herausheben.

● Falls erforderlich, die Klemmschellen der Blattfedergestänge links und rechts vom Stabilisator abschrauben. Bild 187 zeigt die Gestängeaufhängung an der Ober- und Unterseite.

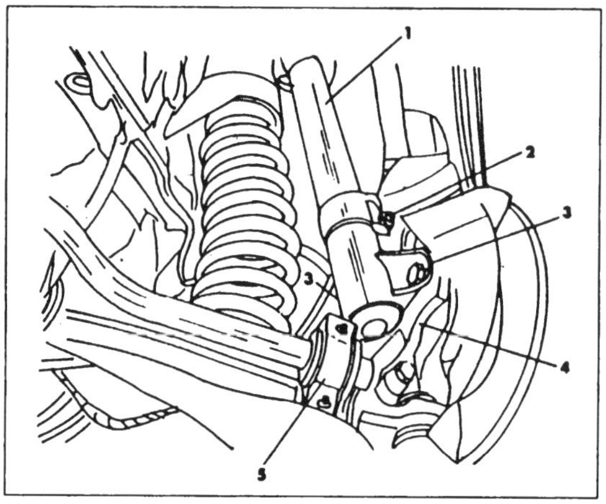

Bild 186
Ansicht der Vorderradaufhängung auf einer Seite von unten.
1 Dämpferbein
2 Klemmschraube und Mutter
3 Dämpferbeinschrauben
4 Achsschenkel
5 Stabilisatorlager

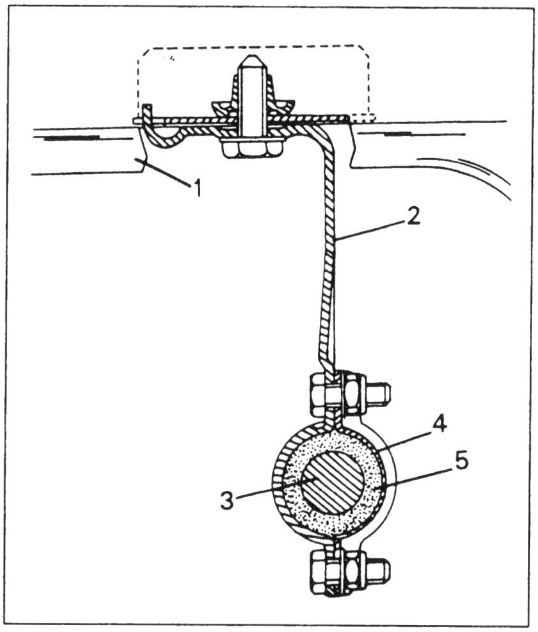

Bild 187
Befestigung des vorderen Kurvenstabilisators.
1 Vorderbau
2 Federblattgestänge
3 Stabilisatorstange
4 Montageschelle
5 Gummilager

Die Gummilager des Kurvenstabilisators überprüfen und falls sie eingerissen sind oder sich sonst im schlechten Zustand befinden, sie erneuern. Die Gummilager haben keine Schlitzteilung, so dass man sie über die Stange streifen muss. Die Innenseiten der Gummilager deshalb mit Schmierseife einschmieren, damit sie besser darüberrutschen können.

Beim Einbau:

● Stabilisatorstange entsprechend Bild 187 an den Blattfedergestängen montieren. Neue selbstsichernde Muttern mit 20 Nm anziehen.

● Stabilisatorenden am linken und rechten Querlenker befestigen. Neue selbstsichernde Muttern mit 20 Nm anziehen.

10.10 Vorderradeinstellung

Die Daten für die Einstellung der Räder sind der Mass- und Einstelltabelle zu entnehmen. Vor dem Ausmessen oder Einstellen ist es wichtig, dass Lenkung, Radaufhängung und Radlager vorschriftsmässig montiert wurden und vollkommen ohne Spiel sind. Das Fahrzeug muss auf ebenem Boden stehen und die Reifen müssen mit dem vorgeschriebenen Luftdruck gefüllt sein. Zum Kontrollieren muss ein gutes Messgerät benützt werden.

10.10.1 Vorspur einstellen

Die Vorspur ist der Unterschied zwischen dem Abstand der Vorderräder an der Vorderseite verglichen mit dem Abstand an der Rückseite, gemessen an den Felgenkanten in Höhe der Radnaben. Übermässige Vorspur der Räder kann an der Abnutzung der Reifen an den Aussenkanten erkannt werden, unzureichende Vorspur an der Abnutzung der Reifenkanten an der Innenseite. Zur einwandfreien Kontrolle wird ein Spannwerkzeug benutzt, welches man an der Vorderseite zwischen die beiden Reifen einsetzt um diese auseinanderzudrücken. Dadurch wird die Elastizität im Lenkungsgestänge ausgeglichen, welche die Vorspur während der Fahrt in Nachspur verwandeln kann. Da wir annehmen, dass das Gerät nicht vorhanden ist, muss man die Arbeiten ohne das Vorspannen der Räder durchführen, jedoch raten wir, dass man die Vorspur in einer Werkstatt nachprüfen lässt. Bei der Kontrolle der Vorspur folgendermassen vorgehen:

● Die Lenkung in die Mittelstellung bringen. Dazu das Lenkrad durchdrehen, bis die Klemmschraube der Lenkspindel sich in waagerechter Lage befindet, wenn die Lenkradspeichen ebenfalls waagerecht liegen. Mercedes-Werkstätten benutzen eine Spezialschraube um die Lenkung genau in die Mitte zu setzen, deren Benutzung jedoch hier nicht beschrieben ist.

● Spurmass in Höhe der Naben an der Vorderseite zwischen den Felgenkanten ansetzen, die Taststifte auf Null setzen und die Ansatzstellen der Taststifte an den Reifen mit Kreide anzeichnen.

● Fahrzeug um eine halbe Umdrehung der Vorderräder nach vorn schieben und das Spurmass an der Rückseite der Hinterräder ansetzen. Die Taststifte müssen wieder gegen die Kreidestellen angesetzt werden. Den angezeigten Wert jetzt ablesen. Bei einer Messung ohne Nachaussendrücken der Räder sollte die Einstellung 5 mm ± 1 mm betragen, werden die Räder gedrückt, beträgt die Einstellung 2,5 ± 1 mm.

● Falls die Vorspur nicht stimmt, wird die Spur durch Veränderung der Länge der beiden Spurstangen eingestellt. An der Aussenseite der Spur-

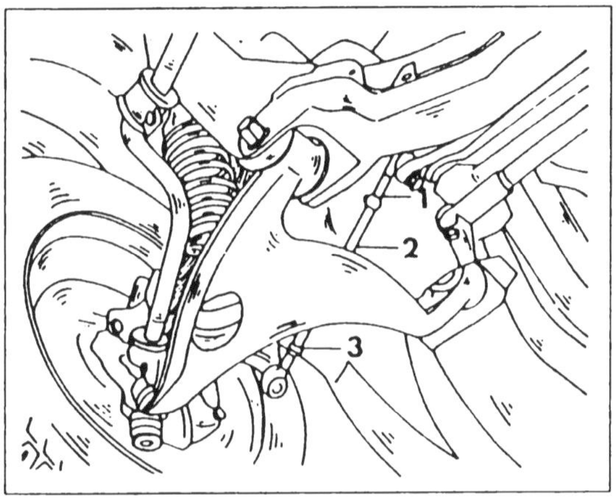

Bild 188
Die Lage der Spurstange.
1 Äusseres Kugelgelenk
2 Spurstange
3 Inneres Kugelgelenk

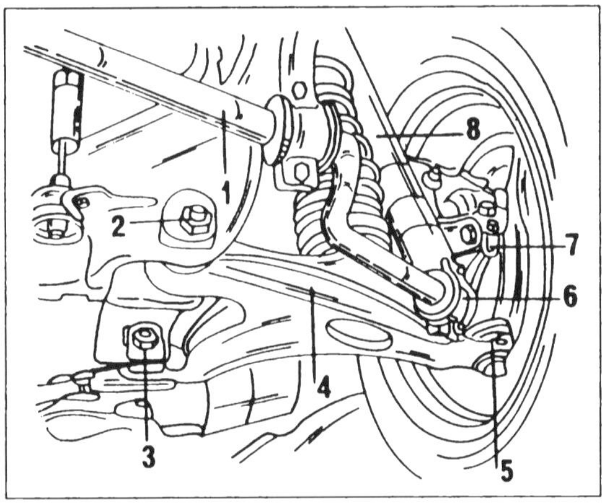

Bild 189
Einzelheiten zum Einstellen der Vorderradgeometrie.
1 Stabilisatorstange
2 Vordere Exzenterschraube
3 Hintere Exzenterschraube
4 Querlenker
5 Aufhängungstraggelenk
6 Stabilisatorlager am Querlenker
7 Achsschenkel
8 Dämpferbein

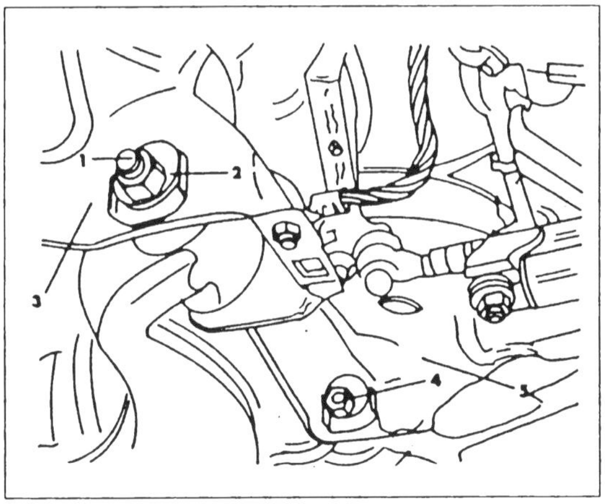

Bild 190
Ansicht der hinteren Exzenterschraube.
1 Hintere Exzenterschraube
2 Exzenterscheibe
3 Rahmenseitenträger
4 Vordere Exzenterschraube
5 Rahmenquerträger

stangen wird die Spurstange mit einem Konusring mit Kontermutter gesichert; an der Innenseite durch eine Klemmschelle mit Schraube und Mutter. Bild 188 zeigt wie die Spurstange erreichbar ist. Nach Lockern der Befestigungen wird das Mittelrohr der Spurstange in die entsprechende Richtung verdreht. Beide Spurstangen um den gleichen Wert verstellen, damit das Lenkrad nicht aus der Mittelstellung kommt.

- Vorspur wie oben beschrieben nachmessen und die Spurstangenverbindung wieder festziehen. Zuerst die Klemmschelle an der Innenseite festziehen, dann die Kontermutter mit dem Konusring an der Aussenseite. Der Konusring muss beim Anziehen der Mutter gegengehalten werden. Vor dem Anziehen der Klemmvorrichtungen kontrollieren, dass sich beide Spurstangenkugelgelenke in der Mittelstellung befinden, um das Schwenken der Gelenke nicht zu behindern.

10.10.2 Sturz- und Nachlaufeinstellung

Sturz und Nachlauf können nur zusammen eingestellt werden. Die Einstellung erfolgt mit Hilfe der Exzenterbolzen der Querlenkerlager. Der Exzenterbolzen des vorderen Querlenkerlagers (Bild 189) wird vorwiegend zum Einstellen des Sturzes; der Exzenterbolzen des hinteren Querlenkerlagers (Bild 190) zum Einstellen des Nachlaufs benutzt.
Die folgenden Hinweise sind beim Messen von Sturz und Nachlauf zu beachten:

- Beim Einstellen ist ein Diagramm als Hilfsmittel erforderlich. Ohne dieses Diagramm kann man die Sturz- und Nachlaufwerte nur durch mehrere Versuche erhalten.
- Beim Messen müssen die Vorderräder in der Geradeausstellung stehen.
- Vor der Einstellung von Sturz und Nachlauf beide Montageschellen des Kurvenstabilisators an den Querlenkern lockern. Nach der Einstellung wieder mit 20 Nm anziehen.
- Die Exzenterbolzen in Bildern 189 und 190 sind mit einer Exzenterscheibe versehen, welche am Sechskantkopf befestigt ist. An der Gewindeseite wird die Exzenterscheibe durch eine Nut geführt.
- Zum Einstellen des Exzenterbolzens die Mutter an der Lagerung des Querlenkers lockern. Beim Anziehen der Mutter den Schraubenkopf gegenhalten. Die Mutter mit 120 Nm anziehen.
- Beim Einstellen des Sturzes am Exzenterbolzen in Bild 189 in Plusrichtung, verändert sich der Nachlauf in Minusrichtung; beim Einstellen in Minusrichtung, verändert sich der Nachlauf in Plusrichtung.
- Beim Vergrössern des Nachlaufs am hinteren Exzenterbolzen (Bild 190), verändert sich der Sturz in Minusrichtung; beim Verringern des Nachlaufs verändert sich der Sturz in Plusrichtung.
- Zum Ausmessen des Sturzes und Nachlaufs sollte man optische Geräte benutzen. Nur provisorisch kann man die kleinen Winkelwerte mit einem mechanischen Gerät erhalten.

10.10.3 Spurdifferenzwinkel

Das kurveninnere Rad muss 20° eingeschlagen werden, um den Spurdifferenzwinkel am kurvenäusseren Rad abzulesen. Die Messung kann

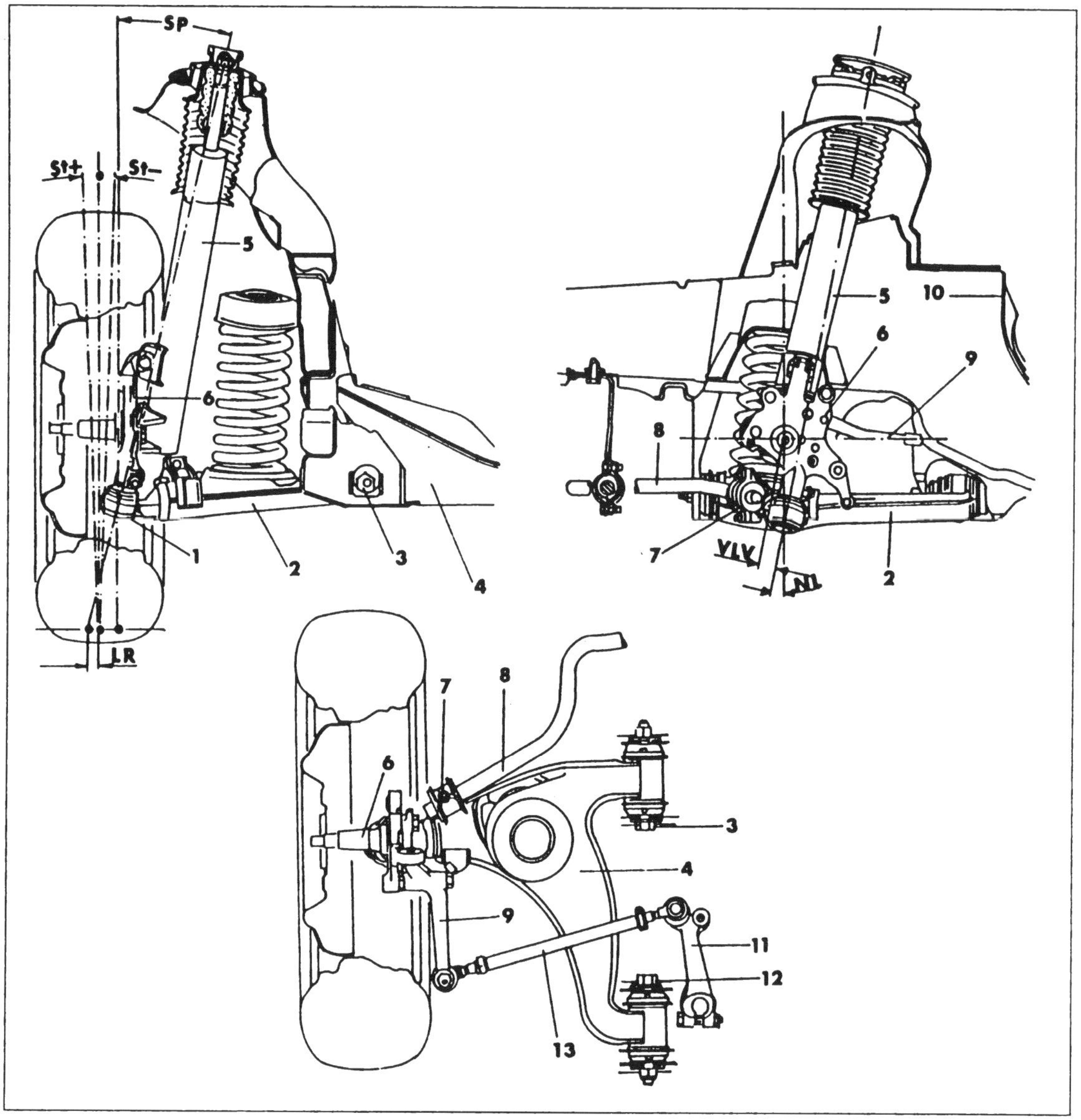

Bild 191
Ansichten der Vorderachse von verschiedenen Seiten.
1 Stützgelenk
2 Querlenker
3 Exzenterschraube des vorderen Querlenkerlagers (Nachlaufeinstellung)
4 Rahmenquerträger
5 Dämpferbein
6 Achsschenkel
7 Stabilisatorlager am Querlenker
8 Stabilisatorstange
9 Lenkhebel
10 Rahmenseitenträger
11 Lenkstockhebel
12 Exzenterschraube des hinteren Querlenkerlagers (Nachlaufeinstellung)
13 Spurstange
St = Sturzwinkel
NL = Nachlaufwinkel
SP = Spreizung
LR = Spreizungsversetzung
VLV = Nachlaufversetzung

nur auf Drehscheiben durchgeführt werden, um die Einstellung bei Links- und Rechtseinschlag zu erhalten. Bei grösseren Abweichungen zwischen den beiden erhaltenen Massen können folgende Ursachen vorhanden sein:

- Vorspur nicht in Mittelstellung der Lenkung eingestellt.
- Lenkstockhebel auf Lenkwelle falsch montiert (falls die Lenkung zum Beispiel ausgebaut wurde).
- Lenkspur-, Lenkstock- oder Lenkzwischenhebel verbogen.

10.10.4 Fahrzeugniveau prüfen

Das Fahrzeugniveau wird durch Messen der Querlenker mit einem Messgerät 201 589 00 21 00 ermittelt. Die Arbeiten sollten aus diesem Grund einer Werkstatt überlassen werden. Die Niveauhöhe wird durch Verwendung von Gummiauflagen von vier verschiedenen Stärken ausgeglichen. Ab Baujahr 1989 liegt das Fahrzeugniveau 15 mm niedriger.

11 Die Hinterachse

Die eingebaute sogenannte Raumlenkerachse mit der einzeln abgefederten Hinterradaufhängung besteht aus dem Achsträger, dem Hinterachsmittelstück, den Hinterachswellen mit Gelenken und den Radträgern, welche mit Doppelreihen- Kugellagern versehen sind. Die Radträger werden durch 5 verschiedene, übereinanderliegende Quer- und Schräglenker geführt, welche unter den Namen Sturzstrebe, Zugstrebe, Schubstrebe, Spurstange und Federquerlenker laufen. Ab Mai 1986 ist eine unterschiedliche Zugstrebe eingebaut, die jedoch den weiteren Aufbau der Radaufhängung nicht beeinflusst. Ein Kurvenstabilisator ist serienmässig eingebaut. Bild 192 zeigt eine Ansicht der zusammengebauten Hinterradaufhängung mit Lage der einzelnen Teile.

11.1 Aus- und Einbau der Hinterachse

Zum Ausbau der Hinterachse ist wieder der in Bild 174 gezeigte Federspanner erforderlich oder man muss die Hinterfedern mit geeigneten Spannhaken zusammendrücken.

- Rückseite des Fahrzeuges auf Böcke setzen und die Hinterräder abnehmen.
- Auspuffanlage bei der Flanschverbindung angefangen ausbauen.
- Wärmeschutzblech über einem der Schalldämpfer abschrauben.
- Zwischenhebel der Handbremse ausbauen und die Seilanschlüssel abschliessen. Nähere Einzelheiten darüber sind im Kapitel "Bremsen" zu finden.
- Beide Bremsschläuche abschliessen und die offenen Anschlussenden mit Klebband umwickeln, um Eindringen von Schmutz zu vermeiden.
- Die Klemmutter der Gelenkwelle lockern (41 mm-Gabelschlüssel oder verstellbarer Schlüssel) und das Zwischenlager der Gelenkwelle vom Wagenboden abschrauben.
- Gelenkwelle am Hinterachsflansch abflanschen und nach vorn aus der Zentrierhülse herausziehen. Die Gelenkwelle mit einem Stück Draht an der Halterung für das Handbremsseil festbinden, damit sie nicht herunterfallen kann.
- An der Unterseite des Querlenkers die Klemmschellen entfernen und die Einlagen abnehmen.
- Stossdämpfer oder Federbeine ausbauen.

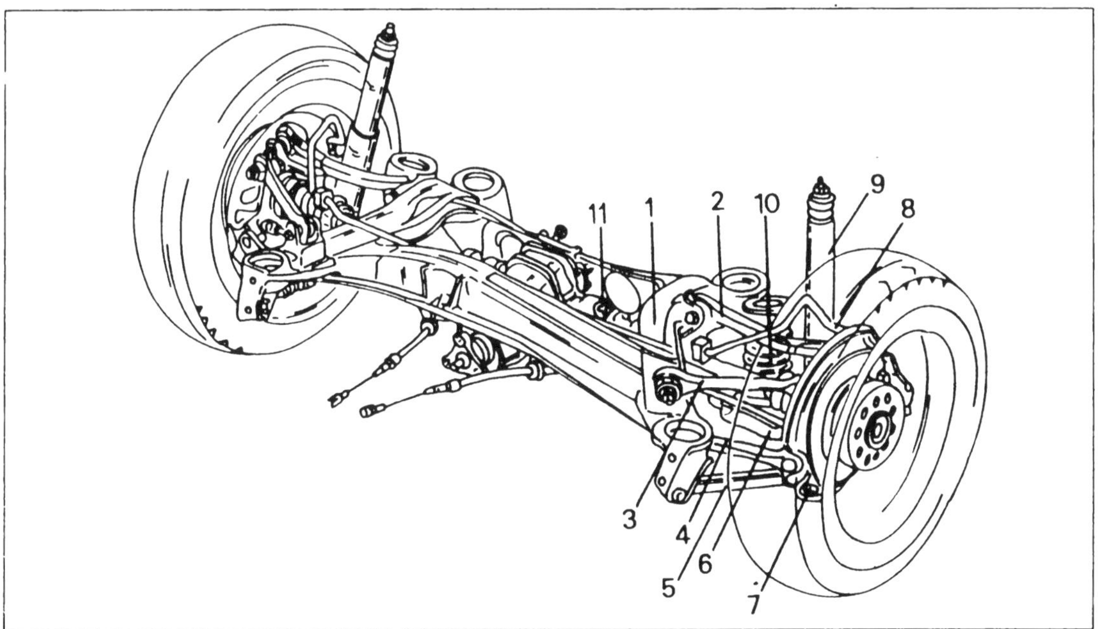

Bild 192
Ansicht der zusammengebauten Hinterachse.
1 Hinterachsträger
2 Sturzstrebe
3 Zugstrebe
4 Spurstange
5 Schubstrebe
6 Querlenker mit Abdeckblech
7 Radträger
8 Stabilisatorstange
9 Stossdämpfer
10 Hinterfeder
11 Hinterachswelle

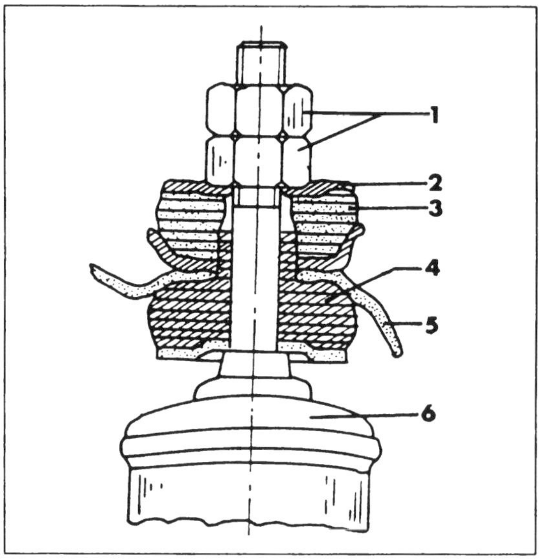

Bild 193
Schnitt durch die obere Befestigung des hinteren Stossdämpfers.
1 Sechskantmuttern
2 Blechteller
3 Oberes Gummilager
4 Unteres Gummilager
5 Karosserieblech
6 Stossdämpfer

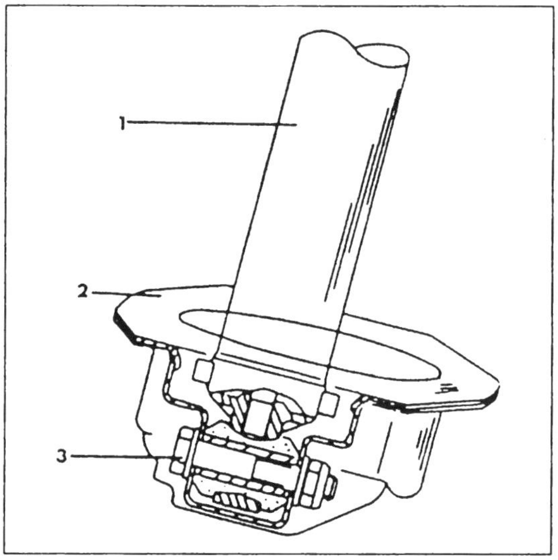

Bild 194
Befestigung der hinteren Stossdämpfer an der Unterseite.
1 Stossdämpfer
2 Querlenker
3 Schraube mit Mutter

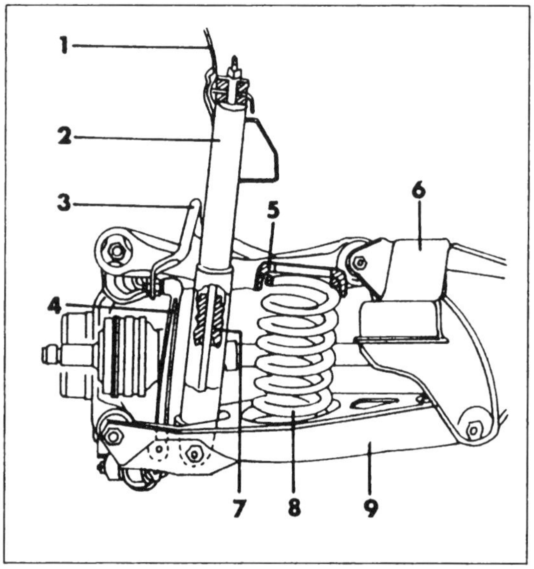

Bild 195
Seitenansicht der Hinterradaufhängung auf einer Seite.
1 Lagerung am Rahmenboden
2 Stossdämpfer
3 Stabilisatorstange
4 Verbindungsgestänge für Stabilisator
5 Gummilager für Hinterfeder
6 Hinterachsträger
7 Zusatzgummifeder
8 Hinterfeder
9 Querlenker

- Hinterfedern ausbauen (Kapitel 11.3).
- Verbindung des Kurvenstabilisators von der Hinterradaufhängung lösen (Kapitel 11.4).
- Bei einem Fahrzeug mit ABS-Anlage:

— Das Hinterachsöl ablassen.
— Die Sechskantschraube lösen und den Drehzahlfühler aus dem Hinterachsgehäuse ausschrauben.
— Die Blechschraube aus dem Halter am Hinterachsträger herausdrehen und den Halter abnehmen.
— Die Magnetkante des Drehzahlfühlers abdecken und in den Halter für das Bremsseil einstecken.

- Falls eine Zusatzheizung eingebaut ist:

— Die Schrauben der Halterung für die elektrische Benzinpumpe und das Aufhängungsblech der Auspuffaufhängung lösen und die Teile abnehmen.
— Kabelstecker abziehen und die Blechschraube aus dem Hinterachsquerträger herausdrehen.

- Einen Wagenheber unter die Hinterachse untersetzen und diese anheben, bis sich die Karosserie soeben von den Böcken abheben will.
- Die Befestigungsschelle des Wasserablassschlauches aus dem Hinterachsträger herausdrücken und abnehmen.
- Die Sechskantschrauben der vorderen Gummilager von unten aus dem Rahmenboden entfernen und mit den Anschlagplatten abnehmen.
- Die gleiche Arbeit an den hinteren Gummilagern durchführen.
- Die Hinterachse langsam ablassen, aber darauf achten, dass sie nicht auf den Spritzblechen der Bremsscheiben aufliegen kann, d.h. auf keinen Fall die Achse über den Boden schleifen.

Das vordere und hintere Gummilager können, falls erforderlich, erneuert werden.

Beim Einbau der Achse folgendermassen vorgehen:

- Die Schrauben für die Befestigung der Gummilager sind mit Kunststoff überzogen und dürfen nur einmal verwendet werden. Aus diesem Grund ist es ratsam, dass man die Gewinde im Rahmenboden vor dem Einbau der Hinterachse nachschneidet, damit man die Gewährleistung hat, dass die Gewinde gut sind.
- Achse auf einen Wagenheber aufsetzen und bis zu den Führungsbolzen in die richtige Lage heben.
- Die Sechskantschrauben mit den Anschlagplatten in die vorderen und hinteren Gummilager einschrauben und mit 70 Nm anziehen.
- Gelenkwelle am Hinterachsflansch anschrauben.
- Kurvenstabilisator und Schraubenfeder einbauen, wie es im betreffenden Kapitel beschrieben ist.
- Stossdämpfer oder Federbein einbauen (Kapitel 11.2).
- Alle weiteren Arbeiten in umgekehrter Reihenfolge wie beim Ausbau durchführen. Die Klemm-

mutter der Gelenkwelle mit 30 - 40 Nm anziehen; das Zwischenlager am Rahmenboden mit 25 Nm anziehen. Abschliessend die Handbremse einstellen, wie es in Kapitel 13.4.2 beschrieben ist.

11.2 Stossdämpfer aus- und einbauen

- Verkleidung im Kofferraum zurückschlagen.
- Unter Bezug auf Bild 193 die beiden Muttern (1) lockern, die Scheibe (2) abnehmen und das Gummilager (3) von der Kolbenstange herunternehmen. Falls sich die Kolbenstange des Stossdämpfers beim Lösen der Muttern mitdrehen sollte, kann man das Dämpferrohr im Radkasten mit der Hand gegenhalten. Zum Lösen der Kontermutter ist ein 17 mm-Gabelschlüssel erforderlich, welchen man auf eine Stärke von 5 mm geschliffen hat.
- Einen Wagenheber unter die Achse untersetzen und die Hinterradaufhängung anheben, bis sich die Stossdämpfer zusammendrücken.
- Die Abdeckung des Querlenkers ausbauen.
- Unter Bezug auf Bild 194 die Schraube und Mutter der unteren Stossdämpferaufhängung lösen.
- Vom Radkasten aus den Stossdämpfer nach unten aus der Montagebohrung im Rahmenboden schieben, den Dämpfer vom Querlenker abnehmen und nach hinten herausheben.

Der Einbau des Stossdämpfers geschieht in umgekehrter Reihenfolge wie der Ausbau. Auf die genaue Anordnung der oberen Lagerung achten (Bild 193). Die untere Mutter mit 65 Nm anziehen. Wenn das Fahrzeug auf den Rädern steht die erste Mutter der oberen Aufhängung bis zum Ende des Gewindes anziehen und danach die andere Mutter dagegenkontern.

11.3 Hinterfedern aus- und einbauen

Bild 195 zeigt eine Seitenansicht der zusammengebauten Hinterradaufhängung auf einer Seite und die Arbeiten sind unter Bezug auf dieses Bild durchzuführen. Zum Ausbau der Feder ist der in Bild 174 gezeigte Federspanner erforderlich, jedoch werden unterschiedliche Spannplatten benutzt. Falls man herkömmliche Federspannhaken verwendet, müssen diese kräftig genug sein, um sich nicht aufzubiegen.

- Rückseite des Fahrzeuges aufbocken und das Rad abnehmen.
- Die Befestigungsschellen der Abdeckung für den Querlenker an der Unterseite lösen und das Blech abnehmen.
- Die Spannplatten (6) in Bild 174 um 90° vesetzt über zwei der Wicklungen legen, und die Spannschraube (3) von unten in den Querlenker und die Platten einsetzen. Darauf achten, dass die Spannplatten und die Schraube einwandfrei eingreifen (siehe Bild 175). Nähere Anweisungen darüber sind beim Ausbau der Vorderfeder in Kapitel 10.2 beschrieben.
- Spannschraube anziehen, bis sich die Feder von den Sitzen abhebt.
- Befestigungsschraube der unteren Stossdämpferaufhängung entfernen (Bild 194).
- Die zusammengespannte Hinterfeder herausheben, sobald sie frei ist. Das Gummilager befindet sich unter dem Spanner und dieser muss in einem Schraubstock gespannt und geöffnet werden, um das Gummilager zu entfernen.

Der Einbau der Feder geschieht in umgekehrter Reihenfolge wie der Ausbau. Nachdem die Hinterfeder wieder sicher zusammengespannt ist, das Gummilager mit einer drehenden Bewegung auf die Hinterfeder aufsetzen. Vor dem Einsetzen der Feder die Innenseite des Querlenkers reinigen, um einen guten Sitz zu gewährleisten. Die Hinterfeder so in den Querlenker einsetzen, dass der Auslauf der Wicklung in der Einbuchtung des Querlenkers zu sitzen kommt.

Beim Lösen des Federspanners die Feder gut beobachten, um den richtigen Sitz des Gummilagers im Rahmenboden und des Wicklungsauslaufs im Querlenker zu erhalten.

Alle anderen Arbeiten in umgekehrter Reihenfolge durchführen.

11.4 Kurvenstabilisator aus- und einbauen

Der Kurvenstabilisator (3) in Bild 195 wird mit Hilfe eines Verbindungsgestänges (4) am Querlenker (9) und am Rahmenboden befestigt. Die Befestigung am Rahmenboden erfolgt mit einer Montageschelle und einem Gummilager.

- Rückseite des Fahrzeuges auf Böcke setzen und beide Hinterräder abschrauben.
- Die Mutter an der Oberseite des Verbindungsgestänges auf beiden Seiten entfernen und die Gestänge aus dem Eingriff drücken.
- Am Rahmenboden die Schrauben der Montageschellen lösen, die Schelle abnehmen und die Gummilager herausnehmen.
- Das Zwischenlager der Gelenkwelle vom Rahmenboden abschrauben.
- Gelenkwelle vom Hinterachsflansch abschrauben. Die Gelenkwelle nicht herunterhängen lassen.

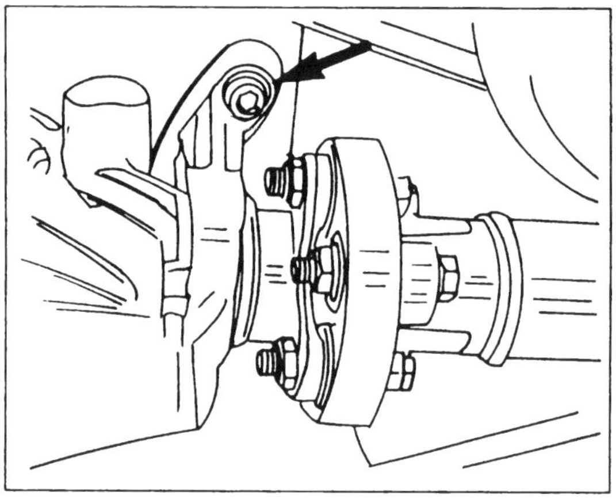

Bild 196
Die Befestigung des Hinterachsmittelstücks an der Vorderseite.

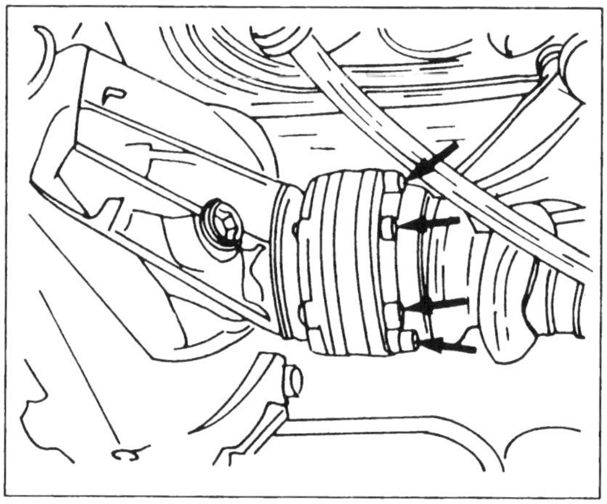

Bild 197
Die Befestigung der Hinterachswellen am Hinterachsmittelstück. Die Schrauben (Pfeile) werden mit 70 Nm angezogen.

- Bei eingebauter ABS-Anlage den Drehzahlfühler nach Lösen der Innensechskantschraube mit dem Kabel abnehmen.
- Einen Wagenheber unter das Mittelstück der Hinterachse untersetzen und die Achse leicht anheben. Die beiden Schrauben der vorderen Hinterachslager lösen.
- Die Hinterachse langsam ablassen und den Stabilisator herausnehmen, indem er leicht nach links verdreht wird.
- Falls das Verbindungsgestänge ausgebaut werden soll, das Abdeckblech unter dem Querlenker ausbauen und die Mutter mit Schraube der unteren Befestigung entfernen.

Der Einbau geschieht in umgekehrter Reihenfolge wie der Ausbau unter Beachtung der folgenden Punkte:

- Die Stabilisatorstange so einsetzen, dass die Versetzung der Stabilisatorarme nach unten, und in Fahrtrichtung gesehen, nach hinten weisen.
- Die Montageschellen, falls erforderlich mit neuen Gummilagern, am Rahmenboden anschrauben. Die Muttern mit 20 Nm anziehen.
- Die Schrauben der vorderen Hinterachslager mit 70 Nm anziehen.
- Gelenkwelle anflanschen und die Muttern (immer erneuern) mit 45 Nm anziehen.
- Zwischenlager der Gelenkwelle mit 25 Nm anziehen.
- Die Verbindungstänge links und rechts mit 30 Nm am Stabilisator befestigen.
- Falls die Verbindungsgestänge vom Querlenker abmontiert wurden, müssen sie mit neuen Muttern montiert werden. Die Muttern mit 20 Nm anziehen. Abschliessend das Abdeckblech mit den vier Federspangen befestigen.

11.5 Hinterachsmittelstück (Differential) aus- und einbauen

- Bei Fahrzeugen mit eingebauter ABS-Anlage das Öl aus der Achse ablassen, die Innensechskantschraube des Drehzahlfühlers entfernen und den Fühler aus dem Achsgehäuse herausziehen. Die Magnetkante des Fühlers mit Klebband umwickeln, damit der nicht beschädigt wird.
- Abdeckblech über dem Auspuffschalldämpfer abschrauben.
- Klemmutter der Gelenkwelle lockern (41 mm-Gabelschlüssel).
- Gelenkwelle vom Hinterachsflansch abschrauben und das Zwischenlager vom Rahmenboden abschrauben. Die Gelenkwelle mit einem Stück Draht an der Halterung des Handbremsseils befestigen, damit sie nicht herunterhängen kann.
- Die Schrauben der Hinterachswellen am Verbindungsflansch lösen und die Unterlegscheiben abnehmen. Ein Vielzahl-Schlüssel (Polygon-Kopf) ist zum Lösen erforderlich. Die Wellenflansche mit einem Schraubenzieher trennen, die Wellen zusammendrücken und mit einem Stück Draht an der Sturzstrebe befestigen.
- Einen Wagenheber unter das Achsmittelstück untersetzen.
- Die vier waagerecht eingesetzten Schrauben am Abschlussdeckel vom Hinterachsträger entfernen und zusammen mit dem Sicherungsblech abnehmen.
- Die vorn, senkrecht eingesetzte Schraube und Mutter des Hinterachsmittelstücks vom Achsträger abschrauben und das Mittelstück auf dem Wagenheber ablassen.

Falls Reparaturen am Mittelstück, d.h. dem Achsantrieb oder dem Differential erforderlich sind, sollte man das Aggregat zur Überholung in eine Werkstatt bringen oder man baut ein Austauschaggregat ein. Es wird nicht empfohlen den Achsantrieb zu überholen.

Beim Einbau folgendermassen vorgehen:

- Mittelstück auf einen Wagenheber auflegen und in die ungefähre Einbaulage bringen.
- Die Befestigungsschraube an der Vorderseite einsetzen (siehe Bild 196) und eine neue Mutter aufschrauben. Die Mutter noch nicht festziehen.
- Vier neue, waagerecht eingesetzte Schrauben mit neuen Sicherungsblechen in die Rückseite

einschrauben und die Schrauben der Reihe nach mit 40 - 45 Nm anziehen. Die vordere Schraube und Mutter kann jetzt auf 45 Nm angezogen werden.

- Gelenkwelle am Achsflansch anschliessen und das Zwischenlager am Boden anschrauben, ohne es sofort festzuziehen. Die Klemmutter der Gelenkwelle mit 30 - 40 Nm anziehen (41 mm-Schlüssel). Das Zwischenlager danach mit 25 Nm anziehen.
- Abdeckblech des Auspuffdämpfers anschrauben.
- Hinterachswelle mit neuen Schrauben und Scheiben an den Flanschen befestigen (Bild 197). Die Gewinde und die Auflageflächen der Schraubenköpfe etwas einölen. Die Schrauben gleichmässig ringsherum mit 70 Nm anziehen.
- Alle anderen Arbeiten in umgekehrter Reihenfolge wie beim Ausbau durchführen.

11.6 Streben der Hinterradaufhängung

Eine Ansicht der eingebauten Streben ist in Bild 198 gezeigt und deren Bezeichnungen sind diesem Bild zu entnehmen. Bild 192 zeigt eine weitere Ansicht zur Hilfe.

11.6.1 Sturzstrebe — Aus- und Einbau

Die Gummibüchsen der Sturzstrebe können nicht erneuert werden. Immer die gesamte Strebe erneuern, falls die Gummilager ausgeschlagen sind.

- Rückseite des Fahrzeuges aufbocken und das Rad abnehmen.
- Die selbstsichernde Mutter der Strebe (2) am Hinterachsträger lösen und die Schraube vorsichtig herausschlagen.
- Die selbstsichernde Schraube der Strebe am Radträger lösen, die Schraube vorsichtig herausschlagen und den Blechteller und die Scheibe abnehmen.
- Die Klemmhülse der Sturzstrebe aus dem Radträger ausdrücken.
- Sturzstrebe am Radträgerlager nach oben herausziehen, während der Radträger leicht nach aussen gezogen wird. Die Sturzstrebe danach nach unten herausziehen.

Der Einbau geschieht in umgekehrter Reihenfolge wie der Ausbau. Selbstsichernde Muttern immer erneuern. Die Mutter am Hinterachsträger mit 70 Nm und am Radträger mit 45 Nm anziehen. Die Hinterachswellen müssen in waagerechter Lage liegen ehe die Schrauben und Muttern angezogen werden. Dazu das Fahrzeug entweder mit den Hinterrädern auf Auffahrrampen auffahren oder jede Achsseite anheben, bis die Wellen waagerecht liegen, während das Fahrzeug auf Unterstellböcken steht.

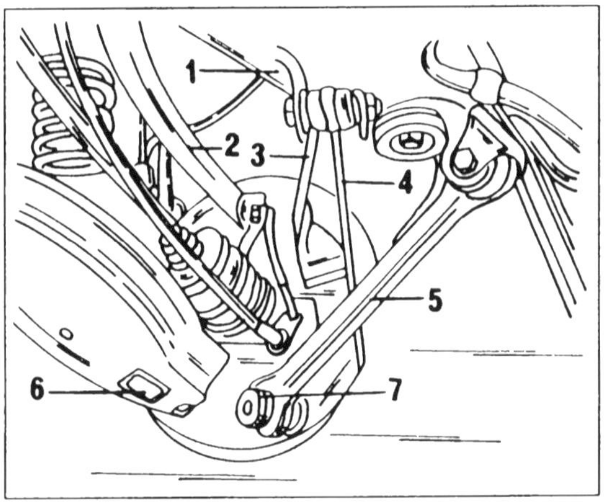

Bild 198
Ansicht der verschiedenen Gestänge der Hinterradaufhängung.
1 Hinterachsträger
2 Sturzstrebe
3 Zugstrebe
4 Spurstange
5 Schubstrebe
6 Querlenker mit Abdeckung
7 Radträger

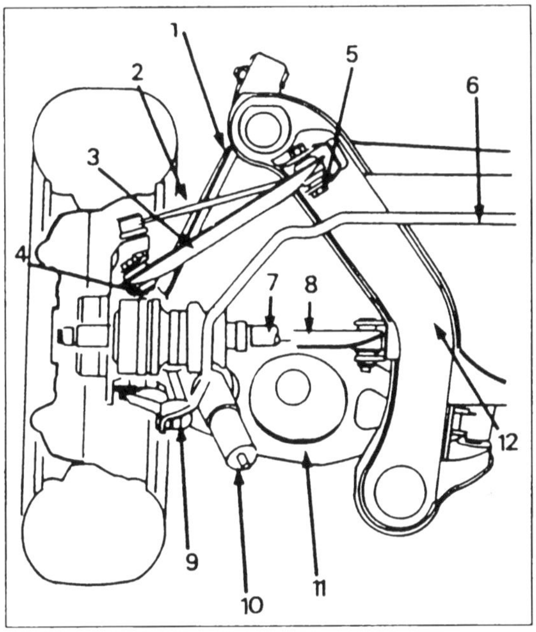

Bild 199
Ansicht der Hinterradaufhängung von oben mit Lage der einzelnen Streben der Radaufhängung.
1 Schubstrebe
2 Spurstange
3 Zugstrebe
4 Radträger
5 Exzenterschraube
6 Kurvenstabilisator
7 Hinterachswelle
8 Sturzstrebe
9 Verbindungsgestänge
10 Stossdämpfer
11 Querlenker
12 Hinterachsträger

11.6.2 Zugstrebe — Aus- und Einbau

Die Gummilager dieser Strebe können ebenfalls nicht getrennt erneuert werden. Immer die gesamte Strebe erneuern.

- Wagen hinten aufbocken und das Rad abnehmen.
- Am Achsträger die Lage der Exzenterschraube für die Zugstrebe (3) im Verhältnis zum Träger kennzeichnen, die Mutter abschrauben und zusammen mit der Exzenterscheibe und Exzenterschraube entfernen. Vor dem Herausziehen der Schraube den Radträger leicht nach vorn schieben, um die Spannung zu entlasten.
- An der Unterseite der Strebe die Mutter und die Scheibe entfernen.
- Die Klemmhülse der Zugstrebe aus dem

Radträger herausdrücken und zusammen mit der Kontourscheibe und der Schraube entfernen.

- Die Zugstrebe herausziehen.

Wie bereits erwähnt, wurden die Zugstreben im Mai 1986 vereinheitlicht. Falls eine Zugstrebe erneuert werden muss, kann die neue Ausführung anstelle der älteren Ausführung eingebaut werden. Der Einbau der Zugstrebe geschieht in umgekehrter Reihenfolge unter Beachtung der folgenden Punkte:

- Alle selbstsichernden Muttern erneuern.
- Die Kontourscheibe am Gummilagerende, die Unterlegscheibe am Radträgerende anbringen.
- Die Exzenterschrauben wieder in die ursprüngliche Stellung drehen. Vor dem Anziehen der Schraube und Mutter die Achswellen in waagerechte Lage bringen.
- Mutter mit einem Drehmoment von 70 Nm anziehen, falls die Hinterachse ausgebaut ist. Ist die Hinterachse eingebaut, braucht man einen seitlich abgebogenen 19 mm-Ringschlüssel, um an die Mutter heranzukommen, und das Anzugsdrehmoment beträgt 50 Nm.
- Nach dem Einbau die Sturzeinstellung kontrollieren oder kontrollieren lassen.

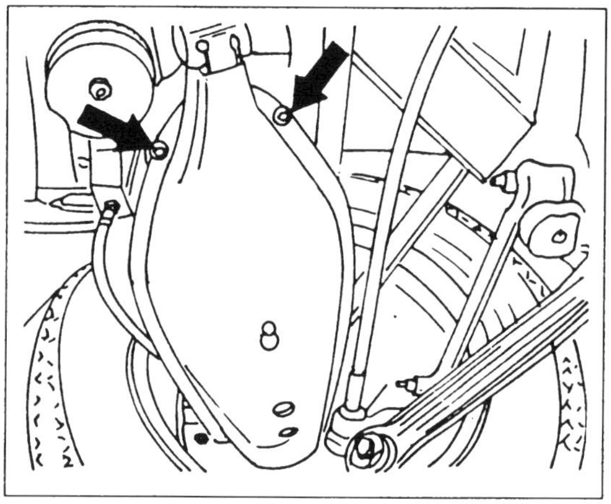

Bild 200
Die beiden Pfeile weisen auf die Blechschrauben zur Befestigung des Abdeckblechs.

11.6.3 Spurstange — Aus- und Einbau

Das Gummilager der Spurstange kann getrennt erneuert werden. Die Spurstange muss komplett erneuert werden falls das Kugelgelenk ausgeschlagen ist. Zum Ausbau ist ein Kugelbolzenabzieher erforderlich.

- Rückseite des Fahrzeuges auf Böcke setzen und das Rad abnehmen.
- Mutter des Kugelbolzens der Spurstange (4) entfernen, die Kugelbolzenverbindung mit einem Abzieher trennen und die Strebe aus der Verbindung ziehen.
- Am Radträger die Einbaulage der Exzenterschraube im Verhältnis zum Träger mit Farbe oder einem Körner kennzeichnen, die Mutter der Schraube lösen und zusammen mit der Exzenterscheibe und der Schraube entfernen.
- Die Spurstange herausziehen.

Die Gummibüchse kann unter einer Presse erneuert werden. Der Einbau der Spurstange geschieht in umgekehrter Reihenfolge unter Beachtung der folgenden Punkte:

- Alle selbstsichernden Muttern erneuern.
- Die Exzenterschraube wieder in die gezeichnete Lage drehen. Die Achswellen in waagerechte Lage bringen und die Mutter auf der Achsträgerseite mit 70 Nm anziehen.
- Kugelbolzenbohrung gut reinigen, Kugelbolzen einschieben und die Mutter mit 35 Nm anziehen. Sollte sich der Kugelbolzen mitdrehen, einen Inbusschlüssel in das Ende des Bolzens einsetzen, um diesen gegenzuhalten.
- Nach dem Einbau den Sturz kontrollieren oder kontrollieren lassen.

11.6.4 Schubstrebe — Aus- und Einbau

Bei ausgeschlagenen Gummilagern muss die gesamte Schubstrebe erneuert werden.

- Rückseite des Fahrzeuges auf Böcke setzen und das Rad abnehmen.
- Abdeckung der Schubstrebe (5) in Bild 198 entfernen.
- Mutter der Schubstrebe am Achsträger entfernen und die Schraube vorsichtig herausschlagen.
- Mutter am Radträger lösen und mit Scheibe, Schraube und Kontourscheibe entfernen.
- Schubstrebe am Hinterachsträger nach unten verdrehen und danach die Klemmhülse aus dem Radträger herauszwingen. Die Strebe abnehmen.

Der Einbau der Schubstrebe geschieht in umgekehrter Reihenfolge unter Beachtung der folgenden Punkte:

- Alle Muttern erneuern.
- Die Kontourscheibe am Gummilagerende und die Scheibe auf der Radträgerseite montieren.
- Vor dem Anziehen der Schrauben die Achswellen in waagerechte Stellung bringen. Mutter auf der Radträgerseite mit 45 Nm und auf der Achsträgerseite mit 70 Nm anziehen.

11.6.5 Querlenker — Aus- und Einbau

- Rückseite des Fahrzeuges auf Böcke setzen und das Rad abnehmen.
- Die vier Befestigungsspangen und die beiden in Bild 200 gezeigten Blechschrauben entfernen und das Abdeckblech des Querlenkers (6) in Bild 198 entfernen.
- Mutter des Stossdämpfers an der Unterseite entfernen und die Scheibe abnehmen (siehe Bild 194). Den Querlenker etwas anheben und die Schraube herausziehen.
- Befestigung des Kurvenstabilisators am Quer-

lenker lösen und trennen.

- Hinterfeder ausbauen (Kapitel 11.3).
- Mutter des Lagerbolzens für den Querlenker am Hinterachsträger lösen und die Scheibe entfernen. Den Bolzen vorsichtig herausschlagen.
- Mutter des Lagerbolzens am Radträger lösen und die Schraube vorsichtig herausschlagen.

Der Einbau des Querlenkers geschieht in umgekehrter Reihenfolge wie der Ausbau. Befestigung am Hinterachsträger mit 70 Nm und am Radträger mit 120 Nm anziehen, wenn das Fahrzeug mit seinem Gewicht auf den Rädern aufsteht.

11.7 Hinterachswellen aus- und einbauen

- Mutter der Achswelle an der Radnabe lösen solange die Räder auf dem Boden aufstehen.
- Flansch der Welle am Verbindungsflansch abschrauben und die Scheiben abnehmen. Ein vielverzahnter Steckschlüsseleinsatz wird dazu gebraucht, um die Schraubenköpfe nicht zu beschädigen.
- Flanschverbindung mit einem Schraubenzieher trennen, die Welle ineinander zusammenschieben und nach oben schwenken, sobald genügend Raum vorhanden ist.
- Hinterachswelle mit einem geeigneten Abzieher aus der Radnabe herausdrücken, ähnlich wie es in Bild 201 gezeigt ist.
- Welle am vorderen Ende nach unten drücken und herausziehen. Dabei darauf achten, dass man die Welle nicht auseinanderzieht.

Die Gummimanschetten können bei ausgebauter Welle erneuert werden. Da man dabei jedoch die Gelenke zerlegen muss, empfehlen wir, dass man diese Arbeit in einer Werkstatt durchführen lässt.

Vor dem Einbau der Welle die Gleichlaufgelenke und die Gummimanschetten auf Beschädigung kontrollieren. Der Einbau geschieht in umgekehrter Reihenfolge wie der Ausbau unter Beachtung der folgenden Punkte:

- Flanschschrauben und Achswellenmutter immer erneuern.
- Flanschflächen einwandfrei reinigen.
- Gewinde und Flächen der Schraubenköpfe etwas einölen.
- Schrauben der Flanschverbindung mit 70 Nm anziehen.
- Achswellenmuttern mit 280 - 320 Nm anziehen, wenn das Rad auf dem Boden aufsteht.
- Nach Anziehen der Mutter den Mutternbund in die Nut der Achswelle einschlagen. Dazu einen stumpfen Meissel verwenden, um zu verhindern, dass man das Material des Mutternbundes spaltet.

11.8 Aus- und Einbau des Radnabenflansches und der Radlager

Bestimmte Abzieher sind zu dieser Arbeit erforderlich, die man sich vor Beginn der Arbeiten besorgen sollte.

- Hinterachswelle ausbauen (Kapitel 11.7).
- Bremszange abschrauben und mit einem Stück Draht am Wagenboden festbinden.
- Bremsscheibe abnehmen.
- Einen Abzieher am Nabenflansch anschrauben, ähnlich wie es in Bild 201 gezeigt ist, und den Flansch aus dem Radlager herausziehen.

Bild 201
Abziehen einer Hinterradnabe.

- Mit einer Sprengringzange den in der Lagerbohrung sichtbaren Sprengring entfernen und das Radlager mit dem Abzieher 201 589 04 43 00 aus dem Radträger herausziehen. Ebenfalls ist es möglich dass man den Radträger nach Ausbau der verschiedenen Aufhängungsstreben ausbaut und die Arbeiten unter einer Presse durchführt.
- Den auf dem Radnabenflansch verbleibenden Lagerring mit einem passenden Abzieher herunterziehen.

Sämtliche Einzelteile auf Wiederverwendung prüfen. Das Radlager sollte immer erneuert werden, besonders wenn der innere Lagerring vom Radnabenflansch abgezogen wurde.

Beim Einbau das Lager in den Radträger einpressen, bis man den Sicherungssprengring an der Vorderseite einsetzen kann. Kontrollieren, dass der Ring ringsherum einwandfrei in der Rille sitzt. Den Radnabenflansch mit dem Spezialeinzieher einziehen oder vorsichtig einschlagen. Die kleine Anlaufscheibe muss gegen den inneren Lagerring anliegen.

- Alle weiteren Arbeiten in umgekehrter Reihenfolge wie beim Ausbau durchführen. Die Radlager brauchen nicht eingestellt zu werden, da sie durch das Anziehen der Mutter auf die richtige Einstellung gebracht werden.

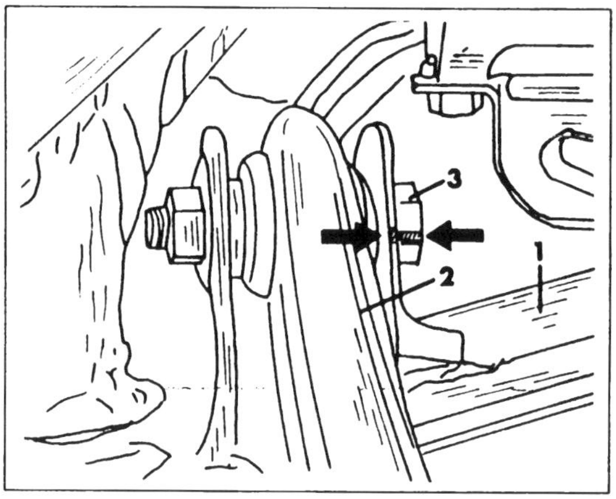

Bild 202
Den Schraubenkopf der Exzenterschraube und die Halterung mit einem Farbstrich (Pfeil) zeichnen, ehe die Schraube aus irgendeinem Grund gelöst wird.
1 Hinterachsträger
2 Zugstrebe
3 Exzenterschraube

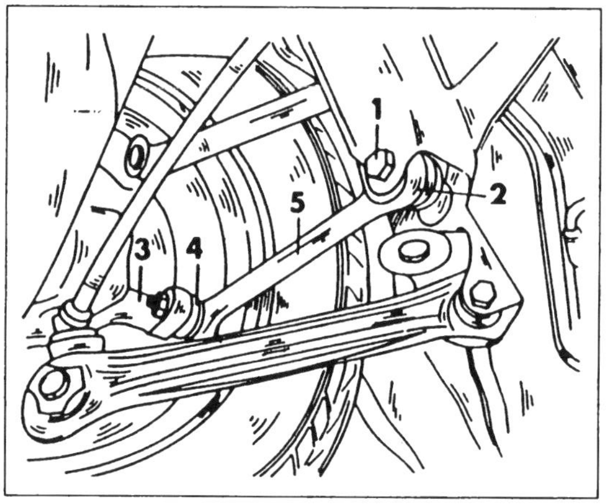

Bild 203
Einzelheiten zum Einstellen der Radspur der Hinterräder
1 Exzenterschraube
2 Gummilager
3 Radträger
4 Kugelgelenk
5 Spurstange

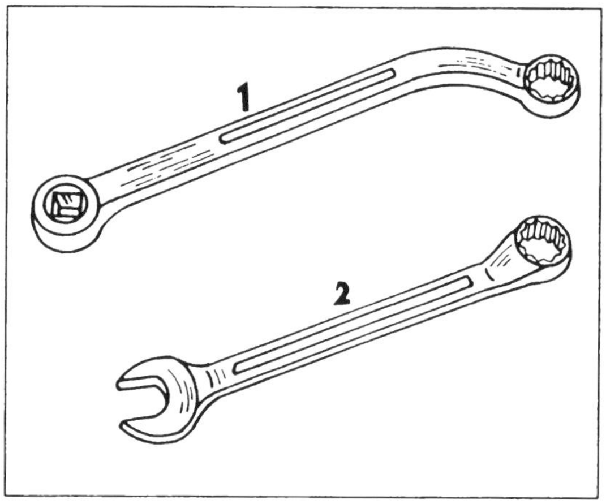

Bild 204
Ansicht der beiden erforderlichen Schlüssel zum Lösen und oder Anziehen der Exzenterschraube an der Oberseite der Zugstrebe.
1 19 mm abgekröpfter Kombischlüssel, Nr. 201 589 00 03 00
2 Normaler 19 mm-Ring/Gabelschlüssel

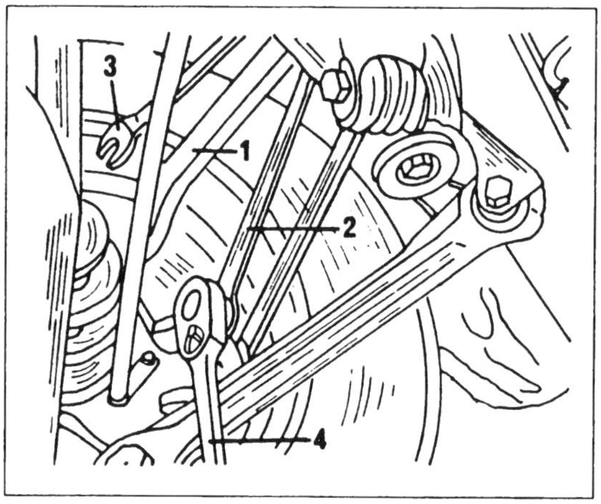

Bild 205
Die beiden Schlüssel und eine Ratsche mit Drehmomentschlüssel zum Anziehen der Exzenterschraube an der Oberseite der Zugstrebe angesetzt.
1 Zugstrebe
2 Schlüssel (1) in Bild 241
3 Schlüssel (2) in Bild 241
4 Drehmomentschlüssel mit Ratsche

11.9 Einstellung der Hinterräder

Zur Einstellung sind Spezialwerkzeuge erforderlich. Im folgenden Text wird die Einstellung nur in groben Zügen erwähnt.
Die Einstellung des Sturzwinkels der Hinterräder geschieht durch die in die Oberseite der Zugstrebe (3) eingesetzte Exzenterschraube in Bild 198. Aus diesem Grund muss deren Lage immer gezeichnet werden wenn die Strebe ausgebaut oder abgeschlossen wird. Bild 202 zeigt wie man dies mit einem Farbstrich an der Pfeilstelle durchführen kann.
Die Einstellung der Vorspur der Hinterräder geschieht durch die in die Oberseite der Spurstange eingesetzte Exzenterschraube (1) in Bild 203. Ebenfalls deren Lage beim Ausbau oder Abschliessen der Spurstange kennzeichnen, ähnlich wie es in Bild 202 gezeigt wurde. Bild 199 zeigt eine Draufsicht auf die Hinterradaufhängung, woraus die Lage der Streben zueinander ersichtlich ist.
Das Lösen und Anziehen der Exzenterschrauben und Muttern bei eingebauter Radaufhängung ist nicht so einfach, wenn man nicht die passenden Schlüssel zur Verfügung hat. Dazu müssen ein seitlich abgekröpfter 19 mm-Ringschlüssel mit einem Vierkant am anderen Ende, zum Einsetzen eines Drehmomentschlüssels, und ein normaler 19 mm-Ringschlüssel zur Verfügung stehen, um an die Schrauben und Muttern heranzukommen. Wie die beiden Schlüssel aussehen, kann man in Bild 204 sehen. Bild 205 zeigt wie die Schlüssel und eine Ratsche zum Festziehen der Exzenterschraube an der Zugstrebe angesetzt werden.

11.10 Selbstnivellierende Hinterradaufhängung

11.10.1 Funktionsweise

Die selbstnivellierende Hinterradaufhängung besteht aus einer hydropneumatischen Zusatzaufhängung, welche automatisch bei einem bestimmten Ausschlag in Betrieb kommt. Die Wagenhöhennivellierung beginnt zum Beispiel wenn zwei Personen in den Vordersitzen sitzen und 40 kg Gepäck im Kofferraum ist.
Die Anlage besteht aus den folgenden Hauptteilen, welche in Bild 206 gezeigt sind:

- Den Aufhängungselementen, die sich aus den Dämpferbeinen (5) und den Druckbehältern (4) zusammensetzen.
- Der Druckölanlage, welche sich aus der Druckölpumpe (1) und dem Ölvorratstank (2) zusammensetzt.
- Dem Steuergerät, welches sich aus dem Niveauregler (3) und den dazugehörigen Gestängen

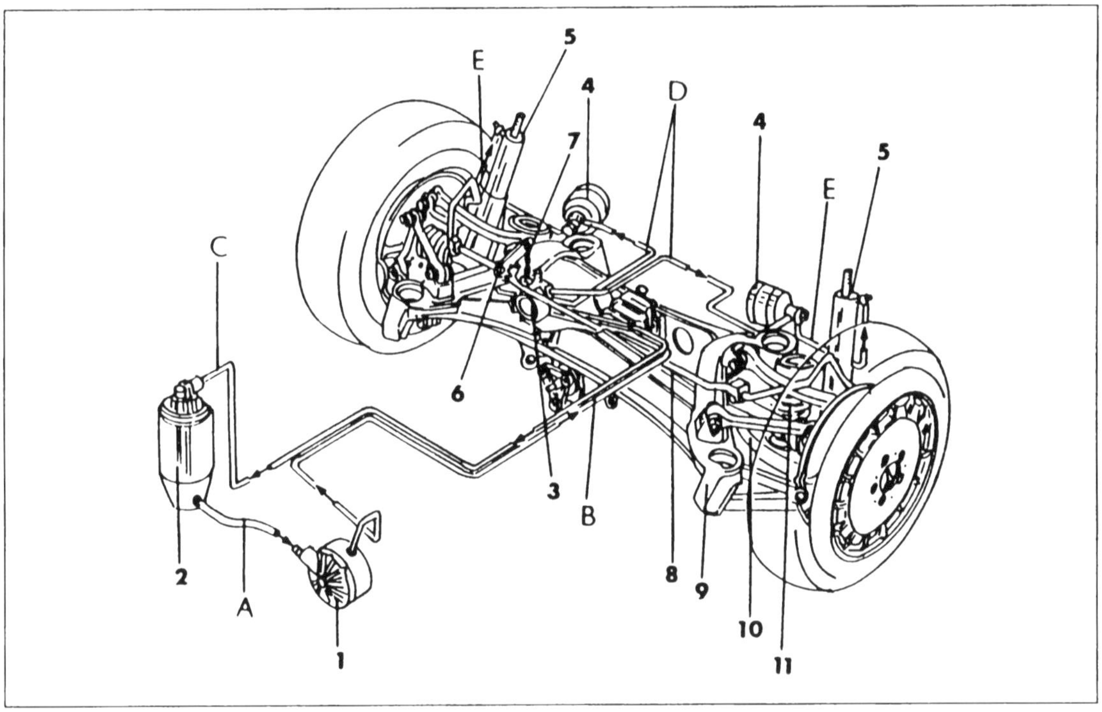

Bild 206
Ansicht der eingebauten Hinterachse mit Selbstnivellierung.
1 Druckölpumpe
2 Ölvorratsbehälter
3 Niveauregler
4 Druckbehälter
5 Stossdämpfer
6 Hebel am Kurvenstabilisator
7 Verbindungsgestänge
8 Kurvenstabilisator
9 Hinterachskörper
10 Federstrebe
11 Hinterfeder
A Saugleitung, Ölbehälter zu Druckölpumpe
B Druckleitung, Druckölpumpe zu Niveauregler
C Rücklauf, Niveauregler zu Öltank
D Druckleitung, Niveauregler zu Druckbehälter
E Druckleitung, Druckbehälter zu Stossdämpfer

zusammensetzt.
Die Dämpferbeine (5) tragen das Fahrzeug nur teilweise, d.h. sie werden zusammen mit den Hinterfedern zum Tragen des Wagenhecks verwendet. Die Dämpferbeine sind anstelle der hinteren Stossdämpfer eingebaut und mit einem gasgefüllten Druckbehälter (4) verbunden. Ausser der Aufgabe das Fahrzeug zu tragen, dienen sie ebenfalls als Stossdämpfer.
Bei laufendem Motor saugt die Pumpe (1) Öl aus dem Ölvorratsbehälter (2) über die Saugleitung (A) und fördert das Öl über die Druckleitung (B) zum Niveauregler. Der Niveauregler ist mit einem Hebelgestänge mit dem Kurvenstabilisator (8) an der Hinterachse verbunden und erlaubt dem Öl in der Neutralstellung oder der Abflussstellung wieder in den Vorratsbehälter zurückzufliessen. Dieser Ölfluss wird unterbrochen, wenn das Wagenheck unter eine bestimmte Höhe absinkt, die als Regelpunkt bezeichnet wird, da die Regelscheibe des Niveaureglers den Rücklaufkanal zum Vorratsbehälter verschlossen hat, welcher wiederum den Niveauregler in die Füllstellung gebracht hat.
Das geförderte Öl fliesst jetzt durch ein Rückschlagventil im Niveauregler und durch die Druckleitungen (D) und (E) in den Druckbehälter (4) und die Dämpferbeine (5) unter Einfluss des betreffenden Drucks. Die unter Druck einströmende Ölmenge hebt die Rückseite des Fahrzeuges an, bis die betreffende Wagenhöhe erhalten ist. Der Niveauregler schaltet automatisch in die Neutralstellung um, wodurch wieder der drucklose, oben beschriebene, Ölkreislauf hergestellt wird.
Wenn das Fahrzeug entladen wird (oder Fahr-

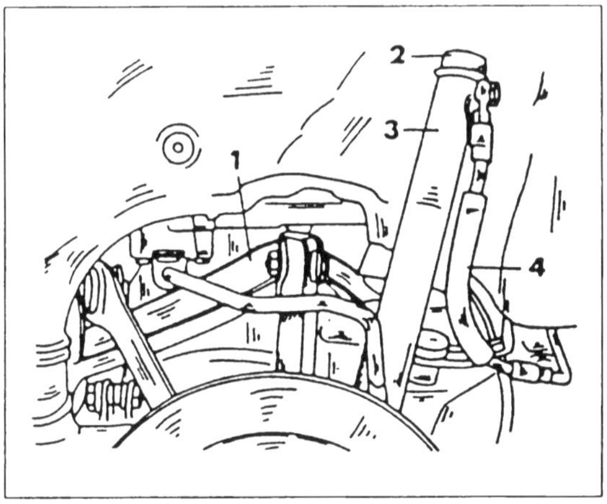

Bild 207
Ansicht von Teilen bei Selbstnivellierung der Hinterradaufhängung.
1 Hinterachsträger
2 Gummilagerung
3 Dämpferbein
4 Druckleitung

gäste steigen aus) oder das Wagenheck wird über die Regelstellung gebracht, stellt sich der Niveauregler auf die Abflussstellung um. Unter diesen Bedingungen wird ausser dem von der Druckölpumpe gelieferten Öl auch das zum anfänglichen Anheben des abgesenkten Wagens erforderliche Öl von den Druckbehältern und den Dämpferbeinen in den Vorratsbehälter zurückgeführt.
Das zurückströmende Öl erlaubt das Absenken des Fahrzeuges bis der Niveauregler wieder in der Neutralstellung ist.
Um zu gewährleisten, dass die Dämpferbeine ihre zusätzliche Funktion als Stossdämpfer unabhängig von der Stellung des Niveaureglers durchführen, darf der Öldruck in den Dämpferbeinen nicht unter einen bestimmten Wert abfallen. Um dies zu gewährleisten, wird unterhalb eines gewissen Drucks das Abflussventil im Niveauregler durch eine Druckfeder ausserhalb des Bereichs der Re-

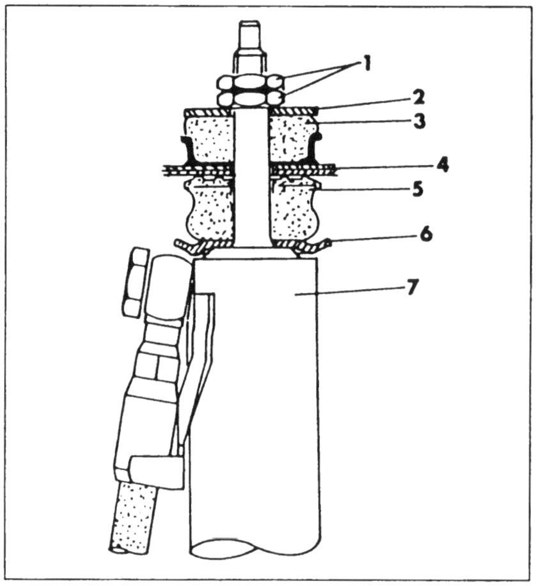

Bild 208
Die Befestigung eines Dämpferbeins an der Oberseite.
1 Sechskantmutter
2 Formscheibe
3 Oberer Gummiring
4 Rahmenboden
5 Unterer Gummiring
6 Platte
7 Dämpferbein

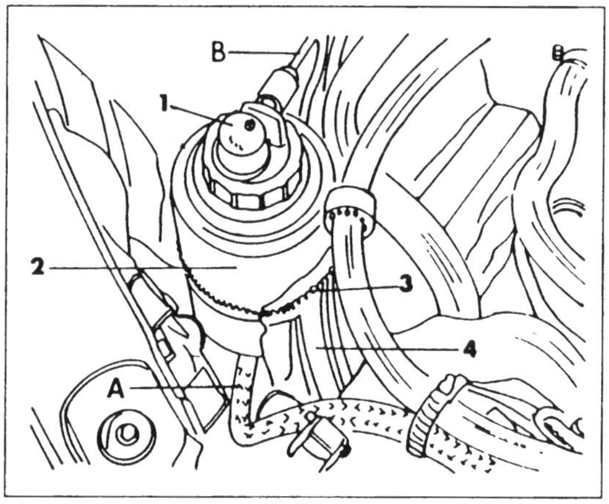

Bild 209
Die Lage des Vorratsbehälters im Motorraum.
1 Verschraubung mit Messstab
2 Vorratsbehälter
3 Befestigungsfeder
4 Halterung für Behälter

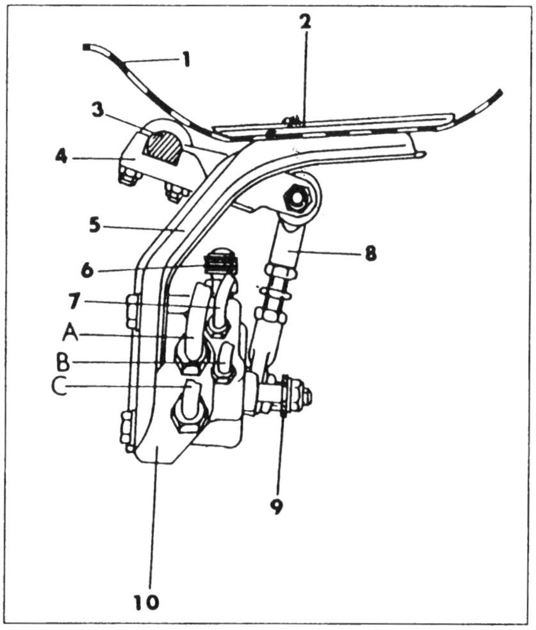

Bild 210
Die Befestigung des Niveaureglers.
1 Rahmenboden
2 Verstärkungsplatte
3 Kurvenstabilisator
4 Hebel an Kurvenstabilisator
5 Befestigungsbügel
6 Ölablassstopfen
7 Verbindungsgestänge
8 Verbindungsgestänge
9 Hebel am Niveauregler
10 Niveauregler
A Rücklaufleitung
B Druckleitung zum Druckbehälter
C Ölleitung zum Niveauregler

gelscheibe gebracht.
Als Schutz gegen Überbelastung ist der Niveauregler mit einem Überdruckventil versehen, welches das unter übermässigem Druck von der Druckölpumpe gelieferte Öl wieder in den Vorratsbehälter zurückfliessen lässt, wenn der Niveauregler in der Füllstellung steht.
Ein in den Niveauregler eingesetzter Ablassstopfen dient zum Ablassen des Grunddrucks, welcher unabhängig von der Stellung des Niveaureglers vorhanden ist.

Aufhängungselemente
Das Dämpferbein (5) ist an der Unterseite am Querlenker und an der Oberseite am Wagenboden verschraubt. Das Dämpferbein ist durch die Druckleitung (E) mit dem Druckbehälter (4) verbunden, welche an der Oberseite am Gehäuse angeschlossen ist. Der Druckbehälter wird wiederum durch die Druckleitung (D) mit dem Niveauregler verbunden. Das Anheben der Rückseite des Fahrzeuges erfolgt durch Erhöhen der Ölmenge in der Ölkammer des Dämpferbeins, wodurch die Kolbenstange im Dämpferbein ausgefahren wird. Bild 207 zeigt die Teile im eingebauten Zustand, Bild 208 zeigt die Befestigung eines Dämpferbeins an der Oberseite.
Der Druckbehälter ist kugelförmig. Die Ölkammer und die Gaskammer sind durch eine Membrane voneinander getrennt. Der Druckbehälter kann nur einwandfrei arbeiten solange der Gasfülldruck nicht unter den vorgeschriebenen Wert abfällt.

Druckölanlage
Bei der Druckölpumpe handelt es sich um eine Radialkolbenpumpe mit vier Kolben, welche radial zur Pumpenwelle angeordnet sind. Die Pumpe wird direkt durch die Nockenwelle angetrieben und wird mit Hilfe eines Flansches am Zylinderkopf montiert.
Der Ölvorratsbehälter ist auf der rechten Seite des Motorraums montiert, wie es in Bild 209 gezeigt ist. Der Behälter ist durch die Leitung (A) mit der Druckölpumpe und durch die Rücklaufleitung (B) mit dem Niveauregler verbunden. Der im Behälter befindliche Filtereinsatz kann ausgebaut werden. Der Behälter hat eine Füllmenge von 1,0 Liter bis zur "Min."-Markierung oder 1,2 Liter bis zur "Max."-Markierung. Die komplette Anlage hat eine Füllmenge von 2,0 Liter.
Der Niveauregler wird durch eine Halterung am Rahmenboden befestigt und wird mit Hilfe eines Verbindungsgestänges mit einem Hebel an der Stabilisatorstange verbunden. Bild 210 zeigt die Anordnung der Teile.

11.10.2 Entleeren und Füllen der Anlage

- Einen Schlauch über den Ölablassstopfen aufstecken, den Schlauch in einen Behälter halten und den Ölablassstopfen am Niveauregler öffnen (siehe Bild 210 zwecks Lage). Eine Ölmenge von ca. 0,5 Liter in den Behälter ablaufen lassen.

● Das aufgefangene Öl mit Hilfe eines Trichters mit Feinfilter wieder in den Vorratsbehälter im Motorraum einfüllen.

● Vor dem Auffüllen des Behälters den Ölmessstab herausziehen. Bei vollkommen abgelassenen Dämpferbeinen muss der Ölstand an der zweiten Marke von unten stehen.

● Motor ca. 1 Minute lang bei mässiger Drehzahl laufen lassen. Während des Füllens die Rückseite des Fahrzeuges belasten, indem man Gewichte von 120 kg in den Kofferraum einlegt oder die Rückseite des Fahrzeuges nach unten drückt, damit der Niveauregler auf die Füllstellung gebracht wird.

● Ölstand im Vorratsbehälter bei abgestelltem Motor kontrollieren und ggf. berichtigen. Der Ölstand sollte zwischen der "Max."- und der "Min."-Markierung liegen, falls das Fahrzeug nicht beladen ist. Ist das Fahrzeug beladen, befindet sich der Ölstand unter der "Min."-Markierung und ist aus diesem Grund nicht sichtbar. Zum Nachfüllen nur MB-Flüssigkeit mit Nummer 000 989 85 03 verwenden.

11.10.3 Aus- und Einbau der Dämpferbeine

Da die Dämpferbeine ebenfalls als Stossdämpfer dienen, müssen sie auch als solche behandelt werden. Aus diesem Grunde nur die oberen Aufhängungen lösen wenn das Fahrzeug auf den Rädern steht oder ein Wagenheber wird unter den Querlenker untergestellt.

● Hydrauliköl ablassen wie es oben beschrieben wurde.

● Verkleidung im Kofferraum zurückschlagen.

● Ähnlich wie in Bild 193 die beiden Muttern (1) lockern, die Scheibe (2) abnehmen und das Gummilager (3) von der Kolbenstange herunternehmen. Falls sich die Kolbenstange des Stossdämpfers beim Lösen der Muttern mitdrehen sollte, kann man das Dämpferrohr im Radkasten mit der Hand gegenhalten. Zum Lösen der Kontermutter ist ein 17 mm-Gabelschlüssel erforderlich, welchen man auf eine Stärke von 5 mm geschliffen hat.

● Einen Wagenheber unter die Achse untersetzen und die Hinterradaufhängung anheben, bis sich die Stossdämpfer zusammendrücken.

● Die Überwurfmutter der Druckleitung an der Verbindung zwischen Leitung und Schlauch lösen und abschrauben. Die offenen Enden in geeigneter Weise verschliessen.

● Die Abdeckung des Querlenkers ausbauen. Nicht die beiden in Bild 200 gezeigten Blechschrauben vergessen.

● Unter Bezug auf Bild 194 die Schraube und Mutter der unteren Stossdämpferaufhängung lösen.

● Vom Radkasten aus den Stossdämpfer nach unten aus der Montagebohrung im Rahmenboden schieben, den Dämpfer vom Querlenker abnehmen und nach hinten herausheben.

● Den Druckschlauch zwischen Druckbehälter und Dämpferbein abschliessen. Der gemeinte Schlauch ist in Bild 208 gezeigt.

Der Einbau des Stossdämpfers geschieht in umgekehrter Reihenfolge wie der Ausbau. Auf die genaue Anordnung der oberen Lagerung achten (Bild 193). Die untere Mutter mit 65 Nm anziehen. Wenn das Fahrzeug auf den Rädern steht die erste Mutter der oberen Aufhängung bis zum Ende des Gewindes anziehen und danach die andere Mutter dagegenkontern.

Den Schlauchanschluss mit 25 Nm anziehen.

11.10.4 Aus- und Einbau des Druckbehälters

Die Druckbehälter befinden sich auf der linken und rechten Seite des Wagenbodens an der in Bild 211 gezeigten Stelle. Unter Bezug dieses Bild:

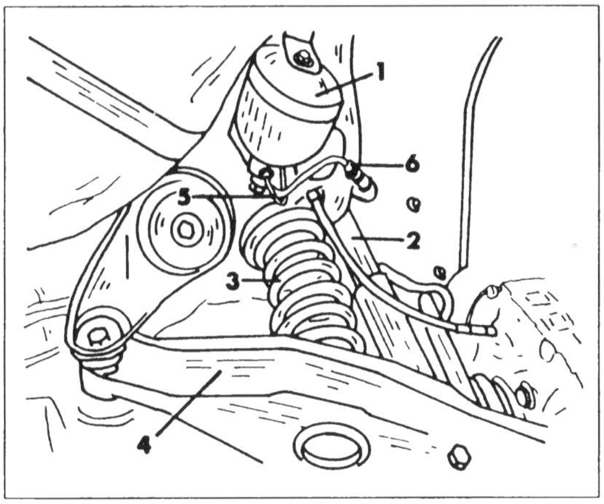

Bild 211
Befestigung eines Druckbehälters auf der rechten Seite.
1 Druckbehälter
2 Dämpferbein
3 Hinterfeder
4 Querlenker
5 Druckleitung zum Niveauregler
6 Druckleitung zum Dämpferbein

● Hydraulische Anlage ablassen, wie es in Kapitel 11.10.2 beschrieben ist.

● Die Druckleitungen (5) und (6) vom Druckbehälter (1) abschrauben. Die Anschlüsse in geeigneter Weise verschliessen.

● Die drei Befestigungsschrauben des Druckbehälters vom Rahmenboden lösen und den Behälter herausnehmen.

Der Einbau geschieht in umgekehrter Reihenfolge wie der Ausbau. Darauf achten, dass die Leitungen nach dem Anschliessen nicht gegen den Wagenboden reiben können.

Die Druckbehälter sollten zum Verschrotten in eine Mercedes-Werkstatt gebracht werden. Einen alten Druckbehälter nicht einfach in den Schrott werfen, da das eingeschlossene Gas explodieren kann.

11.10.5 Aus- und Einbau des Niveaureglers

Unter Bezug auf Bild 210:

- Den Druck aus der Anlage ablassen (Kapitel 11.10.2).
- Die Anschlüsse der drei Leitungen (A), (B) und (C) lösen. Dazu sollte man vorteilhafterweise einen Ringschlüssel verwenden, dessen eine Seite aufgesägt ist.
- Das Verbindungsgestänge (8) vom Hebel (9) am Niveauregler abschliessen. Dazu die Sechskantmutter am Hebel entfernen. Falls sich das Kugelgelenk mitdreht, kann man es mit einem 8 mm-Gabelschlüssel gegenhalten.
- Beide Sechskantschrauben des Niveaureglers von der Halterung (5) entfernen und den Regler herausheben.

Beim Einbau den Regler lose an der Halterung anschrauben und die drei Ölleitungen anschliessen. Die Befestigungsschrauben und die Anschlüsse der Ölleitungen danach anziehen. M10-Gewinde werden mit 15 Nm, M12-Gewinde mit 20 Nm angezogen. Die Schrauben des Reglers mit 10 Nm anziehen.

Kontrollieren, ob sich die Kugelgelenke des Verbindungsgestänges einwandfrei bewegen lassen und nicht ausgeschlagen sind und das Gestänge wieder am Hebel anschrauben. Falls erforderlich, den Kugelbolzen mit einem 8 mm-Gabelschlüssel gegenhalten.

Nach dem Einbau die Wagenhöhe kontrollieren. Falls sich diese verändert hat, muss man die Scheinwerfer einstellen.

11.10.6 Aus- und Einbau der Druckölpumpe

- Den Schlauch an der Oberseite der Pumpe abschliessen, indem man die Hohlschraube herausdreht. Dichtscheiben entfernen. Das offene Leitungsende mit Klebband umwickeln.
- Die Schlauchschelle öffnen und den Schlauch von der Leitung abziehen. Das Schlauchende in geeigneter Weise verschliessen.
- Die vier Innensechskantschrauben der Pumpe lösen und die Pumpe vom Motor abnehmen.

Der Einbau geschieht in umgekehrter Reihenfolge. Eine neue Dichtung verwenden. Kontrollieren, dass der Antriebsmitnehmer einwandfrei mit der Pumpe in Eingriff kommt. Die Schrauben mit 11 Nm anziehen.

Abschliessend den Ölstand im Vorratsbehälter kontrollieren und, falls erforderlich, genügend Flüssigkeit nachfüllen, um den Flüssigkeitsstand zu berichtigen (Kapitel 11.10.2).

12 Die Lenkung

Sämtliche Modelle sind mit einer Kugelumlauflenkung ausgerüstet. Bei dieser Lenkungsart verändert sich die Lenkungsübersetzung beim Drehen des Lenkrades. Beim erhöhten Einschlagen des Lenkrades, wird die Übersetzung direkter, was sich z.B. beim Parkieren als Vorteil erweist. Eine Servolenkung ist auf Sonderwunsch erhältlich oder teilweise serienmässig eingebaut (190D 2.5). Bilder 212 und 213 zeigen Schnittansichten der beiden Lenkungsausführungen.
Die mechanische als auch die Servolenkung sollten nicht zerlegt oder repariert werden. Eine automatische Nachstelleinrichtung für auftretendes Spiel in der Lenkung ist bei beiden Lenkungsarten eingebaut und die Lenkung sollte aus diesem Grund kaum einer Überholung bedürfen.

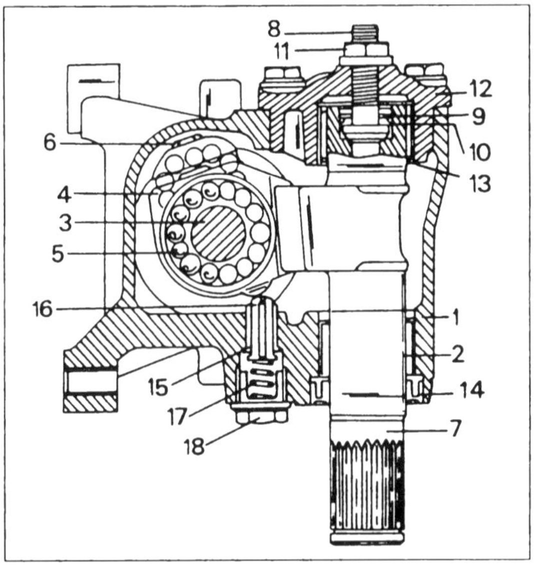

Bild 212
Schnittansicht der mechanischen Lenkung.
1 Lenkungsgehäuse
2 Nadelhülse
3 Lenkschnecke
4 Lenkmutter
5 Kugel
6 Kugelführungsrohr
7 Lenkstockhebelwelle
8 Einstellschraube
9 Sicherungsring
10 Distanzscheibe
11 Bundmutter
12 Gehäusedeckel
13 Nadelhülse
14 Dichtring
15 Druckhülse
16 Druckstift
17 Druckfeder
18 Verschlussstopfen

12.1 Mechanische Lenkung

12.1.1 Aus- und Einbau

- Fahrzeug an der Vorderseite anheben und auf Böcke stellen, oder eine Hebebühne oder Montagegrube benützen.
- Innensechskantschraube an der Lenkungskupplung herausschrauben.
- Muttern von den Kugelbolzen der Lenkstange und Spurstange am Lenkstockhebel lösen (Bild 214) und die beiden Kugelgelenke mit einem geeigneten Abzieher abdrücken. Auch wenn die Lenkung ausgetauscht wird, müssen die beschriebenen Arbeiten durchgeführt werden, da eine Austauschlenkung mit dem Lenkstockhebel geliefert wird.
- Die drei Sicherheitsschrauben für die Lenkung am Längsträger herausschrauben.
- Lenkung von der Lenkungskupplung abdrücken und nach vorn herausziehen.

Vor dem Einbau der gleichen Lenkung die Verschlussschraube aus dem Gehäusedeckel herausschrauben und vorgeschriebenes Öl in die Lenkung einfüllen, falls der Ölstand nicht stimmt. Beim Einbau folgendermassen vorgehen:

- Lenkung in die Mittelstellung bringen. Dazu die Lenkschnecke so drehen, dass sich das Zentrum in der Lenkmutter genau unterhalb der Gewindebohrung im Gehäusedeckel befindet.
- Durch Einschrauben der Mittelstellungs-Kontrollschraube (falls vorhanden) die Lenkmutter fixieren (siehe Bild 215).
- Lenkungskupplung so an der Lenkschnecke befestigen, dass bei senkrecht stehender Len-

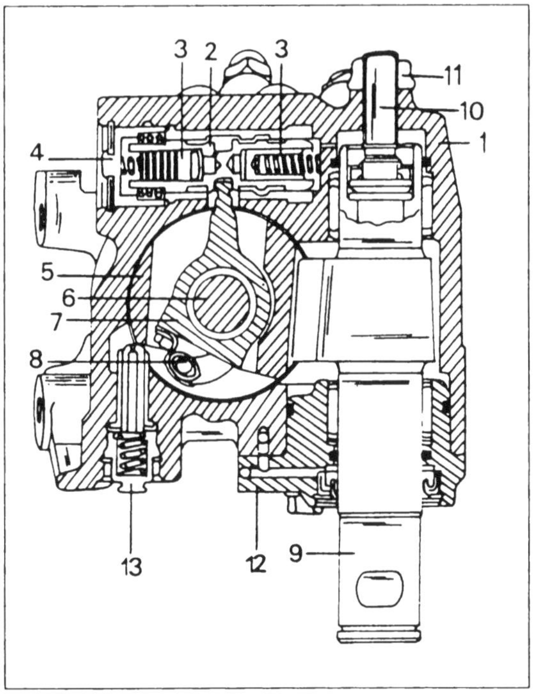

Bild 213
Schnittansicht der Servolenkung. Nicht alle Modelle haben die gleiche Lenkung.
1 Lenkungsgehäuse
2 Regelventil
3 Reaktionskolben
4 Verschlusskappe
5 Druckkolben
6 Lenkschnecke
7 Lenkmutter
8 Kugel
9 Lenkstockhebelwelle
10 Einstellschraube
11 Bundmutter
12 Gehäusedeckel
13 Verschlussdeckel

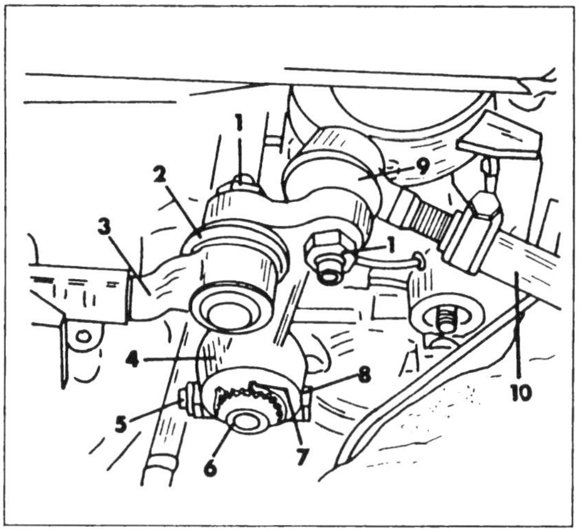

Bild 214
Ansicht der Anschlussweise für das Lenkgestänge.
1 Selbstsichernde Mutter
2 Gummimanschette
3 Lenkstange
4 Lenkstockhebel
5 Sechskantmutter
6 Lenkstockwelle
7 Sicherungsring
8 Klemmschraube
9 Spurstangenkugelgelenk
10 Spurstange

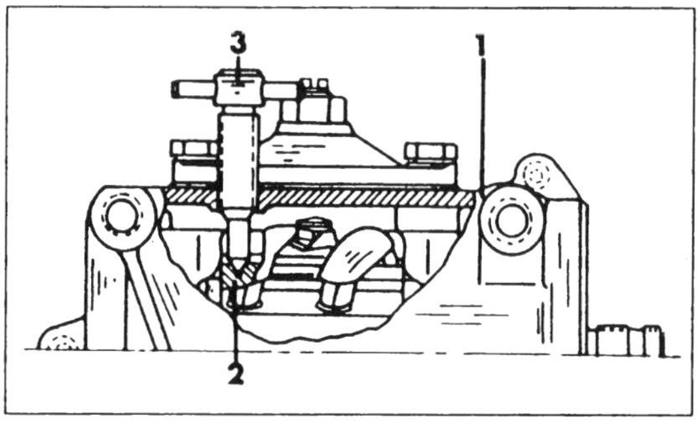

Bild 215
Fixieren der Lenkung zum Einbau.
1 Lenkgehäuse
2 Lenkmutter
3 Mittelstellungs-Kontrollschraube

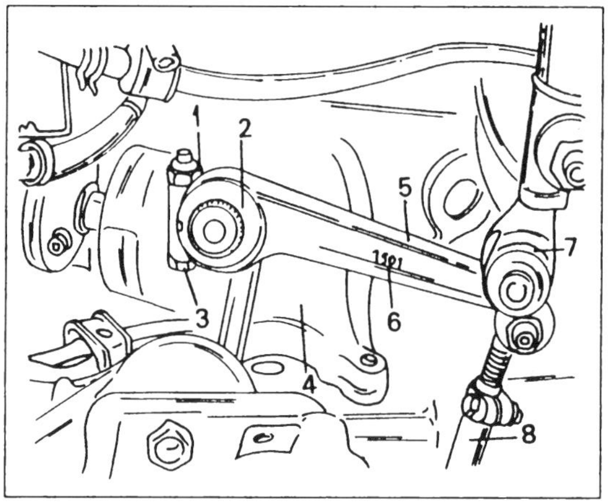

Bild 216
Mechanische Lenkung im eingebauten Zustand.
1 Sechskantmutter
2 Sicherungsring
3 Klemmschraube
4 Lenkung
5 Lenkstockhebel
6 Hebel-Kennzeichnung
7 Lenkstange
8 Spurstange

kung das Zweifachprofil in der Lenkungskupplung genau waagerecht steht.

- Lenkspindel in Mittelstellung bringen.
- Lenkrad drehen, bis die Speichen genau waagerecht stehen.
- Lenkung von unten einfahren und mit neuen Sicherungsschrauben am Längsträger befestigen. Die Schrauben mit 70 - 80 Nm anziehen. Bild 216 zeigt die Lenkung im eingebauten Zustand.
- Mittelstellungs-Kontrollschraube herausschrauben.
- Verschlussschraube in das Lenkungsgehäuse einschrauben.
- Innensechskantschraube an der Lenkungskupplung einschrauben und anziehen.
- Gummimanschette des Spurstangengelenks kontrollieren. Falls sie beim Ausbau beschädigt wurde, kann man die Kappe erneuern, ist die Beschädigung bereits älter, muss das Gelenk erneuert werden. Die gleiche Prüfung am Gelenk der Lenkstange vornehmen. Falls die Manschetten gut aussehen, die Kugelbolzen in die gut gereinigten Konussitze einschieben und die Muttern mit 35 Nm anziehen. Falls sich die Kugelbolzen mitdrehen, kann man sie mit einem Innensechskantschlüssel gegenhalten. Die Muttern immer erneuern.
- Nach dem Einbau die Vorspur der Vorderräder kontrollieren, wie es bereits weiter vorn beschrieben wurde.

12.1.2 Lenkungsgestänge

Die Verlegung der Lenkungsgestänge an der Lenkungsseite ist in Bild 214 gezeigt. Alle einmal abgeschraubten, selbstsichernden Muttern müssen immer erneuert werden. Kugelgelenkbolzen werden mit einem passenden Abzieher aus dem jeweiligen Sitz herausgedrückt. Der folgende Text gibt nähere Beschreibungen über den Aus- und Einbau der verschiedenen Teile.

Lenkstockhebel

Lenkstockhebel unter Bezug auf Bild 214 ausbauen:

- Fahrzeug vorn auf Böcke setzen.
- Die beiden selbstsichernden Muttern (1) von den Kugelbolzen der Lenkstange und der Spurstange am Lenkstockhebel (4) abschrauben.
- Die beiden Kugelbolzen mit einem passenden Abzieher herausdrücken.
- Den Sicherungsring (7) vom Ende der Lenkstockhebelwelle entfernen und die Klemmschraube (8) entfernen.
- Lenkstockhebel (4) von der Welle herunterziehen. Falls der Hebel sehr fest sitzt, einen Abzieher verwenden.

Der Lenkstockhebel ist mit einer Nummer gezeichnet. Falls der Hebel erneuert wird, muss die Nummer (6) in Bild 216 am neuen Hebel der Nummer des alten Hebels entsprechen. Beim Einbau folgendermassen vorgehen:

- Die Gummimanschetten der Kugelgelenke kontrollieren. Falls sie beim Ausbau beschädigt wurden, kann man sie einfach erneuern; ist die Beschädigung bereits älter, muss man die Kugelgelenke erneuern, wie es weiter unten beschrieben ist.
- Die Verzahnungen in der Innenseite des Lenkstockhebels und auf der Lenkstockhebelwelle einwandfrei reinigen. Sie müssen vollkommen fett- und ölfrei sein. Nach der Reinigung die Verzahnungen der Welle mit "Loctite 270" einschmieren.

- Lenkstockhebel an der Trennlinie durch Einsetzen und Verdrehen eines 6 mm-Inbusschlüssels auseinanderdrücken und den Hebel so auf die Welle stecken, dass die Kerbe in der Welle in der Mitte der Trennlinie des Hebels sitzt.
- Kugelbolzen von Fett reinigen, in die Konussitze einsetzen und die Muttern mit 35 Nm anziehen. Sollten sich die Kugelbolzen durchdrehen, kann man sie durch Einsetzen eines Inbusschlüssels gegenhalten.
- Die Klemmschraube (8) einsetzen und mit einer neuen selbstsichernden Mutter (5) befestigen. Die Mutter mit 50 Nm anziehen.
- Sprengring (7) an der Aussenseite der Welle in die Rille einfedern. Kontrollieren, dass er einwandfrei sitzt.
- Fahrzeug mindestens eine Stunde stehen lassen, damit sich das "Loctite"-Mittel verhärten kann.
- Abschliessend die Vorderradeinstellung kontrollieren (Kapitel 10.10).

Lenkzwischenarm

- Fahrzeug vorn auf Böcke setzen.
- Selbstsichernde Muttern von den Kugelbolzen der Lenkstange und der Spurstange lösen.
- Die Spurstange (10) in Bild 214 am äusseren Ende mit einem geeigneten Abzieher aus dem Lenkzwischenarm herausdrücken. Die gleiche Arbeit mit der Lenkstange durchführen.
- Das Wärmeabschirmblech am Lenkzwischenarmlager abschrauben.
- Die Mutter vom Ende der Lagerwelle entfernen, den Dichtring darunter abnehmen und die Schraube zusammen mit dem Lenkzwischenarm und der darunterliegenden Staubschutzkappe herausziehen. Manchmal ist über der Staubschutzkappe eine Scheibe eingelegt, welche man in diesem Fall abnehmen muss.

Das Gummilager im Zwischenarmlager kann falls erwünscht erneuert werden. Dazu die Dichtlippe des Lagers mit einem Schraubenzieher anheben und die Gleitbüchse vom Gleitlager abziehen. Danach beide Gleitlager mit einem passenden Abzieher vom Zapfenlagerbolzen abziehen.

Ein neues Gleitlager an der Aussenseite mit Öl einschmieren und auf das Zapfenlager aufpressen. Die Staubschutzkappe aufsetzen, die lange Schraube zusammen mit dem Zwischenarm und, falls vorhanden, mit der Scheibe in das Gummigleitlager einsetzen. Der Schraubenkopf muss zum Lenkzwischenarm weisen. Die Dichtscheibe auf der Mutternseite auflegen und eine neue selbstsichernde Mutter mit 90 Nm anziehen.

Falls Teile erneuert wurden, sollte man die Höhe der Kugelgelenke des Lenkstockhebels und Lenkzwischenhebels ausmessen, da der Unterschied nicht mehr als 3 mm betragen darf. Aus diesem Grund ist auch die oben erwähnte Scheibe eingesetzt.

Alle weiteren Arbeiten in umgekehrter Reihenfolge wie beim Ausbau durchführen. Über das Anschliessen der Kugelgelenke ist im letzten Kapitel nachzulesen. Ebenfalls den Zustand der Gummimanschetten beachten, ehe die Kugelbolzen wieder eingesetzt werden.

Spurstange

- Die selbstsichernden Muttern von den Kugelbolzen der Spurstangengelenke abschrauben.
- Mit einem geeigneten Abzieher, wie er z.B. in Bild 217 gezeigt ist, den Kugelbolzen an den beiden Enden der Spurstange aus den Sitzen trennen und die Spurstange herausnehmen. Falls beide Spurstangen ausgebaut werden, muss man sie zeichnen, da sie auf beiden Seiten unterschiedlich sind.

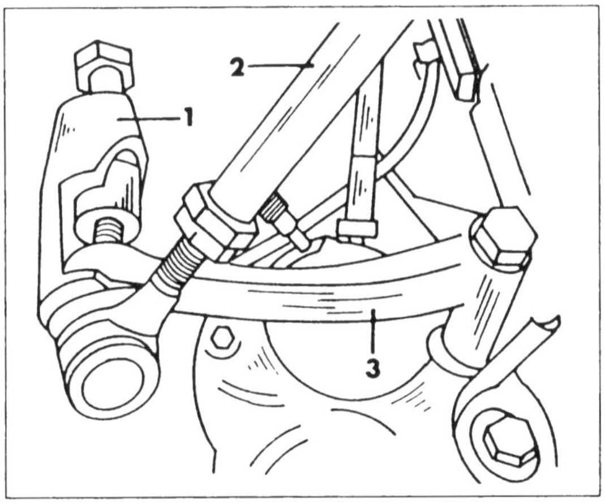

Bild 217
Abziehen eines Spurstangenkugelgelenks mit dem Spezialabzieher.
1 Abzieher (201 589 33 00)
2 Spurstange
3 Lenkhebel

- Die Gummimanschetten in gleicher Weise behandeln, wie es bereits oben beschrieben wurde.

Der Einbau geschieht in umgekehrter Reihenfolge. Neue selbstsichernde Muttern mit 35 Nm anziehen. Abschliessend die Vorspur kontrollieren und ggf. einstellen (Kapitel 10.10.1).

Lenkstange

Die Erneuerung der Lenkstange, d.h die in der zwischen Lenkung und Lenkzwischenhebel verlegten Stange, geschieht in gleicher Weise wie es bei den Spurstangen beschrieben wurde.

Erneuerung der Staubschutzkappen

Staubschutzkappen werden mit einem Drahtring und einem Kunststoffsicherungsring gehalten. Vor Aufsetzen der neuen Staubschutzkappe den Raum in der Innenseite mit dem empfohlenen Fett füllen. Die neuen Kappen sollten in ihre richtige Lage eingepresst werden.

12.2 Lenkrad und Lenksäule

12.2.1 Aus- und Einbau des Lenkrades

Bei Fahrzeugen ohne Airbag

- Das Motiv aus der Lenkradmitte mit einem kleinen Schraubenzieher herausdrücken.
- Lenkschloss sperren und die Schraube in der Mitte des Lenkrades mit einem passenden Innensechskantschlüssel herausdrehen.
- Lenkrad von der Lenkspindel abziehen.

Bei Fahrzeugen mit Airbag

Die Gasgeneratoren der Rückhaltesysteme sind pyrotechnische Teile und unterstehen deshalb den Bestimmungen des Sprengstoffgesetzes. Der Umgang ist deshalb nur geschulten Fachleuten gestattet. Das Lenkrad kann jedoch ausgebaut werden.

- Minuskabel der Batterie abklemmen.
- Fussmatte im Beifahrerraum herausnehmen, die Schraube an der Fussstütze lösen und diese herausnehmen.
- Die rote 10-polige Steckverbindung zum Auslösegerät hinter der Fussstütze herausziehen.
- Mit einem entsprechenden Steckschlüssel die Innenvielzahn-Schrauben von der Rückseite der Polsterplatte herausdrehen, die Polsterplatte mit Airbag vom Lenkrad abnehmen und den Stecker abziehen.
- Polsterplatte mit dem Polster vorsichtig nach oben ablegen. Fällt die Platte herunter, muss sie erneuert werden. **Diese Platte enthält die Gasladung.** Senkkopfschraube, wie in Bild 218 gezeigt lösen und das Lenkrad abnehmen.

Beim Einbau die Lenkspindel durchdrehen, bis die eingezeichnete Markierung genau senkrecht nach oben steht und das Lenkrad auf die Verzahnungen der Lenkspindel schieben. Die Lenkradspeichen müssen waagerecht stehen; die leicht geschwungene Speiche muss unten stehen.

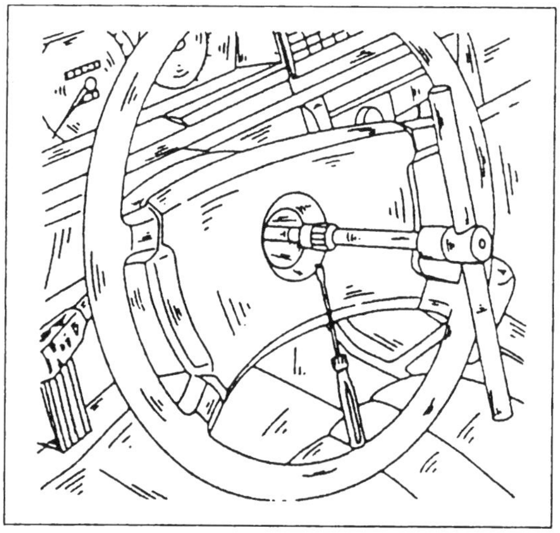

Bild 218
Lösen der Lenkradschraube. Ein Innensechskantschlüssel ist dazu erforderlich.

Die Lenkradschraube mit dem Innensechskantschlüssel auf 80 Nm anziehen.

Falls ein Airbag eingebaut ist, die Schrauben der Polsterbefestigung mit 6 Nm anziehen. In diesem Fall auch die Kontrolleuchte überprüfen, damit gewährleistet wird, dass das Rückhaltesystem jederzeit in Einsatz ist. Beim Einschalten der Zündung leuchtet die Leuchte 10 Sekunden lang auf und muss dann verlöschen. Falls dies nicht der Fall ist, die Anlage in einer Werkstatt untersuchen lassen.

12.2.2 Lenkmantelrohr aus- und einbauen

Falls ein Rückhaltesystem mit Airbag eingebaut ist, sollte man die Lenksäule nicht ausbauen. Arbeiten an der Lenksäule in diesem Fall einer Werkstatt überlassen. Bei normaler Lenkung folgendermassen vorgehen:

- Verkleidung links unter dem Armaturenbrett abschrauben.
- Lenkrad ausbauen (Kapitel 12.2.1).
- Instrumententafel ausbauen. Dazu die Tafel nach Lösen soweit wie möglich herausziehen und von der Rückseite die Tachometerspirale, alle elektrischen Kabelstecker und die Leitung des Öldruckmessers abschliessen.
- Die Klemmschraube der Verbindung zwischen Lenkwelle und Lenksäule entfernen. Ein Innensechskantschlüssel ist dazu erforderlich.
- In der Oberseite der Lenksäule zwei Kreuzschlitzschrauben herausdrehen. Diese halten die obere Lenksäulenverkleidung an der Lenksäule.
- An der Unterseite der unteren Verkleidung zwei Schrauben entfernen und die Verkleidung abnehmen.
- Zwei Federspangen in der Stirnfläche der Verkleidung entfernen und die beiden Verkleidungshälften entfernen.
- Auf der rechten Seite der Lenksäule die Klemmschelle des Lenkschlosses lockern, den danebenliegenden Sperrstift in Stellung "1" drücken und das Lenkradschloss leicht aus der Halterung des Lenkmantelrohres herausziehen.
- Den Zündschlüssel auf der rechten, unteren Seite etwas nach hinten ziehen. Das Lenkradschloss so verdrehen, dass der Schliesszylinder nicht länger in die Aussparung der Instrumententafel eingreift. Den Zylinder jetzt aus der Halterung herausnehmen.
- Die beiden Befestigungsschrauben des Lenkmantelrohres vom Querträger lösen.
- Eine Schraube an der Lenksäulenabstützung entfernen.
- Lenkmantelrohr komplett herausheben.

Der Einbau geschieht in umgekehrter Reihenfolge wie der Ausbau. Die Befestigungsschrauben des Lenkmantelrohres mit 20 Nm anziehen; die

Klemmschraube der Lenkungsverbindung mit 25 Nm.

12.3 Die Servolenkung

Die Servolenkung unterstützt die Lenktätigkeit so, dass sich das Fahrzeug einerseits bei geringen Geschwindigkeiten mühelos lenken lässt, aber anderseits bei höheren Geschwindigkeiten ein guter Kontakt zur Fahrbahn erhalten bleibt, sollte die Lenkunterstützung ausfallen. Bevor die Lenkung oder die Hochdruck-Ölpumpe bei auftretenden Störungen ausgebaut werden, sollte die Anlage zuerst am Fahrzeug überprüft werden. Es wird geraten, diese Arbeit in einer Vertragswerkstatt durchführen zu lassen, da diese im Besitz der benötigten Spezialgeräte sind.

12.3.1 Aus- und Einbau der Servolenkung

- Deckel des Vorratsbehälters für die Lenkflüssigkeit entfernen, den Filtereinsatz herausnehmen und die Flüssigkeit mit einem Sauger heraussaugen.
- Unter Bezug auf Bild 219 den Hochdruck-Dehnschlauch (3) und die Rücklaufleitung an der Seite des Vorratsbehälters abschliessen. Dabei das Gegenstück gut gegenhalten. Schlauch- und Leitungsende in geeigneter Weise verschliessen, um Eindringen von Schmutz zu vermeiden.
- Lenkung jetzt ausbauen wie es in Kapitel 12.1.1 bei der mechanischen Lenkung beschrieben wurde.

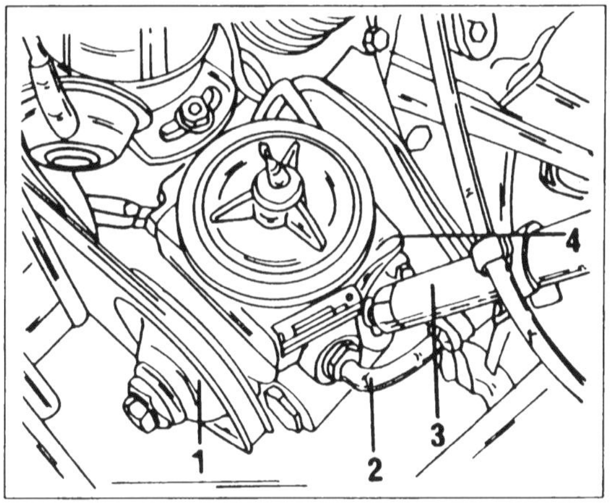

Bild 219
Einzelheiten zum Aus- und Einbau der Servolenkung.
1 Riemenscheibe der Lenkhilfspumpe
2 Rücklaufleitung
3 Hochdruck-Dehnschlauch
4 Vorratsbehälter

12.3.2 Einbau der Servolenkung

Der Einbau geschieht in umgekehrter Reihenfolge und entsprechend der Beschreibung in Kapitel 12.1.1 für die mechanische Lenkung. Darauf achten, dass der Dehnschlauch gut verlegt ist, damit er nirgends anstossen kann. Nach dem Einbau den Vorratsbehälter mit Flüssigkeit füllen, den Motor anlassen und das Lenkrad mehrere Male aus einem Einschlag in den anderen drehen. Während der Flüssigkeitsstand abfällt, weitere Flüssigkeit nachfüllen. Die Lenkung entlüftet sich von selbst, so dass keine weiteren Arbeiten erforderlich sind.

13 Die Bremsen

Das Zweikreis-Bremssystem mit optischer Warneinrichtung besteht aus der hydraulisch, auf alle vier Räder wirkenden Fussbremse mit Servounterstützung. Sowohl die Vorder- als auch die Hinterräder sind mit Scheibenbremsen ausgerüstet und haben einen in sich geschlossenen Bremskreis. Fällt ein Bremskreis infolge einer undichten Stelle aus, bleibt der andere trotzdem voll funktionsfähig.
Gleitbremssättel, auch als Faustsättel bekannt, werden an den Vorderrädern und Festsattel an den Hinterrädern verwendet.
Die durch einen Hebel, mechanisch betätigte Feststellbremse wirkt auf die Hinterräder.
Auf Wunsch kann der Mercedes 190D mit einem elektronisch geregelten Anti-Blockier-System (ABS) ausgerüstet sein.

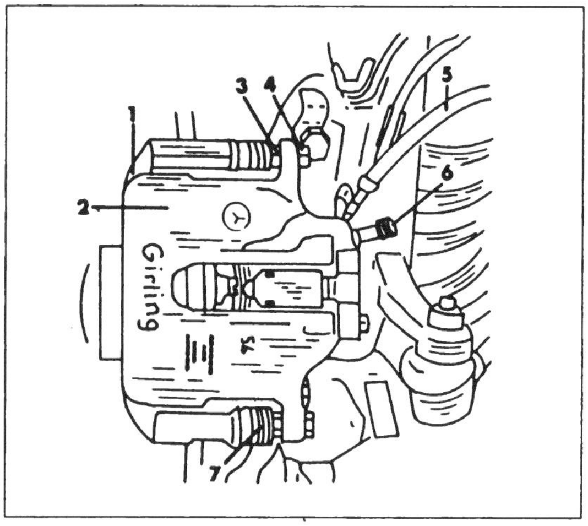

Bild 220
Ein eingebauter, vorderer Bremssattel mit der Lage der einzelnen Teile.
1 Bremssattelträger
2 Bremssattelzylinder
3 Sechskant am Gleitbolzen
4 Befestigungsschraube
5 Bremsschlauch
6 Entlüftungsschraube
7 Unterer Gleitbolzen

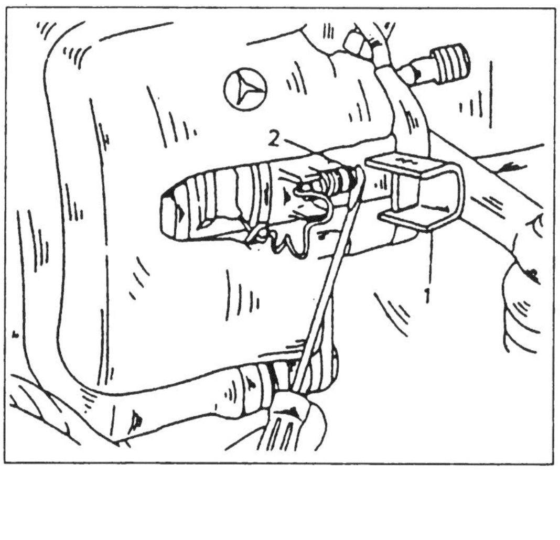

Bild 221
Aus- und Einbau eines vorderen Bremssattels.
1 Deckel
2 Kabelstecker

13.1 Vorderrad-Scheibenbremsen

Wie bereits erwähnt sind Gleitsättel (Faustsättel) zum Abbremsen der Vorderräder eingebaut. Diese Bremssattelart besteht aus dem fest am Achsschenkel verschraubten Bremssattelträger und einem Zylindergehäuse. Das Zylindergehäuse ist an der inneren Radseite angebracht und enthält nur einen Kolben.
Beim Abbremsen drückt der Kolben zuerst mit seinem Bremsklotz gegen die Bremsscheibe. Das Zylindergehäuse bewegt sich dann auf Gleitbolzen entgegengesetzt der Druckrichtung. Dadurch wird der äussere Bremsklotz ebenfalls gegen die Bremsscheibe gedrückt. Bild 220 zeigt einen eingebauten Bremssattel mit der Lage der einzelnen Teile.

13.1.1 Bremsklötze erneuern

● Die beiden Haltelaschen an der Seite der Abdeckung für den Stecker mit einem kleinen Schraubenzieher anheben und die Abdeckung vorsichtig öffnen. Das Kabel des Verschleissfühlers vom Stecker am Bremssattel abziehen. Nicht direkt am Kabel ziehen. Bild 221 zeigt die Befestigungsweise.
● Die obere Sechskantschraube herausdrehen. Dabei mit einem Gabelschlüssel das Sechskant des Gleitbolzens gegenhalten (Bild 222).
● Das Zylindergehäuse nach unten schwenken und mit einem Stück Draht am Kurvenstabilisator festbinden. Die Bremsklötze aus dem Bremsträger herausnehmen (Bild 223).
● Die Anschlusszunge des Verschleissfühlers von der Metallplatte des inneren Bremsklotzes abziehen.
Falls das Bremsklotzmaterial bis auf eine Stärke von 3,5 mm abgeschliffen ist oder die Beläge sind verölt, muss man neue Bremsklötze im Satz einbauen. Niemals einen einzelnen Bremsklotz erneuern, auch wenn die anderen noch gut aussehen.
Falls die Bremsklötze mehr verschlissen sind als dies angenommen wird, kann es sein, dass der Kolben hängt. In diesen Fall muss man den Bremssattel vielleicht überholen. Das gleiche gilt falls die

Staubschutzkappe im Zylindergehäuse eingerissen ist.
Die Flächen der Bremsscheiben kontrollieren und vor dem Einbau neuer Bremsbeläge gut reinigen.
Die Stärke der Bremsscheiben ausmessen. Falls diese weniger als das in der Mass- und Einstelltabelle angegebene Mindestmass beträgt, muss die betreffende Scheibe erneuert werden.
Beim Einbau der Bremsklötze folgendermassen vorgehen:

- Die Kontaktflächen für die Bremsklötze im Bremssattelträger reinigen.
- Den Vorratsbehälter des Hauptzylinders öffnen und etwas Bremsflüssigkeit absaugen.
- Den Kolben mit einer Kolbenzange in die Zylinderbohrung zurückdrücken. Dazu wird die in Bild 224 gezeigte Zwinge verwendet.
- Beide Bremsklötze in den Bremssattelträger einsetzen. Die Federklemme muss parallel mit der Oberkante des Bremsklotzes sitzen, wie es in Bild 225 durch die Pfeile gezeigt ist.
- Unter Bezug auf Bild 222 das Zylindergehäuse mit einer neuen, selbstsichernden Schraube am Bremssattelträger anschrauben, während der Gleitbolzen gegengehalten wird. Die Schraube mit 35 Nm anziehen.
- Das Kabel des Verschleissfühlers zu einer Spirale zusammenrollen und an der Anschlusszunge des Bremssattels anklemmen. Abdeckung der Steckerverbindung schliessen.
- Bremspedal einige Male sehr fest betätigen, um die Bremsklötze an die Scheibe heranzubringen.
- Flüssigkeitsstand im Vorratsbehälter des Hauptbremszylinders berichtigen.

Während der ersten Fahrkilometer mit neuen Bremsklötzen darf man die Bremsen nicht zu fest betätigen. Um die Bremsen gut einzubremsen, bremst man das Fahrzeug bei leichtem Pedaldruck mehrere Male von 80 auf 40 km/h ab. Nach jeder Abbremsung jedoch warten bis sich die Bremsen wieder etwas abgekühlt haben.

13.1.2 Bremssattel aus- und einbauen

- Einen Entlüftungsschlauch auf eine der Entlüftungsschrauben (6, Bild 220) aufstecken und das andere Schlauchende in ein Gefäss einhängen.
- Entlüftungsschraube öffnen und das Bremspedal durchpumpen, bis die Flüssigkeit ausgeschieden ist.
- Bremsschlauch in der Innenseite des Radkastens von der Bremsleitung trennen. Die beiden Anschlussenden verschliessen.
- Die beiden Laschen der Abdeckung für den Bremsverschleissanschluss mit einem kleinen Schraubenzieher anheben und den Stecker des

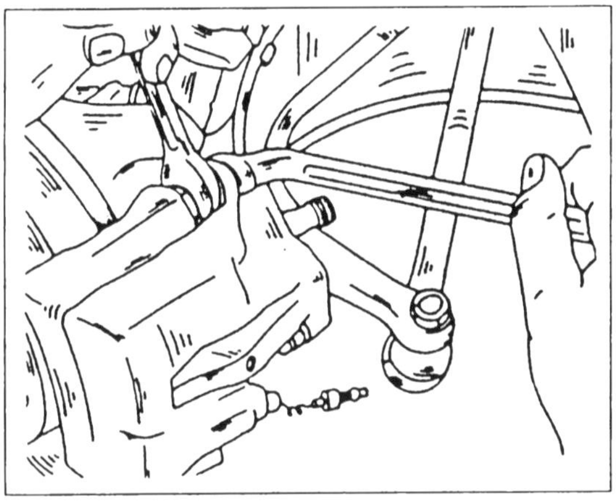

Bild 222
Obere Schraube des Bremssattels in der gezeigten Weise vom Achsschenkel abschrauben.

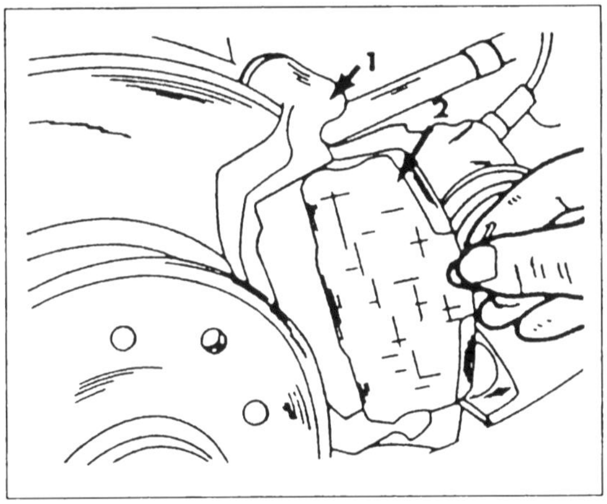

Bild 223
Herausnehmen eines Bremsklotzes (2) aus dem Bremssattelträger (1).

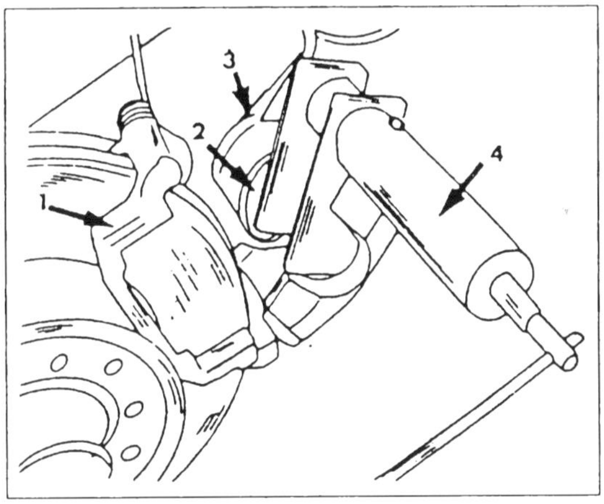

Bild 224
Verwendung einer Zwinge, um den Kolben in das Zylindergehäuse zurückzudrücken.
1 Bremssattel
2 Kolben
3 Zylindergehäuse
4 Zwinge

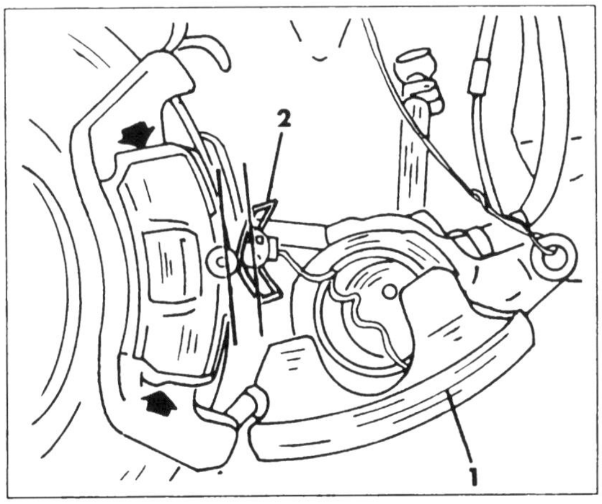

Bild 225
Beim Einbau der Bremsklötze darauf achten, dass sie nicht am Bremssattelträger (an den Pfeilstellen) hängen können. Die Federn (2) vor Aufschwingen des Bremssattels (1), wie durch die Leitlinien gezeigt, parallel mit der Oberkante des Bremsklotzes ausrichten.

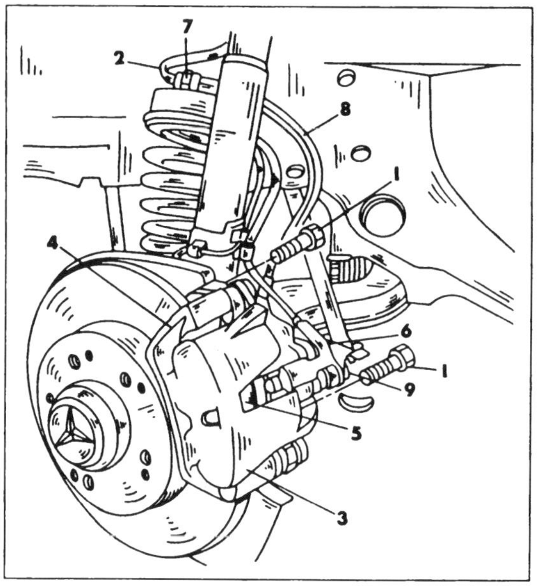

Bild 226
Eingebauter Bremssattel, vorn
1 Bremssattelschrauben
2 Bremsleitung
3 Zylindergehäuse
4 Bremssattelträger
5 Spange, Verschleissfühler
6 Steckverbinder
7 Bremsschlauchverbindung
8 Bremsschlauch
9 Schraube

Bild 227
Die Befestigung des Bremsschlauches und der Bremsleitung im Radkasten.
1 Bremsleitung
2 Bremsschlauchhalterung
3 Bremsschlauch

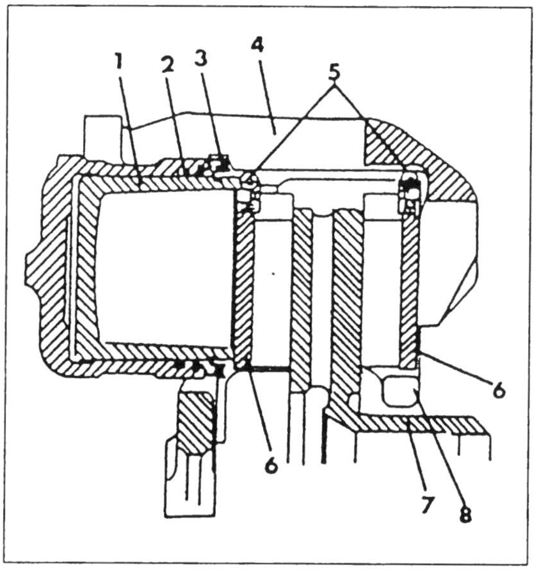

Bild 228
Schnitt durch einen zusammengebauten vorderen Bremssattel.
1 Kolben
2 Kolbendichtring
3 Staubschutzring
4 Zylindergehäuse
5 Federklemme
6 Bremsklotz
7 Bremsscheibe
8 Bremssattelträger

Kabels abziehen.

- Bremsschlauch vom Bremssattel abschrauben.
- Die beiden Befestigungsschrauben des Bremssattelträgers lösen und den gesamten Bremssattel abheben.

Der Einbau geschieht in umgekehrter Reihenfolge. Neue selbstsichernde Schrauben für den Bremssattel verwenden und diese mit 115 Nm anziehen. Abschliessend die Bremsanlage entlüften.

13.1.3 Bremssattel überholen

Vor Durchführung irgendwelcher Arbeiten sind die folgenden Punkte zu beachten:

- Dichtringe immer nach der Zerlegung eines Bremssattels erneuern. Diese sind im Reparatursatz enthalten.
- Niemals versuchen irgendwelche Kolben oder Zylinder zu verwenden, deren Gleitflächen verschlissen, zerrieft oder oxidiert sind. Immer einen kompletten Zylinder montieren.
- Nur Bremsflüssigkeit der vorgeschriebenen Norm verwenden und niemals über längere Zeit abgestellte Flüssigkeit verwenden.
- Kolben und Dichtringe (Manschetten) entweder mit sauberer Bremsflüssigkeit oder Bremsfett einschmieren.

Bei diesem Bremssattel verschiebt sich das Zylindergehäuse auf zwei Gleitbolzen. Ein Kolben wird im Zylinder verwendet. Bild 228 zeigt eine Schnittansicht dieses Zylinders. Bild 229 zeigt ein Montagebild.

- Bremssattelträger in einen Schraubstock spannen und das Zylindergehäuse abschrauben, indem man die beiden Befestigungsschrauben bei gleichzeitiger Gegenhaltung der Gleitbolzen herausdreht, wie es in Bild 230 gezeigt ist.
- Zylinder in einen Schraubstock einspannen und den Staubschutzring von Zylinder und Kolben abheben (Schraubenzieher).
- Das Wärmeabschirmblech aus dem Bremssattel herausnehmen.
- Ein Stück Holz in die Aussparung vor dem Kolben einlegen und mit einer Pressluftleitung den Kolben aus der Bohrung blasen.
- Mit einem Schraubenzieher vorsichtig den Dichtring aus der Innenseite der Zylinderbohrung herausheben.
- Alle Teile gründlich reinigen und, falls der Zylinder sich in gutem Zustand befindet, die Teile des Reparatursatzes beim Zusammenbau verwenden.
- Neuen Dichtring — mit Bremsflüssigkeit oder Bremsfett eingeschmiert — in die Rille einsetzen.
- Staubschutzring am Kolben anbringen und die Kolbenfläche mit Flüssigkeit oder Bremsfett einschmieren.
- Kolben in den Zylinder hineindrücken und den Staubschutzring am Zylinder anbringen, nachdem der Kolben in seiner Lage sitzt.

Falls die Gummimanschetten der Gleitbolzen beschädigt sind, kann man diese vom Bremssattel-

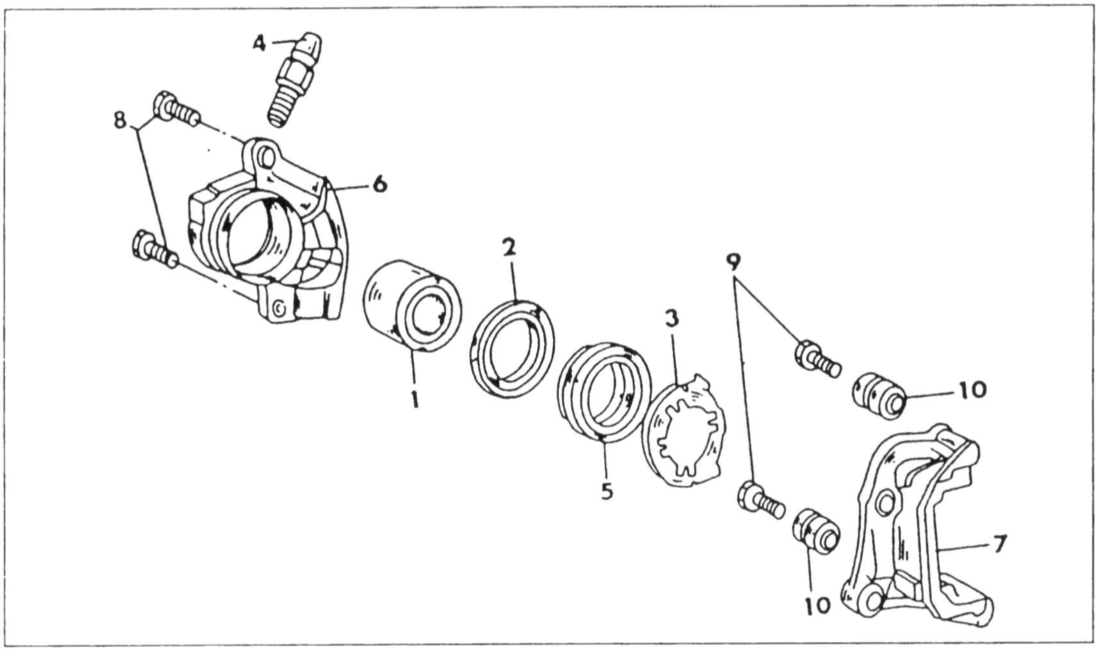

Bild 229
Montagebild eines vorderen Bremssattels.
1 Kolben
2 Zylinderdichtring
3 Blech
4 Entlüftungsschraube
5 Staubschutzring
6 Bremssattelzylinder
7 Bremssattelträger
8 Bremssattelschraube
9 Bremssattelträgerschraube
10 Gummitüllen

träger und von den Bolzen entfernen. Die Führungsbohrungen im Bremssattelträger und die Aussenflächen der Bolzen einwandfrei reinigen, die Teile mit Bremsfett einschmieren und wieder zusammensetzen. Manschette am Bremssattelträger anbringen. Bild 231 zeigt den Einbau der Neuteile.

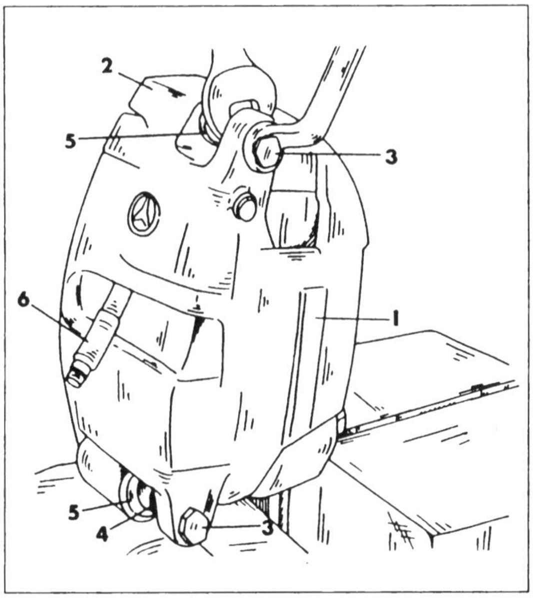

Bild 230
Zerlegen eines vorderen Bremssattels.
1 Bremssattelzylinder
2 Bremssattelrahmen
3 Bremssattelschraube
4 Gleitbolzen
5 Gleitbolzen
6 Anschluss für Verschleissanzeige

13.2 Hinterrad-Scheibenbremsen

13.2.1 Bremsklötze erneuern

Die Bremsklötze sollten erneuert werden, wenn die Stärke des Belagmaterials bis auf 2 mm abgenutzt ist. Dies kann man bei eingebautem Bremssattel nach Abnehmen des Rades kontrollieren. Falls der zwischen den Pfeilen in Bild 232 gezeigte Abstand verschwunden ist, muss man die Bremsklötze erneuern.

- Fahrzeug aufbocken und die Räder abnehmen.
- Den oberen Haltestift mit einem Durchschlag geeigneter Grösse herausschlagen, wie es Bild 233 zeigt, die Kreuzfeder entfernen und den unteren Stift herausschlagen.
- Die Bremsklötze aus den Schächten herausziehen. Falls sie festklemmen sollten, einen Schraubenzieher in ein Loch der "Ohren" des Bremsklotzes einsetzen und den Bremsklotz durch Hebelwirkung herauszwingen, wie es in Bild 234 gezeigt ist.
- Falls die Bremsklötze wieder verwendet werden sollen, sind sie in ihrer Einbaulage zu kennzeichnen und danach herauszuziehen. Falls sie erneuert werden, können sie sofort herausgezo-

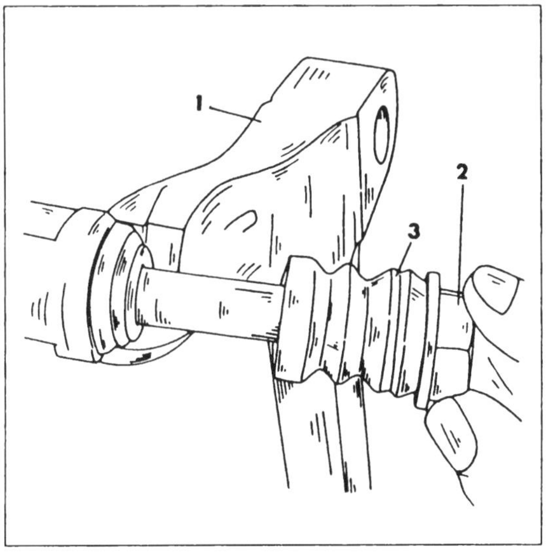

Bild 231
Einsetzen des Gleitbolzens in den Bremssattel, mit der aufgeschobenen Gummimanschette.
1 Bremssattel
2 Gleitbolzen
3 Manschette

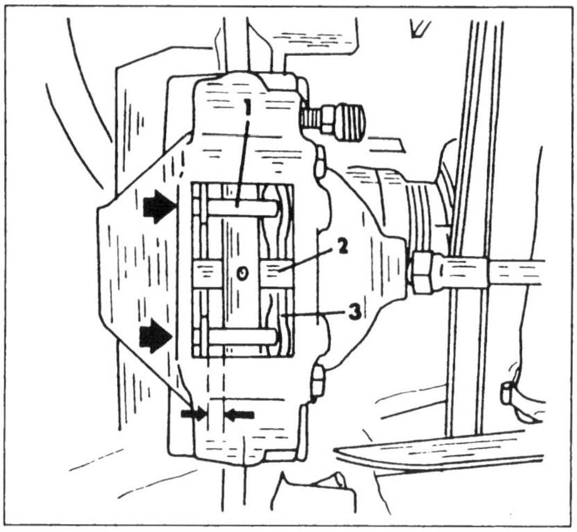

Bild 232
Falls der zwischen den Pfeilen gezeigte Spalt nicht mehr vorhanden ist, müssen die Bremsklötze erneuert werden.
1 Oberer Sicherungsstift
2 Kreuzfeder
3 Bremsklotz

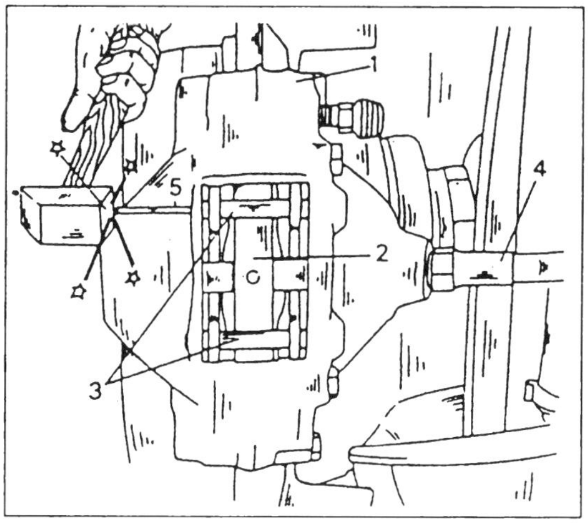

Bild 233
Zum Ausbau der Bremsklötze eines hinteren Bremssattels.
1 Bremssattel
2 Kreuzfeder
3 Sicherungsstifte
4 Bremsschlauch
5 Durchschlag

Bild 234
Ausdrücken eines Bremsklotzes (1) der Hinterradbremse mit einem Schraubenzieher.

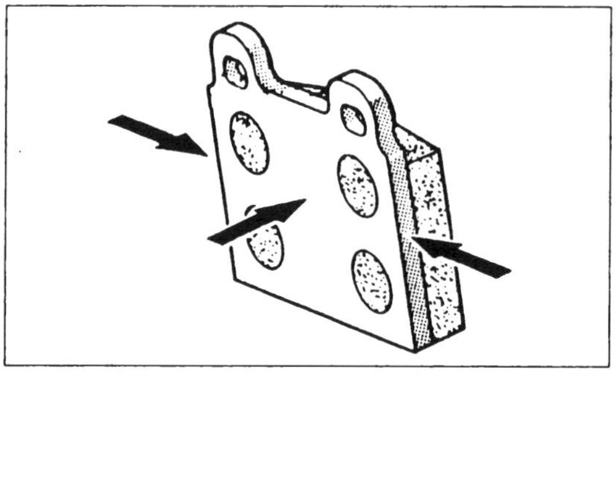

Bild 235
Zum Einbau der Bremsklötze.

gen werden. Falls die Bremsklötze festsitzen sollten, eine Drahtschlinge an den Ösen anbringen und die Klötze mit einem kurzen Ruck herausziehen.

- Die Aufnahmeschlitze der Bremssättel gründlich reinigen und prüfen, dass die Staubschutzabdichtungen oder Zylinder nicht beschädigt sind.
- Falls die Bremsklötze sehr abgenutzt waren, wird es erforderlich die Kolben in den Zylindern zurückzudrücken. Dabei ist darauf zu achten, dass keine Bremsflüssigkeit aus dem Vorratsbehälter herausgedrückt wird. Falls erforderlich, etwas Flüssigkeit absaugen.

Beim Einbau der Bremsklötze folgendermassen vorgehen:

- Belagrückenplatte an den mit Pfeilen in Bild 235 bezeichneten Stellen leicht mit Molykote-Paste "U" einschmieren und die neuen Klötze einsetzen.
- Die Kreuzfeder auflegen und einen der Haltestifte einschlagen. Die Spannfeder nach innen drücken und den zweiten Haltestift einschlagen, währen die Feder nach innen gehalten wird.
- Kontrollieren, ob sich die Bremsklötze einwandfrei bewegen können.
- Bremspedal einige Male durchtreten, um die Bremsklötze in die richtige Lage zu bringen.
- Räder anbringen und Fahrzeug ablassen.

13.2.2 Bremssattel aus- und einbauen

Der Aus- und Einbau des Bremssattels ist eine einfache Arbeit. Nach Trennen des Bremsschlauches die beiden Schrauben lösen und den Sattel abnehmen. Neue, selbstsichernde Schrauben bei der Montage verwenden und diese mit 50 Nm anziehen. Den Bremsschlauch mit 15 Nm anziehen, falls er vom Bremssattel abgeschraubt wurde. Nach dem Einbau die Bremsen entlüften. Bild 236 zeigt einen hinteren Bremssattel im eingebauten Zustand.

13.2.3 Bremssattel überholen

Die beiden Hälften des Bremssattels dürfen nicht getrennt werden, da die Schrauben vom Hersteller mit einem bestimmten Drehmoment angezogen wurden. Ein Bremssattel sollte nur zerlegt werden falls man die Kolbenlehre (000 589 35 23 00) zur Verfügung hat. Diese wird benutzt, um die in der Aussenfläche des Kolbens eingearbeitete Schrägfläche im richtigen Verhältnis zur Kolbenbohrung zu bringen.

- Bremsklötze ausbauen (Kapitel 13.2.1).
- Mit Hilfe eines Schraubenziehers die Staubschutzkappen der Kolben aus der Innenseite herausheben.

- Einen Kolben mit einer Spannzwinge in seiner Lage halten und den anderen Kolben durch Ansetzen einer Druckluftleitung (niedriger Druck) herausblasen. Ein Stück Holz in den Schacht einsetzen, damit der Kolben nicht auf Metall aufschlagen kann. Die Finger aus dieser Gegend fernhalten.
- Kolbendichtring aus der Innenseite der Zylinderbohrung mit einem stumpfen Gegenstand herausnehmen.
- Alle Teile gründlich reinigen. Die für die Vorderradbremsen gegebenen Anweisungen (Kapitel 13.1.3) gelten auch bei den Hinterradbremsen.
- Neue Zylinderdichtringe mit Bremsfett einschmieren und in die Rillen einsetzen.
- Den Kolben in die Bohrung einschieben.
- Mit der genannten Kolbenlehre die Stellung des Kolbens im Bremssattel kontrollieren. Das Einsetzen der Lehre und die richtige Stellung des Kolbens ist aus Bild 237 ersichtlich. Falls erforderlich den Kolben verdrehen. Dazu wird normalerweise eine Spezialzange verwendet.
- Staubschutzring auf den Kolben aufsetzen und am Bund des Bremssattels anbringen.
- Abschliessend die Bremsklötze einbauen (Kapitel 13.2.1).

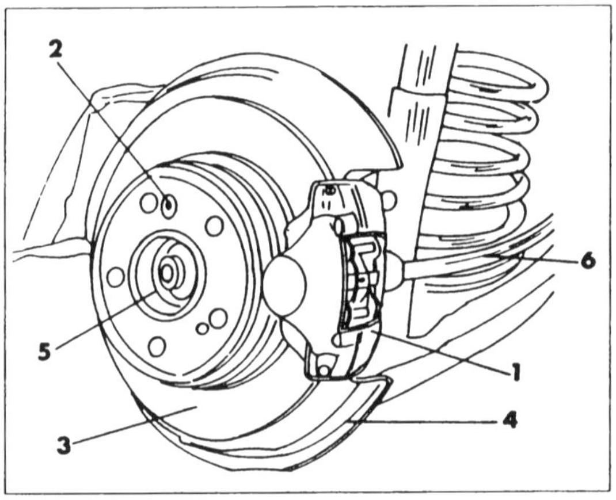

Bild 236
Ansicht eines eingebauten hinteren Bremssattels.
1 Bremssattel
2 Schraube für Bremsscheibe
3 Bremsscheibe
4 Spritzblech
5 Radnabe
6 Bremsschlauch

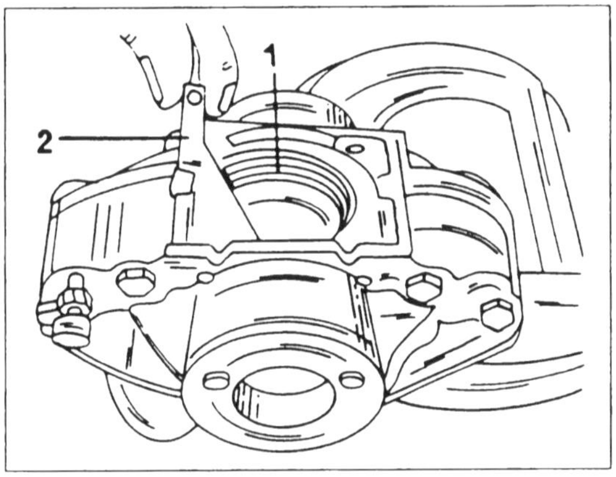

Bild 237
Ausrichten des Kolbens der Hinterradbremssättel (1) mit der Kolbenlehre (2).

13.3 Nacharbeitung von Bremsscheiben

Bremsscheiben können, falls erforderlich, nachgeschliffen werden, um sie wieder verwendungsfähig zu machen. Dabei ist auf die Angaben in der Mass-und Einstelltabelle zu achten, die die Mindestabmessungen angibt, die bei Schleifarbeiten zu beachten sind. Ebenfalls auf die Planflächigkeit der Bremsscheiben achten, d.h. beim Abschleifen müssen diese so geschliffen sein, dass die beiden Seiten parallel zueinander liegen.
Falls angenommen wird, dass eine Bremsscheibe Schaden erlitten hat, kann sie im eingebauten Zustand mit einer Messuhr an der Aussenkante auf Schlag kontrolliert werden.
Um eine Bremsscheibe auszubauen, den betreffenden Bremssattel ausbauen (siehe Kapitel 13.1.1 bzw. 13.2.1) und mit einem Stück Draht am Fahrgestell festbinden, damit er nicht am Schlauch herunterhängen kann. Bei der Hinterradbremse kontrollieren ob die Handbremse gelöst ist.
Die Bremsscheibe kann danach abgenommen werden. Falls erforderlich mit einem Gummihammer nachhelfen.
Neue Bremsscheiben sind mit einem Schutzanstrich versehen, welchen man vor Einbau entfernen muss. Beim Einbau der Bremsscheiben folgendes beachten:

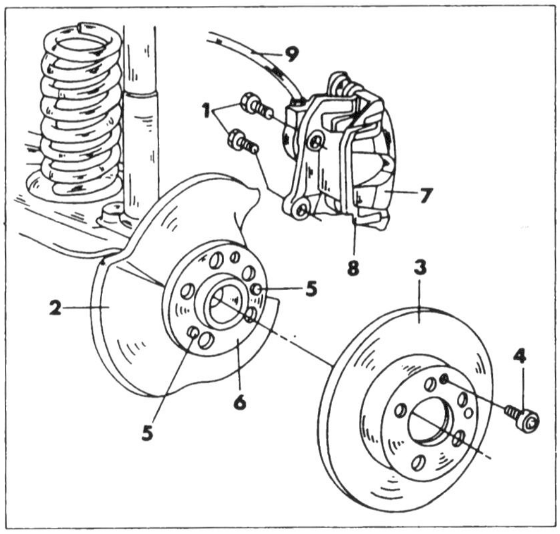

Bild 238
Einzelheiten zum Aus- und Einbau einer vorderen Bremssscheibe.
1 Bremssattelschraube, 115 Nm
2 Spritzblech
3 Bremsscheibe
4 Befestigungsschraube, 10 Nm
5 Klemmhülse
6 Vorderradnabe
7 Zylindergehäuse
8 Bremssattelträger
9 Bremsschlauch

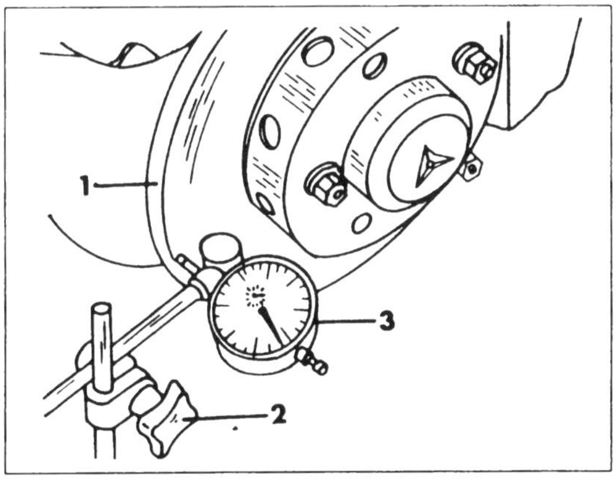

Bild 239
Kontrolle einer Bremsscheibe auf Schlag.
1 Bremsscheibe
2 Messuhrständer
3 Messuhr

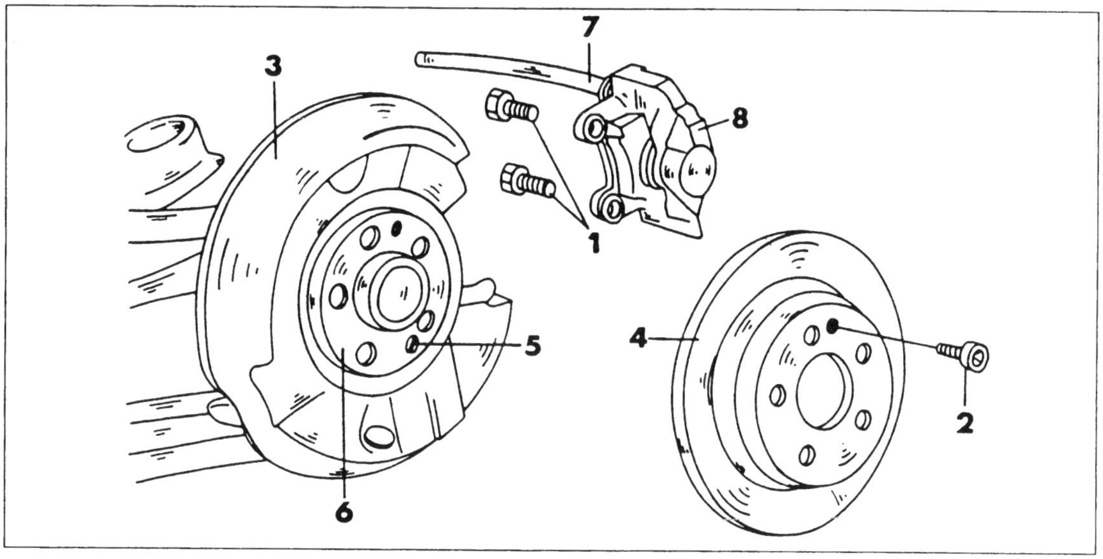

Bild 240
Einzelheiten zum Aus- und Einbau einer hinteren Bremsscheibe.
1 Bremssattelschrauben, 50 Nm
2 Bremsscheibenschraube, 10 Nm
3 Spritzblech
4 Bremsscheibe
5 Passstift
6 Hinterradflansch
7 Bremsschlauch
8 Bremssattel

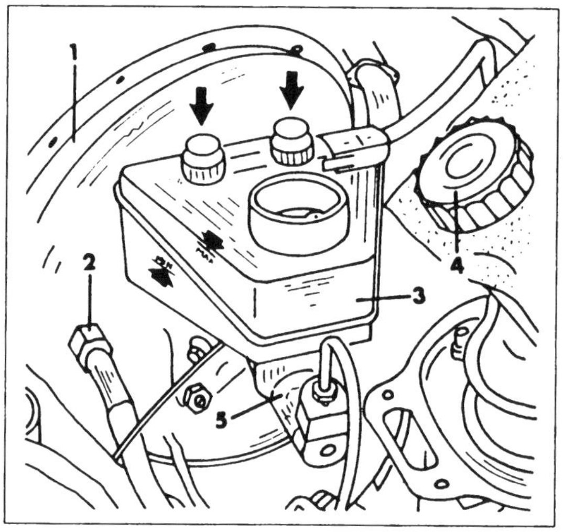

Bild 241
Einzelheiten zum Aus- und Einbau des Hauptbremszylinders. Die beiden Pfeile weisen auf die erwähnten Gummikappen.
1 Bremskraftverstärker
2 Unterdruckschlauch
3 Vorratsbehälter
4 Verschlusskappe
5 Hauptbremszylinder

- Bei einer vorderen Bremsscheibe kontrollieren, dass die beiden Klemmhülsen in der Nabe einwandfrei sitzen. Die Schrauben des Bremssattels mit 115 Nm anziehen.
- Bei einer hinteren Bremsscheibe die Fläche des Nabenflansches mit einem Dauerfett (Molykote Paste "U") einschmieren, damit man die Scheibe zu einem späteren Zeitpunkt leichter ausbauen kann. Darauf achten, dass der Zentrierstift in der Radnabe einwandfrei in die Bremsscheibe eingreift, wenn diese gegen die Nabe angesetzt wird. Die Schrauben des Bremssattels auf 50 Nm anziehen.
- Nach dem Einbau der Bremsscheibe diese auf Schlag kontrollieren. Dazu eine Messuhr mit einem geeigneten Halter so anbringen, dass der Taststift gegen die Aussenkante der Scheibe ansitzt und die Scheibe langsam durchdrehen (siehe Bild 239, Seite 123). Falls der Schlag mehr als 0,12 mm beträgt, die Bremsscheibe wieder abnehmen und auf der Radnabe versetzen. Ebenfalls kontrollieren, dass die Anlageflächen frei von Fremdkörpern sind.
- Das Bremspedal einige Male durchpumpen damit sich die Bremsklötze an die Bremsscheiben heransetzen können.

13.4 Hauptbremszylinder

Bei allen Fahrzeugausführungen ist ein Tandem-Hauptbremszylinder eingebaut, welcher mit einem Doppelvorratsbehälter versehen ist, so dass beide Abschnitte der Zweikreisbremsanlage mit Bremsflüssigkeit versorgt werden können. Die Bremsleitungen sind vorn und hinten geteilt, so dass der Druckkolben, der sich am nächsten zur Stösselstange befindet, die Vorderradbremsen und der Zwischenkolben die Hinterradbremsen versorgt. Der Stand der Bremsflüssigkeit wird durch eine Warnleuchte in der Instrumententafel überwacht. Die Funktion der Leuchte muss beim Nachfüllen von Bremsflüssigkeit kontrolliert werden. Dazu die Zündung einschalten, die Handbremse lösen und mit dem Daumen auf die beiden Gummikappen in der Oberseite des Vorratsbehälters drücken. Diese sind mit den Pfeilen in Bild 241 gezeigt.

13.4.1 Aus- und Einbau des Hauptbremszylinders

Der Hauptbremszylinder ist an der Stirnfläche des Bremskraftverstärkers angeschraubt und kann von der Motorraumseite aus ausgebaut werden.

- Einen Entlüftungsschlauch an einer der Entlüftungsschrauben anbringen, das andere Ende in ein Gefäss hängen, die Schraube öffnen und die Bremsanlage durch Betätigen des Pedals leer pumpen.
- Stecker vom Warnschalter der Bremsflüssigkeit neben der Verschlusskappe des Vorratsbehäl-

ters (2) abziehen. Bei eingebautem Schaltgetriebe den Verbindungsschlauch (7) zum Vorratsbehälter abschliessen.

- Vorratsbehälter durch Hin- und Herwackeln aus den Gummitüllen lösen und herausziehen.
- Anschlüsse der Bremsleitungen abschrauben und vorsichtig zur Seite biegen. Die Leitungsenden mit Klebband umwickeln.
- Zylinder abschrauben. Ein Gummidichtring befindet sich am Ende des Bremskraftverstärkers, welcher nicht herunterfallen darf.

Der Einbau des Zylinders geschieht in umgekehrter Reihenfolge wie der Ausbau. Den Gummidichtring immer erneuern. Die Schrauben mit 15 Nm anziehen. Die Stösselstange des Bremskraftverstärkers braucht nicht eingestellt werden. Abschliessend den Vorratsbehälter wieder aufstecken, die Anlage mit Bremsflüssigkeit füllen und entlüften, wie es später beschrieben wird.

13.4.2 Hauptbremszylinder überholen

Eine Überholung des Hauptbremszylinders ist nicht vorgesehen. Falls der Zylinder ausgefallen ist, baut man einen neuen Zylinder ein. Beim Bestellen eines neuen Zylinders immer das Modell und das Baujahr angeben, da Zylinder manchmal ohne vorherige Bekanntmachung in ihrem Durchmesser geändert werden und sich verbesserte Zylinder vielleicht in ältere Fahrzeugmodelle einbauen lassen.

13.5 Die Feststellbremse

Die Feststellbremse ist als Duo-Servobremse ausgebildet. Die Bezeichnung Duo gibt an, dass die Bremswirkung in beiden Drehrichtungen der Bremsscheibe gleich ist, und Servo weist auf die Wirkung der einen Bremsbacke auf die andere hin.

13.5.1 Bremsbacken der Feststellbremse aus- und einbauen

Das im Text genannte Einbauwerkzeug muss vorhanden sein, um die Federn der Bremsbacken aus- und einzuhängen. Andernfalls kann man die Hinterachsnabe ausbauen, um leichter an die Bremsbacken heranzukommen. Bild 243 zeigt eine Schnittansicht der eingebauten Bremsbacken. Bild 245 zeigt eine Schnittansicht der gesamten Handbremsanlage.

- Bremsssattel mit Bremsschlauch ausbauen.
- Bremsscheibe ausbauen.
- Unter Rückzugfeder aushängen.
- Hinterachswellenflansch so drehen, dass ein Gewindeloch auf die Feder (1) in Bild 243 zeigt.
- Feder etwas zurückdrücken, mit dem Einbauwerkzeug 112 589 09 061 00, ca. 90° verdrehen und die Feder aus dem Abdeckblech aushängen und abnehmen.
- Federn am anderen Bremsbacken ebenso aushängen.

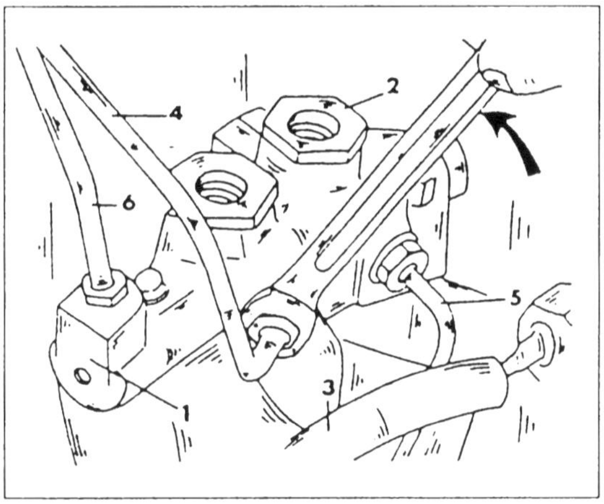

Bild 242
Einzelheiten zum Aus- und Einbau des Hauptbremszylinders.
1 Hauptbremszylinder
2 Anschluss für Vorratsbehälter
3 Schlauch zur Kupplung (Schaltgetriebe)
4 Leitung zur rechten Vorderradbremse
5 Leitung zur linken Vorderradbremse
6 Leitung zur Hinterradbremse

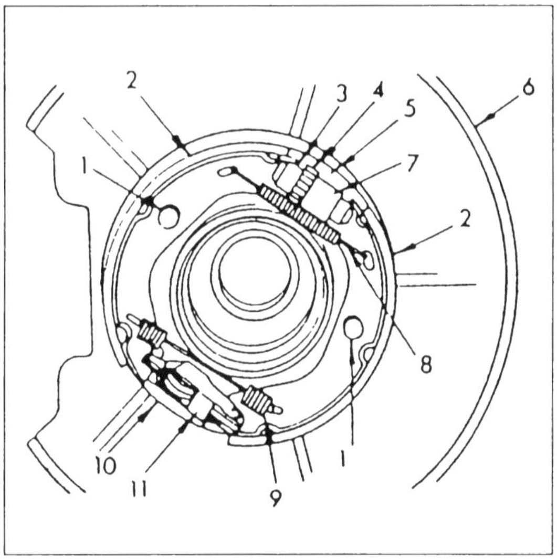

Bild 243
Zum Aus- und Einbau der Bremsbacken für die Feststellbremse.
1 Andrückfeder
2 Bremsbacken
3 Druckstück
4 Stellrad
5 Bremsträgerplatte
6 Abdeckblech
7 Druckhülse
8 Obere Rückzugfeder
9 Untere Rückzugfeder
10 Abstützsteg
11 Spreizschloss

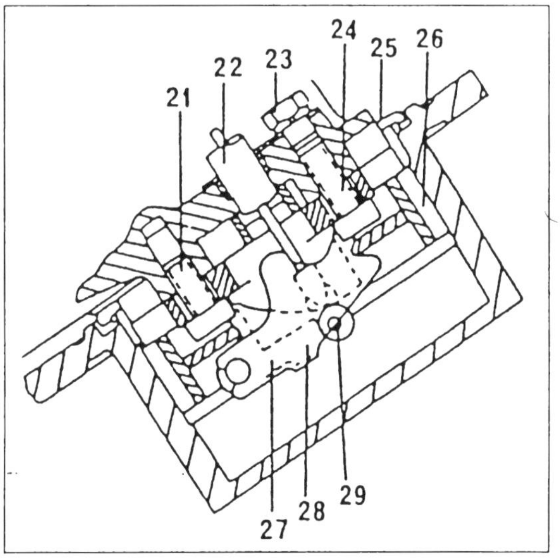

Bild 244
Schnittansicht eines Spreizschlosses. Die Zahlen sind die gleichen wie in Bild 245.

Bild 245
Schnittansicht der Feststellbremse.
1 Bremsscheibe
2 Abdeckblech
3 Radträger
4 Doppelreihenkugellager
5 Sechskantschraube
6 Festsattel
7 Druckfeder
8 Passstift
9 Doppelsechskant-Bundmutter
10 Hinterachswellenflansch
11 Sicherungsring
12 Bremsbacken
13 Bremsbacken
14 Druckstück
15 Stellrad
16 Druckhülse
17 Bremsscheibe
18 Bremsträger
19 Bremsbacken
20 Andrückfeder
21 Innensechskantschraube mit Federring
22 Bremsseilzug
23 Sechskantschraube mit Federring
24 Innensechskantschraube mit Federring
25 Bremsträger
26 Bremsbacken
27 Bremsscheibe
28 Spreizschloss
29 Stift
30 Bremsbacken
31 Druckstück
32 Stellrad
33 Druckhülse
34 Obere Rückzugfeder
35 Bremsbacken
36 Sechskantschraube mit Federring
37 Andrückfeder
38 Spreizschloss
39 Abdeckblech
40 Untere Rückzugfeder
41 Festsattel

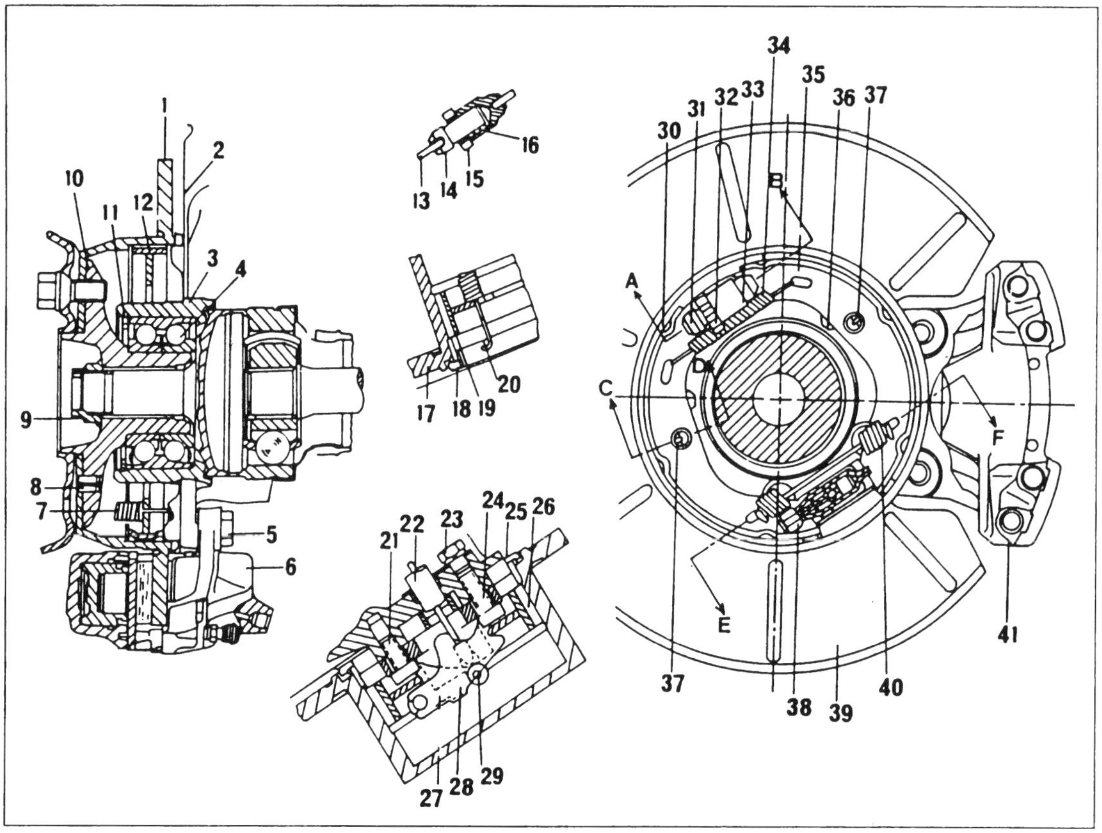

- Beide Bremsbacken unten so weit wie möglich auseinanderziehen, so dass sie über den Hinterachswellenflansch abgenommen werden können.
- Stift vom Spreizschloss herausdrücken.
- Spreizschloss vom Bremsseilzug abnehmen (siehe Bild 244).

Beim Einbau der Bremsbacken folgendermassen vorgehen:

- Sämtliche Lager- und Gleitflächen am Spreizschloss mit Molykote-Paste einreiben.
- Bremsseilzug mit dem Stift am Spreizschloss befestigen.
- Spreizschloss zum Abdeckblech drücken.
- Gewinde des Druckstücks und zylindrischen Teil des Stellrades mit einem Langzeitschmiermittel einreiben.
- Nachstellvorrichtung zusammenbauen und ganz zurückdrehen.
- Nachstellvorrichtung so in beide Bremsbacken einsetzen, dass das Stellrad nach vorne zeigt.
- Obere Rückzugfeder von vorne in die Bremsbacken einhängen.
- Bremsbacken unten auseinanderziehen, über den Hinterachswellenflansch einfahren und in das Spreizschloss einhängen.

Bild 246
Ansicht des Einstellmechanismus für die Feststellbremse.
1 Handbremsgestänge
2 Drehhebel
3 Hebellagerung
4 Ausgleichshebel
5 Bremsseil
6 Handbremsseilausgleich
7 Spannfeder
8 Einstellschraube
9 Einstellbügel

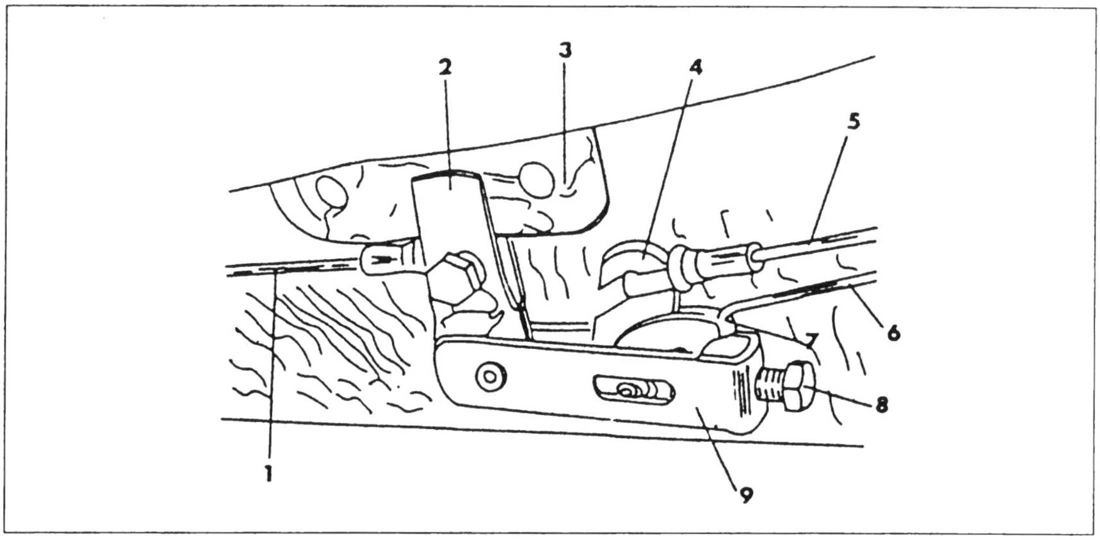

● Druckfeder von der Seite in den Bremsbacken einhängen.
● Das genannte Einbauwerkzeug durch ein Gewindeloch des Hinterachswellenflansches einfahren, die Feder etwas zusammendrücken, um 90° verdrehen und in das Abdeckblech einhängen.
● Aus- und Einbauwerkzeug 116 589 01 62 00 in die grosse Öse der Rückzugfeder einhängen, danach die Rückzugfeder in den anderen Bremsbacken einhängen.
● Bremsscheibe und Bremssattel montieren.
● Feststellbremse einstellen.

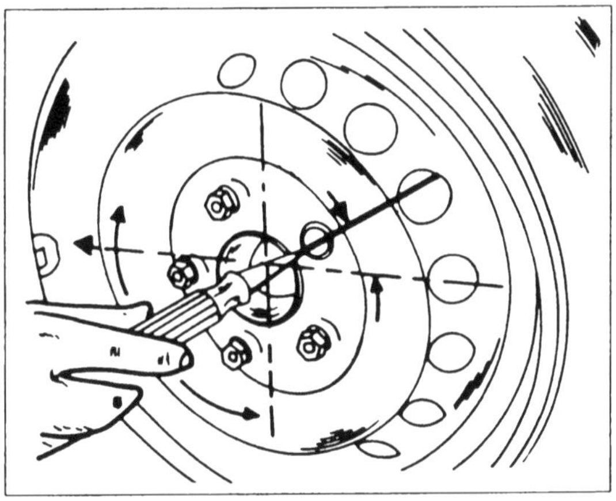

Bild 247
Zur Einstellung der Bremsbacken der Feststellbremse.

13.5.2 Feststellbremse einstellen

Die Handbremse muss nachgestellt werden wenn der zwischen den Vordersitzen angebrachte Handbremshebel um mehr als 2 Zähne angezogen werden kann, ohne dass die Bremswirkung erhalten wird.
Unter Bezug auf Bild 246:
● Die Einstellschraube (8) vollkommen lösen. Die Spreizschlösser in den Hinterrädern dürfen nicht unter Spannung stehen.
● Einen Schraubenzieher in das in Bild 247 gezeigte Loch einsetzen (Radschraube vorher herausdrehen) und das Einstellrad der Nachstellvorrichtung verdrehen, bis das Rad nicht mehr durchgedreht werden kann. Danach das Einstellrad um 2 -3 Zähne zurückstellen, bis das Rad wieder frei durchgedreht werden kann. Der Schraubenzieher muss bei der Einstellung wie folgt bewegt werden:
— Auf der linken Seite von unten nach oben.
— Auf der rechten Seite von oben nach unten.
● Die Einstellschraube (8) in den Einsteller (9) einschrauben, bis die Bremsseile nicht mehr durchhängen.
● Handbremshebel einige Male fest anziehen.
● Die Einstellschraube (8) in den Einsteller (9) einschrauben, bis der Hebel um einen Zahn angezogen werden kann, wenn man ihn mit ca. 9 - 12 kg anzieht.

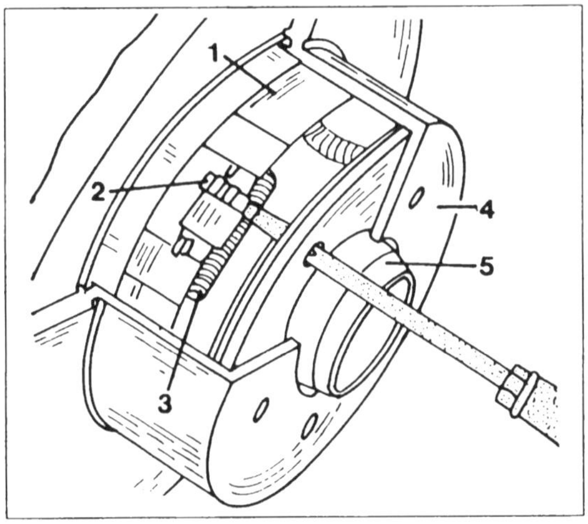

Bild 248
Einsetzen des Schraubenziehers zum Verstellen des Einstellrädchens in der Innenseite der Bremstrommel.
1 Bremsbacken
2 Stellrädchen
3 Rückzugfeder
4 Bremstrommel (Handbremse)
5 Wellenflansch

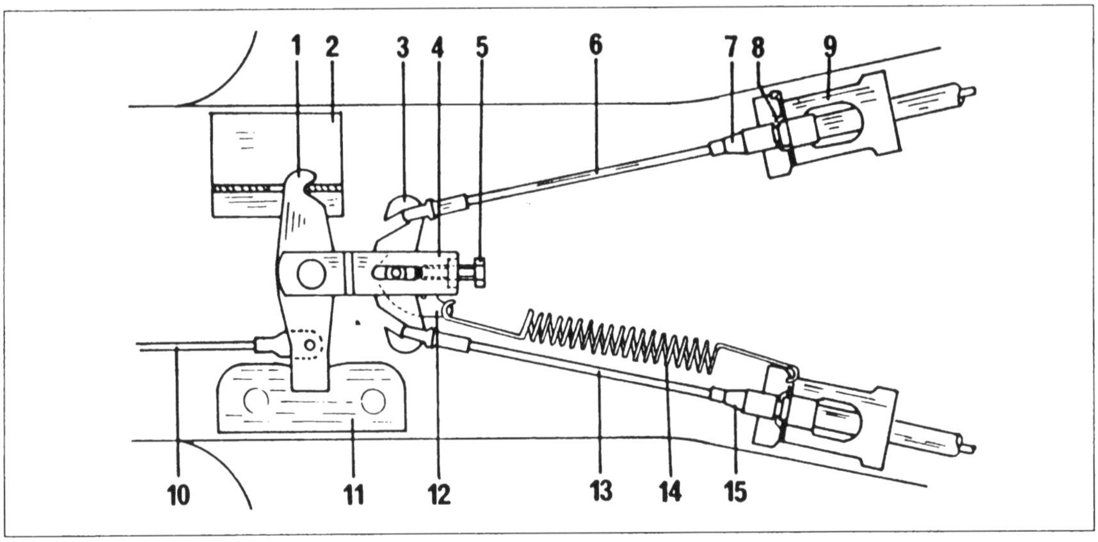

Bild 249
Anordnung des Bremsseilausgleichs im Mitteltunnel.
1 Zwischenhebel
2 Hebellager
3 Ausgleichshebel
4 Bügel
5 Einstellschraube
6 Hinteres Bremsseil
7 Gummitülle
8 Federklammer
9 Halter
10 Vorderes Bremsseil
11 Zwischenhebelführung
12 Federhaken
13 Hinteres Bremsseil
14 Zugfeder
15 Gummitülle

13.5.3 Handbremsseile — Erneuerung

Die Erneuerung der Handbremsseile ist ziemlich

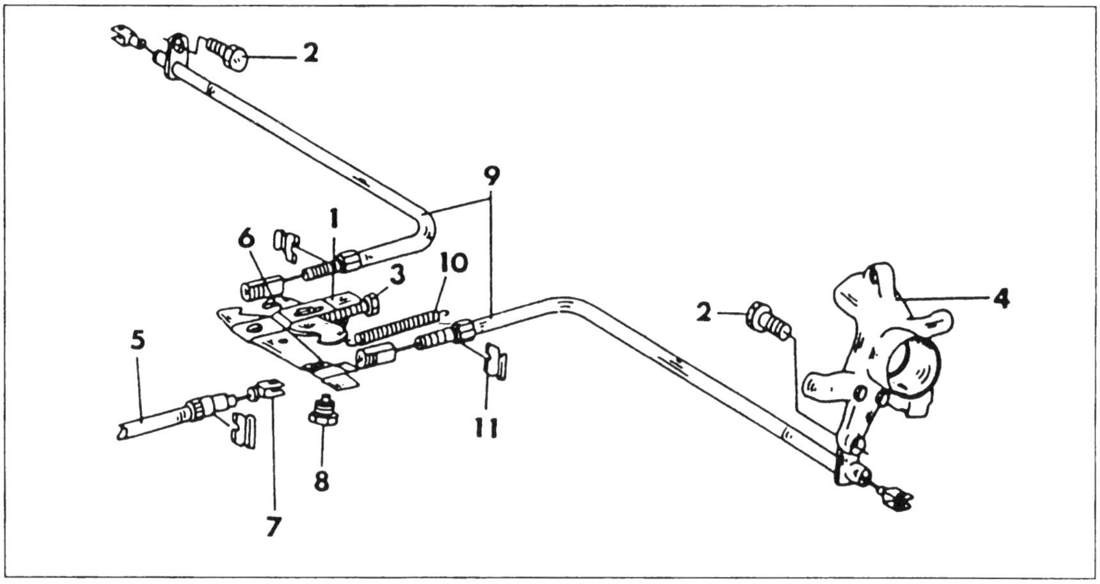

Bild 250
Die Verlegung der Handbremsseile an der Rückseite.
1 Einstellbügel
2 Schraube
3 Einstellschraube
4 Hinterer Achsschenkel
5 Handbremsseil
6 Ausgleichsbügel
7 Seilanschluss
8 Schraube
9 Handbremsseile
10 Rückzugfeder
11 Befestigungsspange

einfach. Da die Bremsbacken jedoch ausgebaut werden müssen, muss man das Spezialwerkzeug zum Einbau der Ankerfedern zur Verfügung haben. Nach Ausbau der Bremsbacken, entsprechend der Beschreibung in Kapitel 13.1.1, die Sechskantschraube an der Rückseite des Radträgers lösen und das Bremsseil herausziehen. Die Schraube muss immer erneuert werden. Weitere Arbeiten folgendermassen durchführen, wobei Bezug auf Bilder 249 und 250 zu nehmen ist:

- Rückzugfeder (14) in Bild 249 aus der Halterung aushängen.
- Die Einstellschraube (5) aus dem Bügel (4) herausdrehen.
- Das vordere Bremsseil (10) vom Ausgleichshebel lösen. Dazu die Schraube entfernen. Die Schraube muss immer erneuert werden.
- Den Zwischenhebel (1) vom Hebellager (2) am Wagenboden abschrauben.
- Die Federklammer (8) aus der Bremsseilbefestigung herausdrücken.
- Das Handbremsseil (6) oder (13) aus der Halterung befreien und das Seil herausziehen.

Der Einbau des Bremsseils geschieht in umgekehrter Reihenfolge wie der Ausbau. Über den Einbau der Bremsbacken und das Einstellen der Handbremse ist in den entsprechenden Kapiteln nachzulesen.

13.6 Bremskraftverstärker

Eine Überholung des Bremskraftverstärkers sollte nicht vorgenommen werden, da zum Zerlegen und Zusammenbauen Spezialwerkzeuge erforderlich sind. Ein Ausfall des Bremskraftverstärkers bedeutet keinen Verlust der Bremsleistung, lediglich ist der Kraftaufwand am Bremspedal grösser, um den gleichen Bremsweg einzuhalten.

Beim Ausbau des Geräts folgendermassen vorgehen:

- Bei eingebautem Schaltgetriebe den Schlauch zum Hauptbremszylinder abschliessen.
- Hauptbremszylinder ausbauen.
- Unterdruckschlauch vom Servogerät abschliessen.
- Die Kolbenstange des Bremsgerätes am Bremsfusshebel nach Abbau der Abdeckung für das Armaturenbrett im Fussraum lösen.
- Muttern von der Innenseite abschrauben und das Servogerät herausheben.

Der Einbau geschieht in umgekehrter Reihenfolge wie der Ausbau. Die Muttern mit 15 - 25 Nm anziehen.

13.7 Bremsen entlüften

Ein Entlüften der hydraulischen Anlage ist erforderlich, falls das Bremsleitungsnetz an irgendeiner Stelle geöffnet wurde, oder Luft auf andere Weise in die Anlage gekommen ist.

Vor der Entlüftung der Anlage sind Schmutz und Fremdkörper von den Entlüftungsstellen und dem Einfüllverschluss des Vorratsbehälters zu entfernen.

Falls nur ein Radbremszylinder oder ein Bremssattel abgeschlossen wurde, könnte es ausreichen, wenn man nur diesen betreffenden Bremskreis entlüftet, d.h. vorn oder hinten. Andernfalls kann die Entlüftung entweder an den Hinterrädern oder an den Vorderrädern begonnen werden, jedoch ist die vom Hersteller empfohlene Reihenfolge hinten rechts, hinten links, vorn rechts, vorn links.

- Einen durchsichtigen Kunststoffschlauch nach Entfernen der Staubschutzkappe auf das betreffende Entlüftungsventil aufstecken. Das andere Ende des Schlauches in ein mit etwas Bremsflüssigkeit gefülltes Glasgefäss einhängen.

- Bremspedal von einer zweiten Person auf den Boden durchtreten lassen. Die Entlüftungsschraube um eine halbe Umdrehung öffnen, wenn das Pedal auf dem Boden aufsitzt. Den aus dem Schlauch austretenden Flüssigkeitsstrom beobachten.
- Sobald keine Luftblasen mehr herauskommen, ist alle Luft aus der Anlage ausgeschieden. Das Bremspedal beim letzten Hub auf dem Boden halten und das Entlüftungsventil schliessen. Das Pedal langsam zurückkehren lassen.
- Gleiche Arbeiten in der angegebenen Reihenfolge an den anderen Entlüftungsschrauben durchführen.

Es wird nochmals darauf hingewiesen, dass der Stand der Bremsflüssigkeit laufend kontrolliert werden muss, so dass keine Luft in die Anlage gesaugt wird. Niemals aus der Anlage ausgepumpte Flüssigkeit wieder in den Behälter einfüllen. Auch keine Flüssigkeit verwenden, welche längere Zeit ohne Verschluss gestanden hat.

13.8 ABS-Anlage

Arbeiten an der ABS-Anlage werden nicht empfohlen, mit Ausnahme des Aus- und Einbaus der Fühler an der Vorder- und Hinterachse. Die folgenden Vorsichtsmassnahmen sollten jedoch getroffen werden, nachdem Arbeiten an einem Fahrzeug mit ABS-Anlage durchgeführt wurden:

- Bei Durchführung von Schweissarbeiten muss der Stecker aus dem elektronischen Steuergerät herausgezogen werden.
- Falls Ihr Fahrzeug ausserhalb einer Mercedes-Werkstatt lackiert wird, müssen Sie darauf hinweisen, dass das elektronische Steuergerät nur kurze Zeit einer Temperatur von 95° C und bis ca. 2 Stunden einer Temperatur von 85° C ausgesetzt werden darf.
- Beim Anklemmen der Batterie die Klemmen gut festziehen.
- Bei Erneuerung des Hinterachsmittelstücks muss das richtige Zahnrad mit der vorgeschriebenen Übersetzung für den Drehzahlfühler eingebaut werden.
- Bei allen Arbeiten an der Bremsanlage muss die ABS-Anlage folgendermassen auf seine Funktion überprüft werden:
  — Motor anlassen und kontrollieren, dass die gelbe, mit "ABS" gekennzeichnete Warnleuchte erlöscht und sich nach einer Fahrgeschwindigkeit von 5 - 7 km/h nicht mehr erhellt.

Bild 251 zeigt ein Schema des Fahrzeuges mit der Lage der einzelnen Teile, aus welchen sich die ABS-Anlage zusammensetzt.

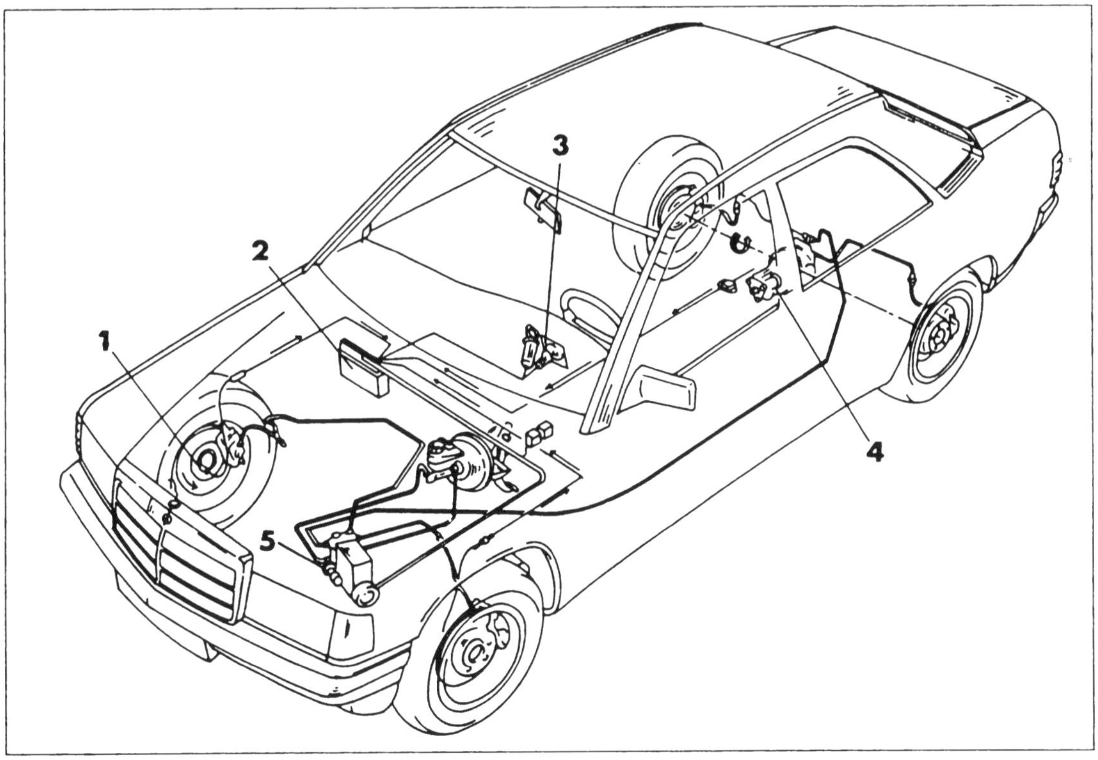

Bild 251
Die Lage der einzelnen Teile der ABS-Anlage.
1 Drehzahlfühler, vorn rechts
2 Elektronisches Steuergerät
3 ABS-Warnleuchte
4 Drehzahlfühler der Hinterachse
5 Hydraulische Steuereinheit

14 Elektrische Anlage

Alle in dieser Ausgabe behandelten Fahrzeuge sind mit einer elektrischen Anlage mit einer Spannungsstärke von 12 Volt ausgerüstet. Die Masserückstromführung erfolgt über die Minusklemme der Batterie. Die Batterie befindet sich im Motorraum.
Ein Schubtriebanlasser wird zum Anlassen des Motors verwendet. Der Anlassschalter bildet einen Teil des Zündschalters und erregt bei Betätigung einen im Anlasser montierten Einrückmagnetschalter.
Die eingebaute Drehstromlichtmaschine hat eine Nennleistung von 55 A und ist von Bosch hergestellt.

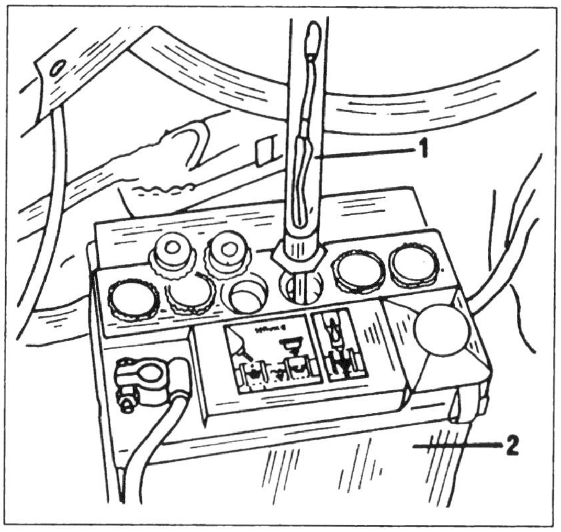

Bild 252
Kontrolle der Säuredichte (spezifisches Gewicht) der Batteriesäure.
1 Säureheber
2 Markierung für Säurestand

Die Lichtmaschine wird über einen Flachriemen von der Kurbelwelle aus angetrieben. Ein elektromechanischer Regler dient zur Regulierung des Ladestromes und befindet sich auf dem hinteren Deckel.
Eine in die Instrumententafel eingesetzte Ladekontrolleuchte gibt eine Anzeige über das einwandfreie Funktionieren der elektrischen Anlage, soweit die Aufladung der Batterie betroffen ist.

14.1 Die Batterie

Die eingebaute 12 Volt-Batterie mit einer Kapazität von 72 Ah besitzt sechs Zellen, die aus positiven und negativen Platten bestehen, welche in eine Schwefelsäurelösung eingetaucht sind. Die Batterie hat die Aufgabe, den Strom zum Anlassen des Fahrzeugs, zur Inbetriebsetzung der Zündung, zur Beleuchtung des Fahrzeugs sowie für andere Stromverbraucher zu liefern.
Die folgenden Arbeiten sind von Zeit zu Zeit durchzuführen, um der Batterie eine lange Lebensdauer zu geben und deren Leistung immer auf dem Höhepunkt zu halten.

- Batterie und die sie umgebenden Teile immer sauber halten. Die Oberfläche der Batterie muss immer gut trocken sein, da sich sonst zwischen den einzelnen Zellen Kriechströme entwickeln können, wovon sich die Batterie von selbst entladen kann.
- Die Batteriesäure muss jederzeit bis zur Höhe des Ringes in der Unterseite des Einfüllraumes stehen. Zum Nachfüllen destilliertes Wasser verwenden.

Bei kaltem Wetter die Batterie nicht in ungeladenem Zustand stehen lassen, da sie sonst einfriert. Schwach geladene Batterien frieren eher ein als geladene.

14.1.1 Prüfen der Batterie

Säurestand Die Batterie ist mit Schwefelsäure gefüllt, die mit destilliertem Wasser verdünnt wurde. Da die Wasseranteile verdunsten können, muss man gelegentlich den Säurestand überprüfen und ggf. destilliertes Wasser nachfüllen. Die Batteriesäure muss zwischen den Markierungen am Batteriegehäuse liegen. Original-Batterien sind mit einem Überfüllschutz versehen. Zum Nachfüllen den Batteriestopfen herausdrehen und destilliertes Wasser einfüllen, bis dieses sichtbar wird.

Ladezustand Zur Kontrolle des Ladezustandes ist ein Säureheber erforderlich. Zur Kontrolle die Verschlussstopfen herausdrehen und die Spitze des Säurehebers durch den Gummi des Überfüllschutzes stossen (Bild 252). Mit Hilfe des Gummiballs genügend Säure ansaugen, dass der Schwimmer frei schwimmen kann. Je nach Ladezustand besitzt die Säure ein unterschiedliches spezifisches Gewicht, welches durch das Eintauchen des Schwimmers in die Säure angezeigt wird. Bei einer Anzeige von 1,28 ist die Batterie voll geladen; bei 1,12 ist die Batterie vollkommen entladen. Dazwischenliegende Werte weisen auf die entsprechende Ladestärke hin. Die Anzeigen am Säureheber sind in kg/l gegeben.

Aufladen der Batterie Eine sehr entladene Batterie sollte erst nach dem Aufladen mit destilliertem Wasser aufgefüllt werden. Beim Laden steigt der Säurestand an und eine vorschriftsmässig gefüllte Batterie könnte aus diesem Grund "überkochen". Der Ladestrom sollte am Anfang 10% der Batteriekapazität (5,5 A) nicht überschreiten. Je nach Aufbau des verwendeten Batterieladegeräts, wird sich der Ladestrom allmählich automatisch verringern. Die Batterie ist voll geladen, wenn sich die Säuredichte innerhalb von zwei aufeinanderfolgenden Stunden nicht verändert.
Die Verschlussstopfen der Batterie sollten im allgemeinen herausgeschraubt und lose auf die Einfüllöffnungen gelegt werden. Damit kann das aus Sauerstoff und Wasserstoff entstehende Knallgas entweichen. Da bei lebhafter Aufladung ein Spritzen der Säure unvermeidlich ist, sollte man die Umgebung der Batterie mit Zeitugen oder ähnlichem schützen. Wird die Aufladung in einem geschlossenem Raum durchgeführt, muss dieser gut belüftet sein. Auf keinen Fall mit nackter Flamme in die Batterieöffnungen leuchten.
Beim Aufladen mit einem Heimladegerät kann die Batterie im Auto verbleiben. Auch die Kabel braucht man nicht abzuschliessen. Anders ist es bei der Verwendung eines Schnelladegeräts. Beide Batteriekabel abklemmen um die Dioden der Drehstromlichtmaschine, die elektronischen Schaltgeräte, das Autoradio, usw. nicht zu gefährden.

Aus- und Einbau Die Batterie sitzt im Motorraum an der in Bild 253 gezeigten Stelle und ist auf einer Konsole verschraubt. Vor dem Ausbau die beiden Batteriekabel von den Polen abschrauben. Immer zuerst das Minuskabel abklemmen. Zum Ausbau eine Stecknuss mit einer Verlängerung benutzen, um an die Muttern an der Unterseite zu kommen.
Beim Einbau der Original-Batterie zuerst die Polköpfe reinigen und mit einem guten Polfett einschmieren. Zuerst das Pluskabel anschliessen und festschrauben.

Start mit leerer Batterie Am einfachsten ist die Verwendung von Starthilfekabeln, die aber einen kräftigen Querschnitt und starke Anschlussklemmen haben müssen, um den Strom von einer Batterie zur anderen durchzulassen. Beim Anschaffen solcher Kabel sollte man immer etwas tiefer in die Tasche greifen, um Kupferkabel zu kaufen. Aluminiumkabel sind zwar billiger, werden aber sehr heiss, so dass die Isolierung schmilzt und man sich beim Abnehmen der Klemmen die Finger verbrennen kann. Zuerst das Pluskabel an die beiden Pluskabel anklemmen und danach erst die Minuskabel anschliessen. Der "Helfer" sollte den Motor anlassen und mit mittleren Drehzahlen laufen lassen, damit die Lichtmaschine zusätzlichen Strom aufbauen kann.
Anschieben oder Anrollenlassen, sowie Anschleppen in der bekannten Weise sind die bekanntesten Methoden zum Anlassen eines Motors mit schwacher Batterie.

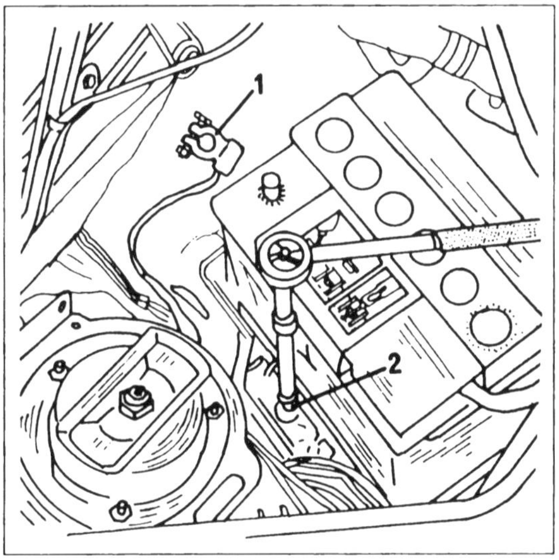

Bild 253
Ausbau der Batterie.
1 Batterieklemme
2 Befestigungsmutter

14.2 Die Drehstromlichtmaschine

14.2.1 Vorsichtsmassnahmen bei Arbeiten an der Ladestromanlage

Ehe irgendwelche Arbeiten an der Ladestromanlage durchgeführt werden, müssen die folgenden Vorsichtsmassnahmen unbedingt eingeprägt werden:

- Niemals die Batterie oder den Spannungsregler abklemmen, während der Motor und somit die Lichtmaschine laufen.
- Niemals die Erregerklemme (Feldklemme) der Lichtmaschine oder das daran befestigte Kabel in Berührung mit Masse kommen lassen.
- Niemals die beiden Leitungen des Spannungsreglers verwechseln.
- Niemals den Spannungsregler in Betrieb bringen, wenn er mit Masse verbunden ist (sofortige Beschädigung).
- Niemals die Lichtmaschine ausbauen, wenn die Batterie nicht vorher aus dem Stromkreis genommen wurde.

- Beim Einbau der Batterie darauf achten, dass die Minusklemme an Masse angeschlossen wird.
- Niemals eine Prüflampe verwenden, die direkt an das Hauptstromnetz (110 oder 220 V) angeschlossen ist. Nur eine Prüflampe mit einer Spannungstärke von 12 V. benutzen.
- Falls eine Batterie im eingebauten Zustand mit einem Batterieladegerät aufgeladen wird, müssen die beiden Batteriekabel abgeklemmt werden. Die positive Klemme des Ladegerätes an den positiven Pol der Batterie und die negative Klemme des Ladegerätes an den negativen Pol der Batterie anschliessen.
- Falsches Anschliessen der Leitungen führt zur Zerstörung der Gleichrichter und des Spannungsreglers.

14.2.2 Eingebaute Drehstromlichtmaschine prüfen

Während normaler Fahrt muss die Ladekontrollleuchte erlöschen. Falls dies nicht der Fall ist, liegt ein Fehler in der Drehstromlichtmaschine oder im Spannungsregler vor. Als erstes alle Stromverbindungsanschlüsse der Drehstromlichtmaschine prüfen.
Kontrollieren, ob der Keilriemen einwandfrei gespannt ist. Falls man ein Voltmeter und ein Ampèremeter zur Verfügung hat, kann man folgende Prüfungen durchführen:

- Die Kabel an der Rückseite der Batterie ausfindig machen. Die Anschlüsse der roten Kabel werden an der Lichtmaschine an Klemme "B+" angeschlossen, der Anschluss des kleineren blauen Kabels mit "D+". Bei der ersten Prüfung das Voltmeter zwischen "D+" und Masse anschliessen (Kabel nicht abziehen und Zündung nicht einschalten). Die Anzeige muss "Null" Volt betragen.
- Die Zündung einschalten und kontrollieren, dass die Anzeige zwischen 1 bis 3 Volt liegt. Falls dies nicht der Fall ist, kann man den Spannungsregler oder eine Wicklung in der Lichtmaschine verdächtigen.
- Motor anlassen und auf 2000/min beschleunigen. Bei gleicher Anschlussweise wird jetzt die Regelspannung gemessen. Diese sollte zwischen 13,7 und 14,5 V liegen. Falls dies nicht der Fall ist, muss der Fehler im Regler liegen oder die Kohlen der Lichtmaschine sind abgenutzt. Bei hoher Anzeige (um die 20 Volt herum), können die Dioden ausgebrannt sein.
- Das Ampèremeter an Klemme "B+" und Masse anlegen und den Motor anlassen. Motor auf ca. 1200/min beschleunigen und viele Stromverbraucher einschalten. Das Ampèremeter muss eine Stromstärke von mindestens 30 A anzeigen. Falls dies nicht der Fall ist, könnte der Schaden in den Dioden liegen. Die weiteren Überprüfungsarbeiten können nur bei ausgebauter Drehstromlichtmaschine durchgeführt werden.

14.2.3 Aus- und Einbau

- Massekabel der Batterie abklemmen.
- Von der Rückseite der Drehstromlichtmaschine den Kabelstecker abziehen. Die Leitung von der getrennten Klemme abziehen.
- Die Antriebsriemenspannung entlasten, wie es im Kapitel "Kühlanlage" beschrieben ist (je nach eingebautem Antriebsriemen) und den Riemen abnehmen.
- Die beiden Befestigungsschrauben der Lichtmaschine an der Unterseite lösen und herausziehen.
- Die Lichtmaschine herausheben. Eventuell das Fahrzeug dazu aufbocken.

Der Einbau der Lichtmaschine geschieht in umgekehrter Reihenfolge wie der Ausbau. Den Antriebsriemen wieder montieren und spannen, wie es im Kapitel "Kühlanlage" beschrieben ist.

14.2.4 Drehstromlichtmaschine reparieren

Die Drehstromlichtmaschine und der damit verbundene Regler sollten nicht eingestellt oder repariert werden, wenn man nicht die notwendigen Erfahrungen dazu hat. Eine nicht mehr aufladende Drehstromlichtmaschine ist im Austausch gegen Rückgabe des alten Aggregates erhältlich und sollte immer eingebaut werden. Kleinere Reparaturen, wie z.B. das Erneuern der Schleifbürsten, kann man in einer Bosch-Werkstatt durchführen lassen.
Die Drehstromlichtmaschine ist mit Lagern versehen, welche auf Lebenszeit geschmiert sind und keine regelmässige Wartung verlangen. Die Aussenseite der Lichmaschine sauber halten und kein Wasser oder andere Lösungsmittel darüber laufen lassen.
Die Bürsten der Drehstromlichtmaschine laufen auf glatten Schleifringen und haben aus diesem Grund eine sehr lange Lebensdauer. Zum Prüfen der Bürsten ist der Ausbau der Lichtmaschine angebracht, falls man die Arbeit das erste Mal durchführt. Folgende Arbeiten durchführen:

- Massekabel der Batterie abklemmen und Stecker von der Lichtmaschine herausziehen.
- Bürstenträger/Spannungsregler (das schwarze Kästchen) von der Lichtmaschine abschrauben und herausziehen. Der Spannungsregler muss dazu etwas angekippt werden, um die Bürsten nicht zu beschädigen.
- Länge der Bürsten entsprechend Bild 254 ausmessen. Falls die Bürsten bis auf 5 mm abge-

schliffen sind, sind die Zuleitungen an den mit Pfeilen gezeigten Stellen abzulöten.

- Neue Bürsten einlöten und Teile in umgekehrter Reihenfolge wieder montieren. Darauf achten, dass die Bürsten einwandfrei auf den Schleifringen aufsitzen können.

Falls die notwendigen Erfahrungen mit Lichtmaschinen vorhanden sind, kann man eine Lichtmaschine folgendermassen überholen.

Zerlegung

Die folgenden Arbeiten sind unter Bezug auf Bild 255 durchzuführen.

- Mutter von der Läuferwelle abschrauben und die Riemenscheibe, sowie den Lüfter und die Abstandsscheibe von der Welle ziehen. Die Welle kann beim Lösen gegengehalten werden, indem man einen alten Keilriemen um die Riemenscheibe legt und diese in einen Schraubstock einspannt, ähnlich, wie es in Bild 256 gezeigt ist. Andernfalls einen Inbusschlüssel in das Wellenende einsetzen und die Mutter lösen. Zum Abziehen der Riemenscheibe könnte ein Zwei- oder Dreiarmabzieher erforderlich sein. Zu beachten ist, dass die eingebaute Riemenscheibe auf den betreffenden Motor abgestimmt ist.
- Scheibenfeder aus der Welle entfernen.
- Regler zusammen mit dem Bürstenträger abschrauben und herausziehen.
- Das Antriebslagerschild und das Gehäuse an gegenüberliegenden Stellen kennzeichnen und die beiden Spannschrauben aus dem Gehäuse herausdrehen. Den hinteren Lagerdeckel vom vorderen Lagerdeckel trennen. Dazu kann der vordere Lagerdeckel leicht mit einem Kunststoffhammer abgeschlagen werden.

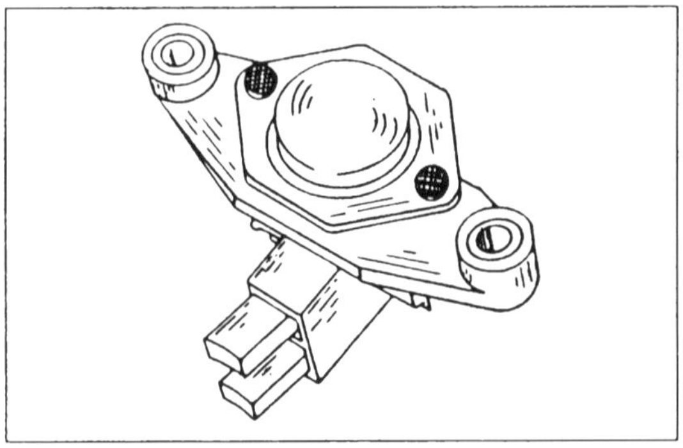

Bild 254
Die Enden der Bürsten müssen mindestens 5,0 mm herausstehen.

- Lagerschild und Läufer unter eine Presse setzen und den Läufer mit einem Dreiarmabzieher abziehen, wie es Bild 257 zeigt. Die Schrauben der Lagerhalteplatte werden herausgerissen, wenn man den Läufer auspresst. Aus diesem Grund auch unbedingt darauf achten, dass die drei Arme unter der Lagerhalteplatte angesetzt werden und nicht nur unter dem Lagerschild. Falls das Lager aus dem Lagerschild ausge-

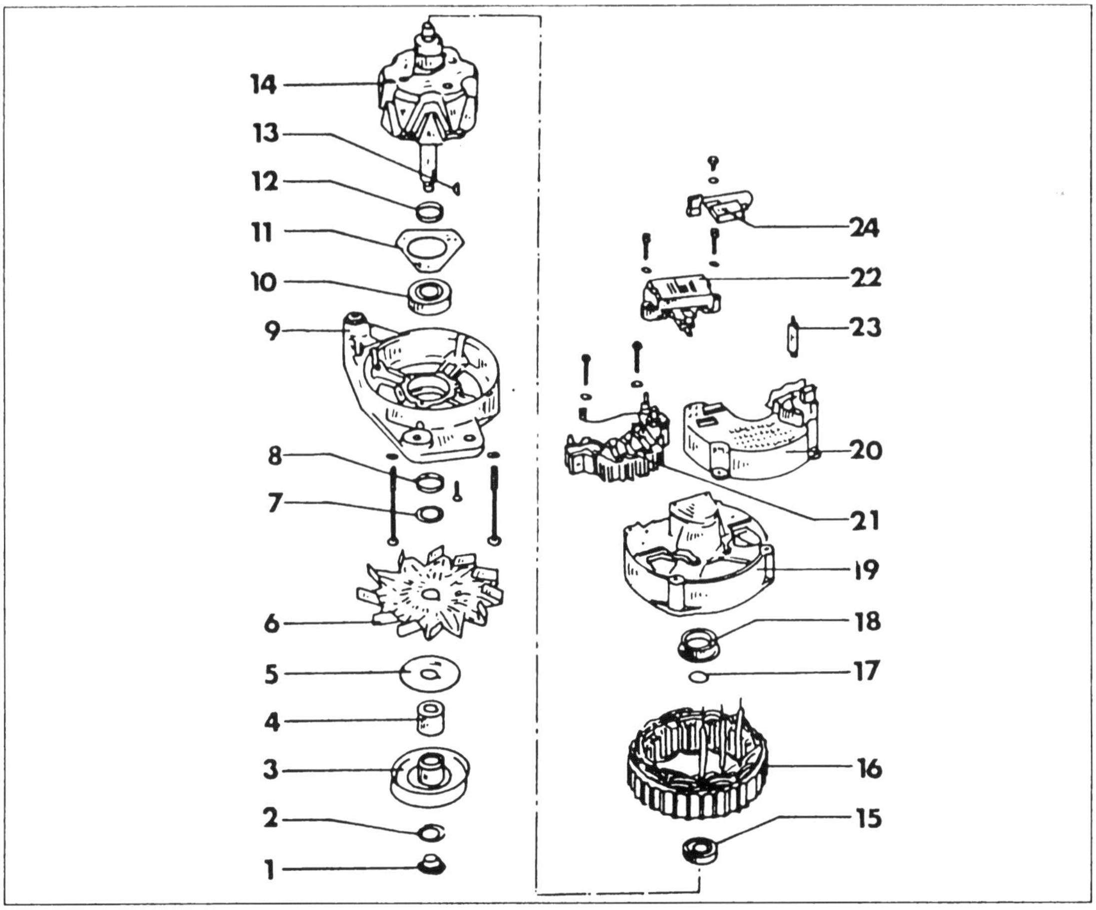

Bild 255
Montagebild der Bosch-Drehstromlichtmaschine
1 Mutter, 50 Nm
2 Scheibe
3 Riemenscheibe, 74 mm
4 Abstandsscheibe
5 Scheibe
6 Kühlungsventilator
7 Schraube
8 Schraube
9 Antriebslagerschild
10 Antriebsseitiges Lager
11 Lagerhalteplatte
12 Abstandsring
13 Scheibenfeder
14 Läufer
15 Schleifringseitiges Lager
16 Ständer
17 Schraube
18 Diodenträger
19 Kunststoffisolierscheibe
20 Kunststoffettbüchse
21 Lichtmaschinengehäuse
22 Spannungsregler
23 Kunststoffisolierscheibe
24 Schrauben

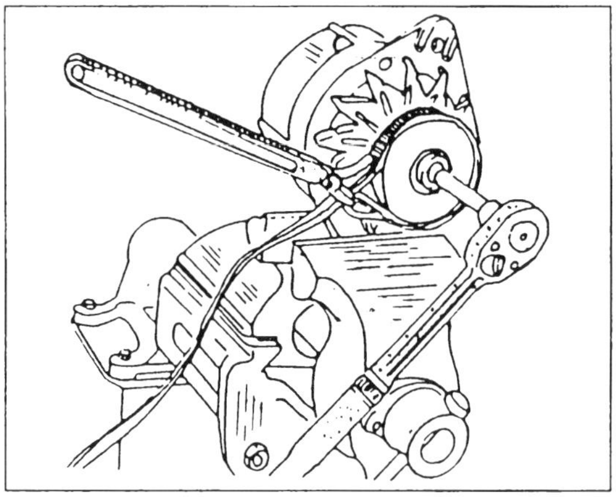

Bild 256
Lösen der Mutter in der Innenseite der Riemenscheibe. Einen Keilriemen wie gezeigt um die Riemenscheibe legen.

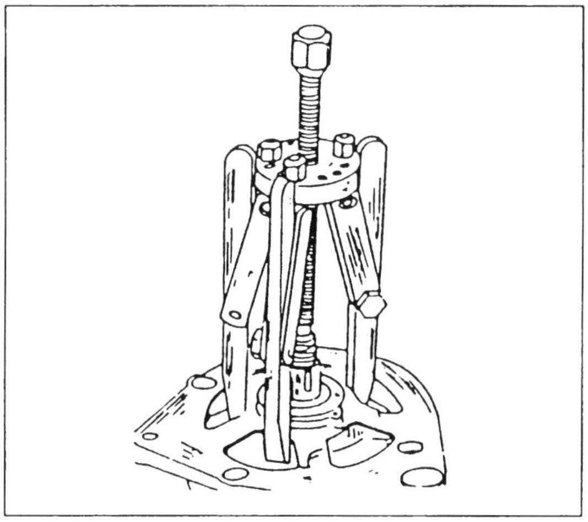

Bild 257
Abziehen des Antriebslagerschildes vom Läufer

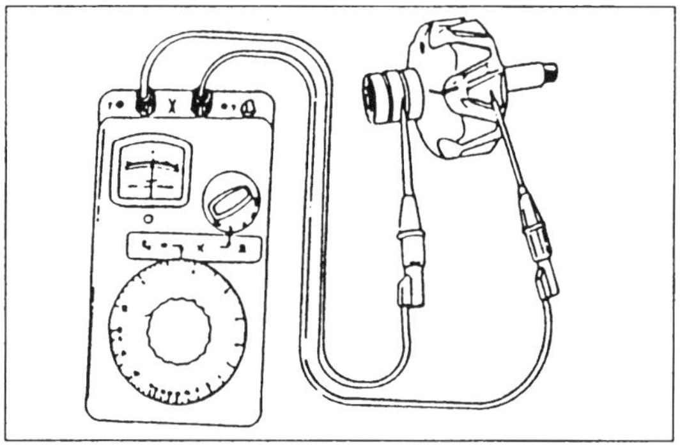

Bild 258
Anschlussweise zum Überprüfen der Läuferwicklungen auf Masseschluss. Eine Spitze an die Schleifringe und die andere an den Eisenkern anlegen.

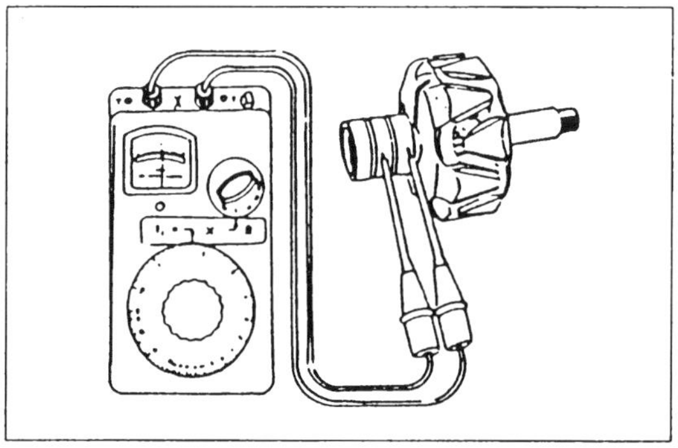

Bild 259
Überprüfung des Läufers auf Kurzschluss oder Stromunterbrechung. Beide Spitzen gegen die Schleifringe halten.

baut werden soll, die Schrauben an der Innenseite lösen und das Lager gerade herauspressen.

● Lager vom Schleifringende des Läufers abdrücken. Falls ein Abzieher dazu verwendet wird, ist dieser unter dem inneren Lagerring anzusetzen.

● Diodenträger vom Ständer ablöten. Dazu die Leitungen an der Lötstelle zwischen Ständer und Lötkolben mit einer Zange erfassen, die dadurch als Wärmeableiter dient. Dioden dürfen nicht überhitzt werden.

Die Gleichrichterdioden sollten nur ausgebaut werden, wenn die erforderlichen Einrichtungen und Fachkenntnisse vorhanden sind.

Kohlebürsten und Bürstenträger überprüfen

Kohlebürsten auf guten Kontakt mit den Schleifringen prüfen. Beweglichkeit der Kohlen in den Bürstenführungen kontrollieren, gegebenenfalls den Bürstenhalter mit "Tri" säubern.

Falls die herausstehende Länge der Bürste bis auf 5,0 mm abgenutzt ist (Bild 254), muss eine neue Bürste eingelötet werden. Ein Messlineal zum Messen benutzen.

Läufer überprüfen

Sind die Schleifringe verschmutzt oder fettig, so sind sie mit einem in "Tri" getränkten Lappen abzureiben. Eventuell vorhandene Riefen sind mittels feinstem Schmirgelleinen wegzupolieren.

Zur Isolierungskontrolle die Prüfspitze eines Ohmmeters an den Läuferkern und die andere Spitze an die Schleifringe anzulegen. Falls die Anzeige nicht "unendlich" ist, muss der Läufer erneuert werden (Bild 258).

Um die Läuferwicklung auf Stromdurchgang zu überprüfen, beide Prüfspitzen an die Schleifringe anlegen. Die Anzeige sollte zwischen 2,8 und 3,0 Ohm liegen. Ist die Anzeige "unendlich", liegt ein unterbrochener Stromkreis vor, andernfalls ein Kurzschluss. Bei beiden Fehlern den Läufer erneuern (Bild 259).

Ständer überprüfen

Bei Kurzschluss ist meist infolge der starken Erwärmung die Schadenstelle schon durch Besicht festzustellen. Sonst eine Prüfspitze eines Ohmmeters an den Lamellenring und die andere Spitze der Reihe nach an den vier Leitungen des Ständers anlegen (Bild 260). Das Gerät muss "unendlich" anzeigen. Um den Ständer auf Stromdurchlass zu kontrollieren, der Reihe nach die vier Kabel des Ständers jeweils miteinander verbinden. Falls keine Anzeige zustandekommt, ist der Stromfluss unterbrochen (Bild 261). Der Widerstandswert sollte 0,10 - 0,11 Ohm lauten.

Dioden überprüfen

Eine genaue Prüfung der Dioden über die

Aufnahme der Durchlassspannung und der Feststellung des Sperrstromes kann nur mit einem Spezialprüfgerät durchgeführt werden und diese Prüfung sollte einer Werkstatt überlassen werden.

Zusammenbau
Bild 255 zeigt ein Montagebild der Drehstromlichtmaschine; es sollte beim Zusammenbau hinzugezogen werden.

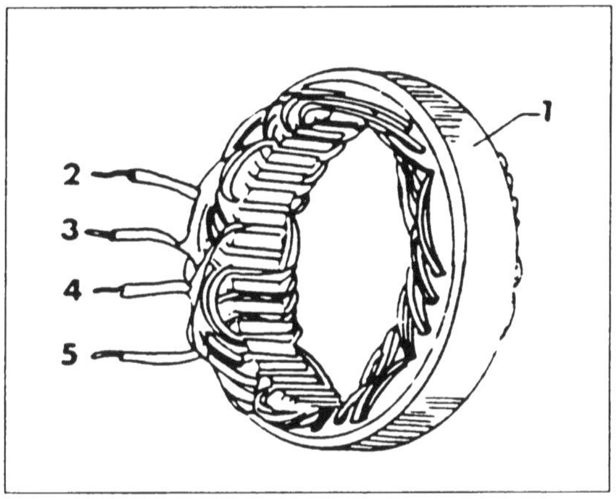

Bild 260
Kontrolle der Ständerwicklungen (Statorwicklungen) auf Kurzschlüsse. Der Reihe nach ein Ohmmeter zwischen den Lamellenring (1) und die vier Phasenausgänge 2, 3, 4 und 5 anlegen. Die Anzeige sollte unendlich sein.

14.3 Der Anlasser

14.3.1 Anlasser prüfen

Um den Anlasser unter voller Batteriespannung zu kontrollieren, sind die Klemme "30" (grosse Klemme) und "50" (kleines Kabel neben der grossen Klemme) mit einem Kabel von mindestens 4,0 mm^2 Querschnitt zu verbinden. Falls der Anlasser jetzt einwandfrei arbeitet, ist die Zuleitung zum Anlasser zu kontrollieren. Spurt der Anlasser nicht ein, muss er ausgebaut und überprüft werden.
Eine einwandfreie Prüfung des Anlassers in einer Prüfbank sollte von einer Elektrowerkstatt durchgeführt werden.

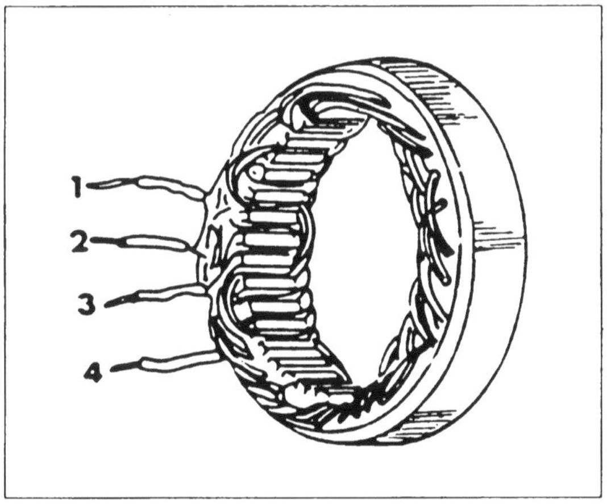

Bild 261
Ohmmeter der Reihe nach zwischen die Leitungsausgänge 1 und 2, 1 und 3, 1 und 4, 2 und 3, 2 und 4, sowie 3 und 4 anlegen. Die Anzeige sollte den Angaben im Text entsprechen.

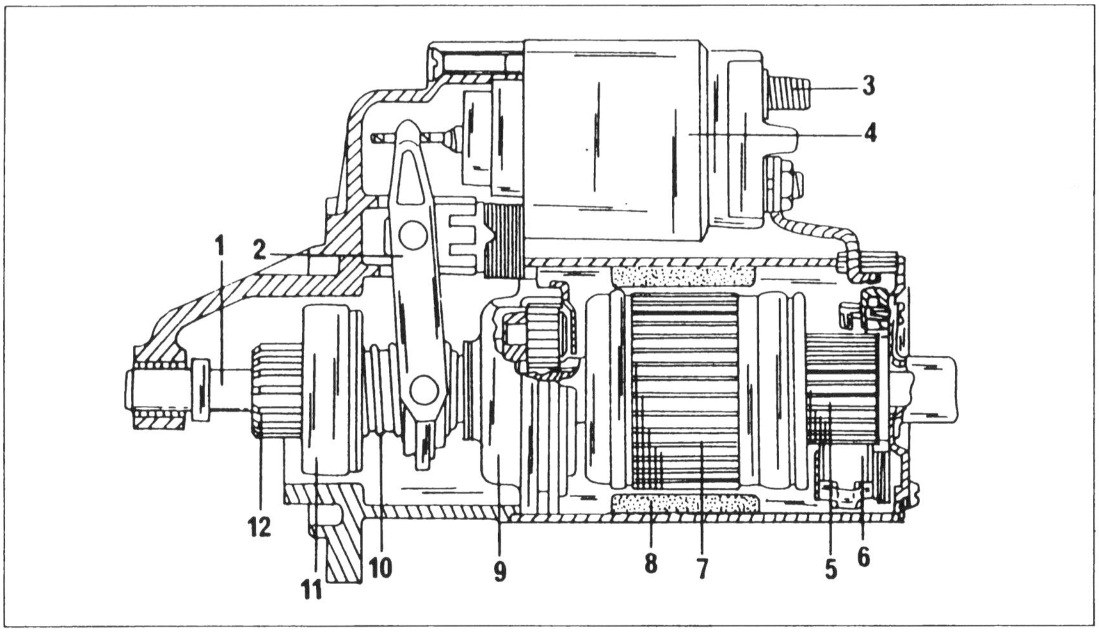

Bild 262
Schnittbild eines Bosch-Schub-Schraubtriebanlassers.
1 Ankerwelle
2 Einspurhebel
3 Anschluss für Batteriekabel
4 Einrückmagnetschalter
5 Kollektor
6 Kohlebürste
7 Anker
8 Dauermagnet
9 Vorgelege-Planetengetriebe
10 Einrückfeder
11 Rollenfreilauf
12 Anlasserritzel

14.3.2 Anlasser aus- und einbauen

- Massekabel der Batterie abklemmen.
- Luftfiltergehäuse vollkommen ausbauen.
- Die Geräuschverkapselung von der Unterseite des Fahrzeuges abschrauben.
- Anlasser vom Getriebe abschrauben.
- Die Lenkstange vom Lenkstockhebel abschliessen, wie es im Kapitel "Lenkung" beschrieben ist.
- Positives Kabel der Batterie entfernen, die Befestigungschiene und die Halterung ausbauen. Die Verlegung des Kabels ist in Bild 263 gezeigt. Zu beachten ist, dass die Halterung (3) nur bei Fahrzeugen vor Oktober 1984 vorhanden ist (Ölfilter wurde danach geändert).

Bild 263
Die Verlegung des positiven Batteriekabels an der Stirnwand des Motorraums.
1 Batteriekabel
2 Befestigungsschiene
3 Halterung am Ölfilter

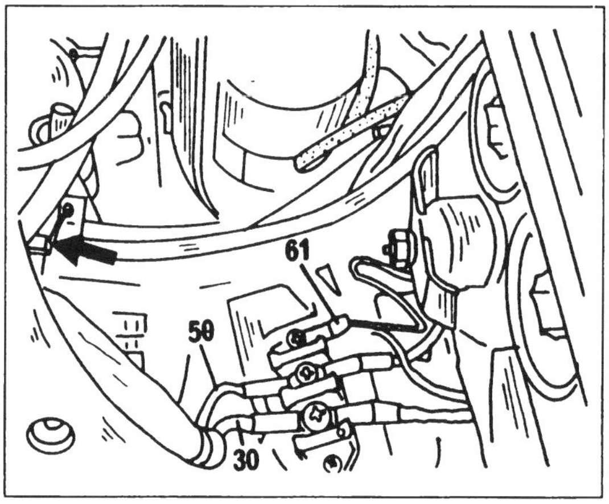

Bild 264
Die Lage der verschiedenen Klemmen am Kabelverteiler. Die Schraube (Pfeil) ebenfalls lösen.

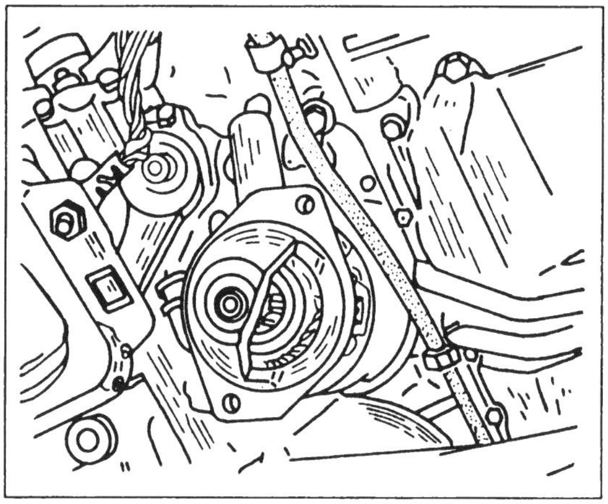

Bild 265
Anlasser in der gezeigten Lage herausheben und wieder einsetzen.

● Kabel von der Klemme 30 (rote Farbe) und 50 (purpur Farbe) vom Kabelverbinder abklemmen. Die Kabel verbleiben am Anlasser angeklemmt. Bild 264 zeigt wo die Kabel sitzen. Ebenfalls die mit dem Pfeil gezeigte Schraube entfernen.

● Lenkrad vollkommen nach rechts einschlagen.

● Anlasser in der in Bild 265 gezeigten Lage herausheben. Nur so kann er durchgeführt werden.

● Kabel von den Klemmen am Anlasser abklemmen.

Der Einbau des Anlassers geschieht in umgekehrter Reihenfolge. Die elektrischen Kabel vor dem Einbau am Anlasser anklemmen, da man sonst nicht mehr an die Klemmen herankommt. Den Anlasser zwischen die Lenkung und den Zylinderblock einschieben, in der in Bild 265 gezeigten Lage, und am Getriebe befestigen.

● Abschliessend die Verkleidung des Motorraums (Geräuschkapsel) wieder an der Unterseite anbringen.

14.3.3 Anlasser zerlegen und zusammenbauen

Bild 262 zeigt eine Schnittansicht des zusammen mit dem Dieselmotor verwendeten Anlasser. Der Anlasser wurde neu für die Dieselfahrzeuge entwickelt und besitzt ein Vorgelege-Planetengetriebe, wodurch es möglich wurde den Anker und damit den Anlasser kürzer zu gestalten. Anlasser haben eine hohe Lebensdauer. Falls ein Anlasser bereits sehr lange in Betrieb war, sollte man von einer Überholung des Anlassers absehen. Am besten ist es in diesem Fall einen Austauschanlasser von einer Mercedes-Werkstatt oder einem Bosch-Dienst zu beziehen. Der alte Anlasser ist dabei im Rücktausch zurückzugeben. Manchmal sind es jedoch geringe Anlasserfehler, die man ohne weiteres beheben kann:

Magnetschalter erneuern

● Verbindungskabel zwischen Einrückmagnetschalter und Anlasser abklemmen.

● Von der Vorderseite des Einrückmagnetschalters die Schrauben lösen und den Einspurhebel aus dem Eingriff bringen, um den Schalter abzunehmen.

● Neuen Schalter in umgekehrter Reihenfolge wieder am Anlasser montiren.

Kohlebürsten erneuern

● Von der Rückseite des Anlassers die Abdeckkappe abschrauben und abnehmen.

● Die beiden Schrauben des Kollektorlagerdeckels lösen.

● Sicherungsspange aus dem Ende der Ankerwelle herausdrücken (Schraubenzieher), die Kleinteile abnehmen und den Deckel vom Anlasser abziehen. Falls erforderlich, mit einem Schraubenzieher abdrücken. Die untergelegten Scheiben aufbewahren.

● Die beiden Kohlebürsten aus den Halterungen ziehen und den Bürstenträger abnehmen. Die Kohlebürsten sind entweder angeschraubt oder angelötet. Falls sie angelötet sind, muss man natürlich versiert im Umgang mit einem Lötkolben sein. Neue Bürsten entweder anschrauben oder anlöten. Den Anlasser wieder in umgekehrter Reihenfolge zusammenschrauben.

14.3.4 Störungen am Anlasser

Ein nicht arbeitender Anlasser ist vielleicht die ärgerlichste Angelegenheit am Auto. Im folgenden Text versuchen wir einige Hinweise zu geben, die Ihnen vielleicht helfen den Fehler an Ort und Stelle zu beheben.

- Beim Drehen des Zündschlüssels dreht sich der Anlasser nur langsam, nichts passiert oder er dreht sich nur kurz und bleibt stehen. Falls die Warnleuchten nur schwach aufleuchten oder vollkommen verlöschen, als erstes die Ladestärke der Batterie kontrollieren. Lose oder oxidierte Kabel am Anlasser oder ein auf Masse geschlossener Anlasser können weitere Ursachen sein. Wurde die Batterie kurz vorher wieder in den Stromkreis geschlossen, kann es sein, dass die Batterieklemmen keinen einwandfreien Kontakt herstellen. Zur Abhilfe eine Starthilfe benutzen oder den Wagen anschleppen lassen.
- Falls die Warnleuchten erhellt bleiben und ein Klicken im Motorraum hörbar ist, kann der Stössel des Einrückmagnetschalters hängen. Man kann versuchen mit einem Metallgegenstand gegen den Schalter zu klopfen. Manchmal löst sich der Stössel. Falls kein Erfolg erzielt wird, kann man annehmen, dass die Kohlebürsten abgenutzt oder die Kontakte im Magnetschalter verschmort sind. In diesem Fall muss der Anlasser ausgebaut werden, um Magnetschalter und/oder Kohlebürsten zu erneuern. Bleiben die Warnleuchten erhellt und kein Anlassergeräusch ist hörbar, Leitungen zwischen Batterie und Anlasser überprüfen.
- Falls man hören kann, dass sich der Anlasser durchdreht, ohne aber den Motor zu drehen, kann man einen defekten Magnetschalter vermuten, der Einspurmechanismus oder das Anlasserritzel und die Zähne des Schwungrades sind beschädigt, so dass der Zahneingriff nicht zustandekommt. In diesem Fall einen Gang einlegen, das Fahrzeug ein Stück vorwärts "ruckeln" und den Anlasser erneut betätigen. Falls kein Erfolg erzielt wird, den Anlasser austauschen.
- Falls der Anlasser nach Anspringen des Motors weiterhin von diesem durchgedreht wird, obwohl der Zündschlüssel in der Betriebsstellung steht, hängt der Einrückmagnetschalter, d.h. die Kontakte öffnen sich nicht (auch das Zündschloss kann schadhaft sein). *Falls dies passiert, den Motor sofort abstellen.*
- Falls das Anlasserritzel nach Anlassen des Motors weiterhin mitläuft (durch heulendes Geräusch angezeigt), kehrt der Einspurhebel nicht in seine Ruhestellung zurück oder bleibt im Zahnkranz des Schwungrades hängen. Ein neuer Anlasser und/oder Schwungradzahnkranz muss höchstwahrscheinlich eingebaut werden. Auf jeden Fall den Anlasser ausbauen und prüfen.

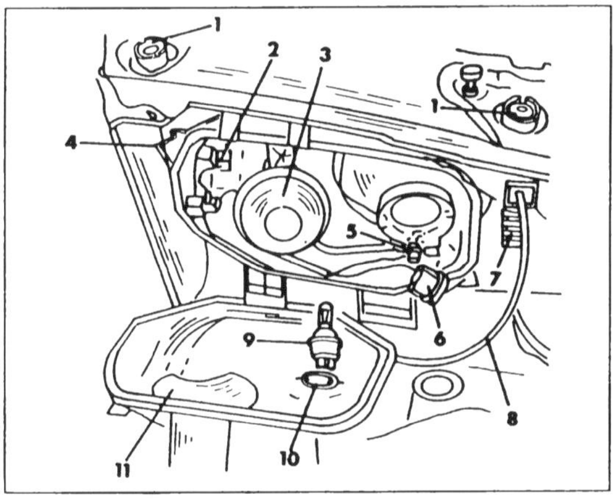

Bild 266
Ansicht einer Leuchteneinheit von der Rückseite.
1 Befestigungsschrauben der Leuchteneinheit (mit Kunststoff-Sechskant)
2 Birne, Nebelleuchte
3 Stellelement der Leuchtweitenregulierung
4 Verschlussbügel
5 Standlichtbirne
6 Stecker, Scheinwerferbirne
7 Mehrfachstecker
8 Unterdruckschlauch
9 Scheinwerferbirne
10 Haltering der Birne
11 Kunststoffabdeckung

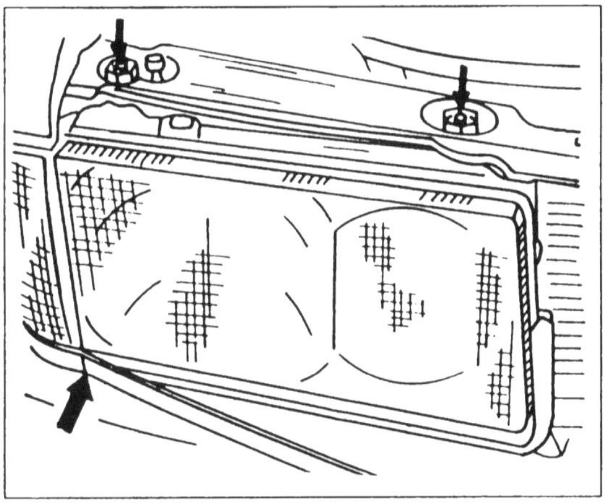

Bild 267
Die beiden oberen Schrauben zur Befestigung des Leuchteneinsatzes. Der Pfeil weist auf die Schraube der unteren Verkleidung.

14.4 Scheinwerfer

14.4.1 Erneuerung einer Glühbirne

Alle vorderen Glühlampen sind auf der Rückseite einer sogenannten Leuchteneinheit montiert. Beim Ausbau einer "H4"-Scheinwerferbirne folgendermassen vorgehen:

- Motorhaube öffnen und auf die Rückseite des Leuchteneinsatzes schauen. Den Verschlussbügel ausfindig machen und zurückschnappen. Die Kunststoffabdeckung abnehmen. Die Leuchteneinheit sieht jetzt wie in Bild 266 gezeigt aus.
- Den dreipoligen Lampenstecker von der Scheinwerferbirne abziehen, den Haltering nach links drehen und die Birne herausnehmen.
- Die neue Birne mit einem weichen Lappen erfassen und in die Fassung einsetzen. Die Birne auf keinen Fall mit den blossen Fingern anfassen, da man sonst Flecke auf dem Glas hinterlässt. Die Birne hat eine Haltenase, welche in die richtige Führung kommen muss. Den Haltering andrücken und nach rechts drehen.

Um die Nebelscheinwerferlampe zu erneuern ("H3"-Lampe), den Steckkontakt auseinanderziehen, die Haltefeder aushängen und die Lampe austauschen.

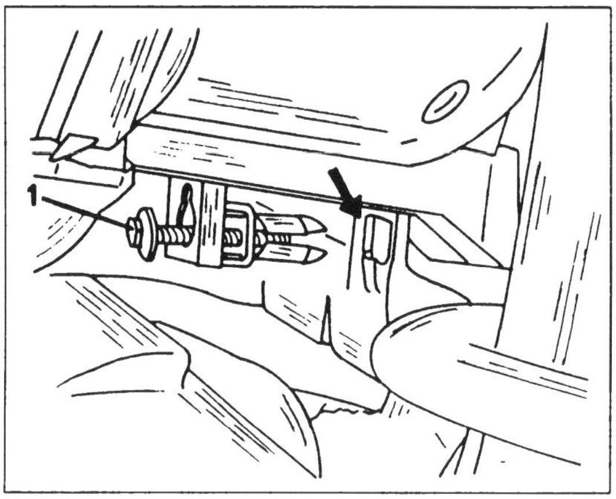

Bild 268
Ehe die Schraube (1) angezogen wird, müssen die Befestigungshaken in die mit dem Pfeil gezeigte Öffnung eingesetzt werden.

Schraube wird durch Ausbau der Verkleidung freigelegt. Diese wird wiederum durch eine Schraube an einer Seite der Leuchteneinheit befestigt. Die Schrauben mit einem langen Werkzeug herausdrehen. Die Schraube spreizt den Clips, mit welchem die Leuchteinheit unten befestigt ist. Bild 268 zeigt die Befestigung der Schraube.
Ein Unterdruckschlauch für die Leuchtweiten-Regulierung muss vom Leuchteneinsatz abgezogen werden. Das gleiche gilt bei eingebauter Scheinwerferwaschanlage. Vor Ausbau des Wischerarmes die Ruhestellung des Armes mit einem auf das Scheinwerferglas aufgeklebten Klebstreifen markieren.

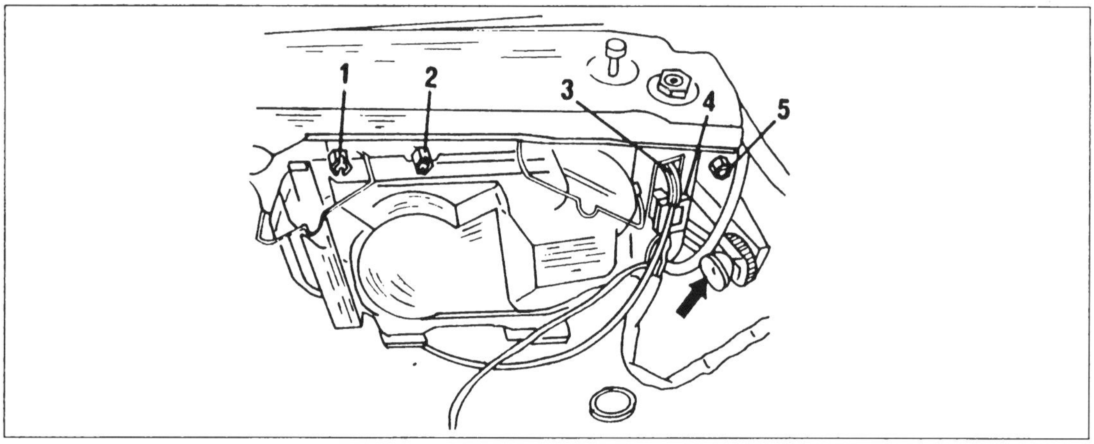

Bild 269
Einzelheiten zum Einstellen der Scheinwerfer.
1 Einstellschraube für Nebelleuchte
2 Höheneinstellschraube
3 Scheinwerferkabel
4 Anschlussstecker
5 Seiteneinstellschraube

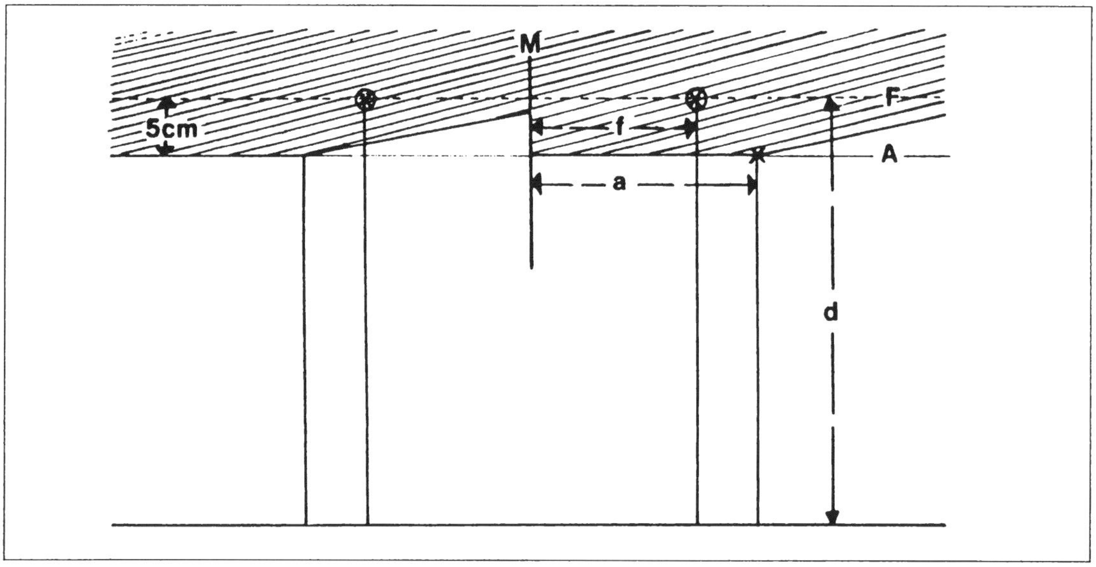

Bild 270
Diagramm zum Einstellen der Scheinwerfer. Auf die Buchstaben wird im Text verwiesen.

14.4.2 Scheinwerfereinsatz erneuern

Die Scheinwerfereinsätze (Leuchteinheiten) werden mit zwei Schrauben an der Oberseite (1 in Bild 266) und einer Schraube an der Unterseite gehalten (Bild 267). Beim Entfernen der oberen Schrauben den grossen Kunststoff-Sechskant möglichst nicht verstellen, da durch diese die Einbauhöhe der Leuchteneinheit ausgerichtet wurde. Die untere

Während des Einbaus das Spannstück der Schraube in die durch den Pfeil in Bild 268 gezeigte Öffnung einsetzen und die Schraube leicht anziehen. Danach die oberen Schrauben eindrehen und so festziehen, dass man den Scheinwerfer noch bewegen kann.
Die Motorhaube schliessen und den Scheinwerfer ausrichten, damit er einwandfrei mit der Motorhaube und dem Kotflügel fluchtet. Die bereits

oben erwähnten Kunststoffmuttern an der Oberseite des Scheinwerfers, unterhalb der oberen Befestigungsschrauben, ermöglichen eine leichte Verstellung nach oben oder unten. Alle Schrauben danach anziehen.

14.4.3 Scheinwerfer einstellen

Die Einstellung dieser Scheinwerfer erfolgt von der Rückseite. Die Einstellschrauben der Scheinwerfer sind in Bild 269 gezeigt. Ebenfalls in diesem Bild kann die Einstellschraube für die Nebelleuchten gesehen werden. Die Scheinwerfer müssen mit einem optischen Gerät eingestellt werden und nur behelfsweise darf man sie ohne dieses einstellen. Dabei folgendermassen vorgehen:

- Den Motor kurz anlassen und die Leuchtenweitenregulierung auf "0" stellen.
- Das Fahrzeug ca. 10 m vor eine helle Wand oder eine Garagentür fahren und kontrollieren, in welcher Richtung die Scheinwerferstrahlen liegen. Falls nur ein Scheinwerfer schlecht eingestellt ist, verstellt man die Einstellhöhe, bis beide Scheinwerfer auf gleicher Höhe strahlen.

Falls die Scheinwerfer vollkommen verstellt sind, auch seitlich, und man hat eine Wand oder Garagentür zur Verfügung auf welche man das in Bild 270 gezeigte Diagramm übertragen kann, hilft man sich folgendermassen:

- Fahrzeug genau 5 m vor die Garagentür oder Wand fahren und in Höhe "d" die Scheinwerfermittelpunkte durch die Linie "F" markieren. Da diese nicht bei allen Fahrzeugen gleich ist, muss der eigentliche Abstand vom Boden bis zum Mittelpunkt des Scheinwerfers ausgemessen werden.
- Eine zweite Linie "A" genau 5 cm darunter einzeichnen. Dies ist die Richtlinie für das Abblendlicht.
- Von der Mittellinie "M" aus den Mittelpunkt des Scheinwerfers für das Fernlicht "a" und das Abblendlich "f" durch ein Kreuz einzeichnen.
- Fernlicht einschalten, eine Leuchteinheit mit einer Decke verhängen und kontrollieren, ob der Strahlenmittelpunkt in der Mitte des betreffenden Kreuzes "f" liegt. Falls dies nicht der Fall ist, die Leuchtstrahlen mit Hilfe der in Bild 269 gezeigten Schrauben verstellen.
- Fernlicht des Scheinwerfers auf der anderen Seite in gleicher Weise einstellen.
- Scheinwerfer auf Abblendlicht umschalten und kontrollieren, ob die Strahlen im Kreuz der Linie "a" liegen.

Aufgrund der Sicherheit im Strassenverkehr sollte man die Scheinwerfer immer von einem bevollmächtigten Elektro-Dienst einstellen lassen.

Bild 271
Die beiden Clips entfernen, um die Abdeckung vor dem Lufteinlass zu entfernen.

14.5 Scheibenwischer

Die Scheibenwischeranlage ist mit einem einzelnen Arm versehen. Ein kleines, zusätzliches Wischerblatt befindet sich unter dem Hauptblatt. Dieses Zusatzblatt wischt das Wasser bei der Abwärtsbewegung des Wischers weg. Ab Baujahr 1988 sind neue Wischerarme und Wischerblätter eingebaut. Wischerarme und Wischerblätter können nicht untereinander ausgewechselt werden, da die neuen Arme kürzer sind.

14.5.1 Wischerblatt aus und einbauen

- Wischerblatt von der Windschutzscheibe abheben.
- Kunststoff-Arretierfeder zurückdrücken und den Wischerarm aushaken.
- Das neue Wischerblatt in umgekehrter Reihenfolge wieder einbauen.

14.5.2 Wischergummi erneuern

- Am ausgebauten Wischerblatt die Halteklammer etwas zurückbiegen.
- Altes Gummi herausziehen. Die beiden Metallstreifen müssen wieder wie ursprünglich am neuen Gummi angebracht werden.
- Neues Gummi in das Wischerblatt einschieben und die Halteklammern zurückbiegen.

14.5.3 Wischerarm aus- und einbauen

- Die Kunststoffkappe an der Wischerachse hochklappen und die darunterliegende Mutter lösen. Bei der neuen Ausführung die Kunststoffabdeckung nach unten ziehen. Dazu den Wischer in die max. Hubstellung bringen (Scheibenwischerschalter in Stellung II) und dann durch Betätigung des Zündschlüssels in 45°-Stellung brin-

Bild 272
Einzelheiten zum Aus- und Einbau des Scheibenwischermotors.

Bild 273
Die Pfeile weisen auf die Befestigungsstellen der Scheibenwischeranlage.

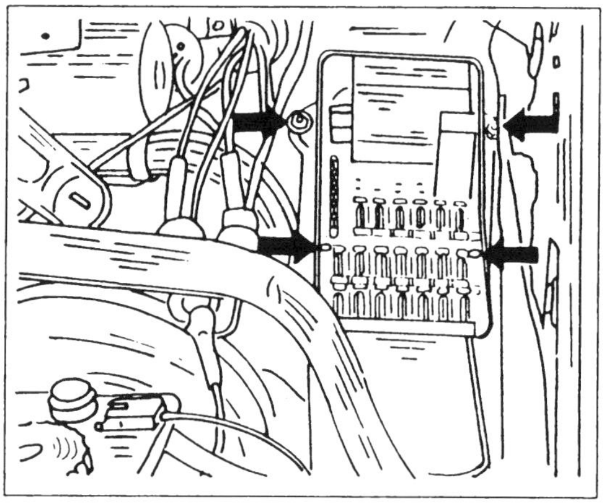

Bild 274
Die vier mit den Pfeilen gezeigten Muttern halten die Zentralelektrik.

gen. **Bei Arbeiten am Wischerblatt die Zündung ausschalten, um die automatische Parkstellung nicht auszulösen.**

- Den Wischerarm durch Hin- und Herwackeln von der Kerbverzahnung der Wischerwelle lösen.
- Der Einbau geschieht in umgekehrter Reihenfolge.

14.5.4 Scheibenwischermotor aus- und einbauen

- Motorhaube öffnen und die Batterie abklemmen.
- Den Wischerarm ausbauen, wie es oben beschrieben wurde. Unter dem Wischerarm befindet sich eine runde Abdeckung, welche vorsichtig abgehebelt werden muss.
- Die Abdeckung vor dem Lufteintritt ausbauen. Dazu die Clips in Bild 271 entfernen und den Dichtgummi links und rechts der Abdeckung am Lufteinlass entfernen (linker Pfeil in Bild 272).
- Eine Schraube links und rechts an der Abdeckung am Lufteinlassgitter entfernen (rechter Pfeil in Bild 272).
- Die dreiteilige Abdeckung am Lufteinlass an der Windschutzscheibe herausziehen.
- Die vier Befestigungsschrauben der Wischeranlage entfernen. Diese sind durch die Pfeile in Bild 273 gezeigt.
- Die Kappe der Zentralelektrik entfernen und die vier in Bild 274 gezeigten Muttern entfernen. Die Zentralelektrik etwas nach vorn ziehen und den Stecker der Wischeranlage in der vorderen Hälfte des Zentralelektriksystems nach unten herausziehen.
- Die Wischeranlage herausnehmen und die Kurbel von der Motorachse abschrauben. Diese kommt zusammen mit dem Gestänge herunter.
- Die Befestigungsschrauben des Scheibenwischermotors entfernen (drei, in der Mitte) und den Scheibenwischermotor abnehmen.

Der Einbau geschieht in umgekehrter Reihenfolge wie der Ausbau. Als erstes den Motor an der Grundplatte anschrauben und danach den Kurbelarm auf die Motorwelle drücken. Kurbelarm und Gestänge müssen parallel zueinander liegen. Kurbelarm in dieser Stellung festschrauben.

Die Scheibenwischeranlage wieder einsetzen und alle Arbeiten in umgekehrter Reihenfolge durchführen. Nach dem Einbau kontrollieren, dass der Wischer in allen Schaltstellungen an der richtigen Stelle der Windschutzscheibe stehenbleibt. Andernfalls die Einstellung noch einmal von vorn beginnen.

15 Mass- und Einstelltabelle

MASS- und EINSTELL-DATEN

Motor — Allgemeines

Eingebauter Motor:	
— Mercedes 190 D (Modell 201.122)	601.911
— Mercedes 190 D 2,5 (Modell 201.126)	602.911
— Mercedes 190 D 2,5 Turbo (Modell 201.128)	602.961
Arbeitsweise:	Dieselmotor mit Vorkammereinspritzung und Bosch-Dieseleinspritzpumpe
Anzahl der Zylinder:	
— 601-Motor	Vier
— 602-Motor	Fünf
Einspritzfolge:	
— Vierzylindermotor	1 - 3 - 4 - 2
— Fünfzylindermotor	1 - 2 - 4 - 5 - 3
Anordnung der Zylinder	In Reihe
Hubraum:	
— 601-Motor	1997 cm^3
— 602-Motor	2497 cm^3
Zylinderbohrung — Alle Motoren	87,00 mm
Kolbenhub — Alle Motoren	84,00 mm
Verdichtungsverhältnis — Alle Motoren:	22 : 1
Max. Leistung:	
— Vierzylindermotor bis Ende 1988	53 kW (72 PS) bei 4600/min.
— Vierzylindermotor ab Anfang 1989	55 kW (75 PS) bei 4600/min.
— Fünfzylindermotor bis Ende 1988	66 kW (90 PS) bei 4600/min.
— Fünfzylindermotor ab Anfang 1989	69 kW (94 PS) bei 4600/min.
— Turbomotor	93 kW (126 PS) bei 4600/min.
Max. Drehmoment:	
— Vierzylindermotor bis Ende 1988	123 Nm (12,5 mkp) bei 2800/min.
— Vierzylindermotor ab Anfang 1989	126 Nm bei 2700 - 3350/min.
— Fünfzylindermotor bis Ende 1988	154 Nm bei 2800/min.
— Fünfzylindermotor ab Anfang 1989	158 Nm bei 2600 - 3100/min.
— Turbomotor	231 Nm bei 2400/min.
Max. Drehzahl — Alle Motoren	5150/min.
Kurbelwellenlager:	
— Vierzylindermotor	5 Vielstoff-Reiblager
— Fünfzylindermotor	6 Vielstoff-Reiblager
Anordnung der Ventile	Hängend
Anordnung der Nockenwelle	Im Zylinderkopf
Kühlanlage	Umlaufkühlung mit Wasserpumpe, Thermostat mit Umleitrohr
Kühlungsventilator:	
— Vierzylindermotor	Kunststoffventilator mit elektro-magnetischer Kupplung
— Fünfzylinder	Kunststoffventilator mit Viskose-Kupplung
Kühler	Röhrenkühler

MASS- und EINSTELL-DATEN

Schmierung	Druckumlaufschmierung mit Zahnradölpumpe. Bestimmte Modelle mit Luft/Ölkühler
Ölfilter	Kombinierter Hauptstrom- und Umleitfilter
Luftfilter	Trockenfilter mit Papiereinsatz
Ventilsteuerung — Bei neuer Steuerkette:	
— Einlassventil öffnet	11° nach o.T.
— Einlassventil schliesst	17° nach u.T.
— Auslassventil öffnet	28° vor u.T.
— Auslassventil schliesst	15° vor o.T.
Ventilsteuerung — Gebrauchte Steuerkette (nach 20 000 km):	
— Einlassventil öffnet	12° nach o.T.
— Einlassventil schliesst	18° nach u.T.
— Auslassventil öffnet	27° vor u.T.
— Auslassventil schliesst	14° vor o.T.

Zylinderblock

Zylinderdurchmesser:

Nenndurchmesser:	
— Gruppenbuchstabe A	87,000 - 87,006 mm
— Gruppenbuchstabe X	mehr als 87,006 - 87,012 mm
— Gruppenbuchstabe B	mehr als 87,012 - 87,018 mm
Max. Verschleiss in Längs- oder Querrichtung	0,10 mm
Zulässige Unrundheit und Konizität:	
— Im Neuzustand	0,014 mm
— Verschleissgrenze	0,05 mm
Zulässige Rauhtiefe	0,003 - 0,006 mm
Zulässige Welligkeit	50% der Rauhtiefe
Messstellen für Bohrungen	Oberkante, Mitte und Unterkante der Bohrung, Läng-und Querrichtung (6 Messstellen)

Zylinderkurbelgehäuse

Gesamthöhe des Zylinderkurbelgehäuses, neu	300,00 - 299,95 mm
Mindesthöhe nach einer notwendigen Materialabnahme	Weniger 0,10 mm
Zulässige Unebenheit der Trennflächen:	
— In Längsrichtung	0,10 mm
— In Querrichtung	0,05 mm
Max. Abweichung der Parallelität zwischen oberer und unterer Trennfläche	0,10 mm
Zulässige Rauhigkeit der:	
— Oberen Trennfläche	0,006 - 0,016 mm
— Unteren Trennfläche	0,025 mm
Abpressdruck mit Luft unter Wasser	1,5 bar

Kurbelwelle

Bearbeitungstoleranzen:	
Zulässige Unrundheit der Kurbel- und Pleuellagerzapfen:	0,005 mm
Zulässige Konizität der Pleuellagerzapfen	0,010 mm
Zulässige Konizität der Kurbelzapfen	0,015 mm

Zulässiger Axialsschlag der eingebauten Lager	0,02 mm
Übergangsradien an Hauptlagerzapfen	2,5 - 3,0 mm
Übergangsradien an Kurbelzapfen	3,0 - 3,5 mm
Zulässiger Radialschlag des hinteren Kurbelwellenflansches	0,02 mm*
Zulässiger Axialschlag des hinteren Kurbelwellenflansches	0,02 mm*
Zulässiger Schlag der Kurbelzapfen:	
— Lagerzapfen II und IV	0,07 mm*
— Lagerzapfen III	0,10 mm*

* = Kurbelwelle mit Lagerzapfen Nr. I und V (601-Motor) oder I und IV (602-Motor) in Prismen eingelegt, bei einer Umdrehung der Kurbelwelle

Skerloskophärte der Kurbel- und Pleuellagerzapfen — Neuwert	55 - 74
Zulässige Umwucht der Kurbelwelle	15 cmg
Kurbelwellenlagerzapfendurchmesser:	
— Normalmass	57,950 - 57,965 mm
— 1. Reparaturstufe	57,700 - 57,715 mm
— 2. Reparaturstufe	57,450 - 57,465 mm
— 3. Reparaturstufe	57,200 - 57,215 mm
— 4. Reparaturstufe	56,950 - 56,965 mm
Breite des Zapfens am Passlager:	
— Normalmass	26,520 - 26,500 mm (24,520 - 24,5 ab 1985)
— Normalmass I	26,620 - 26,600 mm
— 1. Reparaturstufe	26,720 - 26,700 mm
— 2. Reparaturstufe	26,920 - 26,900 mm
— 3. Reparaturstufe	27,020 - 27,000 mm
Pleuellagerzapfendurchmesser:	
— Normalmass	47,950 - 47,965 mm
— 1. Reparaturstufe	47,700 - 47,715 mm
— 2. Reparaturstufe	47,450 - 47,460 mm
— 3. Reparaturstufe	47,200 - 47,215 mm
— 4. Reparaturstufe	46,950 - 46,965 mm
Breite der Pleuellagerzapfen:	
— Normalmass	27,960 - 28,044 mm
— Reparaturstufen	Bis zu 28,30 mm
Grundlagerbohrungen:	
— Für Kurbelwellenlager	62,500 - 62,519 mm
— Für Pleuellager	51,600 - 51,619 mm
Zulässige Unrundheit der Lagerbohrungen	0,02 mm
Lagerradialspiel:	
— Kurbelwellenlager	0,031 - 0,073 mm
— Pleuellager	0,031 - 0,073 mm
— Verschleissgrenze	0,080 mm
Lageraxialspiel:	
— Kurbelwellenlager	0,10 - 0,25 mm
— Pleuellager	0,12 - 0,26 mm
Lageraxialspiel:	
— Verschleissgrenze — Kurbelwellenlager	0,30 mm
— — Pleuellager	0,50 mm

Lagerschalen:

	Kurbelwellenlager	*Pleuellager*
Normalmass	2,25 mm	1,80 mm
1. Reparaturstufe	2,37 mm	1,92 mm
2. Reparaturstufe	2,50 mm	2,05 mm
3. Reparaturstufe	2,62 mm	2,17 mm
4. Reparaturstufe	2,75 mm	2,30 mm

Zulässige Verschränkung der Pleuellagerbohrung zur Pleuelbüchsenbohrung bezogen auf eine Länge von 100 mm	0,10 mm
Zulässige Abweichung der Achsenparallelität von Pleuellagerbohrung zur Pleuelbüchsenbohrung bezogen auf eine Länge von 100 mm	0,045 mm
Zulässiger Gewichtsunterschied der kompletten Pleuelstangen innerhalb eines Motors	5 Gramm
Pleuelschrauben:	
— Gewinde	M9 x 1
— Durchmesser des Schnürschaftes	7,4 mm
— Min. Durchmesser des Schnürschaftes	7,1 mm
— Anzugsdrehmoment	30 ± 5 Nm, dann um 90 - 100°

Kolben

Kolbendurchmesser — Sollmass:	
— Gruppe A	86,970 - 86,976 mm
— Gruppe X	Mehr als 86,975 - 86,983 mm
— Gruppe B	Mehr als 86,982 - 86,988 mm
Kolbenlaufspiel:	
— Neuzustand	0,017 - 0,043 mm
— Verschleissgrenze	0,12 mm
Zul. Gewichtsunterschied der Kolben innerhalb eines Motors	4 Gramm (Verschleissgrenze 10 Gramm)
Kolbenbolzendurchmesser	26,995 - 27,000 mm
Laufspiel des Kolbenbolzens:	
— In Pleuelaugenbüchse	0,018 - 0,029 mm
— Im Kolben	0,004 - 0,015 mm
Kolbenringstossspiele:	
— Oberer Ring	0,20 - 0,40 mm
— Verschleissgrenze	1,5 mm
— Mittlerer Kolbenring	0,20 - 0,40 mm
— Verschleissgrenze	1,0 mm
— Unterer Kolbenring	0,20 - 0,40 mm
— Verschleissgrenze	1,0 mm
Höhenspiel der Kolbenringe in Nuten:	
— Oberer Ring	0,090 - 0,120 mm
— Verschleissgrenze	0,20 mm
— Mittlerer Ring	0,050 - 0,080 mm
— Verschleissgrenze	0,15 mm
— Unterer Ring	0,030 - 0,065 mm
— Verschleissgrenze	0,10 mm

Zylinderkopf

Gesamthöhe des Zylinderkopfes	142 - 144 mm
Max. zulässiger Verzug der Trennfläche:	
— In Längsrichtung	0,08 mm
— In Querrichtung	0,00 mm
Zulässige Abweichung der Parallelität der oberen Trennfläche zur unteren in Längsrichtung	0,10 mm
Zulässige Rauhtiefe	0,016 mm
Abpressdruck mit Luft unter Wasser	2,0 bar Überdruck

Tiefe zwischen Ventiltellerkante und Trennfläche des Zylinderkopfes:	
— Einlassventile	+ 0,17 bis — 0,23 mm
— Auslassventile	+0,12 bis —0,28 mm
— Mit nachgefrästen Ventilsitzen	1,0 mm — alle Ventile

Nockenwelle

Kennummer der Nockenwelle:	
— Vierzylindermotor (601)	05 (bis Oktober 1984)
— Vierzylindermotor (601)	06 (ab November 1984)
— Vierzylindermotor (601)	07 (ab Januar 1985)
— Vierzylindermotor (601)	10 (ab November 1988)
— Fünfzylindermotor (602)	07 (bis Oktober 1988)
— Fünfzylindermotor (602)	11 (ab November 1988)
Nockenwellenlager:	
— Anzahl der Lager:	
— Vierzylindermotor (601)	5
— Fünfzylindermotor (602)	6
— Lagerzapfendurchmesser	30,944 - 30,950 mm
Nockenwellenlagerbohrungen:	
— Rauhtiefe	0,003 - 0,006 mm
— Zulässige Unrundheit	0,012 mm
Nockenwellenlagerradialspiel:	
Im Neuzustand	0,050 - 0,091 mm
Verschleissgrenze	0,11 mm
Nockenwellenaxialspiel:	
— Im Neuzustand	0,07 - 0,15 mm
— Verschleissgrenze	0,18 mm

Ventile

Ventiltellerdurchmesser:	
— Einlassventile:	37,90 - 38,10 mm
— Auslassventile	34,90 - 35,10 mm
Ventilsitzwinkel	45° +15′
Ventilschaftdurchmesser:	
— Einlassventile	7,970 - 7,955 mm
— Auslassventile	8,960 - 8,945 mm
Ventillänge:	
— Einlassventile	106,50 - 106,30 mm
— Auslassventile	106,50 - 106,30 mm
Ventilsitzbreite:	
— Einlassventile	2,5 mm
— Auslassventile	3,5 mm
Ventilkennzeichnung:	
— Einlassventile	E 601 02
— Auslassventile	A 601 02

Ventilsitze

Ventilsitzbreite:	
— Einlassventile	2,5 mm
— Auslassventile	3,5 mm
Ventilsitzwinkel	45° —15′
Oberer Korrekturwinkel	15°
Unterer Korrekturwinkel	60°
Bearbeitung	Fräser oder Einschleifen

MASS- und EINSTELL-DATEN

Ventilsitzringe

Sitzringaussendurchmesser (D in Bild 24):	
— Einlassventile:	
— Normalgrösse	40,100 - 40,084 mm
— Auslassventile:	
— Normalgrösse	37,100 - 37,084 mm
Sitzinnendurchmesser (D1 in Bild 24):	
— Einlassventile	33,400 - 33,600 mm
— Auslassventile	30,400 - 30,60 mm
Grundbohrung in Zylinderkopf (D2 in Bild 24):	
— Einlassventile	40,000 - 40,016 mm
— Auslassventile	37,000 - 37,016 mm
Ventilsitzhöhe:	
— Einlassventile	6,97 - 7,00 mm
— Auslassventile	6,97 - 7,00 mm
Oberkante Ventilsitzring zu Zylinderkopftrennfläche:	
— Einlassventile	2,37 - 2,25 mm
— Auslassventile	2,44 - 2,25 mm

Ventilfedern

Farbkennzeichnung	Gelb-grün oder purpur-grün
Aussendurchmesser	33,20 mm
Drahtdurchmesser	4,25 mm
Ungespannte Länge	50,80 mm
Länge unter Last von 72 - 77 kg	27,00 mm
— Verschleissgrenze	27,00 mm bei 65 kg

Ventilführungen

Einlassventilführungen:	
— Aussendurchmesser:	
— Normalgrösse	14,044 - 14,051 mm
— Reparaturgrösse	14,214 - 14,222 mm
— Innendurchmesser	8,000 - 8,015 mm
Grundbohrung in Zylinderkopf:	
— Normalgrösse	14,030 - 14,035 mm
— Reparaturgrösse	14,198 - 14,203 mm
— Passungsschrumpfsitz in Bohrung:	
— Normalmass	0,009 - 0,021 mm
— Reparaturgrösse	0,011 - 0,024 mm
Auslassventilführungen:	
— Aussendurchmesser:	
— Normalgrösse	14,044 - 14,051 mm
— Reparaturgrösse	14,214 - 14,222 mm
— Innendurchmesser	9,999 - 9,015 mm
— Grundbohrung in Zylinderkopf:	
— Normalgrösse	14,030 - 14,035 mm
— Reparaturgrösse	14,198 - 14,203 mm
— Passungsschrumpfsitz der Führungen:	
— Normalmass	0,009 - 0,021 mm
— Reparaturgrösse	0,011 - 0,024 mm

Motorschmierung

Bauart	Druckumlaufschmierung mit Zahnradölpumpe
Motorölfüllmenge — Vierzylindermotor:	
— Komplette Füllung (trockener Motor)	7,3 Liter

— Ölwechsel und Filteraustausch	6,5 Liter
Motorölfüllmenge — Fünfzylindermotor:	
— Komplette Füllung (trockener Motor)	8,0 Liter
— Ölwechsel	7,5 Liter
Motorölfüllmenge — Turbodiesel:	
— Komplette Füllung (trockener Motor)	8,2 Liter
— Ölwechsel	7,5 Liter
Unterschied zwischen max./min.:	
— Vierzylindermotor	5/3 Liter
— Fünfzylinder, alle Motoren	6/4 Liter

Kühlanlage

Bauart	Pumpenumlaufsystem
Wasserpumpe	Flügelradpumpe
Füllmenge (mit Heizung)	ca. 8,5 Liter
Frostschutzmittel	Siehe Kapitel 4.1.2
Überdruckventil öffnet	1,2 bar Unterdruck
Unterdruckventil öffnet	0,1 bar Unterdruck
Thermostat:	
— Öffnet bei	87° C
— Vollkommen geöffnet bei	102° C

Diesel-Einspritzanlage

Eingebaute Teile:

Einspritzpumpe — Vierzylindermotor:	
— Baujahr 1983/1984/1985	PES 4 M 55 C 320 RS 152-1 Nr. 601 070 05 01, mit PLA Nr. 601 070 04 01, mit ELR
— Baujahr 1986	PES 4 M 55 C 320 152-3 Nr. 601 070 05 01 mit PLA Nr. 601 070 04 01, mit ELR
— Baujahr 1987/1988	PES 4 M 55 C 320 RS 152-3 Nr. 601 070 09 01, mit PLA Nr. 601 070 11 01, mit ELR
— Sept. 1988 bis August 1989	PES 4 M 55 C 320 RS 132 Nr. 601 070 32 01, mit ADA Nr. 601 070 33 01, mit ADA
— Ab Sept. 1989	PES 4 M 55 C 320 RS 172 Nr. 601 070 40 01, mit ADA Nr. 601 070 41 01, mit ADA
Einspritzpumpe — Fünfzylindermotor:	
— Baujahr 1985	PES 5 M 55 C 320 RS 153 Nr. 602 070 01 01, mit PLA Nr. 602 070 05 01, mit ELR
— Baujahr 1986	Wie Baujahr 1985
— Baujahr 1987/1988	PES 5 M 55 C 320 RS 153 Nr. 602 070 01 01, mit PLA Nr. 602 070 05 01, mit ELR Nr. 602 070 21 01, mit ARA
— Ab Baujahr 1988 — Turbo	PES 5 M 55 C 320 RS 158-1 Nr. 602 070 14 01, mit ELR

— Ab Baujahr 1989	PES 5 M 55 C320 RS 173 Nr. 602 070 37 01, mit ADA (Österreich und Schweiz mit PLA und ADA) Nr. 602 070 38 01, mit ADA (Österreich mit ELR und ADA) Nr. 602 070 36 01, mit PLA und ARA (Österreich und Schweiz) Nr. 602 070 21 01, mit ARA, bis Jan. 1989 Nr. 602 070 32 01, mit PLA, ADA und ARA (Feb. 1989 bis Aug. 1989) Nr. 602 070 33 01, mit PLA und ADA Nr. 602 070 34 01, mit ELR und ADA (ab Feb. 1989) Nr. 602 070 46 01, mit ELR, ADA und ARA (ab Sept. 1989)

Erklärung der Buchstaben:
- PLA = Pneumatische Leerlaufanhebung
- ELR = Elektronische Leerlaufdrehzahlregulierung
- ADA = Atmosphärenabhängiger Vollastanschlag
- ARA = Antiruckelaufschaltung

Kraftstoffpumpe	FP/KG 24 M 150
Einspritzdüsen:	
— Vierzylindermotor	DN 0 SD 261
— Fünfzylindermotor	DN 0 SD 265
— Einspritzdüsenhalter	KCA 30 S 44 oder KCA 27 S 55

Leerlaufdrehzahl — mit pneumatischer Leerlaufanhebung:	
— Vierzylindermotor	750 ± 50/min.
— Fünfzylindermotor	700 ± 50/min.
Leerlaufdrehzhl mit elektronischer Leerlaufregulierung:	
— Vierzylindermotor (Automatik und Klimaanlage)	720 ± 20/min.
— Fünfzylindermotor	680 ± 20/min.
— Fünfzylindermotor mit Turbolader:	
— Mit Schaltgetriebe	740 ± 20/min.
— Mit Getriebeautomatik	680 ± 20/min.

Öffnungsdruck der Einspritzdüsen:	
— Neu	115 - 125 bar
— Gebraucht	min. 100 bar

Kraftstofftankfüllmenge	70 Liter, davon 7 Liter Reserve

Kupplung

Anpressdruck der Druckplatte:	
— Mit 2,0 Liter-Motor	410 - 470 kg
— Mit 2,5 Liter-Motor ohne Turbo bis Sept. 1989	490 - 560 kg
— Mit 2,5 Liter-Motor mit und ohne Turbo, ab Sept. 1989	590 - 660 kg (mit Doppelmasse-Schwungrad)
Stärke der Kupplungsbeläge:	
— 2,0 Liter — Mit Valeo F 201-Belägen	3,4 - 3,6 mm
— 2,5 Liter — Mit Valeo F 201-Belägen	3,6 - 3,8 mm
— 2,5 Liter — Ab Baujahr 1990 — Valeo F 202	3,8 - 4,0 mm (mit Doppelmasseschwungrad)
— Mit Thermoid 846 FT-Belägen	3,8 - 4,0 mm
Durchmesser des Geberzylinders	19,05 mm
Durchmesser des Nehmerzylinders	23,81 mm

Spiel zwischen Druckstange und Kolben des Geberzylinders	ca. 0,2 mm
Pedalweg Kupplungsfusshebel bis zur Anlage am Pedalanschlag	145,0 mm

Mechanisches Getriebe (Schaltgetriebe)

Eingebautes Getriebe:	
— Vierganggetriebe — Bis 1985	716.213 (GL 68/20D)
— Fünfganggetriebe — 1985	717.410 (GL 68/20-A5)
— Fünfganggetriebe, 2,0 Liter — Ab Nov. 1985	717.411 (GL68/20 B5)
— Fünfganggetriebe — 2,5 Liter — 1985	717.411 (GL68/20 B5)
— Fünfganggetriebe — Apr. bis Aug. 1989	717.412 (GL68/20 C5) — 2,0 Liter
— Fünfganggetriebe — Ab Sept. 1989	714.415 (GL68/20 F5) — 2,0 Liter
— Fünfganggetriebe — Apr. bis Aug. 1989	717.412 (GL68/20 C5) — 2,5 Liter
— Fünfganggetriebe — Ab Sept. 1989	717.413 (GL68/20 D5) — 2,5 Liter
— Fünfganggetriebe — Ab Sept. 1989	717.437 (GL76/27 H5) — 2,5 Liter Turbo

Getriebeübersetzungen:

	Vierganggetriebe	*Fünfganggetriebe*
Erster Gang	4,23 : 1	4,23 : 1
Zweiter Gang	2,36 : 1	2,236 : 1
Dritter Gang	1,49 : 1	1,49 : 1
Vierter Gang	1,00 : 1	1,00 : 1
Fünfter Gang (je nach Getriebe)		0,84 : 1, 0,78 oder 0,81 : 1
Fünfter Gang — Turbomodell		0,75 : 1
Rückwärtsgang	4,18 : 1	4,63 : 1

Ölfüllmenge	1,3 Liter

Automatisches Getriebe

Typ	W 4 A 020
— Vierzylinder, ab Produktionsbeginn	722.403
— Fünfzylinder ohne Turbo	722.414
— Fünfzylinder mit Turbo	722.413
Getriebeübersetzungen:	
— Erster Gang	4,25 : 1
— Zweiter Gang	2,41 : 1
— Dritter Gang	1,49 : 1
— Vierter Gang	1,00 : 1
— Rückwärtsgang	5,67 : 1
Ölfüllmenge:	
Bei Neufüllung	6,6 Liter
Bei Flüssigkeitswechsel	5,9 Liter

Vorderachse

Radlagerspiel	0,01 - 0,02 mm
Schmierfett für Radlager	Heisslagerfett, Nr. 000 989 49 51

MASS- und EINSTELL-DATEN

Schmiermengen:

— In Fettkappe	ca. 15 Gramm
— Gesamtmenge pro Seite	50 Gramm
— Radlager und Radnabe	35 Gramm
Radlager- und Nabendaten:	
— Bohrung für inneres Schrägrollenlager	59,117 - 59,098 mm
— Bohrung für äusseres Schrägrollenlager	39,857 - 39,841 mm
— Bohrung für Öldichtring	64,046 - 64,000 mm
— Nabenflanschdurchmesser	141,0 mm
Zulässiges Seitenspiel des Radnabenflansches	0,03 mm

Radlagerabmessungen:

— Inneres Schrägrollenlager	59,131 x 31,75 x 16,67 mm
— Äusseres Radlager:	39,878 x 17,462 x 14,6 mm
— Öldichtring	64 x 45 x 12 mm

Vorderradaufhängung

Teile-Nr. der Vorderfedern	Den Ersatzteillisten zu entnehmen
— Teile-Nr. des Dämpferbeins:	Den Ersatzteillisten zu entnehmen
Vorderfederdaten (soweit vorhanden):	
— Federweg pro 100 kg Belastung:	
Feder Nr. 201 321 20 04	25,7 mm
Feder Nr. 201 321 21 04	23,7 mm
— Drahtdurchmesser	
Feder Nr. 201 321 20 04	13,4 mm
Feder Nr. 201 321 21 04	13,7 mm
— Ungespannte Länge:	
Feder Nr. 201 321 20 04	393 mm
Feder Nr. 201 321 21 04	395 mm
Durchmesser des Kurvenstabilisators	22,0 mm
Teile Nr. des Stabilisators:	
— Ohne Klimaanlage	201 323 47 65
— Mit Klimaanlage	201 323 52 65

Hinterradaufhängung

Teile-Nr. der Hinterfedern	Den Ersatzteillisten zu entnehmen
Teile-Nr. des Dämpferbeins	Den Ersatzteillisten zu entnehmen
Hinterfederdaten (soweit vorhanden):	
— Federweg pro 100 kg Belastung:	
Feder Nr. 201 324 25 04	19,2 mm
Feder Nr. 201 324 27 04	26,7 mm
— Drahtdurchmesser:	
Feder Nr. 201 324 25 04	13,1 mm
Feder Nr. 201 324 27 04	26,7 mm
— Ungespannte Länge:	
Feder Nr. 201 324 27 04	318 mm
Feder Nr. 201 324 27 04	306 mm

Aufgrund der verschiedenen Ausführungen, sowie von Ausführungen mit und ohne Nivellierungssystem, verstärkter Radaufhängung und Spezialausführungen mit grösseren Reifen, ist es nicht möglich alle Federn anzuführen. Die genannten Federn sind allgemeine Angaben der Grundmodelle.

Hinterachse

Bauart	Raumlenkerachse mit Hinterachsträger, Mittelstück, Sturzstrebe, Zugstrebe, Schubstrebe, Spurstange und Querlenkern und Schraubenfedern.
Stossdämpfer	Zweiwegig wirkende Stossdämpfer
Durchmesser des Doppelreihenkugellagers	45,020 - 45,011 mm
Führungsdurchmesser für Bremsscheibe	67,00 - 66,97 mm
Stärke des Hinterachswellenflansches	10,0 mm
Zulässiger Axialschlag des Wellenflansches	0,12 mm
Zulässiger Radialschlag des Wellenflansches	0,12 mm

Lenkung

Bauart	Kugelumlauflenkung. Mit Servounterstützung auf Sonderwunsch oder serienmässig eingebaut.
Servolenkung:	
— Übersetzung in Mittelstellung	14,61 : 1
— Gesamtübersetzung	16,66 : 1
Mechanische Lenkung:	
— Übersetzung in Mittelstellung	21,6 : 1
— Gesamtübersetzung	24,0 : 1
Max. Drehzahl der Lenkhilfspumpe	7000/min.
Umlaufdruck der Servoanlage	max. 5 bar
Überdruckventil öffnet bei	65 ± 5 bar
Füllmenge der Anlage	ca. 0,6 Liter
Flüssigkeit in der Anlage	Flüssigkeit für automatische Getriebe
Füllmenge der mechanischen Lenkung	0,35 Liter
Ölsorte der mechanischen Lenkung	MB-Öl 000 989 88 03

Bremsanlage

Bauart:	
— Vorderradbremsen	Girling-Gleitsattel mit einem Kolben
— Hinterradbremsen	Teves-Festsattel mit zwei Kolben
Kolbendurchmesser der Vorderradbremse	54,00 - 54,05 mm
Kolbendurchmesser der Hinterradbremse	34,98 - 35,03 mm
Stärke der Bremsklötze mit Metallplatte:	
— Vorn	17,5 mm
— Hinten	13,5 mm
Stärke der Metallplatte für Bremsklötze:	
— Vorn	5,5 mm
— Hinten	4,5 mm
Mindeststärke des Belagmaterials:	
— Vorn	3,5 mm
— Hinten	2,0 mm
Breite der Bremsklötze:	
— Vorn	95,0 mm
— Hinten	61,75 mm

MASS- und EINSTELL-DATEN

Wirksame Bremsfläche pro Seite:	
— Vorn	144 cm²
— Hinten	88 cm²
Stärke der Bremsscheibe:	
— Vorn	11,0 mm (22,0 mm mit Turbo)
— Hinten	9,0 mm
Min. Stärke der Bremsscheibe:	
— Vorn	9,0 mm* (19,4 mm** mit Turbo)
— Hinten	7,3 mm***

* Verschleiss pro Seite der Bremsscheibe darf nicht grösser als 1,0 mm sein
** Verschleiss pro Seite der Bremsscheibe darf nicht grösser als 1,3 mm sein
*** Verschleiss pro Seite der Bremsscheibe darf nicht grösser als 0,85 mm sein

Bremsscheibendurchmesser:	
— Vorn	262 ± 0,2 mm
— Hinten	258 ± 0,2 mm
Innendurchmesser der Bremsscheibe:	
— Vorn	67,07 - 67,00 mm
— Hinten	67,07 - 67,00 mm
Innendurchmesser der Trommel für Feststellbremse	164 ± 0,2 mm
Aussendurchmesser der Bremsbacken	164 ± 0,2 mm
Breite der Bremsbacken	20,0 mm
Anzahl der Rasten zum Feststellen der Feststellbremse	3 - 5
Zahl der vorhandenen Rasten	8 (12 ab Februar 1987)
Max. Schlag der Bremsscheibe	0,15 mm

Elektrische Anlage

Batterie

Batteriesäurezustand:	
— Voll geladen	1,280
— Halb geladen	1,200
— Entladen	1,120
Spannung	12 V
Kapazität	72 Ah

Drehstromlichtmaschine

Typ	Bosch 14 V 55 A
Spannung	14 V
Leistung	55 A bei 14 V
Drehzahl	2000/min. bei 850/min. des Motors 6000/min. bei 2550/min. des Motors
Ladestrom	36 - 55 A
Widerstände zwischen den Phasenausgängen:	
— Ständer	0,14 Ohm
— Läufer	3,4 Ohm
Einstellbelastung bei Leistungsprüfung:	10 Ampere bei 1200/min. 36 Ampere bei 2000/min. 40 Ampere bei 2400/min. 55 Ampere bei 6000/min.

Anlasser

Typ	Bosch EV 12 V, 2,2 kW
Leerlaufprüfung:	
— Strom/Ampère	50 - 80

—Spannung/Volt	11,5
— Mindestdrehzahl	8300
Mindesteinzugspannung an Magnetschalter Klemme 50	8,5 Volt

Masse und Gewichte

Radstand	2665 mm
Spurweite vorn	1428 mm (1437 mm ab Baujahr 1986)
Spurweite hinten	1415 mm (1418 mm ab Baujahr 1986)
Länge über alles:	
— 2,0 und 2,5 Liter, ohne Turbo, bis 1988	4420 mm
— 2,0 und 2,5 Liter, ohne Turbo, ab 1989	4448 mm
— 2,5 Liter Turbo	4448 mm
Breite über alles	1678 mm
Höhe über alles:	
— 2,0 und 2,5 Liter	1383 mm (1390 mm mit 15 Zoll-Reifen)
— 2,5 Liter Turbo	1390 mm
— Alle Modelle ab Nov. 1988	1375 mm (Radaufhängung gesenkt)
Wendekreis	10,6 m
Bodenfreiheit:	
— 2,0/2,5 Liter, mit 14 Zoll-Reifen	155 mm
— 2,0/2,5 Liter, mit 15 Zoll-Reifen	162 mm
— 2,5 Liter Turbo	157 mm (143 mm ab Nov. 1988)
— Ab Baujahr 1989, ohne Turbo	150 mm
— Ab Baujahr 1989, mit Turbo	148 mm

Füllmengen

Motor	Siehe Seite 146/147
Kraftstofftank	Siehe Seite 148
Kühlanlage	Siehe Seite 146
Mechanisches Getriebe	Siehe Seite 149
Automatisches Getriebe	Siehe Seite 149
Niveauregulierung (Hydrauliköl)	2,0 Liter
Hinterachsantrieb	0,7 Liter (Hypoidgetriebeöl)
Brems- und Kupplungsanlage	0,35 Liter
Mechanische Lenkung	0,35 Liter (wie in automatischen Getrieben)
Servolenkung	0,6 Liter (wie in automatischen Getrieben)

Glühbirnen

Scheinwerfer/Nebelscheinwerfer	60/55 Watt, Halogen-Zweifadenlampe H4 Halogen-Einfadenlampe H3
Blinkleuchten vorn und hinten, Rückfahrleuchte, Nebelschlussleuchte, Bremsleuchten	21 Watt-Kugellampe
Standleuchten	4 Watt-Röhrenlampe
Rückleuchten	10 Watt-Kugellampe
Kennzeichenleuchten, Handschuhkasten, Sonnenblende	5 Watt-Sofittenlampe

MASS- und EINSTELL-DATEN

16 Anzugsdrehmomente

Motor

Zylinderkopfschrauben:	
— 1. Stufe	25 Nm
— 2. Stufe	40 Nm
— 3. Stufe	10 Minuten warten
— 4. Stufe	90° Winkelanzug
— 5. Stufe	90° Winkelanzug
Zylinderkopfschrauben (im Kettenkasten)	25 Nm
Kurbelwellenlagerdeckel:	
— Bis Ende Baujahr 1984	90 Nm
— Ab Baujahr 1985 — Erste Stufe	55 Nm
— Zweite Stufe	90 - 100° Winkelanzug
Pleuellagerdeckel:	
— Erster Anzug	30 + 5 Nm
— Winkelnachzug	90 - 100°
Nockenwellenkettenrad an Nockenwelle	45 Nm
Kettenspanner	80 Nm
Schrauben für Zylinderkopfhaube	10 Nm
Schrauben für Nockenwellenlagerdeckel	25 Nm
Überwurfmuttern der Einspritzleitungen	10 — 20 Nm
Einspritzdüsen in Vorkammern	70 + 10 Nm
Gewindering für Vorkammer in Zylinderkopf	100 + 10 Nm
Aufhängung der Drehstromlichtmaschine	46 Nm
Ansaugkrümmerschrauben	10 Nm
Druckölpumpe (Niveauregulierung) an Kopf	13 Nm
Riemenscheibennabe an Kurbelwelle	370 + 40 Nm
Riemenscheibe an Nabe	25 Nm
Schwungrad oder Antriebsscheibe:	
— Erster Anzug	30 - 40 Nm
— Winkelnachzug	90 - 100°
Ölablassstopfen in Ölwanne	25 Nm
Ölwanne an Zylinderblock:	
— M6-Schrauben	10 Nm
— M8-Schrauben	25 Nm
Mittelschraube für Ventilator an Wasserpumpe	25 Nm
Einstellschraube für vorderen Motoranschlag (bis Ende 1984)	130 Nm
Einstellschraube für hintere Motoraufhängung (bis Ende 1984)	30 Nm
Motorträger an vordere Motoraufhängung	35 + 10 Nm
Steuergehäusedeckel:	
— M6-Schrauben	10 Nm
— M8-Schrauben	25 Nm
Motoraufhängung an Rückseite des Motorträgers	30 Nm
Motorstossdämpferbefestigung (bis Ende 1984)	10 Nm
Auspuffkrümmer an Auspufflansch	30 Nm

Auspuffrohr an Auspuffkrümmer	20 Nm
Auspuffanlage an Getriebebügel	20 Nm
Ölleitungen an Getriebe (Automatik)	25 Nm
Masseband an Rahmenbodengruppe	23 Nm
Kühlwasserablasstopfen in Block	28 Nm
Klemmbügel für Keilriemen des Kompressors der Klimaanlage an Kompressorträger	23 Nm

Mechanisches Getriebe

Vorderer Getriebedeckel	20 Nm
Hinterer Getriebedeckel	20 Nm
Nut- oder Sechskantmutter für Gelenkflansch	160 Nm
Schraube für Gangwählhebel	25 Nm
Schrauben für Lagerwellen der Wählhebel	8 Nm
Schraube für Schaltsperren	8 Nm
Flanschmutter für Sperrhebel des Rückwärtsganges	10 Nm
Klemmutter der Gelenkwelle	30 - 40 Nm
Ölablass- und Einfüllstopfen	60 Nm
Gelenkwellenstützlager an Wagenboden	25 Nm

Vorderachse

Muttern der Exzenterbolzen der Querlenkerlager	120 Nm
Mutter des Kugelgelenks der Spurstange	35 Nm
Mutter an Oberseite des Stossdämpferbeins	60 Nm
Mutter der Stabilisatorbefestigung am Querlenker	20 Nm
Klemmutter der Radnabe	12 Nm
Schraube für Bremsscheibenspritzblech	10 Nm
Bremssattelschrauben	115 Nm
Dämpferbein unten an Achsschenkel	100 Nm
Klemmschraube des Dämpferbeins	75 Nm
Schraube der Klemmverbindung des Traggelenks an Achsschenkel an Querlenker	125 Nm
Lenkhebel an Achsschenkel	80 Nm
Anschlag an Achsschenkel	45 Nm
Schrauben/Muttern des Stabilisatorlagers an Federblattschwinghebel	20 Nm
Schrauben des Federblattschwinghebels an Rahmen	60 Nm

Hinterradaufhängung

Untere Stossdämpferbefestigung	65 Nm
Obere Stossdämpferbefestigung	Mutter bis zum Gewindeauslauf anziehen
Schrauben des Stabilisatorlagers an Rahmenboden	20 Nm
Kugelgelenke der Verbindungsstange zwischen Stabilisator und Querlenker der Hinterachse:	
An der Stabilisatorstange	30 Nm
Am Querlenker	20 Nm

MASS- und EINSTELL-DATEN

Schrauben zur Befestigung der Gummiaufhängungen der Hinterachse an Rahmenboden	70 Nm
Schrauben des Zwischenlagers der Gelenk-Welle an Rahmenboden	25 Nm
Klemmutter der Gelenkwelle	30-40 Nm
Gelenkwelle an Hinterachsflansch	45 Nm
Drehzahlfühler an Hinterachse	8 Nm

Hinterachse

Sturzstrebe an Hinterachsträger	70 Nm
Sturzstrebe an Radträger	45 Nm
Zugstrebe an Hinterachsträger	70 Nm
Zugstrebe an Radträger	45 Nm
Spurstange an Hinterachsträger	70 Nm
Spurstange an Radträger	35 Nm
Schubstrebe an Hinterachsträger	70 Nm
Schubstrebe an Radträger	45 Nm
Querlenker an Hinterachsträger	70 Nm
Querlenker an Radträger	120 Nm
Stabilisatorgestänge an Querlenker	20 Nm
Stossdämpfer an Querlenker	65 Nm
Flanschmutter des Hinterachswellenflansches	280-320 Nm
Abschlussdeckel an Hinterachsträger	40-45 Nm
Hinterachsmittelstück an Querträger, vorn	45 Nm
Hinterachswelle an Anschlussflansch	70 Nm
Klemmutter der Gelenkwelle	30-40 Nm
Zwischenlager der Gelenkwelle an Rahmenboden	25 Nm

Lenkung

Überwurfmutter am Hochdruck-Dehnschlauch	25-30 Nm
Rücklaufleitung zur Pumpe	35-45 Nm
Lenkhilfspumpe an Träger	25 Nm
Schraube, Lenkung an Rahmenboden	70-80 Nm
Schraube für Lenkungskupplung	25 Nm
Muttern für Spurstangen und Lenkstangengelenke	35 Nm
Klemmschraube am Lenkstockhebel	50 Nm
Mutter für Lenkzwischenhebel	90-100 Nm
Klemmschraube der Spurstangen	10 Nm
Konusklemmring an Spurstange	30 Nm
Lenkungsstossdämpfer an Lenkstange	50 Nm
Mutter des Lenkrades	80 Nm
Lenkrohr an Seitenträger	20 Nm
Innensechskantschraube an der Lenkwelle	25 Nm

Bremsanlage

Bremssattel an Achsschenkel, vorn	115 Nm
Zylindergehäuse an Bremssattel	35 Nm
Bremssattel an Radträger, hinten	50 Nm

Bremsschlauch an Festsattel	15 Nm
Hauptbremszylinder an Bremsservo	15 Nm
Überwurfmuttern der Bremsleitungen	10 Nm
Bremsservogerät an Vorderwagen	15 - 25 Nm
Unterdruckleitung an Bremsgerät	30 Nm
ABS-Anlage	Siehe Kapitel 14.8

Legende zum Schaltplan Mercedes 190 D

Pos.	Bezeichnung	In Kästchen
A1	Instrumentengruppe	1D
e1	Blinkkontrolleuchte, links	1E
e2	Blinkkontrolleuchte, rechts	1D
e3	Fernlichtkontrolleuchte	1E
e4	Kraftstoffreserve-Warnleuchte	1E
e5	Ladekontrolleuchte	1E
e6	Warnleuchte, Bremsklotzverschleiss	1E
e7	Warnleuchte, Bremsflüssigkeit und Handbremse	1D
e8	Instrumentenleuchten	1D
e16	Warnleuchte, Glühkerzen	1E
h1	Warnsummer	1D
h2	Akkustischer Blinkanzeiger	1D
r1	Widerstandsschalter, Instrumentenleuchten	1D
p1	Temperaturanzeiger, Kühlmittel	1E
p2	Kraftstoffuhr	1E
p6	Elektronische Uhr	1D
A2	Autoradio*	8A
B4	Tankgeber	10E
B10/6	Temperaturgeber, Verdunstungsapparat*	4A
B13	Temperaturgeber, Kühlmittelanzeiger	7G
E1	Leuchteneinheit, links	2H
e1	Fernlicht	2H
e2	Abblendlicht	2H
e3	Standleuchte	2H
e4	Nebelleuchte	2H
e5	Blinkleuchte	3H
E2	Leuchteneinheit, rechts	2A
e1	Fernlicht	2A
e2	Abblendlicht	2A
e3	Standleuchte	2A
e4	Nebelleuchte	2A
e5	Blinkleuchte	3A
E3	Schlussleuchtengruppe, links	12E
e1	Blinkleuchte	12E
e2	Schlussleuchte	12E
e3	Rückfahrleuchte	12E
e4	Bremsleuchte	12E
e5	Nebelschlussleuchte	12E
E4	Schlussleuchtengruppe, rechts	12B
e1	Blinkleuchte	12C
e2	Schlussleuchte	12C
e3	Rückfahrleuchte	12C
e4	Bremsleuchte	12C
E9/1	Beleuchtung, Heizungsbetätigung	6A - 8A
E12	Beleuchtung, Ganganzeige	12D
E13/1	Handschuhkastenleuchte	7B
E15/1	Innenleuchte mit Schalter, vorn	5A
E15/3	Innenleuchte, hinten*	9B
E18	Kofferraumleuchte	10D
E19/1	Kennzeichenleuchte, links	12C
E19/2	Kennzeichenleuchte, rechts	12C
F1	Zentralelektrik	5D
1	Sicherung 1, Klemme 15X	5D
2	Sicherung 2, Klemme 15T	7D
3	Sicherung 3, Klemme 30	8D
4	Sicherung 4, Klemme 56a	4D
5	Sicherung 5, Klemme 56a	4D
6	Sicherung 6, Klemme 30	7D
7	Sicherung 7, Klemme 15R/30	8D
8	Sicherung 8, Klemme 15R/30	8D
9	Sicherung 9, Klemme 15	4D
10	Sicherung 10, Klemme 15	7D
11	Sicherung 11, Klemme 15	5D
12	Sicherung 12, Klemme 30	9D
13	Sicherung 13, Klemme 30	4D
14	Sicherung 14, Klemme 58R	4D
15	Sicherung 15, Klemme 58L	4D
16	Sicherung 15, Klemme 58N	4D
17	Sicherung 17, Klemme 56b	4D
18	Sicherung 18, Klemme 56b	4D
19	Sicherung 19, Klemme 15R	7D
20	Sicherung 20, Klemme 15R	5D
G1	Batterie	12H
G2	Drehstromlichtmaschine mit Regler	10H
H1	Doppelton-Hupe	1H
K2	Relais, Scheinwerferreinigung*	1B
K4	Relais, Fensterbetätigung*	8C
K8	Doppelkontaktrelais, Zusatzventilator	
	elektromagnetische Kupplung, Motorventilator*	8F
L2	Induktiv-Geber, Fahrgeschwindigkeit*	10G
L3	Drehzahlfühler, Schwungrad*	6H
M1	Anlasser	11H
M2	Gebläsemotor	5C
M4	Zusatzventilator*	8G
M5/1	Scheibenwascherpumpe	1A
M5/2	Wascherpumpe, Scheinwerfer*	1A
M6/1	Scheibenwischermotor	5G

Pos.	Bezeichnung	Kästchen
M6/2	Wischermotor, Scheinwerfer, links*	1C
M6/3	Wischermotor, Scheinwerfer, rechts*	1B
M10/3	Fensterhebemotor, vorn links*	11B
M10/4	Fensterhebemotor, vorn rechts*	10B
M10/5	Fensterhebemotor, hinten links*	12B
M10/6	Fensterhebemotor, hinten rechts*	9B
M11	Automatische Antenne*	8A
M12/1	Motor für Schiebedach*	8B
M16	Auslöser, Tempomat*	10F
N4	Steuergerät, Tempomat*	12G
N6	Steuergerät, Kompressorunterbrechung	5H
N10	Kombirelais (Blinkgeber, beheizte Heckscheibe, Scheibenwischermotor)	6G
N14	Zeitrelais, Glühkerzen	3H
N15	Relais, Kick-down, Automatik	5H
N19	Steuer- und Betriebsrelais, Klimaanlage	5A
R1	Beheizte Heckscheibe	10E
R2/1	Beheizte Spritzdüse, Scheibenwaschanlage	6G
R3	Zigarrenanzünder mit Aschenbecherbeleuchtung, vorn	7A
R9	Glühkerzen	3G
R14	Vorwiderstandgruppe, Gebläsemotor	5C
S1	Drehlichtschalter	3B
S2/1	Zünd/Anlassschalter	4B
S3	Luftmengen (Gebläse)schalter	5A
S4	Kombischalter	4G
s1	Blinkerschalter	4F
s2	Lichthupe	4F
s3	Abblendschalter	4F
s4	Schalter, Scheibenwaschanlage	4F
s5	Schalter, Wischergeschwindigkeit	4G
s5	I Intervallbetrieb, Scheibenwischer	4G
s5	II Langsamstufe, Scheibenwischer	4G
s5	III Schnellstufe, Scheibenwischer	5G
S6	Warnblinkschalter	6B
S7	Hupensignalkontakt	4G
S8/1	Warnsummerkontakt, Beleuchtung	4A
S9	Bremslichtschalter	12E
S10/1	Kontakt, Bremsklotzverschleiss, vorn links	3G
S10/2	Kontakt, Bremsklotzverschleiss, vorn rechts	3A
S11	Schalter, Bremsflüssigkeitsanzeige	3G
S12	Schalter an der Handbremse	1C
S13/1	Schalter, elektrisches Schiebedach	8B
S14	Schalter, beheizte Heckscheibe	7B
S16/1	Anlasssperrschalter und Schalter der Rückfahrleuchten, Automatik	12D
S17/3	Türkontaktschalter, vorn links	4B
S17/4	Türkontaktschalter, vorn rechts	4A
S17/5	Türkontaktschalter, hinten links*	10B
S17/6	Türkontaktschalter, hinten rechts*	10B
S17/7	Türkontaktschalter, Stromkreis, links*	8B
S17/9	Schalter, Handschuhkastenleuchte*	6B
S18	Schalter, Innenleuchte, hinten*	9B
S19	Schaltergruppe, Fensterhebung, rechts*	9A
s1	Schalter für Fenster vorn rechts*	10A
s2	Schalter für Fenster hinten rechts	9A
S20	Schaltergruppe, Fensterhebung, links*	10A
s1	Schalter, Fensterhebung, vorn links*	11A
s2	Schalter, Fensterhebung, hinten links*	11A
s3	Sicherheitsschalter, Fensterhebung, hinten*	11A
S21/3	Schalter, Fensterhebung, hinten links*	12A
S21/4	Schalter, Fensterhebung, hinten rechts*	9A
S24	Schalter, Frischluft/Umwälzluft*	6A
S25/1	Temperaturschalter, 100° C	8H
S27/2	Mikroschalter, Motorbremse	5H
S30/1	Kick-down-Schalter, Automatik*	4H
S31	Druckschalter, Kompressor, Klimaanlage*	9G
S32	Druckschalter, Zusatzventilator*	9G
S40	Schalter, Tempomat*	10G
	V abbremsen/feststellen	10G
	B beschleunigen/feststellen	10G
	SP speichern	10G
	A ausschalten	10G
V1	Dioden-Stromkreis*	7C
W1	Hauptmasse (hinter Instrumentengruppe)	
W2	Masse, vorn rechts (Nähe Leuchtengruppe)	
W3	Masse, Radhaus, vorn links	
W4	Masse, vordere Innenleuchte	
W5	Masse, Motor	
W6	Masse, Kofferraum, links	
W7	Masse, Kofferraum, rechts	
W9	Masse, vorn links (Nähe Leuchteneinheit)	
W10	Masse, Batterie	

Massestellen ohne Kennzeichnung. Teil direkt an Motor oder Karosserie montiert

Pos.	Bezeichnung	In Kästchen
X5/1	Kabelstecker, Fahrgastraum	1C,9C,11G
X5/3	Steckeranschluss, Kabelstrang für Wageninnenseite und Kompressor	5G
X6	Kabelstecker, Klemme 58d	6B
X12	Steckeranschluss, Klemme 15X	5G
X13	Steckeranschluss, Zigarrenanzünder	7B
X14	Steckeranschluss, Klemme 50	7F
X18	Steckeranschluss, Kabelstrang der Schlussleuchten	8H
X18/1	Steckeranschluss, Kabelstrang der Schlussleuchten und des Kompressors	4G
X23	Steckeranschluss, Kabelstrang, Wageninnenseite und Motor	7F
X35	Kabelstecker, Klemme 30/Klemme 61 (Batterie)	9G
Y2	Elektromagnetische Kupplung, Ventilator	7H
Y3	Umschaltventil, Getriebeautomatik	4H
Y5/2	Elektromagnetische Kupplung, Kompressor*	7H
Y13	Umschaltventil, Heizung	5A

* = Sonderausstattung

Kabelfarbenerklärung

bl = blau
br = braun
el = elfenbein
ge = gelb
gn = grün
gr = grau
nf = naturfarbe
rs = rosa
rt = rot
sw = schwarz
vi = violett
ws = weiss

Beispiel
Leitungsbezeichnung 1.5 gr/rt:
Grundfarbe gr = grau
Kennfarbe rt = rot
Leitungsquerschnitt 1,5 = 1,5 mm^2

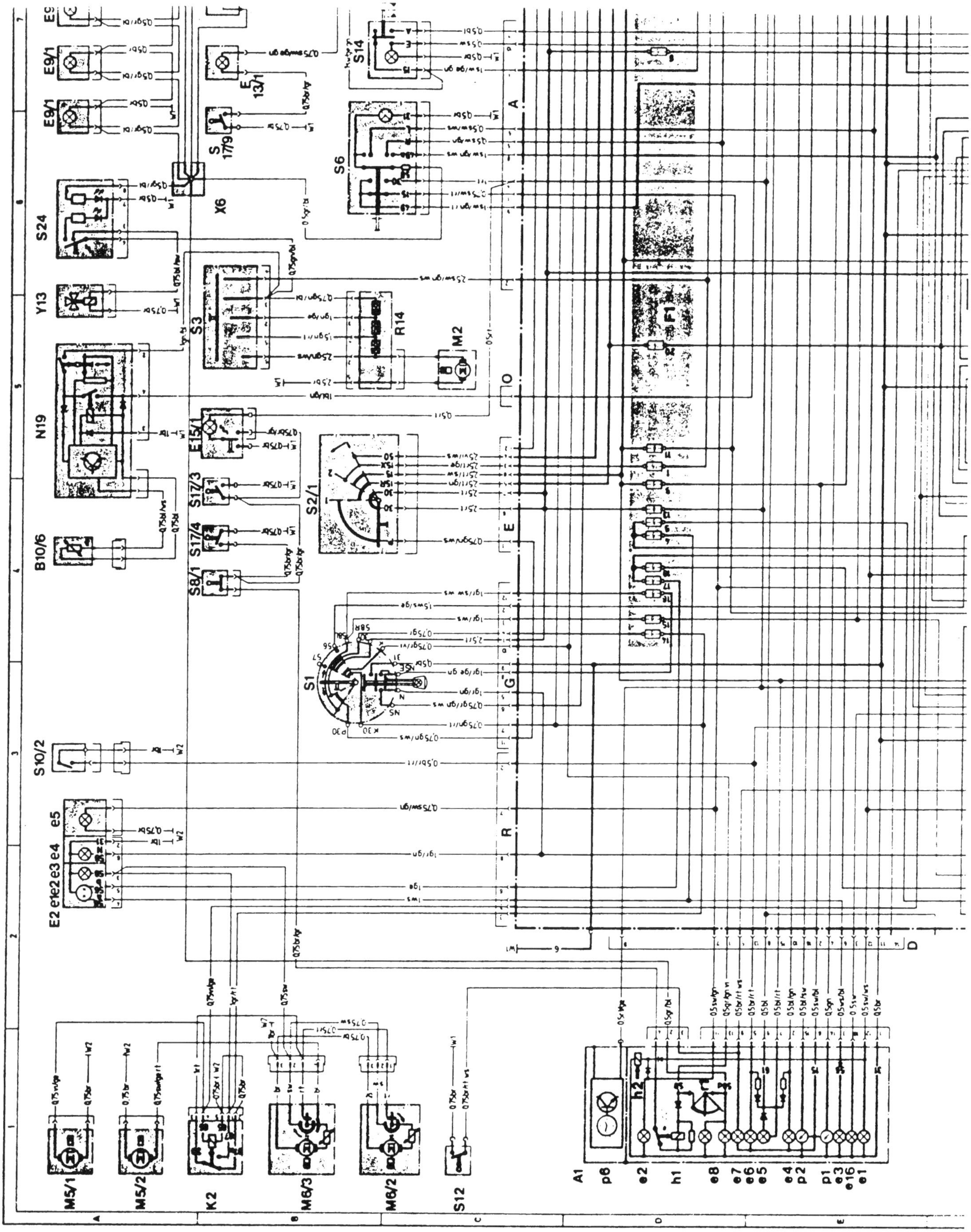
M5/1
M5/2
K2
M6/3
M6/2
S12
A1
p8
e2
h1
h2
e8
e7
e6
e5
e4
p2
p1
e3
e16
e1
E2
e5
S10/2
S1
B10/6
S8/1
S17/4
S17/3
S2/1
E15/1
N19
Y13
S24
X6
S3
R14
M2
S6
S 17/9
E 13/1
S14
E9/1
E9
F1
A
O
E
G
R
D

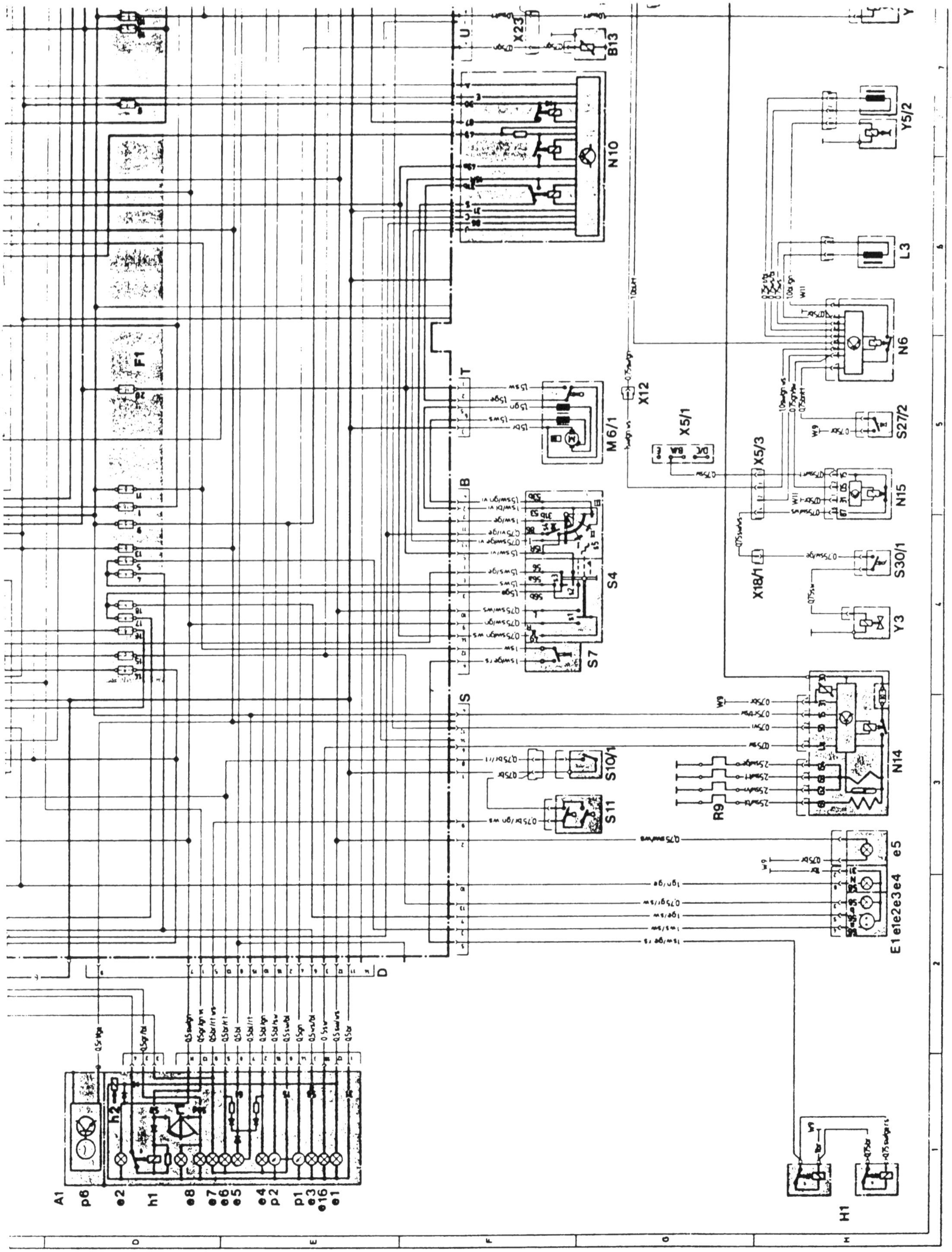
A1
p8
e2
h2
h1
e8
e7
e6
e5
e4
p2
p1
e3
e16
e1
H1
E1 e1 e2 e3 e4
e5
R9
N14
S11
S10/1
S7
S4
M6/1
X12
X5/1
X5/3
N15
S30/1
X18/1
Y3
S27/2
N6
L3
Y5/2
N10
B13
X23
F1
U
T
B
S
D

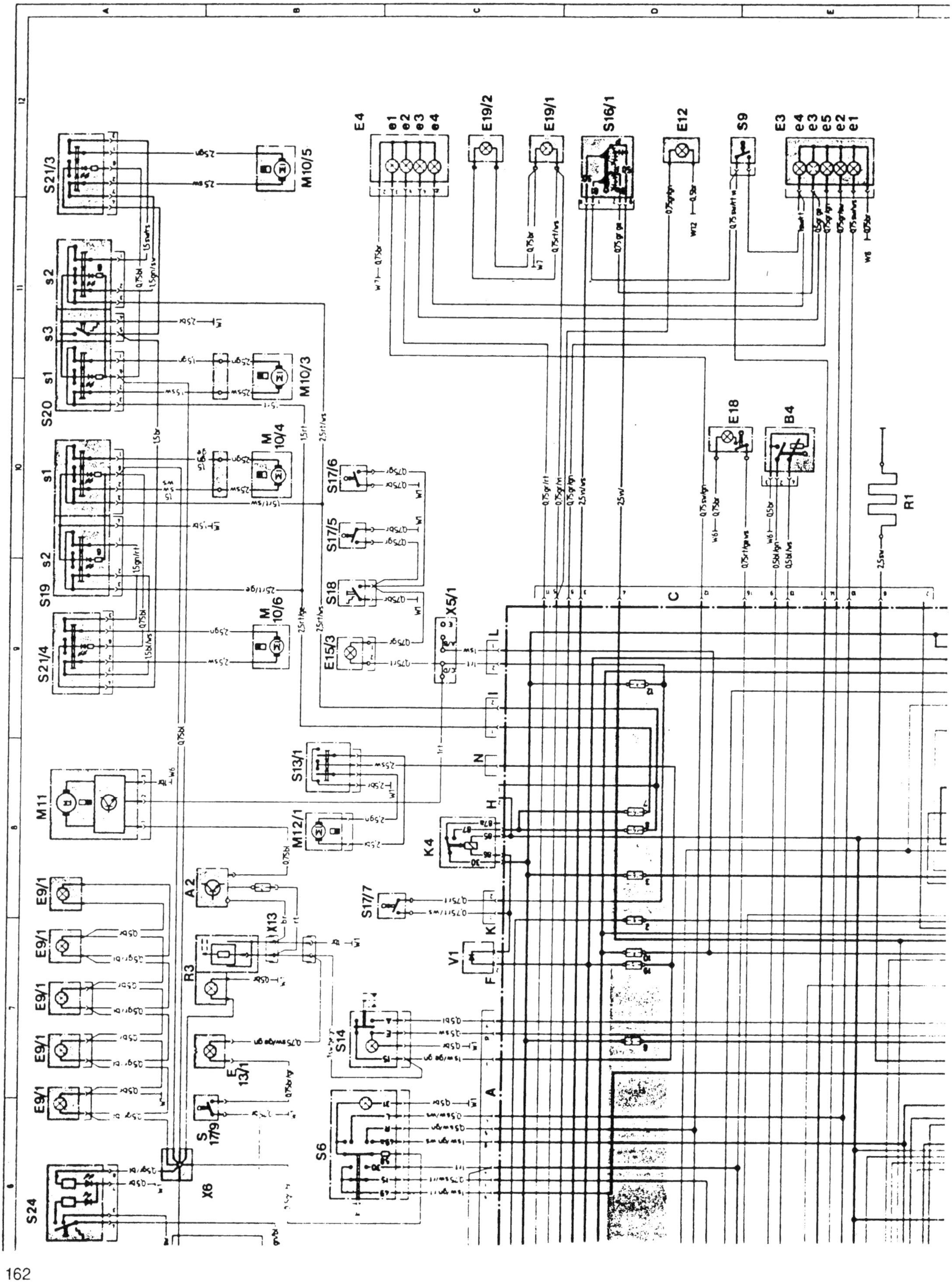
S21/3
M10/5
S2
S3
S1
S20
M10/3
M 10/4
S19
M 10/6
S21/4
M11
M12/1
E9/1
A2
X13
R3
E 13/1
S 17/9
S24
X6
S13/1
S17/6
S17/5
S18
X5/1
E15/3
K4
S17/7
V1
S14
S6
E4
E19/2
E19/1
S16/1
E12
S9
E3
E18
B4
R1
L
I
N
H
K
F
A
C

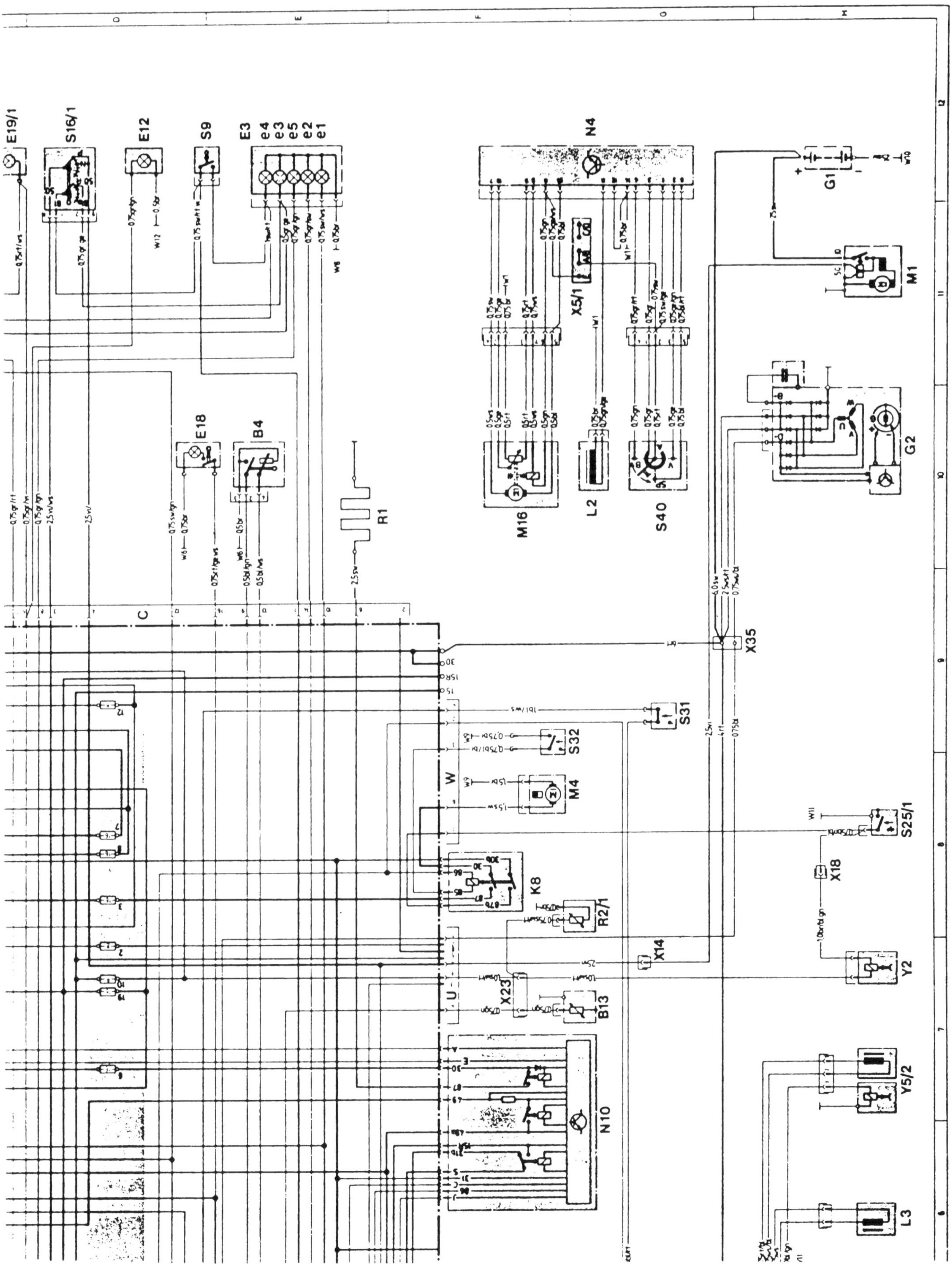
E19/1
S16/1
E12
S9
E3
e4
e3
e5
e2
e1
N4
X5/1
G1
M1
G2
M16
L2
S40
E18
B4
R1
C
X35
S31
S32
W
M4
S25/1
K8
X18
R2/1
X14
Y2
U
X23
B13
N10
Y5/2
L3

FSC
www.fsc.org
MIX
Papier | Fördert gute Waldnutzung
FSC® C083411

Kolibri 360 GmbH
Ferdinand-Jühlke-Straße 7
99095 Erfurt, Deutschland
produktsicherheit@kolibri360.de